CAUPD 70th
中规院七十周年
—— 1954-2024 ——

中国城市规划设计研究院
七 十 周 年 成 果 集
70TH ANNIVERSARY PORTFOLIO OF CAUPD

规划设计（上册）

中国城市规划设计研究院　　编

中国建筑工业出版社

审图号：GS京（2024）1941号

图书在版编目（CIP）数据

中国城市规划设计研究院七十周年成果集.规划设计
.上册/中国城市规划设计研究院编.--北京：中国
建筑工业出版社，2024.9.--ISBN 978-7-112-30365-6

Ⅰ.TU984.2

中国国家版本馆CIP数据核字第202484T782号

责任编辑：徐　冉　刘　丹　焦　扬
整体设计：锋尚设计
责任校对：赵　力

中国城市规划设计研究院七十周年成果集
规划设计（上册）
中国城市规划设计研究院　编
＊
中国建筑工业出版社出版、发行（北京海淀三里河路9号）
各地新华书店、建筑书店经销
北京锋尚制版有限公司制版
北京富诚彩色印刷有限公司印刷
＊
开本：880毫米×1230毫米　1/16　印张：20¾　字数：752千字
2024年9月第一版　　2024年9月第一次印刷
定价：**216.00**元
ISBN 978-7-112-30365-6
（43709）

中国城市规划设计研究院70周年系列学术活动

工作委员会

主　任

王　凯　陈中博

副主任

张立群　郑德高　邓　东　杜宝东　张圣海　张　菁

顾　问

王瑞珠　王静霞　李晓江　杨保军　罗成章　陈　锋

邵益生　刘仁根　李　迅　崔寿民　朱子瑜

委　员
（以姓氏笔画为序）

马利民　王忠杰　王家卓　方　煜　孔令斌　石　炼　卢华翔　朱　波　刘　斌

刘继华　许宏宇　孙　娟　李志超　肖礼军　张　娟　张广汉　张永波　陈　明

陈　鹏　陈长青　陈振羽　范　渊　范嗣斌　罗　彦　赵一新　耿　健　徐　泽

徐　辉　徐春英　殷会良　高　峥　龚道孝　彭小雷　董　珂　靳东晓　鞠德东

序

时间镌刻崭新年轮，岁月书写时代华章。

中国城市规划设计研究院成立70年来，践行"求实的精神，活跃的思想，严谨的作风"的院风，在住房和城乡建设部的坚强领导下，在国家有关部委和地方政府的关心指导下，在兄弟单位的帮助支持下，肩负"国家队"的使命与担当，与我国城乡规划建设事业同心同向同行。始终坚持为国家服务、科研标准、规划设计咨询、行业和社会公益四大职能均衡发展，全面推进中规智库、中规作品、中规智绘、中规家园建设，打造了一支政治过硬、技术过硬、专业敬业的城乡规划设计研究队伍，培养了一批在全国城乡规划和相关专业领域有建树、有影响的人才。在完善国家规划体系建设、促进城乡规划学科发展等方面凝练出了丰硕的成果、获得了广泛的赞誉，以实效实绩切实展现了中规院思想的高度、历史的厚度、专业的广度和家园的温度。

从新中国成立初期参与156个重点项目选址以及包头、西安、洛阳、大同、太原、武汉、成都、兰州等8个重点工业城市的总体规划，到1970年代完成唐山、天津的震后重建规划，再到改革开放后参与深圳经济特区设立、海南建省、三峡库区城镇迁建等工作，中规院全程见证、参与了我国城镇化的发展历程。

进入21世纪，中规院紧密围绕住房和城乡建设部中心工作，在既有综合优势的基础上形成了适应新时代发展需要的专业体系，在历史文化遗产保护、住房、村镇规划、公共交通与轨道交通、城市公共安全与综合防灾、城镇水务、生态与环境保护、文化旅游等领域发展迅速。承担了全国城镇体系规划和大量的省级城镇体系规划、城市总体规划编制。长期开展援藏、援疆、援青以及扶贫工作，圆满完成汶川、玉树、舟曲、芦山等灾后重建的艰巨使命，被中共中央、国务院、中央军委授予"抗震救灾英雄集体"荣誉称号。

党的十八大以来，中规院深入贯彻落实习近平总书记关于城市工作的重要论述和重要指示批示精神，不断提高服务中央和地方政府的能力，积极开展雄安新区、京津冀协同发展、长三角一体化、粤港澳大湾区、长江经济带、黄河流域生态保护和高质量发展、成渝地区双城经济圈、海南自贸区等国家战略和重大项目，深度参与北京、上海、天津、重庆等城市的总体规划，聚焦美丽中国建设，在国土空间规划编制中推进生态优先、绿色发展，积极为国家城乡规划建设事业的发展担当历史和社会责任。

中规院矢志不渝地践行"人民城市人民建、人民城市为人民"的理念，紧紧围绕推进中国式现代化这一时代主题，始终铭记中央的要求、人民的需求和行业的追求，从党和国家工作大局中去思考、谋划和推动工作。锚定以努力让人民群众住上更好的房子为目标，从好房子到好小区，从好小区到好社区，从好社区到好城区，进而把城市规划好、建设好、治理好的要求，以科技为先导，以创新为动力，聚焦关键研究领域，深入开展决策支撑研究，积极为政府决策提供科学依据和前瞻建议，不断为谱写中国式现代化住建篇章贡献中规院的智慧和力量。

万物得其本者生，百事得其道者成。中国特色社会主义进入新时代，我国城乡规划建设治理工作进入新的历史阶段。中规院高举习近平新时代中国特色社会主义思想伟大旗帜，秉持想明白和干实在的认识论和方法论，在时与势中勇担使命、危与机中披荆斩棘、稳与进中开拓创新，在建设国家高端智库的历程中，紧扣高质量发展主旋律争先进位，在70年新征程的赶考路上勇毅前行！

　　登高望远天地阔，又踏层峰望眼开。全体中规院人将携手并肩，共图奋进，以更加崭新的姿态和昂扬的斗志，为推进住房和城乡建设事业高质量发展，提高我国城乡规划建设治理水平，实现中国式现代化不断作出新的贡献！

中国城市规划设计研究院院长

中国城市规划设计研究院党委书记

前言

  中国城市规划设计研究院（简称中规院）先后在2004年、2014年出版了院五十周年成果集、六十周年成果集。今年是建院七十周年，中规院继续组织编纂了《中国城市规划设计研究院七十周年成果集 规划设计》，从2014年以来完成的4800余个规划设计项目中选取435项代表性作品纳入成果集，旨在体现中规院为满足人民需求、落实中央要求、服务地方诉求所做的努力，真实记录中规院在新发展阶段推进规划改革和技术进步的历程，全面展示中规院面向各地区、覆盖各领域的丰硕作品。成果集共分上、中、下三册，内容如下。

  上册项目类型主要是不同层级的综合类规划。包括城镇体系规划、区域规划、城市战略规划、城市总体规划、"多规合一"规划、国土空间规划、流域规划、村镇规划、灾后重建规划等。从国家层面看，围绕双循环新发展格局的构建，中规院领衔编制国家级规划，深入实施区域重大战略、区域协调发展战略、主体功能区战略、新型城镇化战略等国家战略，助力推动城市群都市圈协同发展及超大特大城市的有效治理，在援疆、援藏、援青以及"老少边困"地区帮扶工作中勇挑重担，在抗震救灾前线出色完成灾后重建任务。从地方层面看，2014年以来，中规院积极服务各级地方政府，牵头或参与编制了大量省、市县、镇村综合类规划，力求探寻城乡发展规律、解决当地实际问题、助力当地走出因地制宜的高质量发展新路子。从历史维度看，2018年前，中规院围绕总体规划改革创新等行业命题，深度参与省、市各级总体规划；此后，落实国家发展改革委、住房城乡建设部、国土资源部要求，在试点省市开展了"多规合一"探索；2018年后，按照国家规划体系改革的新要求，中规院在国土空间规划中统筹开发与保护，推进生态优先、绿色发展，牵头或参与编制了国、省、市县各级国土空间规划共计400余项，其中包括14个省级国土空间规划、18个省会或副省级城市国土空间总体规划，同时在湖北、黑龙江等地积极探索流域规划、战略规划等创新型规划模式。

  中册项目类型主要是不同类型的专项规划。包括城市设计、概念规划与方案征集、住房发展规划、历史文化保护传承规划、风景名胜区规划、文化旅游规划、综合交通规划、城市市政基础设施规划等专项规划。中规院以服务人民美好生活需要为愿景，加强城市设计编制工作，实现对城市空间立体性、平面协调性、风貌整体性、文脉延续性的规划管控；始终牢记"让人民群众安居"这个基点，在新一轮住房发展规划中推动建设好房子、好小区、好社区、好城区；坚定文化自信，积极探索多层级、多维度的历史文化保护传承体系，推进历史文化与城市更新改造、新旧动能转化、旅游产业发展的深度融合；协助建立以国家公园为主体的自然保护地体系，开展国家风景名胜区的规划编制；同时编制城市交通、市政、绿地系统等专项规划，满足健全城市基础设施、提升城市安全韧性的需求。

  下册项目类型主要是创新型规划和实施类规划。中规院始终坚持以人民为中心，认识尊重顺应城市发展规律，贯彻新发展理念，统筹发展与安全，顺应城市由大规模增量建设转为存量提质改造和增量结构调整并重、从"有没有"转向"好不好"的趋势，推动城市发展方式和发展动力转型，实施城市更新行动，以实施为导向、以项目为牵引，推动城市规划体系的系统性改革，助力城市规划建设、运营、治理体制创新，争创具有全国引领性和示范性的中规作品。中规院服务新区新城规划建设，主动参与包括雄安新区在内的19个国家级新区和省级、市级新区新城的前期谋划、规划建设、落地实施、运营治理工作。中规院推动城市转型和高质量发展，2016—2018年，中规院落实中央城市工作会议要求，开展"生态修复、城市修补"试点工作；2020年以来，中规院落实党的十九届五中全会精神，在城市体检中寻找人民群众身边的急难愁盼问题，剖析影响城市竞争力、承载力和可持续发展的短板弱项，以此为前提实施城市更新行动。中规院贯彻宜居、韧性、智慧、绿色、人文、创新的新发展理念，建设全龄友好城市和完整社区，提升滨水空间活力和枢纽地区辐射力，建设海绵城市、推进黑臭水体治理，协助建立自然保护地体系、建设公园城市，推进生态环境治理、建设绿色低碳城区街区，保护历史街区、鼓励文化旅游、开拓夜景设计，积极培育和营造科创空间。中规院强化规划、建设、运营、治理的全周期服务，在各地担当社区规划师、驻村规划师等角色，开展公众参与和美好生活共同缔造工作，积极发展全过程技术咨询等新业务。

抚今追昔，过去十年，中规院始终以习近平新时代中国特色社会主义思想为指导，深入贯彻落实习近平总书记关于城市工作的重要论述，完整、准确、全面贯彻新发展理念，坚持以人民为中心，遵循城市发展规律，统筹发展和安全，奋力推进城乡规划、建设、治理工作迈上新台阶。

展望未来，中规院将继续把"人民至上"作为一切工作的出发点和落脚点，坚持"人民城市人民建、人民城市为人民"，以创新为动力、以实践为导向，把中规作品绘就在祖国大地之上，助力推进城乡治理体系和治理能力现代化，支撑国家和城市高质量发展，为中国式现代化奉献中规院人的力量！

目录

01 城镇体系规划、区域规划

02 城市战略规划

03 城市总体规划

04 "多规合一" 规划

05 国土空间规划

06 流域规划

07 镇区、村庄规划

08 灾后重建规划

01

城镇体系规划、区域规划

全国城镇体系规划（2016—2035年）

编制起止时间：2015.12—2018.2

承担单位：上海分院、规划研究中心、城乡治理研究所、绿色城市研究所、区域规划研究所、历史文化名城保护与发展研究分院、住房与住区研究所、城市更新研究分院、文化与旅游规划研究所、中规院（北京）规划设计有限公司、深圳分院、西部分院、城市交通研究分院、城镇水务与工程研究分院、风景园林和景观研究分院、城市设计研究分院

主管总工：王凯

项目负责人：李晓江、郑德高

主要参加人：陈阳、李鹏飞、吴春飞、朱雯娟、陆容立、张超、林辰辉、张亢、闫岩、殷会良、张莉、张娟、徐颖、孔令斌、李潭峰、任希岩、杨涛、陈明、谭静、陈振宇、王斌、杜宝东、曹传新等

协编单位：中国人口与发展研究中心、中国人民大学、国务院发展研究中心发展战略和区域经济部、中国国土勘测规划院、国家发改委国土开发与地区经济研究所、生态环境部环境规划院、交通运输部规划研究院、中国铁路经济规划研究院有限公司、中国民航机场建设集团有限公司、同济大学、中国旅游研究院、中国科学院地理科学与资源研究所、北京清华同衡规划设计研究院有限公司、中国社会科学院城市与竞争力研究中心、商务部国际贸易经济合作研究院、中国城市建设研究院有限公司、中国建筑设计研究院有限公司、清华大学、北京大学、中山大学、中央财经大学等

背景与意义

根据中共中央办公厅、国务院办公厅《关于落实〈国家新型城镇化规划（2014—2020年）〉主要目标和重点任务的分工方案》要求，为落实中央新型城镇化工作部署、中央城市工作会议精神，2015年12月，住房城乡建设部牵头，会同国家发展改革委、财政部、国土资源部等19部委，正式启动《全国城镇体系规划（2016—2035年）》编制工作。中规院作为技术编制单位，成立由1个综合工作组、17个专项工作组、31个分省工作组和7个分区工作组组成的技术团队，并就重点问题开展20余项专题研究。

规划贯彻党的十九大、中央城镇化工作会议、中央城市工作会议精神，适应和引领经济新常态、共同推动经济持续健康发展，在全国层面对城镇发展与布局进行统筹协调，推进新型城镇化建设与城镇转型发展。规划是统筹全国城镇布局的宏观性、战略性规划，是编制省域城镇体系规划、城市总体规划的重要依据，是建设城乡美丽家园的指导性文件。

规划内容

落实《国家新型城镇化规划（2014—2020年）》要求，以资源环境承载力为基本前提，有序引导人口合理流动与分布，实现"三个1亿人"的空间落地；落实区域发展总体战略、主体功能区战略，

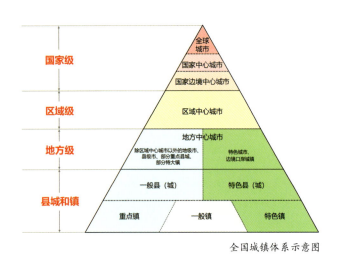

全国城镇体系示意图

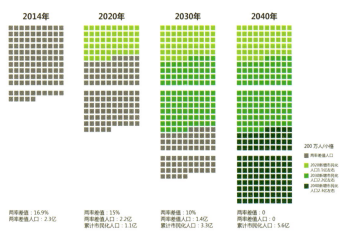

全国人口市民化的分阶段目标示意图

全国"魅力景观区"规划图

与"一带一路"建设、京津冀协同发展、长江经济带发展三大战略部署，着力形成开放、多极、多元、网络化的城镇空间格局，构建国家城镇化发展的大棋局；以多向开放的城市带和发展走廊为空间框架，以重要节点城市为战略引领，以城市群为主体形态，引导城市群地区协同发展、促进城市群外地区特色发展；实行"优化、培育、激活、协调"的城市发展方针，形成规模合理、分工明确、结构高效的城镇体系；贯彻城乡统筹理念，完善城乡公共服务，提出宜居城镇建设的重点任务。

创新要点

（1）突出国家战略视野，落实"一带一路"建设、京津冀协同发展、长江经济带发展战略部署，以多向开放的城市带和发展走廊为空间框架，以重要节点城市为战略引领，构建国家城镇化发展的大棋局。

（2）聚焦区域发展的"不充分""不平衡"问题，构建开放、多极、多元、网络化的城镇空间格局，提出"魅力景观区"促进城市群外地区的特色发展。

（3）构建"十百千万"的城镇体系，突出"中心职能"和"特色职能"多元价值目标，对各级城镇定目标、定名录、定政策，明确不同城镇战略定位和核心功能，促进大中小城市和小城镇合理分工、功能互补、协同发展，为构建高质量发展

的国土空间布局提供坚实支撑。

（4）从"人"和"空间"的关系出发，按照"人从哪里来、人往哪里去，城在哪里建、城该怎么建"的线索，以资源环境承载力为基本前提，有序引导人口合理流动与分布，实现"三个1亿人"的空间落地。

实施效果

规划对人口城镇化、国家空间格局、城镇体系、魅力景观区等的分析判断为后续全国国土空间规划、长江经济带国土空间规划、新一轮国家新型城镇化课题研究、国土空间发展战略制定工作等的开展，提供了大量研究积累与认识判断。

（执笔人：陈阳）

京津冀城乡规划（2015—2030年）

2017年度全国优秀城乡规划设计一等奖｜2016—2017年度中规院优秀城乡规划设计一等奖

编制起止时间： 2014.12—2015.6
承担单位： 城市建设规划设计研究所、城市与区域规划设计所、城市交通研究分院、城镇水务与工程研究分院、风景园林和景观研究分院
主管总工： 李晓江　　　**主管所长：** 尹强　　　**主管主任工：** 赵朋、李海涛　　　**项目负责人：** 王凯
主要参加人： 杜宝东、徐辉、孔彦鸿、全波、朱波、张永波、徐会夫、王新峰、张峰、王巍巍、束晨阳、石永洪、郝媛、曹传新、周婧楠、朱海波、张志果、曾有文、曹木、田文洁、李湉、董灏
合作单位： 北京市城市规划设计研究院、天津市城市规划设计研究总院有限公司、河北省城乡规划设计研究院有限公司

背景与意义

京津冀协同发展是习近平总书记亲自谋划、亲自部署、亲自推动的重大国家战略。2015年4月30日，中共中央政治局审议通过《京津冀协同发展规划纲要》（本项目中简称《纲要》）。《纲要》指出，推动京津冀协同发展，核心是有序疏解北京非首都功能，要在京津冀交通一体化、生态环境保护、产业升级转移等重点领域率先取得突破。为落实京津冀协同发展重要战略部署，根据《纲要》和京津冀协同发展领导小组第四次会议要求，编制《京津冀城乡规划（2015—2030年）》（本项目中简称《规划》）。

规划内容

《规划》坚持以问题和目标为双重导向，围绕"建设以首都为核心的世界级城市群"的战略目标，抓住有序疏解北京非首都功能这个"牛鼻子"，分析京津冀协同发展面临的主要问题，坚持以资源环境综合承载力为前提，提出构建京津冀城市群空间格局、支撑体系的关键举措以及保障措施。重点对《纲要》明确的三地功能定位和重点功能承接地进行系统化空间落位，对交通、生态和产业等重点领域协同发展相关内容进行深化落实，并提出了优化完善的建议和措施，成为三地城乡规划编制和实施的重要依据。

创新要点

（1）坚持底线约束，依托区域综合承载力分析，确定城镇建设发展基础。通过"以水定人""以地定城""以气定形"等手段，综合分析判断京津冀水资源、土地资源、大气环境容量等承载力水平，形成区域城乡建设的底板。

（2）抓住核心矛盾，构建一体化的功能体系和网络化的空间结构。围绕建设以首都为核心的世界级城市群战略目标，牢牢牵住有序疏解北京非首都功能这个"牛鼻子"，明确三地优势互补、错位发展的区域分工；发挥各自比较优势，优化区域功能格局，构建分圈层、网络化的城乡空间结构。

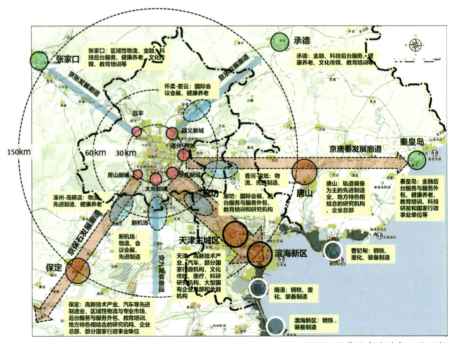

分图层引导北京非首都功能疏解

京津冀主要产业集中地区分布

京津冀综合产业平台与特色产业集聚区分布

（3）完善跨界管控措施，创新区域空间治理体制机制。加强制度建设与实施管理，以《规划》为基础，指导编制跨区域城乡规划与专项规划，建立健全联合审查与监督机制。重点加强城镇发展禁限区、跨界冲突地区、政策扶持地区三类地区管控，确保可持续发展底线。推进相关政策的制定和完善，引导三地协同发展。

实施效果

《规划》作为京津冀三地规划建设的重要依据，印发实施以来，有力地推动了北京非首都功能有序疏解，为产业、交通、生态等重点领域协同发展提供了空间支撑和保障；有效地指导了《北京城市总体规划（2016年—2035年）》《北京市通州区与河北省三河、大厂、香河三县市

协同发展规划》《北京大兴国际机场临空经济区总体规划（2019—2035年）》等相关规划的编制；有序地引导了交界地区的空间管控秩序和京唐城际铁路、北京轨道交通22号线（平谷线）等一批区域重点项目的落地实施。

（执笔人：徐会夫、曹木）

长江三角洲城市群发展规划

编制起止时间： 2015.6—2016.5
承担单位： 上海分院
主管总工： 李晓江　　　　　　　**主管所长：** 孙娟
项目负责人： 郑德高、朱郁郁　　**主要参加人：** 闫岩、葛春晖、刘律、刘培锐、干迪

背景与意义

《长江三角洲城市群发展规划》是为了以改革创新推动长江三角洲城市群协调发展而制定的首部发展型规划，由国家发展和改革委员会、住房和城乡建设部共同牵头编制，中规院作为规划编制核心技术支撑单位之一，主要负责城市群范围、城市群发展目标和空间格局研究，以及核心图纸的绘制。

规划将长江三角洲城市群范围从"两省一市"扩展到目前的"三省一市"，提出2030年全面建成具有全球影响力的世界级城市群，培育更高水平的经济增长极，从创新驱动经济转型、健全互联互通基础设施网络、推动生态共建环境共治、深入融入全球经济体系、创新一体化发展体制机制等方面明确了城市群的发展思路，具有较强的创新性。

规划内容

1. 首次界定长江三角洲城市群空间范围

界定上海市，江苏省南京、无锡、常州、苏州、南通、扬州、镇江、盐城、泰州，浙江省杭州、宁波、湖州、嘉兴、绍兴、金华、舟山、台州，安徽省合肥、芜湖、马鞍山、铜陵、安庆、滁州、池州、宣城26个城市为长江三角洲城市群空间范围，面积21.1万km²。

2. 构建以上海为核心的经济网络

建设最具经济活力的资源配置中心、具有全球影响力的科技创新中心、全球重要的现代服务业和先进制造业中心和亚太地区重要国际门户，成为面向全球、辐射亚太、引领全国的世界级城市群。

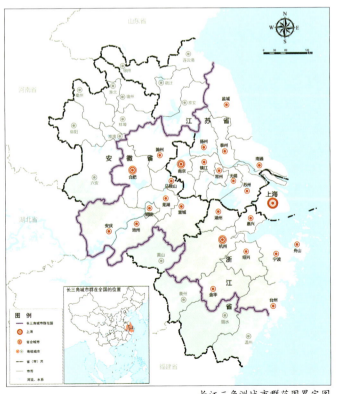

长江三角洲城市群范围界定图

长江三角洲城市群空间结构规划图

3. 构建多中心、网络化空间体系

以上海为核心，发挥上海全球城市龙头带动的核心作用，推动合肥都市圈、南京都市圈、杭州都市圈、苏锡常都市圈、宁波都市圈的同城化发展，强化沿海发展带、沿江发展带、沪宁合杭甬发展带、沪杭金发展带的聚合发展，形成"一核五圈四带"的网络化空间格局，优化提升空间利用效率。

4. 构建更加高效的对外交通网络

依托国家综合运输大通道，构建以上海为核心，以南京、杭州、合肥为副中心，以高速铁路、城际铁路、高速公路和长江黄金水道为主通道的多层次综合交通网络。增强京沪高铁、沪宁城际、沪杭客专、宁杭客专等既有铁路城际客货运功能。推进沪宁合、沪杭、合杭甬、宁杭、合安、宁芜安等主要骨干城际通道建设。

优化区域高速公路布局，发挥长江三角洲城市群高等级航道作用，提升城际货运能力。

5. 构建更加安全的生态格局

推动城市群内外生态建设联动，依托大江大河、丘陵山地、滨海湿地，共筑城市群生态安全格局。依托黄海、东海，共筑东部滨海生态保护带。强化省际统筹，建设长江生态廊道和淮河—洪泽湖生态廊道。依托江淮丘陵、大别山、黄山—天目山—武夷山、四明山—雁荡山，共筑西部和南部绿色生态屏障。

6. 创新一体化发展体制机制

创新联动发展机制，遵循市场发展规律，以建设统一大市场为重点，加快推进简政放权、放管结合、优化服务改革，推动市场体系统一开放、基础设施共建共享、公共服务统筹协调、生态环

境联防共治，创建城市群一体化发展的"长三角模式"。

创新要点

1. 区域化视角

提出国家区域化概念，研究区域化的现象特征和根源机制。

2. 分区视角

尊重区域间发展阶段和发展动力的差异，将长江三角洲城市群划分为不同分区谋划多元化发展路径。

3. 可持续视角

从资源环境可持续角度，研究区域联动保护和发展路径。

4. 一体化制度视角

从要素、服务、成本视角探讨保障长江三角洲城市群协同发展的体制机制创新。

（执笔人：葛春晖）

长江三角洲城市群生态格局规划图

长江三角洲城市群空间承载力分区规划图

成渝城市群发展规划

编制起止时间： 2015.6—2016.8
承担单位： 西部分院
主管总工： 张兵、张菁　　　**主管主任工：** 洪昌富
项目负责人： 彭小雷、陈怡星
主要参加人： 肖莹光、邓俊、杨斌、郑越、盛志前、钮志强、苟倩莹、黄缘罡、卢珊、蒋力克、卞长志

背景与意义

2013年，随着国内国际形势发生变化，国家做出"一带一路"、长江经济带等重大区域决策部署，四川省和重庆市也提出新发展诉求，为充分指导成渝地区发展，体现规划的战略性、前瞻性，需适时对《成渝城镇群协调发展规划》《成渝经济区区域规划》等相关规划进行深化完善。中央要求各部委联合编制、"多规合一"，形成规划"一张蓝图"。2015年5月，住房城乡建设部、国家发展改革委联合工作，历经一年时间完成了《成渝城市群发展规划》的编制。

规划内容

规划重点解决三个层面的问题：一是在国家层面重新诠释对国家"第四极"定位的认识，并进行相应资源和设施的配置；二是在跨省层面协调重大基础设施布局；三是在省域层面，引导资源配置与特定城镇化道路相适应，制定都市连绵区、城镇密集区、外围特色化地区的特色化发展路径。

规划提出"1+5"总体定位和分项定位相结合的全新表述。提出"引领西部开发开放的国家级城市群"总体定位，并细化为全国重要的现代产业基地、西部创新驱动先导区、内陆开放型经济战略高地、统筹城乡发展示范区、美丽中国的先行区五个发展定位。

规划提出"一轴两带、双核三区"的总体空间结构。在轴带表述以外，重点强化差异化地区指导，提升规划在空间布局上的实证性、科学性和可操作性。

规划重点解决成渝城市群空间资源投放和协调的问题。系统回顾国家区域政策和空间资源投放历程，识别了国家对成渝地区资源投放上的不足，针对性进行政策方向调整和落实；识别了成渝两市在港口整合、机场联动、跨省边界地区的交通走廊对接、生态保护协同等方面的协作问题，明确提出未来城市群协同发展的重点。

创新要点

1. 在构建空间与数据相结合的城市群划定标准上具有一定创新性

规划提出应当以城市群发育水平、区域联系强度和自然地理特征三类要素指标共同构成的评价体系来综合划定城市群边界。

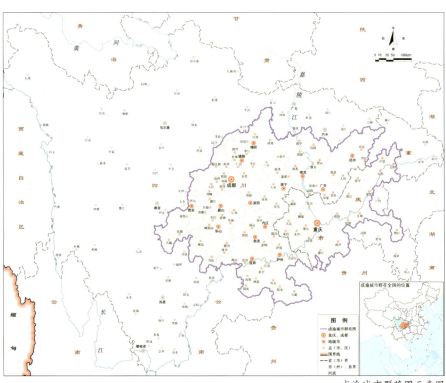

成渝城市群范围示意图

2．在城市群内部空间的组织方式上具有一定创新性

规划提出了"分区分类为主、点轴聚集为辅"的城市群空间政策语言体系，并针对成渝地区特征形成了以（准）都市连绵区为核心、以城镇密集区为支点，以核心地区促进规模聚集、以专业地区促进多元发展的多层次多类型空间概念体系，为成渝城市群多元化、创新化发展奠定了基本空间格局。

3．在对国家城镇空间格局和重大基础设施建设的认识上具有一定创新性

规划将抽象的国家空间政策转化为一系列可落图、可度量的空间抓手，通过对政策区和走廊的分类识别和分时落图，为精细地识别国家空间政策的实际投放和演变轨迹提供了参考。

4．在重大国家级规划的部委协作机制上具有一定创新性

规划探索了在城市群层面的重大国家规划编制过程中的部委协作互动机制，通过"前期专题研究+后期联合撰写"的方式，充分发挥了住房城乡建设部在实证研究、空间规划和资源管控方面的技术积累和政策制定优势，提升了国家规划的科学性。

实施效果

《成渝城市群发展规划》已于2016年3月30日经国务院常务会议审查正式通过并发布实施，有效地指导了成渝地区的发展。

（执笔人：邓俊）

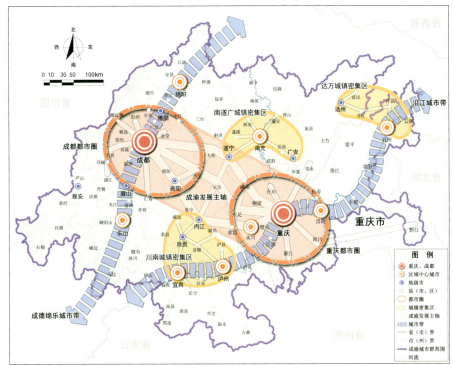

成渝城市群空间格局示意图

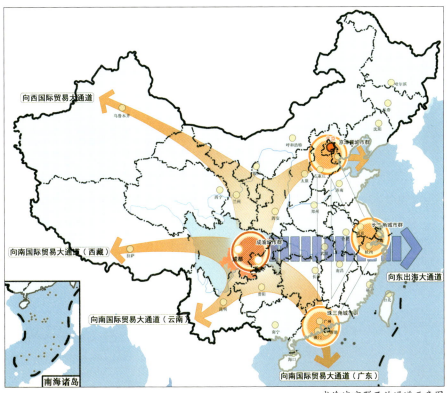

成渝城市群开放通道示意图

关中平原城市群发展规划研究

编制起止时间： 2015.3—2018.2

承担单位： 深圳分院、区域规划研究所

主管总工： 李晓江　　　　　**主管所长：** 蔡震、方煜

项目负责人： 王凯、范钟铭　　**主要参加人：** 孙昊、陈明、李铭、李福映、周浪浪、杜枫、张帆、肖健、何舸

合作单位： 国家发改委宏观经济研究院、生态环境部环境规划院、陕西省城乡规划设计研究院、甘肃省城乡规划设计研究院有限公司

背景与意义

培育发展关中平原城市群，发挥其承东启西、连接南北的区位优势，推动全国经济增长和市场空间由东向西、由南向北拓展，有利于引领和支撑西北地区开放，有利于推进西部大开发，有利于纵深推进"一带一路"建设。

相关工作延续在三个项目中。第一个为陕西省住房和城乡建设厅委托我院与陕西省城乡规划设计研究院编制的《关中—天水城市群规划》；第二个为国家发展改革委委托我院进行的《关中城市群规划前期研究》，此项目为我院单独完成；第三个为由国家发展改革委、住房城乡建设部牵头编制的《关中平原城市群发展规划》，参编单位为我院、国家发改委宏观经济研究院、生态环境部环境规划院。

编制《关中平原城市群发展规划》，

梳理区域发展的重点问题，为关中地区以城市群建设为载体，构建等级有序、区域协作、多中心网络化的城镇群体系，促进区域经济发展，引领西北地区新型城镇化进程，改善贫困问题打下良好基础，对构建我国全面开放新格局、促进全国区域协调发展具有重要意义。

规划内容

围绕建设具有国际影响力的国家级城市群、内陆改革开放新高地，规划在发展定位上实现突破：向西开放的战略支点、引领西北地区发展的重要增长极、以军民融合为特色的国家创新高地、传承中华文化的世界级旅游目的地、内陆生态文明建设先行区。

强化西安服务辐射功能，构建"一圈一轴三带"的总体格局。即：由西安、咸

阳主城区及西咸新区为主组成的大西安都市圈，沿陇海铁路和连霍高速的主轴线，以及沿其他区域通道形成的包茂发展带、京昆发展带、福银发展带，构建贯穿东西、沟通南北的对外开放大通道。

全面建成功能完备的城镇体系，加快培育中小城市和特色镇，让城市间联系更加紧密；基本建成以军民融合为特色的创新型产业体系，全面形成连通城市群内外的多层次交通运输网络，通信、水利设施保障能力明显提升；完善面向中亚的立体化国际大通道，进一步形成东西互动、南北协同、引领西北、服务全国的开放格局，有效构建对内对外开放新格局；基本消除阻碍生产要素自由流动的行政壁垒和体制机制障碍，基本建立市场一体化、公共服务共建共享、生态共建环境共保、成本共担利益共享

关中平原城市群规划范围图

关中平原城市群主体功能区拼图

机制，不断完善一体化发展体制机制。

创新要点

（1）更加注重提升城市群质量。规划明确到2035年，城市群质量得到实质性提升，建成经济充满活力、生活品质优良、生态环境优美、彰显中华文化、具有国际影响力的国家级城市群。此外，要将西安打造成为西部地区重要的经济中心、对外交往中心、丝路科创中心、丝路文化高地、内陆开放高地、国家综合交通枢纽，建成具有历史文化特色的国际大都市。

（2）深度融入"一带一路"建设。规划紧扣"一带一路"建设大局，积极构建"一圈一轴三带"的空间格局。特别是在"一轴"上，深度参与"一带一路"建设，主动融入全球经济体系，强化国际产能合作和国内产业对接，向西连接甘肃、青海、新疆等省区和丝绸之路经济带沿线国家（地区），向东加强与中原地区和沿海地区联系，进一步提升陆海双向开放水平，强化对新亚欧大陆区区国际经济走廊的战略支撑作用。

（3）着力建设创新引领的现代产业体系。规划突出创新驱动发展主题，围绕建设现代化经济体系的目标，以西安全面创新改革试验为牵引，提出要发挥科教人才、国防军工和特色产业优势，推进军民融合深度发展，推动传统优势产业转型升级，大力发展战略性新兴产业和现代服务业，构建富有竞争力的现代产业体系。

（4）延续中华文脉、体现中国元素的特色风貌。规划提出要依托秦岭黄河自然山水、周秦汉唐历史遗存和文化资源多元富集等优势，打造一批具有世界影响力的历史文化旅游品牌，推动中华文化传承创新，提升中华文化的魅力和国际影响力，建设自然山水和历史人文交相辉映的世界级旅游目的地。

（5）高度重视生态环境建设。规划强调要优化生态安全格局，坚持区域生态一体化建设，强化生态保护与修复，统筹推进气、水、土等的污染防治，重点建设南部秦巴山地生态屏障、北部黄土高原生态屏障两大屏障，贯通中部渭河沿岸生态带，构建"两屏、一带、多扇、多点"的区域生态安全格局，从而形成区域生态同建、污染同治的良性格局，为关中平原城市群建设发展提供有力的生态环境支撑。

（执笔人：肖健）

关中平原城市群空间格局图

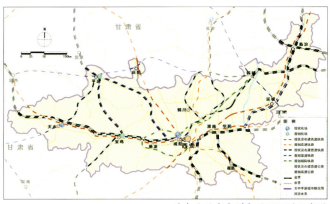

关中平原城市群交通网规划示意图
（数据来源：国家发改委宏观经济研究院）

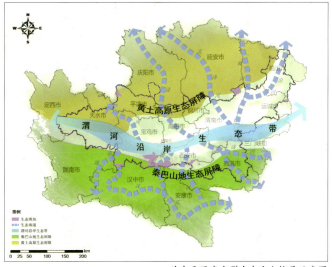

关中平原城市群生态安全格局示意图
（图纸制作：生态环境部环境规划院）

北部湾城市群系列研究与规划

《北部湾城市群发展"十四五"前期研究》获广西发展改革委2022年度优秀研究成果奖一等奖

编制起止时间：2016—2022
承担单位：深圳分院
主管总工：张菁、张兵　　　主管所长：蔡震　　　项目负责人：杨保军、王凯、罗彦
主要参加人：吕晓蓓、刘昭、陆巍、徐培祎、蒋国翔、赵连彦、葛永军、张俊、柏露露、李萍萍

背景与意义

北部湾城市群背靠大西南、毗邻粤港澳、面向东南亚，位于全国"两横三纵"城镇化战略格局中沿海通道纵轴的南端，在我国西部大开发和与东盟开放合作的大格局中具有重要战略地位。"一带一路"建设深入推进，携手共建更为紧密的中国东盟命运共同体，粤港澳大湾区和海南自由贸易港建设持续推进，为北部湾城市群

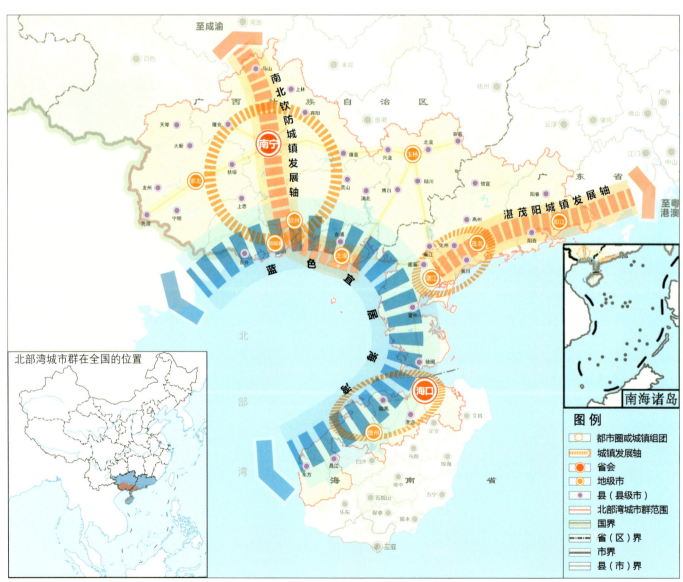

北部湾城市群空间格局示意图

充分发挥独特区位优势、全方位扩大对外开放和以开放促发展提供了更大空间。

2016年，国家发展改革委委托开展"北部湾城市群规划前期研究"，2017年，国家发展改革委与住房城乡建设部联合印发《北部湾城市群发展规划》；2021年，国家发展改革委委托开展"北部湾城市群发展定位与任务举措研究"，同期，广西发展改革委委托开展"北部湾城市群发展规划修编前期研究"和"北部湾城市群发展'十四五'实施方案编制"，2022年，经国务院批复同意，国家发展改革委印发实施《北部湾城市群建设"十四五"实施方案》。

持续跟踪北部湾城市群发展，服务国家战略落实，可为培育型、发展壮大型城市群发展提供规划借鉴。

规划内容

1. 深化海陆双向开放合作

基于北部湾城市群特殊区位条件及与周边城市群竞合关系，提出推动北部湾与周边区域关系应从单向联系到全方位互动，兑现珠三角（粤港澳）与东盟"中间人"区位价值，更好服务融入国家双循环开放发展新格局。

2. 推行绿色发展模式

"双碳"导向下，以牺牲环境资源为代价的发展模式已不可持续，提出北部湾发展模式应从单一工业化向多元特色化转变，推动"生态+""农业+""文化+"产业融合发展，打造环境友好型现代产业体系。基于国际产业转移新趋势背景，规划提出聚焦关键环节、关键企业，构建跨区域跨境产业链供应链，服务国家产业安全。

3. 优化空间格局

北部湾城市群空间尺度较大，广西、海南、粤西三大板块相对独立，经济联系较弱，南宁核心城市辐射带动能力不强。规划提出空间尺度下移，集中资源投入，以都市圈、都市区为主体空间形态，重点培育中心城市，打造"一湾双轴、一核两极"城市群格局，做强南宁"一核一圈"。

4. 打造蓝色湾区

湾区环境约束日益趋紧，规划提出牢牢守住北部湾生态本底，以共建共保洁净海湾为前提，加快形成绿色低碳循环的城市建设运营模式和生产生活方式，建设全国重要绿色产业基地和宜居宜业的蓝色海湾城市群。

创新要点

1. 首次在城市群规划编制中进行陆海统筹的主体功能区规划拼图

按照先保护后开发的区划技术路线，优先划定生态空间，再依次确定农业空间、城镇空间范围，实现空间管控边界和管控要求"双落地"。

2. 把开放摆在突出位置

统筹国内国际两个市场、两种资源，发挥面向东盟开放合作的前沿和窗口作用，推动全方位开放不断向纵深迈进。把开放优势转换为产业优势，汇聚国内国际双向产业资源，补齐城市群的产业短板，夯实城市群的经济基础。

3. 把绿色作为发展主线

把保住一泓清水作为不可突破的底线，把绿色作为一条主线，贯穿城市群建设的产业体系、基础设施、一体化体制机制等各领域各方面，在空间格局和生态环境方面予以重点突出。

实施效果

2017版规划实施以来，广西、广东、海南三省区健全工作机制，大力推进重点任务，城市群经济社会发展基础不断夯实。临港产业集群初步形成，新兴产业和现代服务业加快发展。南宁、海口、湛江等重点城市人口和经济集聚能力不断增强。城市群骨干公路网基本形成，港口货物吞吐量增速位居全国前列。环境质量稳居全国前列，西江流域重点河流和近岸海域水质不断改善。对外开放不断深化，与东盟国家经贸、人文交流合作持续深化。北部湾城市群协同发展态势已基本形成。

"十四五"规划纲要中，北部湾城市群相关表述从"十三五"规划纲要中的"规划引导"变为"发展壮大"，进一步强化了北部湾城市群在国家新发展格局中的战略地位。2017版规划中提出的以都市区为主体的城镇空间战略、区域一体化发展战略得以延续，南宁都市圈初步构建，北钦防一体化持续向纵深发展。

（执笔人：柏露露）

广东省新型城镇化规划（2014—2020年）

2017年度全国优秀城乡规划设计二等奖｜2016—2017年度中规院优秀城乡规划设计一等奖

编制起止时间：2014.10—2016.12
承担单位：深圳分院
主管总工：杨保军　　　　　　主管所长：范钟铭
项目负责人：罗彦、邱凯付　　主要参加人：刘昭、杜枫、邹鹏、陈莎、李昊、樊德良、徐培祎
合作单位：广东省城乡规划设计研究院科技集团股份有限公司

背景与意义

伴随着中国改革开放的历程，广东以成立经济特区为起点，以大规模的人口转移为基础，以市场化和工业化为动力，以多元空间为主体，实现了城镇化的快速发展。为落实国家要求，广东省编制了《广东省新型城镇化规划（2014—2020年）》，着力于探索适合广东实际的新型城镇化道路，探索全面深化改革，为全省迈向新常态发展提供强大引擎。

规划内容

（1）立足"四个维度"，落实国家新型城镇化战略要求，突出城镇化的供给侧改革。一是在人口市民化上"做加法"；二是在土地扩张上"做减法"；三是在"钱从哪里来"方面"做乘法"，破解土地财政困境；四是在部门协同治理上"做除法"，破除行政壁垒。

（2）立足"四大转型"，推进珠三角优化发展和治理重构。"四大转型"即发展空间的存量性转型、发展主体的产权式转型、区域治理的协同性转型、社会发展的包容性转型。

（3）立足粤东西北地区的区域差异，探索多元化区域城镇化路径。

（4）立足省级事权，构建一套对应于省级政府事权的政策体系。

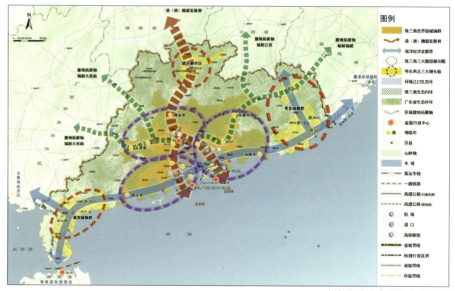

广东省总体空间格局规划图

广东省空间政策分区规划图

创新要点

（1）组织方式创新：以规划有效性和"可落地"为目标，坚持"住建部门主导、发改配合"的工作机制。

（2）技术方法创新：加强了空间布局、政策措施和实施手段三者的结合。本规划着重加强了空间布局、政策措施和实施手段三者的结合，避免了以往区域性、全省性规划忽略空间，空间规划忽略政策，规划编制忽略实施等问题。

（3）规划内容创新：在规定性动作基础上，突出"制度创新+财务分析"。

（4）技术手段创新：探索了大数据及云平台等先进技术在城镇化分析中的运用。

实施效果

（1）本规划是国内为数不多由住建部门主导编制，并以此为纲领实施"一张蓝图干到底"的省域新型城镇化规划。

（2）本规划提出的"9+5"新型都市圈格局直接影响了广东省政府的决策并付诸实施。清远、河源、汕尾等外围城市已分别加入了深莞惠、广佛肇经济圈党政联席会。"9+5"发展框架初步成形。

（3）以本规划为指导，稳步有序推进了外来务工人员市民化。

（4）推动了新型城镇化"规划技术标准和管理体系"的建立。以本规划为蓝图，广东省出台了新型城镇化规划建设管理办法、绿色生态城区规划建设指引、中心城区扩容提质建设指引，推动了新型城镇化"规划技术标准和管理体系"的建立。

（执笔人：邱凯付）

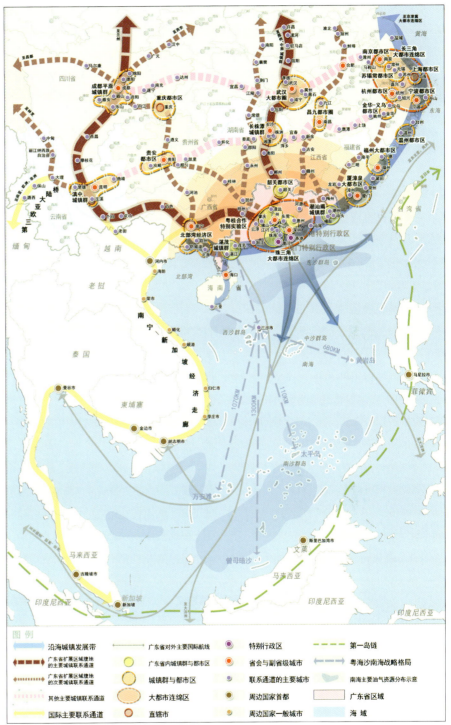

广东省开放战略指引图

甘肃省城镇体系规划（2013—2030年）

2014—2015年度中规院优秀城乡规划设计二等奖

编制起止时间：2013.6—2016.10
承担单位：城市与区域规划设计所、城镇水务与工程研究分院、城市交通研究分院
主管总工：王凯　　　　　　　主管所长：谢从朴　　　　　　　主管主任工：赵朋
项目负责人：朱波、李铭、石永洪　　主要参加人：陈卓、李潭峰、郝媛、李栋、于德淼、李壮、刘姗姗、王迪、王璇
合作单位：甘肃省城乡规划设计研究院有限公司

背景与意义

《甘肃省城镇体系规划（2013—2030年）》是中央提出新型城镇化、"一带一路"倡议后，第一批上报国务院的法定省级规划，也是甘肃省贯彻落实党的十八届五中全会精神、《生态文明体制改革总体方案》要求，支撑实现第一个百年奋斗目标的省级空间规划平台。

《甘肃省城镇体系规划（2013—2030年）》立足甘肃的独特省情和在国家发展中的特殊地位，在"三大国家战略平台"的支撑下，按照新型城镇化目标和省级战略部署，分类、分区确定全省城镇化发展路径和规划要求。

规划内容

（1）强化转型动力机制，构筑支撑甘肃省转型跨越发展的综合性空间平台。借助"一带一路"倡议，提升"丝绸之路经济带"甘肃段城镇综合发展能力，高效集聚资源，引领全省发展。通过培育兰—渝（成）文化生态城镇发展轴、兰—平—庆特色资源城镇发展轴等四条不同功能和发展导向的空间轴线，构筑走廊内外互动发展的纽带。充分发挥各级中心城市在不同区域范围内的辐射带动作用，尤其是注重提升县城的综合发展能力，与市州首府共同构建支撑全省城镇化推进的"主力"和"阵地"。

（2）强化生态文明建设，把特殊资源环境的约束与支撑条件作为城镇化发展的前提，构建甘肃特色的城乡空间格局。采用多情景分析方法评估甘肃省水资源和土地资源的人口承载规模和城镇化承载能力，并对全省自然地理、资源禀赋、环境质量、生态状况、生态功能区位五方面进行综合的分析与评估，构筑与多样性相适应、与资源环境条件相匹配的城乡空间格局。

（3）强化城乡统筹和区域联动发展。规划明确全省核心发展地区、重点扶持地区、特色发展地区、重点保护地区等多元化地区，构建与综合发展条件相适应的多元化城镇组织模式，为实施差异化的空间治理政策提供基础条件。

（4）强化延续历史脉络，在构建华夏文明传承创新区的引领下，以保护传承历史文化为主题，以彰显城乡特色、塑造城乡个性为重点，以创新发展措施为推动力，确定甘肃省城乡风貌总体格局。对河西走廊风貌区、兰州都市圈风

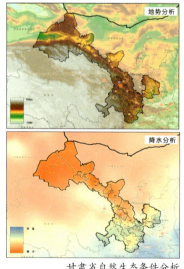
甘肃省自然生态条件分析

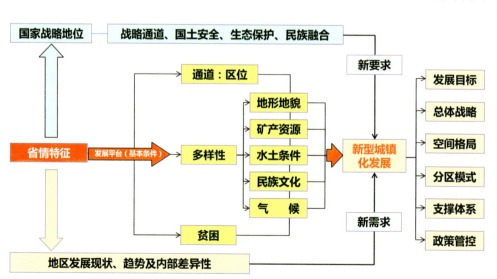
规划编制工作技术框架示意图

貌区、陇东风貌区、陇东南风貌区、民族特色风貌区在文化传承、地域特征、主题形象和风貌要素等方面加强规划引导。

创新要点

规划基于甘肃省的通道性、多样性、贫困性、文化性和差异性五个特征，一是突出"内外结合"，加强阶段特征和区域环境研究；二是突出"生态优先"，加强生态和资源环境承载研究；三是突出"发展导向"，加强经济增长和地区脱贫研究；四是突出"文化传承"，加强历史文化脉络和地域文化研究；五是突出"差异推进"，加强规划实施的分区分类指导。

实施效果

（1）通过全省新型城镇化试点工作领导小组办公室指导了全省17个新型城镇化"多规合一"试点县（市）的规划编制工作。

（2）对平凉、武威、敦煌等城市的城市总体规划编制和审批工作提供了针对性的规划要求。

（3）与甘肃省"精准扶贫"工作紧密结合，为特殊困难地区的基础设施和城乡建设提供了有力依据。

（4）根据省政府要求，以本规划为依据，编制了《甘肃省城镇风貌规划编制指南》，进一步指导各城镇风貌规划建设。

（执笔人：李铭）

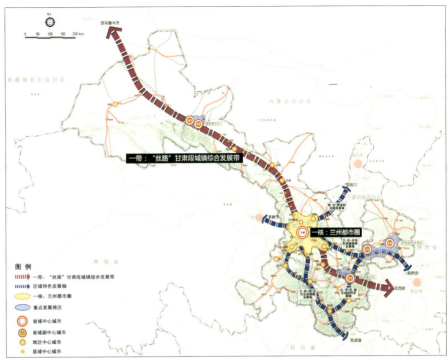

甘肃省城镇空间结构规划图

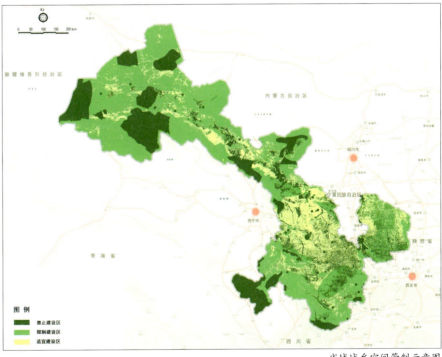

省域城乡空间管制示意图

皖北城镇体系规划（2015—2030 年）

2017年度全国优秀规划设计二等奖｜2014—2015年度中规院优秀城乡规划设计一等奖

编制起止时间：2013.2—2017.6
承担单位：上海分院
主管总工：李晓江　　　　分院主管总工：郑德高、蔡震
项目负责人：朱郁郁、闫岩
主要参加人：董淑敏、葛春晖、张振广、周杨军、干迪、刘律、毛斌、李璇、赵进、黄数敏
合作单位：安徽省城乡规划设计研究院有限公司

背景与意义

皖北地区包括蚌埠、淮南、阜阳、宿州、淮北、亳州六市，总面积近4万km²，是黄淮海平原的重要组成部分，也是人口高密度聚集和大规模输出的典型代表。在全国经济发展方式转型和新型城镇化的大背景下，这类地区的城镇化路径具有极强的模式研究价值。

受安徽省住房和城乡建设厅委托，该项目由我院开展编制。2013年3月启动调研，2014年经全国专家审查会审议通过，2015—2016年先后经安徽省多部门审议，修改完善后的成果于2017年3月由安徽省人民政府正式批复。

规划内容

（1）发展目标。将皖北地区建设成为全国传统农业地区城镇化健康发展的试验区、长三角地区重要的能源基地和先进制造业基地、中部地区生态可持续的粮食安全保障区、安徽省全面建成小康社会的重点地区。

（2）城镇化水平。基于水资源分析，规划提出至2030年，皖北地区城乡常住人口规模为2860万人，城镇人口为1900万~1950万人，城镇化水平为66%~68%。

（3）空间结构和布局。皖北地区远

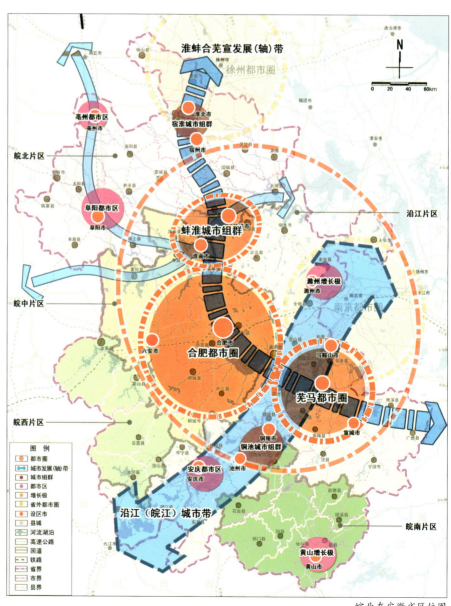

皖北在安徽省区位图

期发展形成"两群两区三带"的空间结构。"两群"为蚌淮(南)城市组群、宿淮(北)城市组群,实现蚌埠淮南、宿州淮北联动发展;"两区"为阜阳都市区、亳州都市区,以加快中心城市建设、带动县城发展为目标;"三带"为合蚌淮(北)城镇带、沿淮城镇带、淮(南)阜亳城镇带,是皖北城镇化拓展的重要空间。

(4)综合交通体系。规划提出至2030年,形成"七横六纵"高速公路网络。七横包括连霍高速、宿登高速、宁洛高速、合淮阜高速、沿淮高速、阜淮高速、宿蒙高速;六纵包括济广高速、济祁高速、京台高速、徐明高速、蚌宿高速、合阜高速。

(5)区域协调与行动规划。提出皖北与苏北、豫东、合肥都市圈和芜马都市圈的协调要点;明确近期构建城市组群协作平台、实施"县城突破"战略等七项行动计划。

创新要点

(1)基于人的视角开展自下而上的调研。调研发现,皖北城镇化潜力人群结构性失衡,农村地区18~40周岁的劳动力中,70%以上常年在外务工;皖北城镇化模式存在多样化选择,中心城市在经济增长中主体地位显著,但县城却成为城镇人口增长的主要载体。

(2)基于"两化三农"视角开展特征与趋势研究。研究发现皖北人口外出和回流长期并存,城镇化路径必须从区域城镇化和本土城镇化两个角度进行探索。

(3)提出分区、分层两大核心战略。分区方面重点培育京沪、商杭和沿淮三条发展廊道,提高廊道地区的产业和城镇人

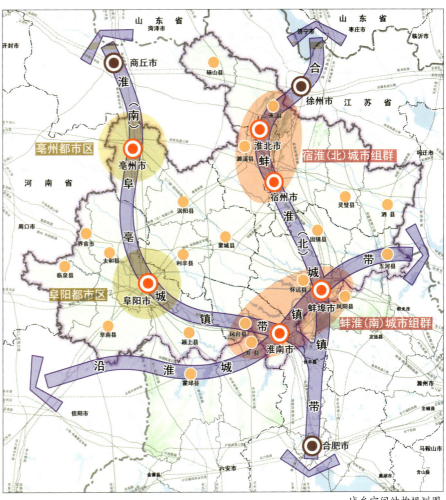

城乡空间结构规划图

口的集聚度;分层方面提出中心城市、县城、小城镇在皖北地区城镇化进程中,应发挥不同作用。

(4)率先在省域次区域规划中探索建立生态保护红线体系,重点构建以高速铁路、高速公路为骨架的现代化综合交通运输体系。

实施效果

(1)凝聚了皖北发展共识,控制区域人口总规模、推动人口从跨省转移转向省内转移、促进区域内部平衡等战略,成为推动皖北城镇化的基本政策。

(2)"以水定城、以水定地、以水定人、以水定产"成为皖北城镇发展的基本方针,以本规划为指导,阜阳等城市开始编制水资源专项规划,进一步强化对水资源瓶颈的研究。

(3)县城在新型城镇化规划中的基础支撑作用得到广泛关注,相关配套政策相继出台。

(4)有效指导了阜阳、宿州、濉溪、凤台等市县战略规划、总体规划的编制,也为皖北"十三五"规划等相关规划提供了重要的支撑。

(执笔人:张振广)

美丽福建宜居环境建设总体规划（2014—2020年）

2015年度全国优秀城乡规划设计一等奖｜2015年度福建省优秀城乡规划设计一等奖｜2014—2015年度中规院优秀城乡规划设计一等奖

编制起止时间：2013.11—2014.12
承担单位：城乡治理研究所
主管总工：朱子瑜　　主管所长：尹强　　主管主任工：罗赤
项目负责人：张娟、冯晖　主要参加人：李家志、李婧、车旭、项冉、胡君、张乔
合作单位：福建省城乡规划设计研究院

背景与意义

党的十八大以来，中央要求福建加快发展，与台湾社会经济深度融合，为祖国和平统一大业作出更大贡献。为积极贯彻中央新要求，落实生态省战略，探索美丽福建示范样本，为全省城乡建设构建顶层设计，2013年11月，福建省人民政府启动《美丽福建宜居环境建设总体规划（2014—2020年）》编制工作。本次规划以血缘为根基、以文化为纽带，在与台湾同胞共保海峡环境、共建美好家园、共享发展成果方面具有极为重大的历史意义。

规划内容

第一篇 规划背景与目标。基于福建省宜居环境建设现状特征与发展趋势，提出山水、环境、人文、品质、繁荣、和谐"六美"总体目标，包括经济社会、生态环境、基础设施和资源能源利用等五大方面共32项的指标体系。

第二篇 优化省域宜居环境空间格局。强化省域生态环境保护；构建彰显地域文化特色的历史文化传承体系；以集约、高效、品质、产城互动为目标优化城乡建设空间，特别提出沿海城镇密集地区提升宜居品质的要求。

第三篇 提升城乡宜居环境建设品质。提出城镇宜居环境建设七方面基本要求、"九市一区"宜居环境建设重点工作、

县（市）域宜居环境的特色方向、美丽乡村宜居环境建设指引。

第四篇 规划行动与实施。开展市政提升、传承文化、美丽乡村、特色城镇、碧水蓝海、增绿添彩、绿色低碳与文明治理八大专项行动；构建省市两级联合推动宜居环境建设的工作机制，包括平台建设、配套机制、专项规划与技术指导、试点示范、考核评价等方面。

创新要点

本次规划是福建省域规划的一次大胆创新，特别体现在不以空间扩张为导向，而是从物质空间改造提升入手，回归社会治理目标。规划既是创建全国生态文明示范区的具体实践，也是响应美丽中国的行动落实，更是新常态下规划转型发展的积极探索，具体有以下几方面创新。

（1）探索省域"多规协同"下的空间管控方式。规划将"多规融合"理念拓展到省域层面。以宜居环境建设为平台，协调解决各部门重要规划在空间布局和资源使用方面的矛盾，建立多部门协同、分层次管理的省级空间管控体系。

（2）突出事权明晰下的城乡治理能力提升。强化省级政府对省域重要生态保护区、历史文化保护区、重大基础设施廊道等的空间管控能力，发挥省政府在提升人居环境宜居度等方面的指导监督作用；市、县政府按照规划确定的宜居环境建设基本要求和特色方向，编制年度行动计划稳步实施；鼓励基层创新，促进自上而下政府治理与自下而上社会自治良性互动。

（3）强调分类指导下的宜居环境建设基本要求和特色指引。规划将宜居环境建设基本要求与差异化指引相结合，基于城镇地形地貌、资源禀赋、山水格局、文化特色等差异性特征，提出"九市一区"和

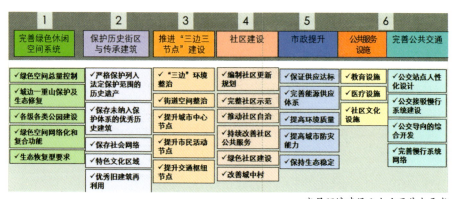

宜居环境建设六大方面基本要求

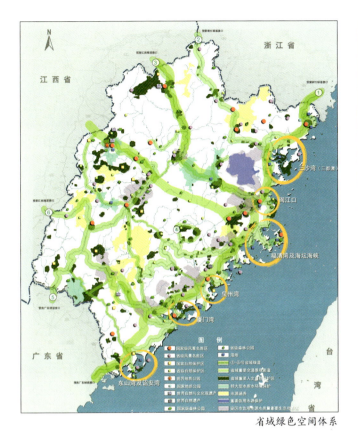

省城绿色空间体系

复合功能的省域绿道网

县（市）域宜居环境建设要求与特色方向。

（4）加强行动规划的系统性、综合性和实施性。转变"分散化、碎片化"的建设指导方式和临时性、短期性的环境整治方式，规划建立了宜居环境建设长效机制，并明确分阶段任务和责任单位。为强化实施性，完善了相关政策配套和资金保障，建立定期评估机制，推进宜居环境管理和执法建设。

（5）编制组织机制创新。宜居环境建设对于展现大陆发展进步和文明程度提升、促进台海人民增进共识具有特殊意义。规划采用"国省规划设计单位联合编制、两岸多家研究机构共同参与"的编制模式，促进闽台居民加强理解与认同，进一步发挥福建在台海关系中的缝合作用。编制过程中坚持全过程参与式规划，通过多种形式广泛征求海峡两岸及福建省内知名专家、各级相关部门、社会公众等各方意见，集思广益、充分沟通、深入研究，确保规划成果的科学性。

实施效果

（1）成为各级党委政府推进宜居环境建设的重要纲领。2013年成立了以福建省主要领导为总指挥的省宜居环境建设指挥部及其下设的办公室（本项目中简称宜居办）。2014年，全省宜居环境建设项目实际完工2204项、在建1531项、前期333项，完成投资2158亿元。此外，省财政厅、住房和城乡建设厅联合出台宜居环境建设项目考核验收管理办法和"以奖代补"资金实施细则。

（2）成为城乡规划相关标准规范的技术支撑。在本规划指导下，福建省先后下发了针对县市城乡总体规划、景观风貌专项规划、市容环境综合整治工程、"三边三节点"整治、绿道规划建设、美丽乡村建设、历史文化名镇名村等的十多项涉及宜居环境整治提升的导则、标准与技术指南，有效指导和规范项目实施。

（3）成为相关规划编制的依据。规划对下层次的县市城乡总体规划、宜居环境总体规划以及相关专项规划的编制有很好的指导作用。2014年全省加快了景观风貌专项规划编制力度，也取得了很好的效果。

（4）指导一批宜居环境优秀案例的建设。2014年，全省实施城镇"三边三节点"整治项目235个，打造29条连线成片的美丽乡村景观带，完成520km公路铁路沿线景观整治，涌现一批精品示范工程。漳州市郊野公园龙文段、长泰上蔡村村庄环境综合整治这两个宜居环境项目被住房和城乡建设部授予"2014年中国人居环境范例奖"称号。

（5）引领全民参与宜居环境共同缔造的新潮流。规划编制过程中，项目组通过城乡规划人才培训、规划手册印发、问卷调查、宣讲等方式普及宜居环境建设理念；通过各大报纸、网络等多种形式宣传，营造共同缔造宜居环境的浓厚氛围。

（执笔人：张娟）

上海大都市圈系列项目

2021年度上海市优秀国土空间规划设计特等奖（项目一）

编制起止时间： 2018.3—2022.9

项目一名称： 上海大都市圈空间协同规划
承 担 单 位： 上海分院
主管总工： 郑德高　　**主管所长：** 林辰辉　　**主管主任工：** 陈勇　　**项目负责人：** 孙娟、马璇、林辰辉
主要参加人： 张亢、陈阳、张振广、李鹏飞、陈海涛、吴乘月、张聪、毛斌、蔡润林、闫雯、章怡、谢磊

项目二名称： 上海大都市圈城市指数研究
承 担 单 位： 上海分院
主管主任工： 刘昆轶　　**项目负责人：** 孙娟、马璇、林辰辉
主要参加人： 陈阳、张亢、李鹏飞、张振广、李诗卉、韩旭、费莉媛、谈力、戚宇瑶、罗瀛

背景与意义

2017年，国务院在对上海总规的批复中首次提出，"充分发挥上海中心城市作用，加强与周边城市分工协作，构建上海大都市圈"。2019年，《长江三角洲区域一体化发展规划纲要》进一步明确"推动上海与近沪地区联动，构建上海大都市圈"。

基于此，上海市政府会同江浙两省政府经一年多商议，明确上海大都市圈规划范围为上海及周边8个城市，总面积5.6万km²。

2019年10月，第一次两省一市领导小组会议在沪召开，正式启动《上海大都市圈空间协同规划》编制工作。

这是新时代全国第一个跨省域的国土空间规划，也是第一个都市圈国土空间规划，得到相关部委全程指导及高度认可，具有划时代的价值与意义。

规划内容

1. 价值与特征：上海大都市圈是兼顾地理邻近、功能关联与行政完整性的基本空间单元

地理邻近性上，从简单的空间邻近到

上海大都市圈规划范围

流域完整。上海大都市圈是以太湖流域为核心载体，水脉相依、人缘相亲的生命共同体，但也面临着更高品质的人居环境与生态安全的现实挑战。

功能关联性上，从传统学术意义的单中心通勤圈到关联紧密的功能圈。上海大都市圈是以上海为核心引领、往来紧密的商务圈和休闲圈，也是产业横向竞合的多中心组合体，但也面临创新转化不足、核心技术欠缺等更强大创新能力的挑战。

行政完整性上，从学术上的统计单元到完整的区域治理单元。都市圈兼顾了自上而下的治理需求与自下而上的协同诉求，是区域协同治理的基本单元，但也面临着更高效的交通流动与设施共建的挑战。

2. 目标愿景：从全球城市到全球城市区域

规划提出，"建设卓越的全球城市区域，打造更具竞争力、更可持续、更加融合的都市圈"的愿景。

竞争力维度上：一是共建创新共同体，聚焦"四类"创新源，构建知识集群

和高端制造集群，强化内生创新协作；二是构建多中心功能体系，打破市级行政边界，以40个区县为基本单元，强调核心维度上各扬所长，推动更多专业型、技术型节点进入全球城市网络，实现动态演进。在此基础上，上海大都市圈城市指数从生产性服务业、航运贸易、科技创新、智能制造、文化交流五大维度出发，充分

借鉴国际经验、响应国家战略、优化评价标准，将各个城市置于全球功能网络中寻找坐标。历经2020年、2022年连续两版发布完善后，上海大都市圈城市指数已成为动态监测城市发展路径、科学提供方向指引的指数评价工具。

可持续维度上：一是生态共保共治，聚焦太湖、长江等流域性水环境，建设区

上海大都市圈特色小镇及聚落分布图

上海大都市圈14个知识集群示意图

上海大都市圈指数评价维度

上海大都市圈城市指数2020版、2022版评价结果

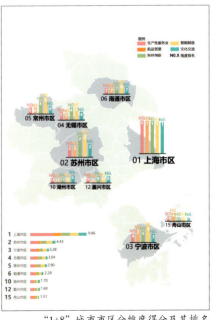

"1+8"城市市区分维度得分及其排名

域清水绿廊，实现地表水质Ⅲ类以上，保障粮食自给率，共同承诺率先实现"双碳"目标；二是文化共建共享，共申区域遗产群，共建小镇联盟，共享重大设施群。

融合维度上：完善都市圈城际"一张网"，县级单元双线枢纽覆盖率达95%；强化站城融合，枢纽进地区中心比例从1/3提升到90%。基于目标愿景，明确分阶段路径，并构建4类17项的指标体系。指标项上，创新构建区域城际轨道密度等11个"合作型"指标；指标值上，突出"整体性指标合作共达，底线型指标就高不就低"。

创新要点

一是形成了"紧凑、开放、网络化"的区域空间格局。

二是分层传导，建立"大都市圈、战略协同区、协作示范区及跨界城镇圈"四层次空间协同框架。五大协同区聚焦战略板块，侧重责任引领；协作示范区聚焦区县单元，侧重一体化项目布局；城镇圈聚焦乡镇单元，侧重跨界建设衔接与设施共享。

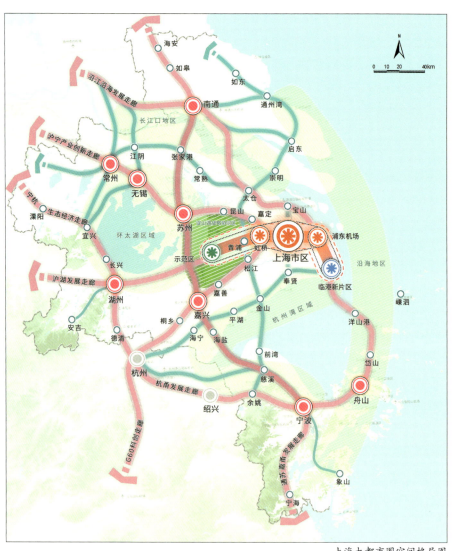

上海大都市圈空间格局图

上海大都市圈重点饮用水源建设与保护项目示意图

上海大都市圈轨道交通链接示意图

上海大都市圈蓝网骨干通道建设项目示意图

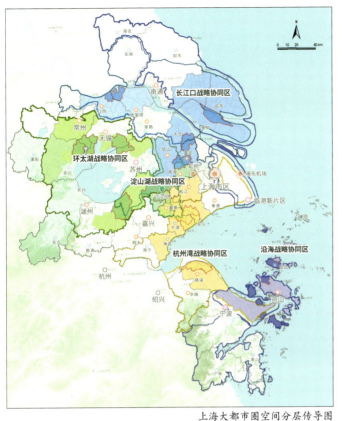

上海大都市圈空间分层传导图

上海大都市圈区域绿道建设示意图

三是体现了"共同组织、共同编制、共同认定和实施"的工作思路。搭建了"三地九方十部门"跨地域、跨领域的矩阵式协同工作框架，形成各城市协作发展的共识性文件以及专项规划与跨界地区协同的重要支撑。在此基础上，形成"一张图""公众版"等成果，凝聚多方共识。

实施效果

规划作为"1+8"城市的共同契约，编制过程中的重要共识成为各市"十四五"规划的依据；部分重大跨域行动已纳入《长三角地区一体化发展三年行动计划（2021—2023年）》加以实施。基于规划编制经验形成的《都市圈国土空间规划编制规程》，对我国都市圈国土空间规划的定位和作用、空间范围界定、规划原则、编制重点等核心问题做出全面回应。

基于都市圈规划搭建动态监测平台，形成了五大维度、20项数据的大都市圈智能数据平台；不断叠加更多元的数据模块，形成了人、企、地等数据综合平台。形成了对标国际的跟踪监测体系，构建了持续发布的机制。对标GAWC（全球化与世界城市研究网络），形成大都市圈城市指数，并在上海大都市圈规划研究中心和研究联盟主办的年度论坛上发布，两年一发布指数成果获得广泛传播与应用，澎湃新闻、上观新闻、规划中国等众多平台相继发布；

开启了都市圈动态跟踪的先河，起到了示范作用，武汉都市圈、深圳都市圈、成都都市圈近年来均发布了都市圈监测报告。

在编制上，坚持平等协商，贯彻"四共"模式；在技术体系上，提出都市圈兼具全球城市区域与都市圈双重内涵属性，构建符合中国治理逻辑的"三体系一机制"的区域空间规划技术框架；在治理创新上，探索多元参与的共治模式，搭建、形成、展开多样化的协同平台、机制与行动。既是圈内城市协同发展的共同期望，也是区域空间现代化治理的有益探索，为新时期国内都市圈规划及区域治理提供了理论延伸与实践参考。

（执笔人：张元）

深圳都市圈发展规划

2021年度全国优秀城市规划设计二等奖｜2020—2021年度中规院优秀规划设计一等奖

编制起止时间：2019.8—2023.12
承 担 单 位：深圳分院
主 管 所 长：方煜　　　主管主任工：何斌　　　项目负责人：徐雨璇、邱凯付
主要参加人：范钟铭、李春海、陈少杰、罗方焓、刘菁、刘莹、樊德良、方晨宇

背景与意义

过去40多年，深圳实现了从小渔村到全球创新城市的历史性跨越，是中国特色社会主义在一张白纸上的精彩演绎，但也留下了空间过载、创新内外挤压、外向发展不确定等挑战。

建设好深圳都市圈，是深圳破解自身挑战、践行建设中国特色社会主义先行示范区使命、支撑大湾区建设世界级城市群的必然选择。为此，深圳市牵头，联合东莞、惠州共同编制了《深圳都市圈发展规划》。

规划内容

创新引领，谋定发展目标和空间新格局。

构建从目标到指标的技术逻辑，重点突出质量型、对流型和联系型指标。

推进产业、交通、生态、民生、机制

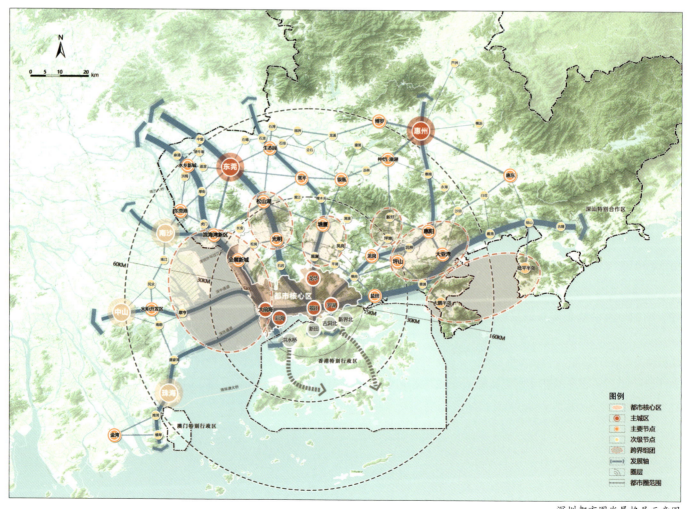

深圳都市圈发展格局示意图

"五大一体化"，释放都市圈系统红利。

聚焦"五大一体化"，规划制定了七大行动计划，并以环深六大跨界组团作为近期协同发展的主战场，将"五大一体化"落实到六大组团中。

创新要点

（1）首次构建一体化评估模型。评估发现，深圳都市圈目前仍处于一体化发展的初级阶段，整体上呈现强对流、弱协同的特征。

（2）多主体全过程共同参与，实现规划编制创新。建立了三市共同编制、共同认定、共同实施的组织框架，省、市、区县上下联动，多主体共同协商，规划成果充分反映并集成三市共同意愿。

实施效果

（1）规划成为具有广泛共识的行动纲领。"制定实施深圳都市圈发展规划、建设好深圳都市圈"纳入广东省政府工作报告，成为全省和深莞惠三市"十四五"规划的重要内容。主动融深、深度融合成为临深城市发展的基本方针。

（2）规划提出的行动计划和跨界组团设想正在落实推进。都市圈城际轨道建设指挥部应运而生，三个"1000公里"的都市圈交通网络建设行动正式开启。珠江口东西两岸一体化示范区提上议事日程，光明和松山湖共建综合性国家科学中心先行启动区拉开序幕。

（3）有力指导了下层次规划和专项规划。规划提出的空间格局、产业部署在深莞惠三市国土空间规划中得到充分落实和细化，一系列专项规划、重点片区建设规划陆续开展。

（执笔人：徐雨璇、邱凯付、陈少杰）

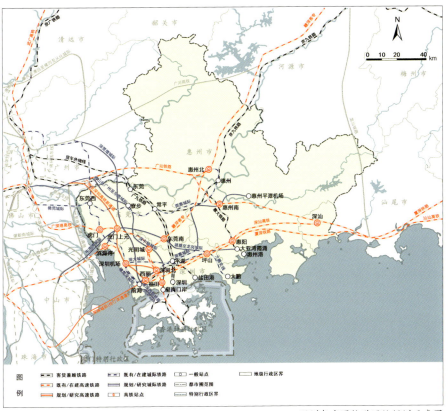

深圳都市圈轨道网络规划示意图

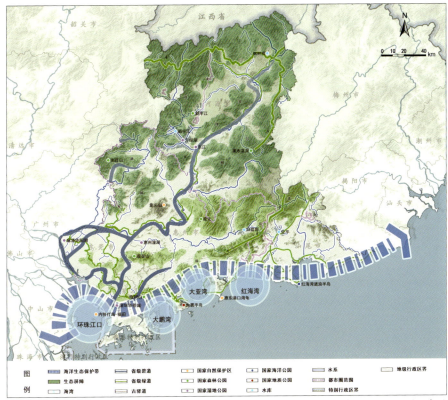

深圳都市圈生态保护格局规划示意图

西安都市圈发展规划

2021年度国家发展和改革委员会优秀研究成果奖三等奖｜2022—2023年度中规院优秀规划设计三等奖

编制起止时间：2021.8—2022.4
承担单位：区域规划研究所、院士工作室
主管所长：陈明　　　　　　主管主任工：陈睿
项目负责人：邵丹　　　　　主要参加人：付凯、秦佳星、翟家琳、沈宇飞
合作单位：陕西省发展和改革委员会

背景与意义

培育建设现代化都市圈，是"十四五"时期完善新型城镇化战略、提高区域协调精度的重要举措。《西安都市圈发展规划》是首批获得国家批复的都市圈规划，具有积极的探索意义。规划编制由陕西省发展和改革委员会牵头，由中规院承担现状分析、空间范围识别、空间格局研究、重点区域协调与治理等方面的技术支撑工作。

规划内容

（1）以西安—咸阳一体化为重点推进都市圈空间结构优化。西安都市圈核心区涉及跨市协调，西安、咸阳两市连绵发展，人员往来密切，但交界地区一体化程度不高。规划着力发挥西咸新区纽带作用，加强空间统筹，形成核心区引领、重

点功能组团协同的发展格局。

（2）以交通、产业、科研为抓手，加强核心功能的区域统筹。西安都市圈现状核心功能过度集聚，科技创新活动、对外交通组织高度依赖西安中心城区，不利于区域产业发展。规划着重梳理都市圈多层次轨道网、涵盖城市道路的一体化道路网、资源能源重大设施一张网，解决一体化发展关键瓶颈。依托秦创原创新驱动平台引导创新链产业链融合发展，深入推进陆港、空港引领的"一带一路"国际门户枢纽城市建设。

（3）一体化推进区域自然与历史文化保护传承。西安及周边地区自然山水与历史文化高度关联，共同承担秦岭、渭河保护责任，共同肩负中华文明传承使命。规划以泾渭河为纽带，以秦岭北麓为

重点，全面贯彻落实黄河流域生态保护和高质量发展战略要求，加强区域水资源统筹配置和水利工程总体保障。保护传承历史文化遗产，突出大遗址特色，推进汉唐帝陵联合申遗工作，将大遗址带作为都市圈文化绿心，打造秦汉文化标识地和历史文化遗产集中展示区。以隋唐长安城和骊山—秦陵遗产区为核心，开辟历代都城、丝绸之路、秦岭郊野等文化旅游新路径，增强国际旅游目的地职能。

创新要点

（1）探索多视角、多圈层都市圈空间范围识别方法。以1小时交通圈为基础，重点依据人口就业密度、通勤联系、经济联系等条件，考虑资源环境协同保护压力和历史文化遗产密集等因素，结合地

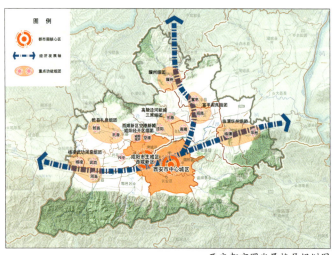

西安都市圈发展格局规划图

西咸新区纽带作用示意图

方案1：向都市圈核心区集聚　　　　　　方案2：在关中平原范围均衡增长　　　　　　方案3：向都市圈范围多中心集聚

图例　■ 西安都市圈核心区　都市圈重点组团　都市圈其他区县　关中平原其他区县　预测人口增速

西安都市圈多情景人口发展展望分析

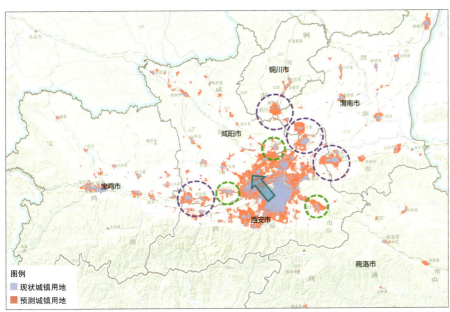

图例
现状城镇用地
预测城镇用地

趋于稳态的城镇空间FLUS模型预测结果

方政府协同发展诉求，综合确定西安都市圈包含的县级行政单元范围。同时结合实际，增加都市圈核心区规划层次。

（2）探索发展型都市圈空间格局引导的技术方法。分析近年人口空间集聚特征和产生的相关问题，提出多情景区域人口发展展望，对照成熟型都市圈发展规律，按照都市圈总体集聚、圈内多中心发展进行引导；基于2000年以来城镇空间历史演变数据，采用模型推演空间扩张态势，提出一体化发展的重点引导区域和重点管控区域，构建区域一体的生态安全和韧性城市格局。规划将定性与定量相结合，在趋

势判断的基础上明确空间结构优化方向。

（3）探索中心城市面向区域治理的规划编制方法。为提高区域协调发展精度，调动中心城市积极性，规划基于陕西省指导、西安市牵头制定具体行动计划和专项推进方案，提出创新转化、枢纽建设、生态和文化保护等主题鲜明的区域协同重点区域，推动规划实施中不断创新多样化的区域合作机制。

实施效果

《西安都市圈发展规划》已经国家发展改革委同意并印发，目前是引领西安都

市圈规划实施的重要纲领性文件。中规院持续配合陕西省发展改革委做好技术咨询和实施监测。

都市圈协调工作进入实质性推进阶段。目前已经建立都市圈各市（区）党政联席会议制度和一体化发展办公室，西安市牵头印发了《加快推进西咸一体化发展合作备忘录》《西渭融合发展重点事项清单》，成立了空间规划、创新驱动、产业发展、生态环保、基础设施、城市建设、公共服务、遗留问题解决等八个工作推进专班。省、市均形成了年度重点工作任务和推进事项机制，开展了都市圈建设第三方评估。西安、咸阳和西咸新区建立了规划对接长效机制，共同推进规划"最后一公里"实施落地。

秦创原创新驱动平台建设成效明显，形成了省级"政策包"与市级平台协同推进的"1+N"政策体系，都市圈四座城市均推出了秦创原创新驱动平台建设实施方案，2022年西安获批建设综合性科学中心和科技创新中心。

西安—咸阳空间一体化快速推进。2023年，两市专项推进西咸互联互通工作，地铁1号线实现跨市运行。近期富平（阎良）至咸阳机场铁路项目获国家发展改革委批准实施。

（执笔人：邵丹）

郑州大都市区空间规划（2018—2035年）

2021年度全国优秀城市规划设计二等奖｜2021年度河南省优秀城乡规划设计一等奖

编制起止时间：2017.3—2019.1
承担单位：城乡治理研究所、历史文化名城保护与发展研究分院、城市交通研究分院、城镇水务与工程研究分院
主管总工：杨保军、张菁　　　主管所长：许宏宇　　　主管主任工：曹传新　　　项目负责人：杜宝东、汤芳菲
主要参加人：付凌峰、周霞、徐会夫、付彬、杨开、李浩、曹木、周婧楠、张凤梅、胡晓华、刘盛超、项冉、吴子啸、秦维、郭玥、黄继军、
陆品品、孙增峰
合作单位：国务院发展研究中心、中国人民大学、北京大学、北京地格规划顾问有限公司、河南省城乡规划设计研究总院股份有限公司

背景与意义

　　郑州大都市区包含郑州市域和开封、新乡、焦作、许昌四市邻近郑州的区县，国土总面积占到全省国土面积的9.6%，人口占全省的17%，生产总值占全省的30%，是河南省的社会经济发展高地。

　　随着国家城镇化进程迈入新阶段，城市群、都市圈成为国家新型城镇化发展的重要空间抓手，郑州大都市区发展对于全面加强郑州国家中心城市建设，引导河南本地城镇化深度推进，支撑黄河流域生态保护和高质量发展与中部崛起区域重大战略，助力全国城镇发展格局优化具有重要的意义。

　　本规划的编制是在我国空间规划体系改革时期，在国家多个部委联合试点工作阶段开展的一次探索，是具有创新价值的跨区域都市圈空间规划实践，在生态文明时代规划建设管理模式、人口经济密集地区优化开发模式和跨区域空间治理体系等方面开展了前沿的工作，具有积极的示范价值。

规划内容

　　在贯彻落实国务院批复的《中原城市群发展规划》和国家发展改革委《关于支持郑州建设国家中心城市的指导意见》的相关要求基础上，确定"引导郑州大都市区健康有序发展，促进郑州与周边区域融合发展，打造引领带动中原崛起的核心增

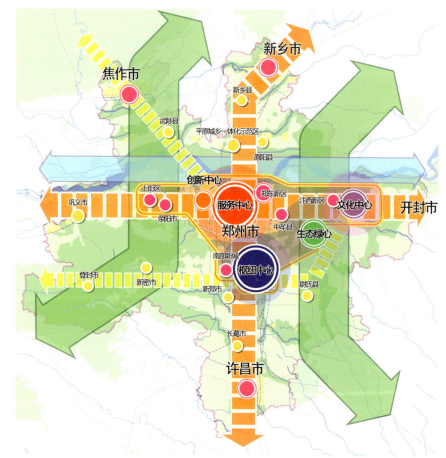

郑州大都市区空间结构示意图

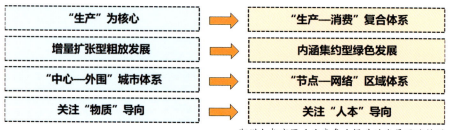

郑州大都市区响应竞争力提升的发展思路转型

长极"的功能定位。

在充分分析区域发展概况、国土空间开发格局及大都市区发展面临的挑战基础上，结合资源环境承载能力和国土空间开发适宜性评价，提出规划的总体思路、空间结构、功能组织策略和实施传导保障。

创新要点

（1）探索了生态文明背景下的空间规划编制技术方法，坚持"以水定人""以水定城"原则；在国家"双评价"技术指南尚未出台背景下，探索形成资源环境承载能力和国土空间开发适宜性评价成果。践行"绿水青山就是金山银山"的理念，构建多层次、多功能、复合型、网络化的生态网络体系，在大都市区总体空间结构中基于本底生态与文化资源特征和发展目标，明确提出共育黄河文化生态带、嵩山—太行山区文化生态带和平原农区田园文化生态带。围绕森林、湿地、流域、农田、城市五大生态系统，推进大都市区生态系统协同治理。

（2）探索以都市圈为范围的跨区域空间规划关注重点，明确了郑州大都市区作为郑州国家中心城市基础支撑、中原城市群引领示范的核心职能，并提出面向2035年，打造具有全球影响力的国际化大都市区总定位。提出建设郑东新区金融中心、开封文化中心、航空港国际枢纽和郑州高新区创新中心。重组大都市区货运物流组织体系，提出疏解郑州市中心城区铁路货运组织功能，推动郑州北站货运编组功能外迁。依托区域交通廊道，结合地方产业发展优势，规划建设六条跨区域产业发展走廊，加快各类园区的整合集聚与调整提升，推动产业集群协同发展。

（3）创新都市圈治理及规划传导机制，以"一图一表"形式明确大都市区空间规划向下一层次规划传导的内容。构建

重点地区跨界协调机制，加强交界地区发展引导，探索建设四大政策协调区、三大合作示范平台，通过试点推进的方式，不断完善协同发展机制和政策。提升区域治理能力，建立基础设施共建、产业转移引导、公共服务共享、数据信息开放四大机制。

实施效果

（1）《郑州大都市区空间规划（2018—2035年）》于2018年12月经河南省委常委会审议通过，引发了社会各界广泛关注，成为引领郑州大都市区发展的重要纲领性文件，对引导大都市区健康有序发展发挥了重要的指导作用。

（2）推动大都市区重大事项科学决策机制建立。由河南省中原城市群建设工作领导小组办公室高位统筹，成立了由省长牵头的都市圈建设领导小组，办公室设

在河南省发展改革委，确保大都市区空间规划有效实施。

（3）区域一体化重大工程快速推进。出台年度行动计划，重点聚焦交通网络、产业发展、生态建设、基础设施和公共服务网络建设四大领域专项行动，搭建空间大数据及可视化规划管理系统，开展区域深度融合示范区探索。

（4）建立空间规划引导机制。有效指导了大都市区一系列区域规划、战略规划、专项规划编制，也为后续省市县国土空间规划的编制试点作出示范。

（5）超前响应黄河流域生态保护和高质量发展重大区域战略。率先提出黄河国家生态文化走廊建设构想，前瞻谋划，提前布局，应对黄河国家战略出台争取发展机遇期。

（执笔人：汤芳菲、付彬）

郑州大都市区空间规划总体技术框架

郑州周边山水生态环境

襄阳都市圈发展规划

2023年度湖北省推荐优秀城市规划设计一等奖｜2022—2023年度中规院优秀规划设计三等奖

编制起止时间： 2023.2—2023.10
承担单位： 住房与住区研究所、城市交通研究分院、城镇水务与工程研究分院
主管总工： 郑德高　　　　**主管主任工：** 杨亮
项目负责人： 卢华翔、李烨、张伟
主要参加人： 徐漫辰、徐海林、侯玉柱、葛文静、王越、叶竹、荆莹、田硕、曹诗琦、苏腾、郭轶博、罗霄、张车琼、芮文武、李宁
合作单位： 襄阳市城市规划设计院有限公司

背景与意义

2022年，湖北省第十二次党代会作出了大力发展三大都市圈的战略部署。襄阳都市圈是三大都市圈之一，具有自然本底、人文历史、经济实力、区位交通等多方面的优势，但也面临中心城市中心不突出、交通优势转化有限、创新和产业竞争力有待提高、与周边地区协调发展不足等问题。

为深入贯彻落实党的二十大精神和湖北省第十二次党代会部署，着力构建处于起步、培育阶段都市圈的发展规划样板，规划聚焦三个空间层次发展重点，以强心、壮圈、带群、协域作为主线，贯穿整体思路。

襄阳都市圈发展格局示意图

规划内容

（1）突出做大做强中心城市。从交通联结力、产业竞争力、创新驱动力、城市辐射力和环境吸引力五个维度，提升中心城市能级，增强交通物流、产业创新、综合服务、城市环境等方面的实力，奋力在汉江流域、南襄盆地树立高质量发展标杆。

（2）推进交通优势转化为发展胜势。在都市圈层面，以提升辐射力为目标，打造同城化都市圈网络；以提质增量为路径，打造全国性综合交通枢纽。在中心城市层面，依托襄阳综合运输通道优势，加

快推进综合交通网络提质增效，壮大枢纽经济。

（3）构建创新驱动的产业体系。强化主体培育，增强高质量发展内生动力；加强制造业转型升级发展重点平台建设，提升重点产业平台层级和承载能力。

（4）推动优质公共服务设施资源共建共享。强化优质资源引领，打造区域教育高质量发展标杆城市、区域医疗中心。促进文旅融合发展，打造全国知名的旅游目的地。

（5）多维度指引重点区域、交界地

区发展。对于"一体两翼"重点片区（襄宜南组群、枣阳地区、河谷城市组群）在空间格局、交通设施、流域协同治理等方面做出指引。

（6）引领协同周边区域发展。把握发展机遇，积极融入区域发展格局，带动"襄十随神"城市群发展，携手打造国家级先进制造业集群，融合营造国家级魅力景观区。促进与宜荆荆都市圈的产业分工协作，加强大气污染协同治理。共建襄南双城经济圈，构建产业协同发展体系，完善交通多式联运体系。

创新要点

（1）集聚发展，把握趋势特征，探索特色战略路径。识别"一体两翼"重点片区，作为区域发展引擎，以点带面带动全域发展。

（2）守正创新，坚持统筹理念，护航多维高质发展。针对当前阶段发展基础相对薄弱、面临未来增长不确定性的特点，构建都市圈面向长远的空间框架和政策框架，明确安全底线和区域发展共识。

（3）统筹开放，加强合作深度，引领区域协同共赢。融入区域发展格局，对"襄十随神"城市群、宜荆荆都市圈、襄南双城经济圈等区域提出具有战略性、实施性的务实行动。

（4）集成团队，立足多元视角，解决重大关键问题。针对物流成本高的问题，确定打造协同分工的枢纽联动体系、强化物流—产业—空间耦合的规划措施，达成综合物流成本下降三分之一的目标。

实施效果

（1）对于促进湖北省区域协调发展起到重要支撑作用。规划发布后成为引领襄阳都市圈、"襄十随神"四地发展的指引性、统领性规划。

（2）促进实施，推进重点支撑项目落地落实。一系列综合交通、新能源、产业项目陆续建设。东津城市新中心建设成势见效。都市圈发展美好愿景初步实现，带动区域协同发展的重要触媒逐步形成。

（3）上下联动，构建完善的都市圈规划体系。协助搭建了"总规+分规+行动"的都市圈规划体系。

（4）凝聚共识，推动重要文件发布。为关于襄阳都市圈发展协调机制的两次会议的顺利召开奠定基础，促成了襄阳市委市政府多项公共政策的出台。

（执笔人：李烨）

襄阳都市圈区域协同发展示意图

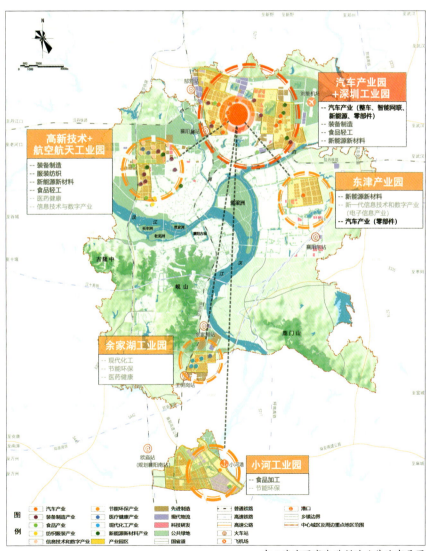

中心城市国家先进制造业基地布局图

通州区与廊坊北三县地区整合规划

编制起止时间：2016.12—2018.1
承担单位：城乡治理研究所、城镇水务与工程研究分院、城市交通研究分院、风景园林和景观研究分院、村镇规划研究所
主管所长：杜宝东　　　　主管主任工：曹传新　　　　项目负责人：王凯
主要参加人：徐会夫、项冉、李湉、曹木、路江涛、刘盛超、关凯、李雅琳、马晓虹、沈旭、王鹏苏、蒋艳灵、全波、姚伟奇、李岩、肖灿、
　　　　　　吴岩、谭静、魏来

背景与意义

为全面贯彻党中央关于推动京津冀协同发展的重要指示精神，有序推进北京非首都功能疏解，探索人口经济密集地区优化开发的新模式，同时为进一步落实党中央关于推进北京城市副中心建设的具体要求，国家发展改革委等七部委联合下发《关于印发加强京冀交界地区规划建设管理的指导意见的通知》要求，以及河北省委、省政府《关于落实中发〔2017〕26号文件精神支持北京城市副中心建设的实施意见》（冀发〔2017〕27号）要求，迫切需要强化通州区与廊坊北三县地区作为一个整体来规划建设和管理，探索生态文明时代建设的新模式，探索推进空间规划体系改革的新机制，探索推动京津冀协同发展的新举措，谋划城乡空间发展的新格局，搭建空间协同治理的新平台，科学指导相关规划的编制和具体项目的建设，实现统筹融合发展，示范带动承接非首都功能和京津冀协同发展，与雄安新区共建北京新两翼。

规划内容

（1）战略定位。按照"统一规划、统一政策、统一管控"的要求，加快形成"主次分明、功能协同、良性互动、相得益彰"的分工局面，建设和谐宜居之都示范区、新型城镇化示范区、京津冀协同发展示范区。

通州区与廊坊北三县地区整合规划愿景

（2）统一规划，构建协同发展的城乡新格局。构建"一心两楔多廊多斑块"的生态格局，建设"城镇+绿色"的复合空间格局。

（3）统一政策，探索精细化空间治理新平台。推进"统一规划、统一政策、统一管控"的相关制度建设；明确发展时序，分阶段有序推进一体化联动发展；强化任务分解落实，完善持续健康发展的考核机制。

（4）统一管控，联动发展，提升整体建设和发展水平。建设环首都森林公园与国家公园体系，构建城镇功能梯度分工和产业差异化发展格局，以副中心为枢纽推进交通一体化，实施区域基础设施共建共享和防灾减灾联防联控工程。

创新要点

生态优先，城绿交融，让城镇和生态相互嵌套一体布局。谋划大尺度"生态绿洲"，形成阴阳相济的空间布局。

协同发展，在准确识别跨界协调发展热点、痛点问题的基础上，针对地区发展的整体性、示范性、过程性特点及要求，制定有效的管控对策。

保障落地，构建完善系统的考核机制。将规划目标实施分解落实到七大关键领域，逐项量化考核任务和考核指标。

引导时序，制定分期实施计划，近期实施"环首都森林公园和国家公园建设""区域绿道建设""跨界交通对接""跨界园区合作""用地减量和低端产

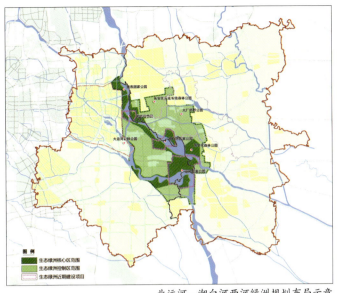

北运河—潮白河两河绿洲规划布局示意

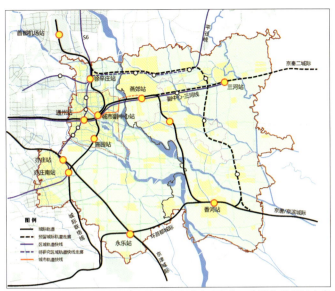

廊坊北三县地区至北京中心城区轨道规划方案

业清退"和"区域设施共建共享"六大行动。

实施效果

（1）规划成果转化为国家重大政策。2020年3月，国家发展改革委发布《北京市通州区与河北省三河、大厂、香河三县市协同发展规划》。

（2）规划重大项目稳步推进实施。一是2024年，《潮白河生态绿带（通州区与北三县交界地区）规划》审议通过，建设完成总面积约3.1万亩（1亩≈666.67m²）的潮白河森林生态景观带工程，区域生态环境品质不断提升。二是2021年，北京地铁22号线全面开工建设，接入北京市城市轨道交通网的北三县和平谷区，是京津冀协同发展城市轨道交通领域的首条示范线。

（执笔人：徐会夫）

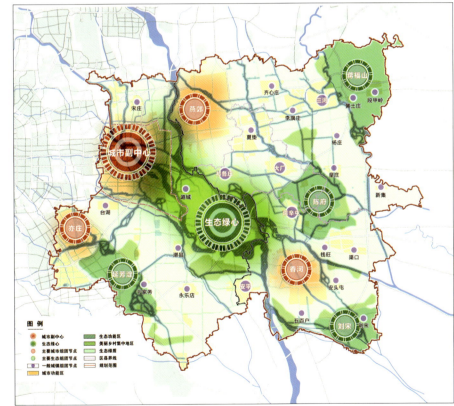

通州区与廊坊北三县地区空间结构规划

"1+4"广佛高质量发展融合试验区发展策略规划

2021年度深圳市优秀城市规划设计一等奖 | 2020—2021年度中规院优秀规划设计二等奖

编制起止时间：2019.7—2020.6
承 担 单 位：深圳分院
分院主管总工：方煜、赵迎雪   主管所长：刘雷   主管主任工：杨梅
项目负责人：孙婷   主要参加人：邓紫晗、杨蒙、王方、孙文勇、刘行、黄晓希、林芳菲、刘艳、陈菲

背景与意义

广佛同城化建设十年，在交通互联、环境共治、民生共享等领域取得了丰硕成果。2019年，根据《粤港澳大湾区发展规划纲要》建设广佛极点的要求，广东省委、省政府提出全域同城的新要求，两市联席会议划定"1+4"共五片高质量发展融合试验区，探索新时期的区域融合新范式。

本次策略规划是试验区的纲领性规划，指导试验区下层次各项建设规划、城市设计工作的开展。

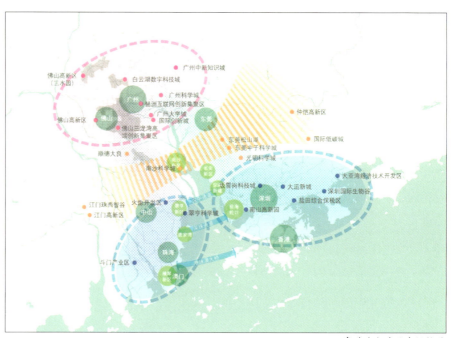

粤港澳大湾区空间格局

规划内容

（1）协同发展的量化研究。开展广佛协同发展的量化研究，在生态文化共育的基础上发挥广州区位、基础科研、人才资源和城市服务优势，发挥佛山制造潜力、成本洼地、政策高地优势，共同拉长板。以存量用地提质增效为抓手，共建完整创新链条，共育生态文化，共享城市服务，共推体制机制和政策创新，共建相对低成本、绝对高质量的融合试验区。

（2）全域融合的空间方案。突出高质量和融合两个关键词，规划提出试验区的愿景定位和建设目标，提出"一带、一环、一网"的"H"形总体空间结构，打造广佛百公里国家公园、广佛全球超级都会、广佛国际化科技创新网，共促广佛全

域同城发展。

（3）多维融合的发展策略。基于都市圈"中心—外围"圈层结构及"多中心网络化"组织方式，形成多要素、多类型融合示范。根据"1+4"五个试验区的区位差异和协同差异，提出特色化的产业定位、差异化的融合方案和建设指引。同时，规划提出通过生态、交通、产业、城市更新、文化特色、社会治理六大支撑体系，明确4类80余个近期建设项目，并针对性地提出建设指引和保障政策。

试验区区位图

创新要点

（1）长板理论指导下的区域协同设计理念。基于广佛两市边界地区在创新要素类型、用地功能安排等方面的互补性，构筑"H"形广佛都市圈空间结构，搭建共筑长板的空间基础，共建相对低成本、绝对高品质的融合试验区。

（2）要素"流"与边界"墙"的大数据研究方法。通过"通勤流、经济流、产业流"等大数据研究，识别"边界墙"，衡量都市圈内部城市的协同作用。

（3）分类型、分要素的试验区规划指引规划思路。遵循都市圈"中心—外围"发展规律，基于五个试验片区的基础差异，分区提出特色化的产业定位、差异化的建设指引和融合建设方案。

（4）全过程、伴随式、共同缔造的规划编制和公众参与方式。形成"两市协同、市区联动、共同缔造"的全过程伴随式组织方式。

（5）体制机制和政策创新保障。明确近期建设项目库，创新自然资源管理政策，以具体建设指引、即时项目转换保障规划落实。

实施效果

项目通过广州、佛山两市政府审批，促成在两市市区两级成立试验区建设工作专班，理顺试验区建设机制体制。项目提出的空间规划结构和各类项目及建设指标在建设总体规划和发展规划中予以落实，项目提出的近期项目库稳步推进实施。

两市已经分别开展启动区建设，共同开展广佛百公里国家公园城市设计的国际咨询，将广州26号线、广州32号线、广州33号线、肇顺南城际等四条轨道的衔接工程纳入"十四五"规划近期建设项目清单，广州南站高科技产业创新平台、佛山三龙湾科创园初步建成，集中展示了广佛高质量发展融合的初步成效。

（执笔人：陈菲）

粤港澳大湾区边界墙示意图

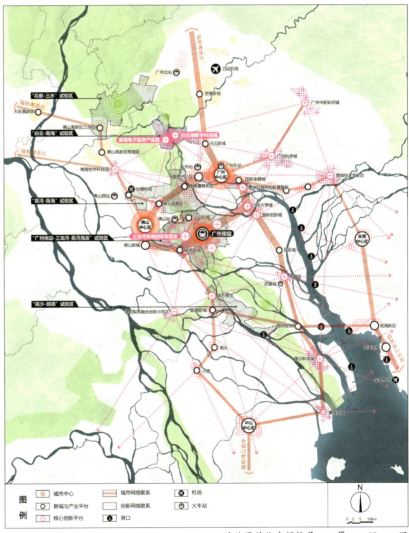

试验区总体空间格局：一带、一环、一网

广佛高质量发展融合试验区建设总体规划

2021年度全国优秀城市规划设计一等奖｜2021年度广东省优秀城乡规划设计一等奖

编制起止时间：2019.7—2020.6
承 担 单 位：深圳分院
分院主管总工：方煜、赵迎雪　　　主管所长：刘雷　　　主管主任工：杨梅
项目负责人：孙婷　　　主要参加人：邓紫晗、杨蒙、王方、孙文勇、刘行、黄晓希、林芳菲、刘艳、陈菲
合 作 单 位：广州市城市规划勘测设计研究院、佛山市规划设计研究院、广州市交通规划研究院有限公司

背景与意义

　　按照2019年5月召开的广佛同城化党政联席会议的工作部署，沿两市边界线共建"1+4"广佛高质量发展融合试验区，试验区总面积约629km²（广州275km²，佛山354km²），连片开发范围约139km²（广州69km²，佛山70km²）。在《"1+4"广佛高质量发展融合试验区发展策略规划》的指导下编制试验区建设总体规划，确定试验区具体选址，并做好规划控制和土地预留。

规划内容

　　（1）明确新时期广佛全域同城化的发展需求。从对话协调走向利益共同体；从主城区对接走向全域同城化；从项目和设施对接走向全方位、多要素的高质量融合发展。

　　（2）提出试验区三大建设定位。即全国都市圈治理与协同发展新典范、粤港澳世界级湾区创新开放新高地、广佛高品质岭南理想人居新标杆。

　　（3）落实试验区的总体建设设想。开展五大专题，推动两市生态、交通、产业、城市更新、文化特色、社会生活六大要素高质量融合；细化五个试验区的建设指引。

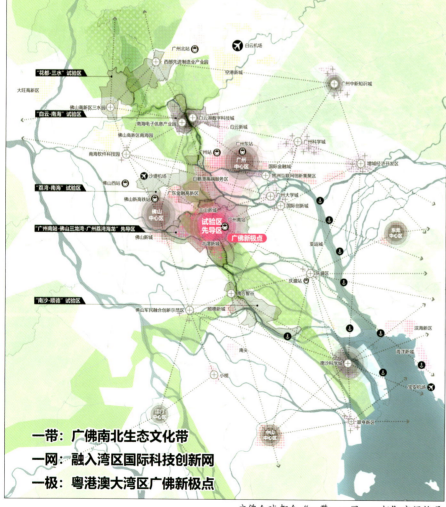

一带：广佛南北生态文化带
一网：融入湾区国际科技创新网
一极：粤港澳大湾区广佛新极点

广佛全球都会"一带、一网、一极"空间格局

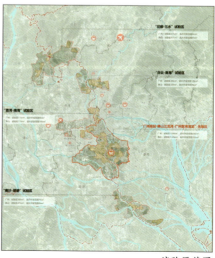

试验区范围

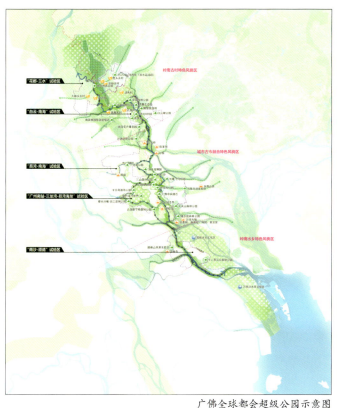

广佛全球都会超级公园示意图

轨道衔接规划图

（4）提出近期实施行动。明确近期启动区，提出生态、交通、产业、岭南风貌四类102项近期建设项目。

创新要点

（1）创新编制组织方式，构建"行政+技术"的协同共谋平台。规划采取"两市协同、市区联动、共同缔造"的组织方式，由两市自然资源部门成立驻场工作小组的组织方式，建立"跨市、跨区、跨部门、跨层级"常态高效的行政协调与沟通机制，组建多专业联合的技术团队，将规划变为利益协调、目标协同的过程。

（2）落实宏观策略，实现探底式的建设规划。在回顾广佛同城化建设和分析试验区基本情况基础上，对从目标定位、总体建设框架到各分区指引，再到近期实施行动和保障，尤其是土地政策创新和开发机制保障等方面进行研究。

（3）创新成果分层审批方式，加强纵向、横向传导。形成规划纲要、总体规划、行动计划、分区建设指引四项成果，面向省、市各部门分层审批，加强管控。

（4）创新同城合作机制和实施路径，从"协同共建"走向"协同治理"。强化制度创新需求端和制定端联动，规划和发展改革部门双主体协同编制。探索生态共担保机制，创新项目利益共享机制，建立联合招商工作机制，构建多元主体协同治理机制，提出19项促进要素流动的融合政策。

实施效果

（1）规划印发实施后，有效指导广佛相关规划编制。总体战略和制度框架纳入《广佛全域同城化"十四五"发展规划》，发展目标与重点项目计划纳入八个临界行政区，空间支撑体系衔接落实到广佛两市各区的国土空间总体规划。

（2）广、佛两市积极开展内、外宣传。在官方公众号、中央媒体、地方主要媒体上对规划进行报道，将同城化政治共识转化为社会共识。

（3）推动广佛临界对口区（番禺—南海、南海—南沙、南海—白云等）签订战略合作协议，两市共同开展广佛百公里国家公园城市设计的国际咨询。

（4）推动实施广佛大桥等十余个项目，推动30多个同城化项目立项。

（执笔人：陈菲）

横琴新区及周边一体化地区总体规划

2021年度全国优秀城市规划设计三等奖｜2021年度广东省优秀城市规划设计二等奖｜2021年度深圳市优秀城市规划设计一等奖

编制起止时间：2014.7—2019.2
承 担 单 位：深圳分院
分院主管总工：方煜、蔡震　　　主管所长：孙昊
项目负责人：白晶、李福映
主要参加人：魏正波、李林晴、周详、王方、邵启亮、吕绛、张文娜、温俊杰、周路燕、帅士奇、廖晓卉

背景与意义

横琴自开发伊始就肩负着中央促进粤港澳合作的殷切期望，《横琴新区及周边一体化地区总体规划》是在习近平总书记做出"先行先试，为粤港澳合作作出贡献"的勉励的特定历史背景下编制与实施的，是横琴从"促进澳门经济适度多元发展"开发初心迈向"粤澳深度合作"关键历史时期的空间总纲。

本项目规划范围北至黑白面将军山，南至小横琴山，西至磨刀门水道，东至前山水道和契辛峡水道以及跨境工业区，总面积约为46.64km²。为加强规划范围与横琴新区的统筹协调及全方位对接，提出统筹范围包含横琴新区全部（含南部填海区）及规划范围内马骝洲水道以北的区域，总面积约161.08km²。

规划内容

（1）空间格局。规划提出"东联、北进、南拓、西跨、中优"的空间发展策略。基于山、水、城格局和十字门等战略性资源的空间分布，按照服务澳门和建设国际海洋城市的空间发展目标，2030年横琴新区及周边一体化地区规划形成"一轴、一带、双环、六片"的空间结构。"一轴一带"包括一体化功能主轴和马骝洲滨水活力带，缝合两岸城市功能，南北向的一体化功能主轴联系横琴新区、马骝

洲两岸、一体化地区和南屏组团。"双环"即横琴本岛沿环岛路形成的环状国际旅游休闲长廊以及横琴北部环黑白面将军山的科技产业走廊，串联六大主题功能片区，形成丰富多彩的特色景观。

（2）区域协同与一体化发展。横琴与一体化地区协同发展包括功能一体化、交通一体化、特色一体化、设施一体化、市政一体化。横琴与澳门协同发展主要包括景观协调、公共设施同城化、基础设施一体化。

创新要点

本项目围绕资源利用、空间创新与政策配置，创新技术思路，构建与时代发展需求相适应、与资源环境相匹配、与港澳标准相衔接的空间方案，探索"一国两制"深度合作背景下的规划实践新样本。

（1）深度理解与把握粤港澳合作路线图，前瞻性认知横琴在新时期粤港澳大湾区的战略价值。规划构建起"促进澳门经济适度多元、兼顾增强珠海综合实力"的逻辑主线，提升横琴新区发展定位，丰富完善职能内涵，提出"粤港澳深度合作示范区、大湾区城市客厅、珠海城市新中心"的目标愿景，以此搭建可持续发展、具有长远竞争力的空间框架。

（2）立足于横琴岛"一线放宽、二

一体化统筹地区空间结构图

一体化地区空间结构图

一体化地区产业功能布局

琴澳合作共建部分项目实景（上左：横琴口岸及综合交通枢纽；上右：粤港合作中医药科技产业园；下左：横琴二桥；下中：横琴哈罗礼德学校；下右：横琴丽新文创天地）

线管住"特征，开创性探索跨境地区包容共享的优质生活场景。规划以"横琴人"的构成特征与需求作为横琴价值兑现、空间要素配置的根本立足点，探索构建一种跨界地区独一无二的覆盖多样人群、提供多元生活方式、兼容各类标准差异、包容共享的规划场景，塑造粤港澳优质生活圈标杆。

（3）以大横琴空间组合统筹各类平台资源，重塑大湾区西岸核心的内涵与发展逻辑。积极应对港珠澳大桥建成通车带来的西岸发展格局变化，着力解决大湾区西岸有资源、缺动力的问题，以横琴为纽带，统筹整合保税区、跨境合作区、海域海岛等碎片化平台资源，构建"全球资本＋港澳人才＋横琴载体"发展新模式，重塑大湾区西岸核心的内涵与动力路径，促进大湾区两岸协调发展。规划将横琴北跨保税区、洪湾片区作为粤港澳深度合作的科技创新平台，万山群岛作为大湾区国际

旅游休闲区、高品质宜居生活圈的重要平台，以"北产、中城、南闲"的战略思路优化西岸科技、金融、文旅等战略功能，指引保税区转型升级以及万山群岛旅游休闲、海洋经济开发，奠定适应双循环新格局的大横琴发展框架。

（4）统筹衔接两种标准体系，创新"衔接港澳、横琴特色"的空间规划标准。规划充分梳理内地与港澳标准的差异，在产业、交通设施、公共服务、民生保障等方面做了大量对接，以尊重差异、包容共存的思路进行技术创新探索。建立起适地适用、弹性兼容的用地标准，在用地性质上参考港澳标准设置了多种混合用地；在学校、医院等配套设施标准上也参考香港、澳门标准进行了提升；并且加强制度与空间治理创新，在通关、车辆准入、交通衔接、社会管理、公共服务等硬软件环境方面，进一步提出国际化、差异化的配套政策与空间安排。

实施效果

本项目助推《中国（广东）自由贸易试验区总体方案》《横琴国际休闲旅游岛建设方案》实施与《横琴总体发展规划》修编，部分内容纳入《粤港澳大湾区发展规划纲要》，为《横琴粤澳深度合作区建设总体方案》出台提供有力支撑，奠定粤澳深度合作区的空间框架和基础。具体实施层面，多元空间融合共生逐步实现，琴澳合作开发共建已有成功案例，24小时通关、弹性用地开发出让、一程多站等政策已经得到落实。空间扩容与一体化加快实施，北部保税区、洪湾片区纳入一体化管理，南部万山群岛、西部鹤洲南等地区正在纳入统筹整合发展。对澳服务功能逐步增强，由澳门特区政府推荐入区项目不断落地实施。横琴特色空间规划标准如新型产业用地、国际设施配套标准等不断完善与深化，在控规中得以延续落实。

（执笔人：李林晴）

02
城市战略
规划

武汉2049远景战略规划

2015年度全国优秀城乡规划设计一等奖｜2014—2015年度中规院优秀城乡规划设计一等奖

编制起止时间： 2013.8—2014.12

承担单位： 上海分院

主管总工： 李晓江　　　　**分院主管总工：** 蔡震　　**主管主任工：** 刘昆轶

项目负责人： 郑德高、孙娟　　**主要参加人：** 马璇、姜秋全、周扬军、尹俊、方伟、刘竹卿、李璇、李力、孙莹

合作单位： 武汉市规划研究院

背景与意义

随着国家进入全面战略转型期，经济发展进入新常态，发展方式从粗放转向集约，发展目标从单一转向多元。在此背景下，城市2049作为一种新类型的战略规划开始萌芽。武汉市于2013年率先提出编制《武汉2049远景战略规划》（简称《武汉2049》），希望用更长远的眼光审视当下。

作为一种新类型的战略规划，《武汉2049》并非扩张型战略规划的技术总集成。技术方法上，强调价值观与趋势判断的重要性，把握发展方向的正确而不是数值的准确性；规划理念上强调竞争力与可持续发展两个维度，改变传统的以扩张与经济增长为核心的技术思路。

核心内容

1. 城市目标与愿景：更具竞争力更可持续发展的世界城市

《武汉2049》的总体目标定位为建设更具竞争力更可持续发展的世界城市。城市愿景为：一个更加拥有活力的城市

空间，更加绿色低碳的生态环境，更加宜居的公民社区，更加包容的文化环境，更加高效的交通体系，并在创新、贸易、金融、高端制造方面拥有国际影响力与全国竞争力的世界城市。城市的功能定位为四个中心：国家的创新中心、贸易中心、金融中心与高端制造中心。从更可持续发展角度，城市面临五大转型方向：绿色的城市、宜居的城市、包容的城市、高效的城市、活力的城市。瞄准世界城市目标，聚焦于五大功能：国际交通门户、亚太企业总部与分支机构集聚区、金融中心集聚区、技术创新集聚区、多元文化集聚区。

2. 竞争力维度，关注武汉在全球网络的门户地位和区域网络的中心地位

未来中三角将形成由武汉、岳阳、长沙、南昌、九江构成，地理邻近、经济联系紧密的"五角形地区"参与全球竞争。在价值区段方面，武汉市制造业和服务业总量都稳居中部地区之首。在产业模式方面，规划武汉分阶段实现国家中心城市目标：2020年，二三产业交织，再工业化不放弃，服务业发展加速；2030年，第三产业超过第二产业，生产性服务业加速；2049年，第三产业占主导并趋于稳定，生产性服务业与区域服务业成为重点。

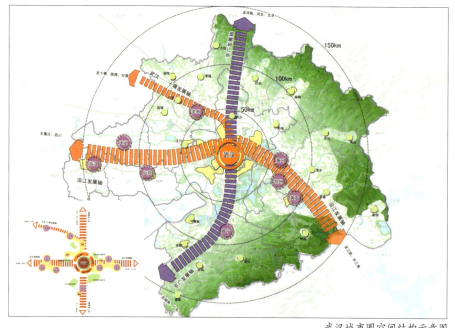

武汉城市圈空间结构示意图

3. 可持续发展维度，关注以人为核心的多维举措

构建以生活圈为核心的宜居城市：建设活力社区，实现15分钟到达社区中心；建设绿色社区，实现15分钟见绿；建设和谐社区，实现居民自治。构建以蓝绿网络为核心的绿色城市：划定城市基本生态保护线，制定生态底线保护措施；形成"四横七纵"蓝道网络和"六横五纵"的绿道网络，实现河湖连通和串绿入城。构建以文化建设为核心的包容城市：通过历史街区（建筑群）的功能提升，以及"文化五城"建设，彰显本土文化特色、促进国际交往。

4. 关注竞争力与可持续发展对城市空间的内在要求

（1）功能的分层。主城区打造中央活动区，提升高端商业服务和生产性服务业能级。次区域植入新经济功能，建设综合性新城。城市圈地区承接武汉的功能外溢。

（2）中心的链接。通过城市地铁环线的建设，串联主城区不同的功能中心，以轨道换乘枢纽构建城市重要的功能节点。通过建设外围铁路环形运营线，连接武汉五大铁路客运枢纽及机场。

（3）高效的城市。打造武汉的城市轨道环线，将武汉三镇分散的重要城市中心进行串联，构筑城市中心联系轨道环。建设武汉城市外围的货运绕行线，将城市边缘的产业园区、铁路货运站以及港区用货运铁路的方式联系。

创新要点

技术方法上，强调趋势判断的重要性，关键在于方向的正确而非数值的准确；规划理念上强调竞争力与可持续发展并举。把对城市竞争力的认识放在全球与区域的大网络中，识别城市的地位与价值区段，而不是就城市论城市地规划城市发展目标。把城市的发展动力同再工业化与国家中心城市的模式关联，从而识别城市的发展动力与路径。把可持续发展重心落实到关注人的需求，从宜居、绿色、文化等方面提出具体举措。把对大城市空间的引导聚焦到功能的分层与中心的链接视角。

（执笔人：马璇）

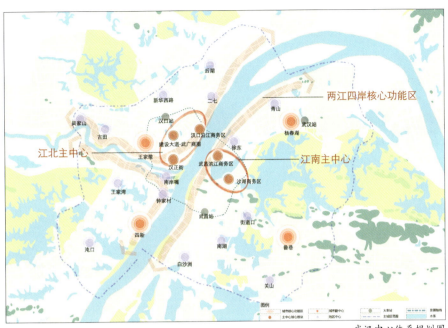

武汉中心体系规划图

武汉主城区轨道站点可达性分析图

深圳2050城市发展策略研究

2019年度全国优秀城市规划设计一等奖｜2019年度广东省优秀城市规划设计三等奖｜
2019年度深圳市优秀城市规划设计一等奖｜2016—2017年度中规院优秀城乡规划设计奖一等奖

编制起止时间： 2016.7—2017.10
承担单位： 深圳分院
主管所长： 范钟铭　　　　**项目负责人：** 吕晓蓓
主要参加人： 罗彦、邹兵、张一成、王海江、樊德良、孙文勇、徐培玮、刘昭、周丽亚、周帷、周游、李江、邱凯付、杜枫、及佳、徐雨璇
合作单位： 深圳市规划国土发展研究中心

背景与意义

深圳是一座年轻的城市，也是一座有远见的城市。短短40多年的城市发展史上，屡次通过城市远景策略有效地引导了城市的跃升和转型。

如今深圳正在由"快跑者"转型为"领跑者"，活跃的市场、繁荣的经济、崛起的创新，为城市未来提供了更多想象空间，但日趋复杂的城市也迎来更多潜在的危机与挑战。

《深圳2050城市发展策略研究》（简称《深圳2050》）的立意是传承城市的远见，谋划城市的未来，同时也要面对未来巨大的不确定性，积极管理未来潜在的危机——这是本次战略研究工作的最大挑战，也是重要的切入点。

规划内容

《深圳2050》以"在未来诸多不确定性中寻求相对的确定性"作为出发点，既拥抱未来，预见长远趋势，为城市发展的无限可能留足弹性，更回归城市基本规律和人的基本需求，管理潜在危机，夯实可持续发展的基础。

基于对未来全球化格局、中国转型和深圳发展新常态等趋势的基本判断，本项目形成"全球创新城市""中国先锋城市""可持续发展的典范城市"三大长远目标。

应对全球竞争和科技创新的挑战、人口增长的不确定性，生态退化、历史文化缺失、科技应变力不足等潜在危机，着力于可持续发展，从不可再生资源、城市文化、社会活力、基础设施等具有深远影响的领域出发，提出深圳要建设开放创新的城市、宜居包容的城市、绿色低碳的城市、文化繁荣的城市、高效可达的城市和安全韧性的城市。

创新要点

1. 以确定的价值观应对未来的不确定性

为应对未来的不确定性，《深圳2050》通过对城市发展历史的回顾和对未来城市发展趋势的综合研判，厘清了确

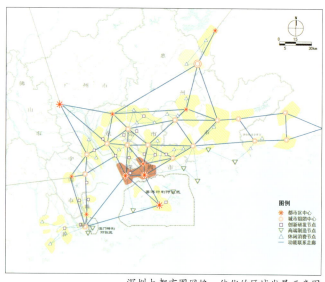

深圳大都市圈网络一体化的区域发展示意图

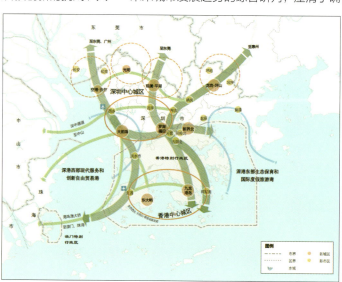

深港都市空间结构示意图

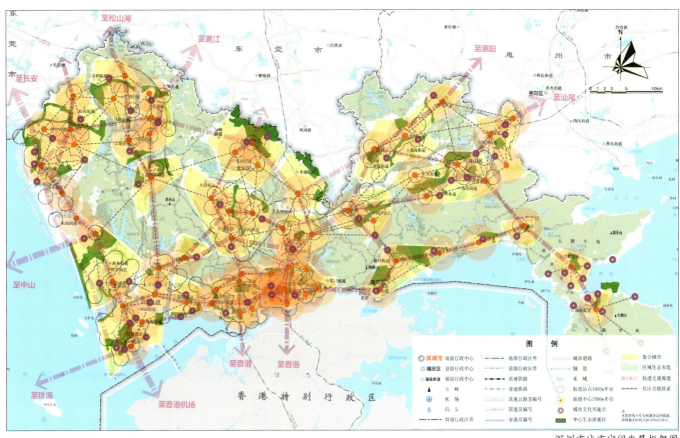

深圳市城市空间发展框架图

定的城市发展价值观，明确了生态、宜居、交往、文化等城市价值底线，在此基础上多维度地判断城市的目标定位、危机预警、发展策略和空间框架。为城市远景战略奠定了稳定的价值共识和技术框架，保证了战略方向符合城市可持续发展的需求，同时也为未来尚不明确的城市发展方向留有弹性空间。

2. 借鉴历史经验，大胆预测未来，提前管理危机

在对城市发展趋势和潜在危机的预判中，《深圳2050》通过回顾世界城市的发展史，广泛借鉴了世界城市的经验，突破了对城市现状趋势的惯性思考，提出了多项针对城市远景趋势的大胆判断，包括"成功城市"的重新定义、人口达峰后的叠加风险、"后置业时代"、可能几何级数增长的安全风险……这些判断尚无法证

实，但可以引导形成更具有前瞻性的城市政策，也有利于应对未来潜在的城市危机，作出更加积极的规划与管理。

3. 面向更广阔的区域和更长远的时间谋划城市未来空间

应对科技带来的巨大不确定性，《深圳2050》提出两点基本前提：一是科技进步将大幅压缩城市区域的时空距离；二是人工智能和虚拟技术的发展，将更加凸显人的基本需求的重要性。

《深圳2050》首先大幅度拓展了区域空间和时间尺度，在三个区域范围和三个时间节点上，分别提出了三种大都市区范围和功能布局的情景模拟，有助于弹性应对未来空间的不确定性，也有利于引导城市与区域循序融合的空间路径。

通过回归人的基本需求和城市的价值底线，应对更长远的空间变化，提出了以

更系统的生态空间为基底、以公共交往中心组织生活领域、以历史文化空间为活化触媒、以快速轨道交通为基础网络的城市远景空间结构，并在其中验证和整合了前述各项城市发展策略。

实施效果

《深圳2050》为同步开展的《深圳市城市总体规划（2017—2035年）》的编制工作提供了更大空间尺度和更长时间维度的战略思考，其中远景城市空间结构、目标定位、指标体系等内容被先后纳入深圳国土空间总体规划、深圳都市圈发展规划等重大规划当中，并对深圳城市空间发展的重大决策产生了积极影响。有关深圳未来的多篇学术文章，也引发了市民和行业对深圳城市未来愿景的广泛和热烈讨论。

（执笔人：吕晓蓓、孙文勇）

杭州城市发展战略系列项目

2019年度全国优秀城市规划设计奖二等奖（项目一）｜2019年度全国优秀城市规划设计奖三等奖（项目二）｜
2018—2019年度中规院优秀规划设计一等奖（项目二）

编制起止时间： 2016.4—2022.9

项目一名称： 杭州市城市总体规划实施评估

承 担 单 位： 上海分院

主管总工： 李晓江、郑德高 　　 **分院主管总工：** 孙娟、李海涛 　　 **主 管 所 长：** 马璇 　　 **主管主任工：** 孙晓敏

项目负责人： 马璇、张亢、张一凡

主要参加人： 刘珺、孙晓敏、张振广、胡智行、汤宇轩、章怡、陈胜、方慧莹、袁鹏洲、方雪洋

项目二名称： 杭州市城市发展战略研究（2050概念规划）

承 担 单 位： 上海分院

主管总工： 杨保军 　　 **分院主管总工：** 郑德高、李海涛 　　 **主管主任工：** 孙晓敏

项目负责人： 孙娟、马璇

主要参加人： 孙晓敏、张振广、刘珺、胡智行、章怡、李国维、李斌、方慧莹、张一凡、梅佳欢、陈胜、汤宇轩、张亢、方雪洋

背景与意义

近年来，杭州内生发展动力保持强劲，数字经济蓬勃发展，创新要素不断集聚，成为新时期创新城市发展的中国样本。在城市发展动能从外力驱动转向内外并举、空间价值从中心城市转向全域共赢的大背景下，杭州于2017年正式启动杭州市城市总体规划修编工作，按照"评估、战略、规划"三步走安排。一方面开展全面的总体规划实施评估工作，系统摸清家底、找准问题；另一方面开展城市发展战略研究，聚焦创新驱动、魅力塑造两条线索和"创新城市、平台城市、魅力城市、联盟城市"四大战略，率先开展国际化"输入"与"输出"模式、创新圈、魅力圈等创新探索，实现城市发展思路从"增长主义"向"多元理性"的转变。

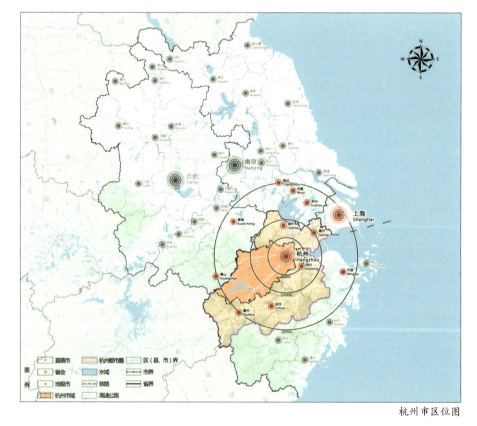

杭州市区位图

项目一规划内容

（1）总结杭州总规实施六大成效：强化城市功能，区域地位稳步提升；集聚创新要素，创新活力日益凸显；拉开空间框架，城市结构基本形成；锚固生态格局，生态环境逐步优化；保护历史文化，风貌特色不断彰显；改善民生设施，人民幸福感日益提升。

（2）识别杭州总规实施六大问题：产业不协同，服务强、制造弱，创新虚实转化缺链接；市域不统筹，发展方向、重点功能板块缺乏对接；空间不匹配，城市发展动力与用地空间供需缺乏衔接；

杭州区域协同、内外链接模式示意图

交通不完善，综合交通建设滞后，交通组织效率较低；设施不均衡，公共服务设施整体空间覆盖率偏低；管控不到位，对全域空间管控较弱，对下位规划传导不足。

（3）提出新一轮总体规划工作建议：突出战略引领，强化杭州在区域中的引领作用；强调全域统筹，全空间、全方位、全要素编制空间规划；加强空间优化，实现空间资源整合和结构重塑；强化内链外通，优化轨道站点布局；完善要素配置，提升高端设施数量与品质；注重刚性管控，形成"总体战略+三类空间"的管控体系。

项目一创新要点

（1）评估理念创新：体现了规划检讨与规划检视的有效结合。以实施性与前瞻性贯穿工作始终，既关注过去实施，又面向未来发展。充分体现对城市发展的方向性思考，强化评估与后续国土空间规划工作的紧密逻辑。

（2）评估内容创新：秉承国际、创新、宜居、人文的价值理念，设置12项重点专题，支撑核心结论；围绕国土空间规划改革核心思路和杭州行政区划调整，

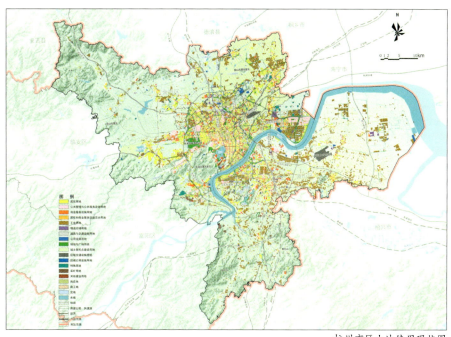

杭州市区土地使用现状图

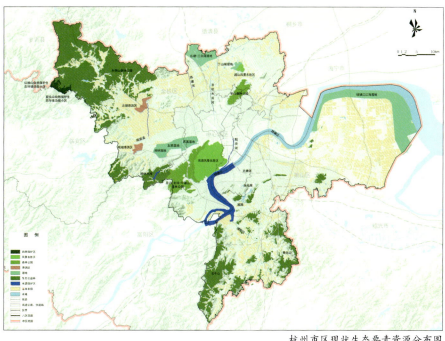

杭州市区现状生态要素资源分布图

坚持全域评估；提炼专题核心指标构建年度监测体系，突出动态维护。

（3）评估方法创新：开展大调研，挖掘大数据，整合大平台，深入比对人口、经济、用地、交通联系等数据，将评估的深度、广度、可信度落到实处。

（4）评估成果创新：形成"1+12+3"

的丰富成果体系。包括1项《杭州市城市总体规划（2001—2020年）（2016年修订）实施评估报告》、12项专题报告、3项基础资料报告，以及包含核心数据、年度监测指标的规划战略数据平台。

项目二规划内容

（1）目标愿景。坚持杭州"独特韵味别样精彩的世界名城、展示新时代中国特色社会主义的重要窗口"的总目标；深入贯彻落实习近平总书记"四个杭州""四个一流""给世界一份别样的精彩"的重要指示，深入推进"八八战略"，谋划推进"六大行动"，将杭州规划建设成为链接全球、辐射区域的中心城市，蓬勃成长、富有活力的创新城市，天人合一、愉悦体验的魅力城市。

（2）绿色生态方面。保护山水林田湖自然生态本底，严格保护"一核四区六绿楔"的生态格局；建设五级公园体系与全域绿道网络；彰显"一江一河一古道"人文风景链，加强传统文化的活化利用；建设标志性文化工程和标志性生态工程，构建十大魅力圈。

（3）区域协同方面。深化国际文化交往、产业合作等平台布局，明确功能定位、用地布局等指引；深化杭州都市圈空间结构及生态网络，明确跨界地区功能协同、生态协同、设施协同、风貌管控等要求；优化区域交通系统，深化萧山机场国际门户枢纽的设施配置与政策支撑，明确高铁、城际、高速等多系统线路及枢纽布局。

（4）空间布局方面。以"一主四片三副城"承载核心城市功能，构建开放紧凑的城市格局；营造"组群链接，多中心组团式都市联盟"，构建"一个主城区+15个创新圈+10个魅力圈"的功能结构，形成"拥江一体、廊道发展、山水交融"的空间发展格局；以城镇圈和特色村区统筹城乡发展，实现人与自然的和谐共生；在总体空间结构方面，应落实并优化"1-4-3-18-16"的市域多中心组团联盟结构，深化主城区、主城片区、副中心城市、城镇圈、特色村区的空间布局、用

杭州都市圈空间结构示意图

地结构及引导策略。

（5）综合交通方面。落实国家、区域及城市不同层次交通发展目标，构建形成"双高+双快"对外复合交通廊道和多网融合的轨道交通发展模式；落实长三角高质量一体化发展战略，加快"一环十向"高铁网络和"六主九辅"对外客运枢纽建设，构建"两环+放射"的城市快速路网络；打造杭州都市圈1小时交通圈，

进一步深化研究城际铁路枢纽布局。

项目二创新要点

（1）国际化发展模式思路创新。"输入"模式主要通过引入国际化要素来促进国际化水平，如吸引跨国公司设立分支机构、建立便捷快速的国际链接体系、吸引海外资本参与当地建设等；"输出"模式主要通过输出国际影响力来提升国际化地

位，在先进技术、资本控制力、文化影响力等领域引领全球。

（2）多层面创新区域协同格局。在全球层面打造一流营商环境，构建一流的国际交通链接交通设施，打造高品质的国际化空港地区；在长三角层面构建由上海综合型全球城市及杭州、宁波等特色型全球城市组成的全球城市区域格局；在都市圈层面加强空间协同，强化高铁、城际对于廊道功能拓展的支撑作用；加强蓝绿网络协同；加强跨界地区协同。

（3）构筑"创新圈"发展模式。构筑十余个5km创新圈，作为杭州未来创新多元化与可持续的重要载体，差异化引导创新、服务等要素集聚；打造百余条创新街巷，结合旧城更新，增加城市创新活力和潜力；构建两条区域性创新走廊，"城西—G60"创新走廊融合科技创意导向，"拥江"创新走廊融合生态人文魅力导向。

（4）创新空间布局理念。延续具有独特韵味的自然山水格局，锚固一江六楔的生态结构，挖掘提升风景人文资源，塑造魅力圈，让城镇建设与山水环境相生相融；构建"4+2"区域生长廊道，引导人口、用地等要素向廊道集中，构建对外开放的城市骨架，承接区域发展势能；构建由主城、主城片区、副城、城镇圈和特色村区构成的多中心、组团化全域城乡空间，充分激发空间活力。

（执笔人：张元）

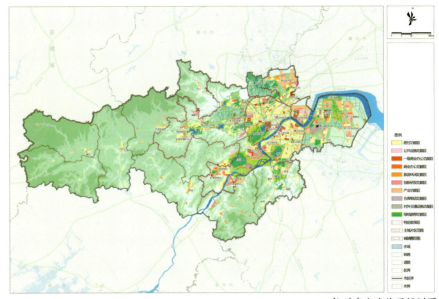

杭州市土地使用规划图

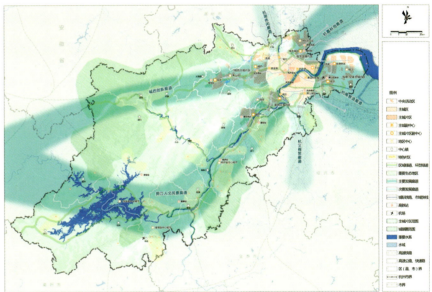

杭州市域2050空间结构示意图

杭州市魅力圈分布示意图

成都2049远景发展战略规划

2018—2019年度中规院优秀规划设计一等奖 ｜ 2021年度四川省优秀规划设计三等奖

编制起止时间：2016.3—2018.5
承担单位：西部分院
主管总工：尹强　　　　主管所长：肖礼军　　　　主管主任工：张圣海　　　　项目负责人：张兵、陈怡星
主要参加人：陈婷、汪鑫、王晓璐、曾永松、覃光旭、肖瑶、张力、肖莹光、苟倩莹、盛志前、洪昌富、陈泽生
合作单位：成都市经济发展研究院（成都市经济信息中心）

背景与意义

2049年，是新中国成立100周年，也是我国建成富强民主文明和谐美丽的社会主义现代化强国的目标年。从当前到2049年，是我国全面建设社会主义现代化国家的关键阶段，城市发展方式将面临深刻变革，城市建设运营治理须践行生态优先、高质量发展、高品质生活等新发展理念，可持续、竞争力、宜居性正在成为未来城市的评价标准。

成都具有未来城市发展典范的发展基础。这里拥有雪山、田园、城市等多元人居环境，践行了道法自然的营建思想，拥有富庶闲适的生活场景、包容安逸的生活方式和开放包容的文化魅力，汇集了丰富多样的创新资源。

从当前到2049年，是一个从工业文明过渡到生态文明的关键时期，中国呼唤内陆世界城市，但绝不是复制过去30年世界城市的发展路径。成都作为内陆最具成长性的中心城市之一，应积极反思城市发展过去30年的得失，并立足成都基因，探索具有普遍规律和中国精神的成都模式。

规划内容

本次规划首先以未来视角反思成都发展的现状路径，明确不做什么，避免方向性错误；其次，面对未来的不确定性，注重传承成都城市基因，以历史视角明确应做什么，把握发展机遇。

规划延续成都基因，聚焦百年坐标，

提出"最成都　新天府"发展目标，重新认识保护与开发、空间与生活、外来与内生、中心与边缘、城市与乡村的关系。从结构性规划转向模式性规划，基于微观视角，构建了成都面向2049年的生长方式、人居范式、创新样式和空间模式。

创新要点

（1）从底线划定到全域管控，探索多元生态要素城市的生长方式。分析成都风向、风量特点，结合现状大气质量情况，将上风向、小风量、质量差的区域划为极敏感、较敏感区；将下风向、大风量、质量好的区域划为低敏感区；将两山地区划为清洁空气生产区。对各个分区提出大气治理指引，推动工业向低敏感区布

基于微博平台大数据分析的成都关键词

规划内容与思路

局。基于自然水文流态，对山区河道、田园河道、城区河道、丘陵河道提出差异化治理提升策略。遏制城市粘连发展导致的热岛效应，加强城市绿色斑块、水体、林盘等冷源要素的识别与保护。综合大气治理、水系修复、冷源保护，提出构建"山—田—城—山—丘"平行分布的生态基底格局。

（2）从关注城乡人居载体到市民生活方式，探索包容性、慢节奏城市的人居范式。结合多元人群的生活方式偏好，延续成都传统聚落模式，构建城居、田居、山居三种人居空间。城居为都市化城乡融合发展地区，田居为簇群化城乡联动发展地区，山居为串珠式以城带乡、乡村振兴地区。居于城中，感受市井文化；栖于田园，感受田野之美；隐于山间，领悟静谧之悠。针对成都人更偏好就近享受服务的特点，规划以公共服务设施"布局毛细化"调整城市空间尺度。在步行15分钟生活圈的基础上，一是推动服务下沉，丰富步行5分钟生活圈的设施类型；二是构建车行15分钟生活圈，满足周末就近休闲需求。以"步行友好化"行动提升街道空间品质，基于街道可步行性和设施活力评价，分类提出优化导则。

（3）关注内生创新，探索资源富集城市的创新路径。成都当前发展动力以外生为主，应强化内外平衡。分析不同行业在科技、文化、农业方面的优势，提出"科技、农业+科技、文化、文化+农业"四大融合创新方向，实现智造创新与技艺创新突破。构建三种类型创新空间：簇群，依托特色乡镇和村落，重在嫁接产业、文化和服务功能；园区，注重整合创新产业生态链，构建创新平台；社区，提供低成本空间，培育孵化型企业。结合创新、农业、文化三类资源的差异化分

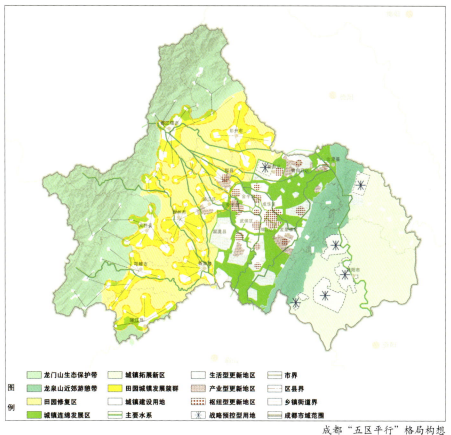

成都"五区平行"格局构想

布特征，规划引导西部田园地区培育农业、文化簇群，中部城市地区发展科技、文化社区，东部发展新区建设产业制造园区。

（4）从关注空间结构到关注政策分区，探索资源均匀分布城市的空间蓝图。成都过去的空间格局，呈现典型的圈层结构，存在中心极化、城乡二元问题。改变圈层扩张模式，从中心圈层城市到平行网络城市。落实生态基底、人居分区、创新空间，综合形成"五区平行"的全域政策分区，自西向东分别是龙门山生态保护带、田园修复地区、城镇连绵发展区、龙泉山近郊游憩带、城镇拓展新区，分区提出生态建设、大气控制、水系优化、空间组织、人口流动、功能发展等方面的管控策略。构建去中心化的功能网络体系，建

立若干直接服务区域的专业节点；依据不同城市功能、产业环节的空间偏好，在中心城区、县城、镇、村之间合理配置资源，实现城乡融合发展。

实施效果

（1）规划提出的平行分区格局，影响了成都市委、市政府做出的空间发展战略决策。

（2）影响并指导了成都总规、东进战略、"三城三都"等相关规划、行动计划。

（3）指导了成都双机场分工、高铁引入机场等重大项目实施。

（执笔人：汪鑫、王晓璐、陈婷）

宁波2049城市发展战略

2021年度上海市优秀国土空间规划设计三等奖

编制起止时间：2018.5—2019.12
承 担 单 位：上海分院、风景园林与景观研究分院、区域规划研究所
分院主管总工：孙娟、李海涛　　　主管主任工：邵玲
项目负责人：王凯、葛春晖　　　主要参加人：徐泽、刘晓勇、郭祖源、陈明、李鹏飞、谢磊、周鹏飞
合 作 单 位：宁波市规划设计研究院有限公司

背景与意义

宁波是我国副省级城市，2023年常住人口969.7万人，GDP1.65万亿。有着港通天下的10亿吨大港，民营经济活跃的产业基础，书藏古今的文化底蕴和山水秀美的生态环境。

长三角整体向后工业化时代迈进，都市圈、多中心、网络化趋势明显，但面向区域的竞争与合作，宁波仍存在几个问题。

（1）港口大而不强。发展仍处于"数箱子"阶段，港航服务能力不强，港口与后方产业关联不强，对经济的带动力有限。

（2）产业僵化不新。制造占比长年保持在50%，价值区段不高。民营有活力，创新有诉求，但大学、研究院所、人才等要素支撑相对薄弱。

（3）空间分散低效。全市镇村建设用地占60%，50%的工业用地在规划园区之外。优质空间资源被低效、低价值利用，单位建设用地产出仅为上海的二分之一、深圳的四分之一。

本战略规划是中规院编制的第三版宁波城市战略，在新阶段，探索港口升级、湾区转型、动能创新、魅力提升，实现生态文明下的高质量发展。

规划内容

迈向新时代，宁波需要谋划提升城市

长久竞争力、守护城市长远价值，在传统优势中寻找新动能、在全域视角下供给新空间，重点实现四大战略转变。

1. 从世界大港到链接全球的超级枢纽

从港口门户走向枢纽节点，联动海港、空港、陆港、高铁枢纽等，实现人流、物流、信息流的快速交换，使宁波成为全球资源配置新高地。

挖潜增效，进一步提升现状岸线的装

卸效率和后方服务能力，不再扩张港口空间。重点强化港航服务，完善面向全球的48小时货物网。跳出运输思维，构建全球24小时贸易网，建设贸易枢纽城市。提升栎社空港链接国际贸易市场能力，强化"五向七通道"城际铁路建设。

2. 从制造强市到创新活跃的"热带雨林"

发挥多层级的民营产业集群活力，营造多元的创新雨林体系。以甬江科创大走

大宁波航运贸易平台体系

市域综合交通规划图

宁波2049空间愿景示意图

廊核心区为基础，培育创新源，提升硬核创新能力。发挥龙头企业、隐形冠军的创新能力，强化企业创新中心。建设产业集群创新联盟，提供低成本创新空间，保障传统产业创新升级。搭建企业成长阶梯，保障大中小产业发展空间。优化甬城人才环境，支撑创新雨林建设。

3. 从分散低效到高水平的网络都市

顺应扁平化、网络化的空间特征，延续本土社会网络、产业网络，全面提升城乡空间品质，建设多中心网络都市。生态优先，系统保护山水林田湖生命共同体，控制建设用地无序扩张。差异引导，提升城、镇、村的发展质量和空间品质。网络强化，打造轨道上的宁波，串联重点平台、重点乡镇、重点魅力地区，推动本地节点走向区域门户，支撑构建高水平网络都市。

4. 从多样资源到高品质的多元空间

跳出10%的建设空间，重新发掘全域、全要素的山水人文优势，供给高品质的生态新空间、人文新空间、魅力新空间。发掘大运河、象山港、四明山等生态魅力地区，谋划面向新休闲、新消费的新经济空间。提升文化空间的感知度，活化"三城八镇百村"的历史空间，营造宁波魅力的人文场景。重塑核心空间的美誉度，彰显依水而建的历史脉络。拥江提美誉，让车走开、让船回来、让人坐下，重现商贾繁华三江口。揽湖聚文化，显山水、秀魅力、聚创意，打造创智文化东钱湖。

创新要点

（1）坚守提升长久竞争力和守护长远价值两条战略主线。通过"超级枢纽、创新雨林"战略，在传统优势的基础上谋划新动能；通过"网络都市、品质挖潜"战略，在全域山水的格局下供给新空间，为宁波生态文明下的高质量发展提供方向。

（2）创新共同缔造的战略规划编制方式，通过公众参与和都市圈会议凝聚多方共识。先后组织了四场城市发展论坛、六大跨领域的专题研讨；开展为期一个月的线上、线下公示和宣讲，实现规划共同缔造、愿景深入人心。

实施效果

规划编制以来，取得了深远的社会影响。规划提出的"超级枢纽、网络都市"等战略，被写入政府工作报告，成为新时期发展的施政纲领。宁波市委、市政府结合战略确定近期重点行动，"搭班子、落项目"，成立前湾新区、临空经济示范区、甬江科创走廊等平台指挥部。临空地区的空铁组合枢纽被提上日程，通向余姚、奉化的市域轨道开通运行，东钱湖院士工作站等创新引擎落地生根。

（执笔人：邵玲）

55

十堰2049远景发展战略

2017年度全国优秀城乡规划设计三等奖｜2016—2017年度中规院优秀城乡规划设计二等奖

编制起止时间：2015.3—2016.9
承担单位：上海分院
主管总工：杨保军、张菁　　　分院主管总工：郑德高、刘昆轶
主管所长：朱郁郁　　　主管主任工：刘律
项目负责人：孙娟、林辰辉、姜秋全
主要参加人：朱郁郁、汤春杰、闫雯、周韵、陈阳、吴乘月、王玉、周扬军、赵祥、林彬、干迪、朱仁伟、刘培锐、高艳

背景与意义

十堰地处秦巴山区，鄂、豫、陕、渝四省市交界之处，市域面积2万km²，是一个集生态、文化、产业、贫困区于一身的多元特征城市。

作为国家南水北调核心水源地之一，十堰承担着国家南水北调中线工程水源保护的责任，具有国家级的生态战略意义。同时，十堰是一个国家级贫困地区，处于秦巴山区连片扶贫地区范围，300多万人口中有80万贫困人群，生态转移支付虽逐年提高，却并未解决百姓脱贫问题，百姓提高生活水平和获得感的诉求亟须满足。

国家三线时期在此建设二汽总部，十堰成为国家首屈一指的商用车基地，形成了较为完整的商用车产业链，并且已经成为民营创新的萌芽地。但2002年东风总部迁往武汉，十堰产业发展遭遇瓶颈。因此，十堰面临两种发展模式之争。一种是着眼现状，延续工业化路径的自然发展型模式；另一种是颠覆传统发展观，变生态约束条件为跨越发展动力的转型再生型模式。

在此背景下，十堰市政府提出编制2049远景战略，希望用更长远的眼光审视当下，认为十堰最迫切的需求是看清发展方向，方向比速度重要。

规划内容

1. 战略目标

战略目标为"外修生态、内修人文、培育新经济"。

（1）外修生态。首先，停止一切"开山建园"，修复生态，将相对高程大于90m或坡度大于25°的山体划定为永久保留山体，稳定生态格局。其次，划定43%的市域空间为生态红线保护区，实行严格的立法保护；构建郊野公园体系，完善三层生态廊道建设。再次，提升生态品质：提高森林覆盖率至80%，推行"伐一还一"机制；保护国家水源。

（2）内修人文。一方面传承和发扬十堰独特的道都、车都和汉水古都文化。另一方面，规划充分关注人在生态发展中的核心作用，激发市民共同建设生态家园的热情，实现生态发展的共同缔造。

（3）发展动力上，培育新经济，实现十堰"生态+"动力。首先升级传统产业，规划全面压缩传统工业园区规模，重塑十堰产业2.0格局。其次，依托生态人文优势，预留新经济空间；创新就业、创业政策，凝聚生态共同价值观人群。

2. 战术核心

十堰"生态、人文、新经济"战略的

市域城镇空间结构示意图

市域生态网络规划图

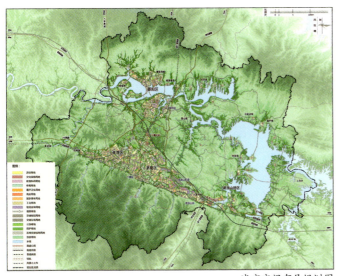

城市空间布局规划图

城市功能布局规划图

核心是关注人。

（1）人口规模的"减与增"。理性预测十堰城市未来人口规模，提出远景常住人口规模下降，减人口规模。探索收缩语境下"以污定人、以碳定人"的人口规模预测方法。减贫困人口规模，多渠道实现精准扶贫；增人民生活水平，通过人才战略激发活力，提升各类人群的获得感。

（2）空间布局的"大与小"。保护一大片，构建绿色基底。控制外围生态地区的人口数量，引导山区超载人口逐步向重点城镇有序转移。做美一中片，整合大武当公园。武当仙山、丹江天池、高山林区三个片区旅游整合联动，做美大武当公园。建好一小片，优化组合城市。引导市域人口和产业向市区周边集中，提出打破十堰市区行政边界，优化东连武当、北依汉江的组合城市。

（3）城镇格局的"放与收"。区域链接战略，构建"襄十宜"成长三角，十堰和襄阳、宜昌错位发展，不拼规模和工业，突出以生态特色谋发展。交通开放战略，对外交通开放实现"快到"，内部交通实现绿色"慢行"。有机收缩战略，收缩中心城市规模，通过国际职能东进、城市职能北上，构建"人文车都、郧阳水都、武当道都"的组合城市格局。

创新要点

本次规划是生态文明时代对生态型地区转型再生的一次积极探索。

在模式上，提出"自然发展型"和"转型再生型"两种模式，明晰生态地区应采取"强化生态约束、实现跨越发展"的"转型再生型"模式。

在战略上，围绕生态地区"人"的获得感，提出十堰"外修生态、内修人文、培育新经济"的发展目标。

在战术上，把握人口规模"减与增"的关系，转向减量规划；把握空间布局"大与小"的关系，转向精明收缩；把握城镇格局"放与收"的关系，转向开放协同。

实施效果

（1）凝聚共识。"生态、人文、新经济"成为十堰城市发展的重要共识。《十堰2049战略》集册出版，战略构想获得政府官员、企业家、市民的一致认同，深入人心。在此影响下，"开山造城、开山造工业园"现象得到遏制，城市人文之美进一步彰显，新经济企业开始集聚，十堰动力性问题有着可人的改善。

（2）形成法规。在本战略规划指引下，2016年《十堰市中心城区山体保护条例》出台，成为十堰的首部地方性法规。后续出台《十堰市武当山古建筑群保护条例》等，对武当山古建筑等遗产进行合理保护与利用。

（3）指导建设。武当山特区、郧阳新城等重点地区精明收缩，转向"尊重山水，小城小镇"的建设模式。汽车工业遗产博物馆等"文化五城"项目启动建设。

（4）惠及民众。本地市民参与生态建设的热情不断高涨，精准扶贫成效显著。县城先后进入提质增效发力阶段，如郧西县城恢复"古八景"提升环境品质等。

（执笔人：孙娟、林辰辉、吴乘月）

重庆市新总规战略研究

2021年度全国优秀城市规划设计二等奖｜2020年度重庆市优秀城乡规划设计二等奖

编制起止时间： 2016.8—2018.3
承担单位： 西部分院
主管总工： 张菁　　**主管主任工：** 吕晓蓓　　**项目负责人：** 张圣海、朱郁郁、张力、郭轩
主要参加人： 刘敏、蒋力克、王晓璐、祝佳、盛志前、陈彩媛、曾永松、李博、王钰
合作单位： 南京大学城市规划设计研究院有限公司、重庆大学、重庆市规划设计研究院、重庆市交通规划研究院、重庆市规划研究中心、重庆市地理信息和遥感应用中心

背景与意义

　　2017年，我国进入中国特色社会主义新时代，重庆进入直辖后第三个十年。习近平总书记在调研重庆和参加两会重庆代表团审议时，要求重庆发挥西部大开发重要战略支点作用，积极融入"一带一路"建设和长江经济带发展，积极承担在西部内陆地区带头开放、带动开放的机遇与责任，建设内陆开放高地，同时立足推动长江经济带发展中的优势和目标，建设山清水秀美丽之地，并着力推动高质量发展，创造高品质生活。习近平总书记对重庆提出"两点"定位、"两地""两高"目标，为新阶段重庆的发展指明了方向。

　　《重庆市新总规战略研究》立足国家发展的新背景，紧扣城乡空间，尝试回答在新时代"建设一个什么样的重庆，怎样建设重庆"的战略命题，为新一轮总体规划编制解决全域空间的基础性、关键性问题。

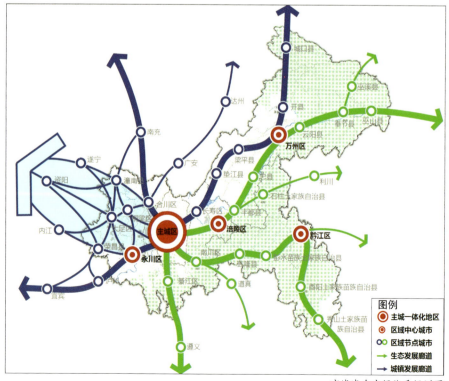

市域城乡空间体系规划图

规划内容

　　明确新时代重庆的使命，树立建设高度繁荣、充满魅力的新兴全球城市愿景，谋划落位门户枢纽、金融服务、智造创新、对外交往四大功能。

　　提出"三新三魅力"的空间战略。推进新腹地战略，识别共享腹地、战略腹地，深化区域协同；推进新枢纽战略，预控第二机场，强化多式联运；推进新动力战略，建设"1+2+4"创新空间；激活生态魅力，引导各板块绿色差异化发展；展示都市魅力，聚焦"两江四岸"，塑造四大亮点地区；绽放宜居魅力，优化组团结构，调整开发强度，提升城市服务。

　　优化市域空间结构，提出"十轴、四簇、三廊"的网络化空间格局；优化主城都市区空间结构，提出三大差异化圈层及其支撑体系；优化中心城区格局，提出建设顺应山水分隔的平行分区和均衡开放的网络结构。

　　谋划金融商务、科技创新、物流商贸、工业制造、文化交往五类重大功能空间，策划全球枢纽、城际链接、区域中心、创新引擎、活力中心、魅力湾区、超级半岛、精致街道、品质社区九项行动计划。

创新要点

　　（1）在"一带一路""双循环"等大背景下，基于对新时代中国发展格局的理解，

提出重庆将建设新兴全球城市的愿景，重点面向亚欧大陆，以专精功能实现全球链接，以都市圈承载全球城市功能，着重发展门户枢纽、金融服务、智造创新、对外交往四大功能，并安排四大功能空间布局。

（2）根据对重庆周边省市人口、经济要素流动和历史、文化渊源的系统研究，结合区域协同发展新态势，在成渝城市群协同发展基础上，突出"南向"与贵州合作，强化在枢纽通道、产业创新、文化旅游等方面的协调合作。重视"近域"协调，形成"圈层+扇面"的协同发展格局，加强行政边界地区的紧密合作。

（3）立足生态文明理念，以生态本底为基础，结合人文、经济的空间差异，重新认识重庆全域空间格局，识别重庆的"胡焕庸线"，将方山丘陵—平行岭谷和盆周山地之间的过渡带作为重庆自然地理和经济社会发展的分界线，构建"一带四区"的差异化空间格局，实现经济社会发展政策与资源环境本底相适应。

（4）基于广泛的问卷调查和公众参与，聚焦"两江四岸"城市发展主轴，擦亮都市湾区与沿江半岛的景观、人文价值，塑造渝中半岛立体都市、重钢生态人文江岸、铜锣峡山水画廊、悦来国际交往湾区四大世界级亮点地区，推动城市能级提升。

（5）运用大数据解析重庆城市空间特征，发现原"多中心组团式"空间结构已难以支撑超大城市规模，研究提出顺应山水分隔构建"平行"分区，以板块引导空间结构优化、功能设施完善，以扁平化的城市中心体系和交通廊道构建均衡开放的空间格局，构建"网络城市"。

实施效果

研究结论直接支撑了《重庆市国土空间规划（2021—2035年）》的编制和

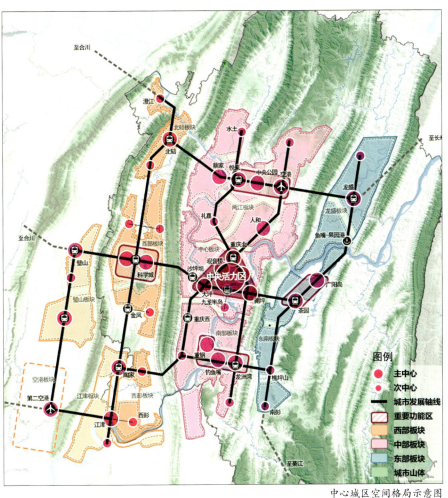

中心城区空间格局示意图

科技创新空间布局示意图

文化交往空间布局示意图

《重庆市城市提升行动计划》的制定，影响了重庆市发展的重大决策：

主城都市区四大区域中心城市延续成为四大支点城市；中心城区三大槽谷九大组团的空间格局基本延续；第二枢纽机场经细化论证预选址在璧山正兴；西

永—大学城科学创新城发展为西部（重庆）科学城；四大亮点地区纳入"两江四岸"重点实施，并开展治理提升专项行动。

（执笔人：郭轩）

"大西宁"战略规划

2021年度青海省优秀城市规划设计一等奖

编制起止时间：2019.12—2022.8
承担单位：中规院（北京）规划设计有限公司
主管所长：王佳文　　　　　主管主任工：董志海
项目负责人：李铭、牟毫　　　主要参加人：刘姗姗、张志超、刘宏波、李华宇、於蓓、张敬赛、刘芳君
合作单位：西宁市城市规划编制研究中心

背景与意义

区别于其他高首位度的省会城市，在青海生态安全屏障作用凸显、稳藏固疆战略支点地位显著、区域发展极不平衡等省情特征下，省会西宁具有极其特殊的重要性。

发展好西宁才能保护好青海，建设好西宁才能服务好青海。基于青海全省视角，聚焦省会责任，本次规划是在生态文明建设时代背景下和兰州—西宁城市群等国家战略要求下，对"大西宁"的战略谋划和战术安排的探索。

规划内容

1. 战略资源统筹

规划明确在兰西城市群青海东部地区构建两个空间层次的战略资源统筹范围。重点以西宁海东一体化为基础，环青海湖和沿黄地区为补充，整合核心战略资源作为都市圈空间组织的总体策略。顺应发展规律，提出以"强轴弱环"的空间组织方式，强化"中心—外围"式的战略资源利用格局。

2. 功能落位统筹

规划构建了与省会责任高度契合的特色化功能网络体系，并在都市圈层面全覆盖落位。例如在公共服务方面，应对牧区居民冬季居住、旅游服务夏季高峰等季节性特征，以及本地居民对高品质生活的需求，有针对性地提出了公共服务体系、空间布局和设施高效利用的政策建议。

3. 城市布局统筹

转变核心功能在河谷地区过度集聚的"风车状"空间结构，统筹开放枢纽、历史文化、扩展空间等核心资源，形成分板块集聚的开放新格局。以平安、多巴、鲁沙尔等重点片区为载体，统筹落位新功能，支撑"大西宁"实现跨越发展。

4. 支撑要素统筹

优化原有"环路+放射"的路网结构，构建促进河谷地区资源高效流通的"轴带+向心"的交通组织模式。强化开放，跨行政区整合形成"铁路+公路+空港"的高效枢纽体系。

织补蓝绿生态网络，营造分段主题，推进慢行系统贯通，结合岸线功能优化和滨水特色节点空间塑造65km的湟水画卷，构建"蓝脉绿网穿插、山林生态环绕"的多级绿色休闲景观格局。

以双循环格局完善产业集群，统筹形成协同化的园区、服务业、物流体系

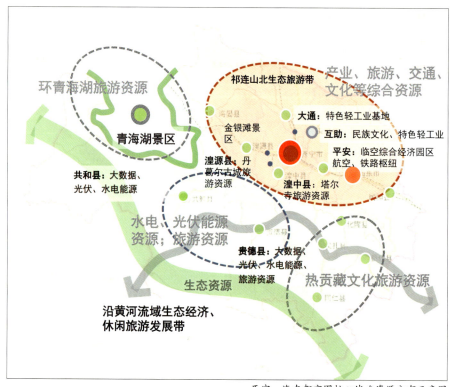

西宁—海东都市圈核心战略资源分布示意图

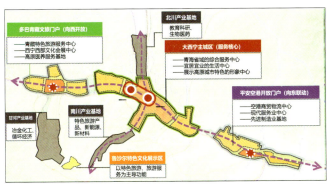

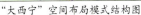

"大西宁"空间布局模式结构图

绿地景观格局规划图

等产业空间布局。

创新要点

本次规划聚焦四个统筹，转变根据功能配置资源的传统规划思路，作出了根据资源优化结构的规划路径探索。探索了大西宁、西宁—海东都市圈、兰西城市群多层次的战略传导和空间衔接，针对牧区居民、旅游人口的季节性特征，探索了以人为本、促进资源高效利用的规划策略。

实施效果

通过充分衔接，本次规划提出的空间格局、发展战略、布局模式等内容为《青海省国土空间规划》等上位规划提供了有力支撑。规划提出的空间发展策略和各空间板块的提升重点，有效地支撑了朝阳物流园、多巴新城新华联国际旅游城等重要地区的下位规划编制及实施。

（执笔人：牟毫、张志超）

西宁—海东都市圈一体化空间格局示意图

常州市空间发展战略规划

2017年度全国优秀城乡规划设计表扬奖｜2017年度江苏省城乡建设系统优秀勘察设计二等奖｜
2018年度江苏省第18届优秀工程设计三等奖｜2016—2017年度中规院优秀城乡规划设计奖三等奖

编制起止时间：2015.11—2017.4
承担单位：绿色城市研究所、城镇水务与工程研究分院、城市交通研究分院
主管总工：王凯　　　　主管所长：徐辉　　　　主管主任工：王昊
项目负责人：董珂、董琦
主要参加人：吴淞楠、解永庆、冯雷、李海涛、张然、莫瞿、杨嘉、徐一剑、王巍巍、罗义永、姚伟奇
合作单位：常州市规划设计院

背景与意义

中央提出贯彻"五大发展理念"，江苏省提出"两个率先、强富美高"及建设扬子江城市群，常州市域内的金坛撤县建区，中心城区发展转型需求日益迫切。在上述背景下，常州市亟待启动新一轮总规编制，本次战略规划就是为总体规划编制提供前期研究和技术支撑。其后开展了常州市城市总体规划的编制，常州成为当时住房和城乡建设部的六个总规试点城市之一。

纵观常州发展历史，工业实力始终是繁荣引擎，宜居品质始终是魅力源泉。因此，规划提出"智造名城、常乐之州"的城市愿景，承载强国使命和人民期盼，而作为一个有雄心的城市战略，规划更要为常州谋求如何破解其"中位困局"，如何在长三角中部地区和江南水乡核心地区，走出一条具有全国示范意义的新常州道路。

规划内容

1. 更具开放度的国家通道战略枢纽

搭建江浙中轴，融入京杭通道；强化开放协作，形成区域命运共同体。让常州由单向通道上的节点城市转变为多向通道上的枢纽城市，复兴大运河文化带、共建宁杭生态经济带、协同扬子江城市群，带动"中轴"崛起，提升区域地位。

2. 更具竞争力的中国智造示范城市

多方式推动制造业转型升级，坚持创新驱动、强化服务支撑、整合产业空间，打造"工业明星城市升级版"，从"制造"大市走向"智造"强市，建设具有全国乃至全球影响力的产业科技创新高地。

3. 更具吸引力的吴风今韵生态绿城

优化山水城格局，塑造特色魅力空间，践行生态文明理念，拓展生态绿城发展内涵，形成城景交融、特色彰显的魅力之城。

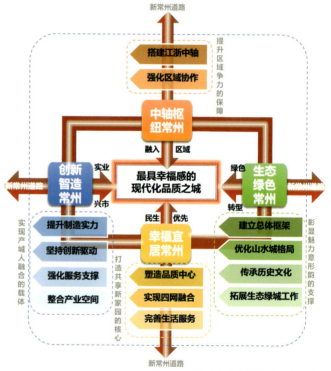

常州城市发展战略目标体系图

4. 更具幸福感的和谐共享宜居家园

构筑住"优"所居的城乡社区，提供全民友好的公共服务，形成全面覆盖的便捷生活圈，打造充满活力的公共空间，强化和谐共享的民生幸福优势。

5. 空间结构

形成面向区域开放、一主一副、三纵三横两区的市域城镇空间结构，以及多向互联、一心四片双轴的中心城区空间结构，在区域层面强化江浙南北中轴和沪宁东西轴，城市层面贯通南北方向与常金方向。

创新要点

1. 立足宏观视角破解中位困局，创造性提出建构京杭通道、实现中轴崛起

为破解中位困局，本次规划立足宏观视角，创造性地提出建构京杭通道、实现中轴崛起。在国家层面，以五峰山通道为突破口、以常州为支点打通京杭通道，强化京津冀与长三角间战略互动，复兴大运河文化带，并助力沿线落后地区走生态文明引领的新型城镇化道路。在长三角层面，常州是沪宁实力轴与江浙潜力中轴的交会点，这个唯一性区位，要求常州肩负中轴崛起的使命，实现常州与中轴共兴共荣。

2. 以智造强国为己任，率先提出制造业"加减乘除幂"转型升级路径

在国家转型发展的背景下，常州以智造强国为己任，在本规划中率先提出了制造业"加减乘除幂"的转型升级路径。通过对标德国工业4.0，践行中国制造2025，形成智造示范。坚持工业立市、智造强市和质量兴市。

3. 运用新技术，强化规划分析与决策的科学性

以手机信令数据为基础，通过居住、就业人口分布及通勤时间、距离分析，深度理解常州居民活动与产城融合程度。从经济活动、居民消费、文化活动、人群集聚等多个角度，利用多种数据对常州市的城市活力进行综合分析，识别各类功能的活力中心。利用空间句法等技术方法，从城市空间结构、土地投放、房地产开发、公共服务配套等多个角度对常州市空间绩效情况进行分析。

实施效果

规划成果发挥了战略引领作用，对常州市总体规划的编制形成了有力支撑，也对下位规划及区县发展起到了重要的指导作用。

更重要的是，自2017年项目完成至今，规划提出的建构京杭通道、实现中轴崛起、破解常州中位困局的核心战略，以及"智造名城"战略，成为常州城市发展的长期战略目标和深入人心的城市"标签"，统一了全市上下各层级、各系统的发展思路。"国际化智造名城、长三角中轴枢纽"的城市定位成为常州最鲜明的发展特质和最生动的城市画像。

（执笔人：董琦）

常州"中轴枢纽"战略——长三角横纵势能转换枢纽示意图

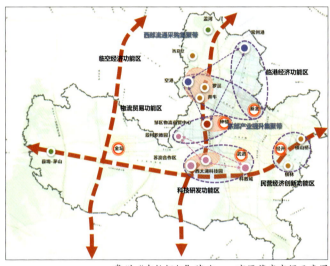

常州"中轴枢纽"战略——市区落实空间示意图

常州"智造名城"战略——制造业空间指引图

宁波城市建设发展纲要及专题研究项目

2020—2021年度中规院优秀规划设计二等奖

编制起止时间：2019.6—2020.12
承 担 单 位：上海分院
分院主管总工：孙娟、李海涛　　　　主管所长：闫岩　　　　主管主任工：柏巍
项目负责人：朱小卉　　　　主要参加人：陆容立、康弥、朱碧瑶、何倩倩、赵书、卢诚昊、易超、韦秋燕

背景与意义

　　快速城镇化40年，宁波从"三江口"时代迈向"拥江揽湖滨海"时代。2020年宁波城镇常住人口占比突破75%，面向以品质提升为核心的城镇化下半场，宁波住建部门主动审视当前城市建设工作的不足，找出两大核心问题。一是在建设系统上，空间碎片化，主动统筹不足。以自下而上的项目上报、短期实施的年度计划、条块分割的专项任务推动，缺少顶层设计引领。二是在建设理念上，重工程导向，缺少人本视角。市民家门口有温度、有体验、有亮点的项目少，难以承载对美好生活的更高期待。

　　为了落实省市"加大新型城镇化力度"的决策部署，回应两大建设问题，以城市品质提升带动城市转型发展，宁波市住房城乡建设局委托开展《宁波城市建设发展纲要（2019—2035年）》（本项目中简称《纲要》）的编制工作。目的在于衔接战略规划目标，指导近期建设计划，系统谋划城市建设的工作安排，推动规划目标的落实落细落地。

规划内容

　　（1）开展"人本视角"的城市体检。强调以人的视角开展对宁波城市建设工作的全面反思，运用"人本数据"的评价方法，借助多种来源的大数据，聚焦"人本需求"的建设空间，以"六区六道"为研

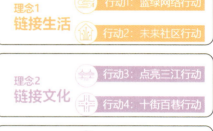

城市建设发展纲要技术路线图

究重点，通过人群行为评价各类空间绩效。研究发现宁波当前的城市建设存在"建设与生活空间链接不足""建设与文化功能链接不足""建设与活力地区链接不足"的问题。

　　（2）建立多维度的目标共识。从经济发展单一目标向社会文化生态多元路径转变，确定建设目标；从市民需求的维度坚持"精品"，顺应宁波强核心空间特征，落实新型城镇化要求；从特色营造角度畅想"文化"，传承宁波丰厚的文化积淀，应对个性化艺术化消费趋势；从发展远见的维度点亮"活力"，结合宁波人口变化趋势，提升对青年创新人群的吸引力。营造生活与工作和谐的精品之城、历史与现代对话的文化之城、创新和风景融合的活力之城。

　　（3）构建"目标—行动—项目"的

行动框架。对应三大建设目标，形成六大重点建设行动，每项建设行动包括建设指标和任务指引两部分内容。"链接生活"包含"蓝绿网络"和"未来社区"行动，凸显生态脉络，引导老城、旧村和新城社区分类营造；"链接文化"包含"点亮三江"和"十街百巷"行动，塑造可阅读的"文化前街"和人情味的"生活后巷"；"链接未来"包含"激活创新"和"链接区域"行动，引导战略平台打造，加强长三角"一小时交通圈"、湾区"半小时交通圈"和轨道上的城市建设。

　　（4）完善"工作推进"和"开发政策"机制保障。为保障《纲要》的顺利实施落地，提出两方面政策机制建议：一是明确工作推进机制，"市级搭台"，明确总体战略指引和建设行动框架，"区级唱戏"，

统筹推进项目建设，搭建上下联动、逐层传导的工作协同公共平台；二是制定政策支持清单，针对存量更新地区、滨江地区、轨道地区等重点地区，加强建设相关配套政策的研究与出台。

创新要点

（1）人本性："工程导向"到"人本导向"。研究视角转向有温度、重感知的"人本导向"，重新认识生态人文地区价值，因地制宜寻找市民最关心问题，满足美好生活需求。

（2）结构性："项目主导"到"结构引领"。从战略意图出发制定行动纲领，空间上统筹好"个体"与"整体"关系，从单项目谋划转变为结构构建；时间上处理好"近期"与"远期"关系，近期立足解决当前问题，远期落实总体规划任务。

（3）整体性："单一维度"到"多元价值"。整合空间资源、统一目标共识，制定多要素集成的行动，提升生态、活力、人文等多元价值；搭建多部门协同公共平台，聚焦总体目标和行动分解，促成部门各司其职。

（4）行动性："蓝图展望"到"行动路径"。强调"分时"和"分工"的目标分解，促成"蓝图"向"过程"转变。分时维度下明确"时间表"，分工维度下落实"项目库"，管理维度下完善"政策包"。

实施效果

《纲要》已成为宁波城市建设的纲领性文件，在城建工作领域扮演了重要角色。

（1）确立了城市建设顶层设计。《纲要》核心内容已纳入宁波市"十四五"规划中的"城市品质提升重点工程"，并有效指导了市城乡建设"十四五"规划、2020年度城建计划的编制。

（2）推动了品质提升专项行动。宁

"十街百巷行动"项目空间示意图

三江口"文化+"场景群空间示意图

波积极申报并入选第一批城市更新试点城市，陆续开展城市街区更新、"三江六岸"品质提升等专项行动。

（3）促成了相关配套政策的出台。

城市街区更新财政补助、城市更新实施行动等政策陆续发布，市区联动、政企合作的工作机制正在成形。

（执笔人：朱小卉）

承德市空间发展战略规划（2016—2030年）

2019年度河北省优秀城市规划设计一等奖

编制起止时间：2016.4—2017.11
承担单位：城乡治理研究所
主管总工：李迅　　　　　主管所长：杜宝东　　　　　主管主任工：曹传新
项目负责人：董灏、田文洁、车旭　　主要参加人：关凯、陈大鹏
合作单位：承德市规划设计研究院

背景与意义

自党的十八大以来，承德市迎来了新的发展机遇。在国家层面上，中央提出了"两个一百年""四个全面"的改革总目标与部署。在区域层面上，京津冀地区的协同发展受到高度重视，习近平总书记在京津冀协同发展座谈会上指出京津冀协同发展要立足各自比较优势、立足现代产业分工要求、立足区域优势互补原则、立足合作共赢理念。在地方层面上，河北省明确了"三个高于""两个翻番""一个全面建成"的主要目标，致力于在八个关键领域取得新的突破。在承德自身层面上，既要实现"十三五"时期的总体发展目标，也要在区域竞争中寻求突破，实现更高的发展水平。

规划旨在从国家空间战略的大框架下谋划承德的转型道路，积极探索提升空间治理效能的有效途径，加快建立健全包含空间规划、用途管制、差异化绩效考核等要素的空间治理体系，以期为推进空间规划体系改革提供可复制、可推广的经验。

规划内容

（1）明确五大战略功能体系。在尊重世界级城市群功能组织与发展的一般规律的基础上，结合河北省"三区一基地"的发展定位，培育承德的"文化旅游、国际交往、绿色服务与健康养老、先进制造、科技与商务服务"五大功能体系。

（2）完善全域空间格局。实行分级管控，完善绿色服务网络，建设"大承德"国家公园体系。强化协同开放，构建都市区开放格局，推动中心城区向外拓展，协同周边县市的发展，注重新功能平台与京津重点功能的对接。

（3）突出都市区规划的"两轴三带"开放空间格局。两轴指的是京承城镇发展主轴和武烈河城市发展轴，三带则分别指中部绿色休闲发展带、滦河绿色创新发展带和北部绿色休闲发展带。优化产业布局，建设"一带三区"的重点功能地区，一带特指滦河绿色创新发展带，三区则分别为国际滑雪度假区、皇家康养休闲区和临空经济产业区。

（4）优化山地带状河谷城市城区整体布局。中心城区围绕"双心、五带、多组团"的整体布局，进一步强化TOD发展

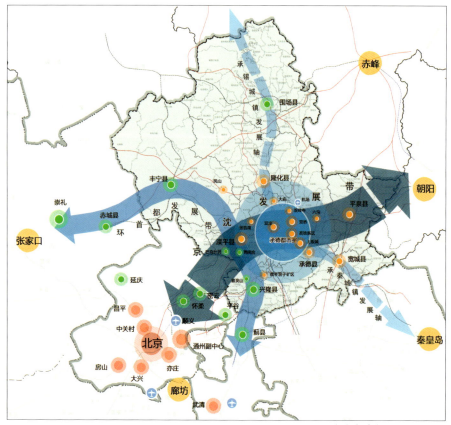

市域城镇空间结构规划图

模式，发展轨道和快速公交系统等大运量交通，引导老城区功能疏解、推动西区组团功能提升和加速北部新城组团、南区组团、上板城组团的新功能培育，强化各组团功能中心与综合交通枢纽的耦合布局。

（5）完善支撑体系。强化统筹协调，建立区域协同、城乡联动的综合交通体系、区域大文化遗产体系和基础设施体系，调整空间布局，关注重点功能培育的设施和服务支撑；强化共享发展，坚持以人为本，通过优化交通与城市布局、开展生态修复、塑造风貌特色、提升公共服务水平，全面提升城市宜居品质；强化改革创新，落实和推进体制改革，实现政策与机制的全面创新，通过试点示范，探索构建现代化空间治理体系和"多规合一"技术平台，进而促进承德市功能体系的全面升级，为城市的可持续发展注入新动能。

创新要点

（1）积极探索空间治理效能提升有效途径。加快建立健全由空间规划、用途管制、差异化绩效考核等构成的空间治理体系，实现"多规合一"、精细化的空间治理新机制。

（2）探索生态化发展的新模式、新

路径。通过强化底线管控、推进国家公园建设、完善生态补偿机制、开展土地利用试点、提升旅游发展水平、加大金融财税支持、优化行政管理架构等措施，推动经

济发展、社会发展、城乡关系、土地开发和环境保护等多个领域改革创新，形成相互配套的管理体制和运行机制。

（执笔人：董灏）

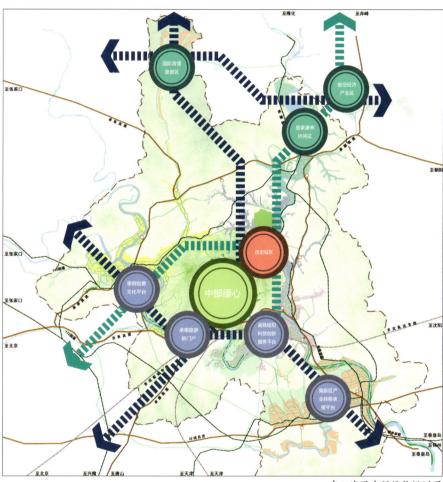

中心城区空间结构规划图

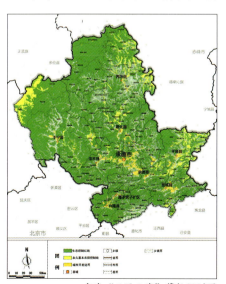

市域"三区三线"管控规划图

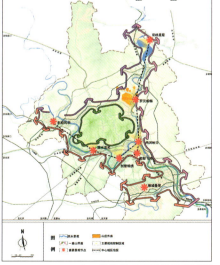

中心城区景观风貌格局规划图

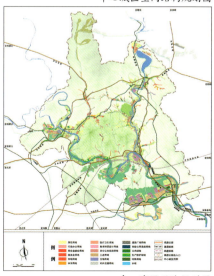

中心城区用地规划图

涿州市总体发展战略规划

2021年度全国优秀城市规划设计表扬奖｜2021年度河北省优秀城市规划设计一等奖

编制起止时间：2018.10—2019.11
承担单位：城乡治理研究所、中规院（北京）规划设计有限公司
主管所长：杜宝东　　　　　　　主管主任工：李秋实
项目负责人：许宏宇、王璇　　　主要参加人：关凯、车旭、任金梁、孙道成、杨至瑜
合作单位：华通设计顾问工程有限公司、北京城建设计发展集团股份有限公司、北京建筑大学

背景与意义

　　涿州自古即为京畿重地，曾有"日边冲要无双地，天下繁难第一州"的美誉。新时代的涿州市既是环京生态安全的重要屏障，也拥有与首都一脉相承的首善文化，更是河北省对接北京市的第一方阵。

　　京津冀协同发展正式提出以来，京津冀格局发生了众多变化：雄安新区设立、大兴国际机场建成并投入运营、冬奥会加紧筹备，区域发展格局深刻重塑。为更好地落实京津冀协同发展国家战略，主动融入京津冀世界级城市群，涿州市需要进一步明确城市未来发展的战略目标、战略定位和战略举措，应对高质量发展要求和区域格局的变化。

规划内容

　　本规划结合京津冀协同发展的新要求、雄安新区规划的新理念、北京市总体规划的新思路，从高标准建设京津冀世界级城市群的目标出发，以更高的战略眼光、更广阔的视野、更加前瞻性的规划理念进行顶层设计，明确涿州市的发展目标、总体定位和战略举措，通过行动计划和项目策划明确具体抓手，从战略和实施两大层面贯彻落实协同发展要求。

　　本规划将对涿州的认识放在更大的视角来看，涿州不只是保定的涿州、河北的

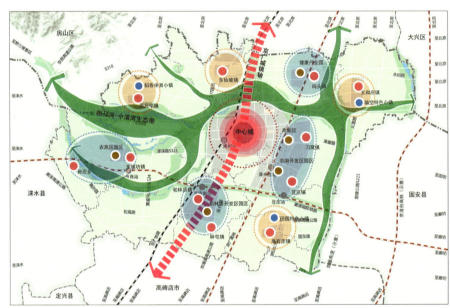

全域空间结构规划图

全域绿色休闲体系规划图

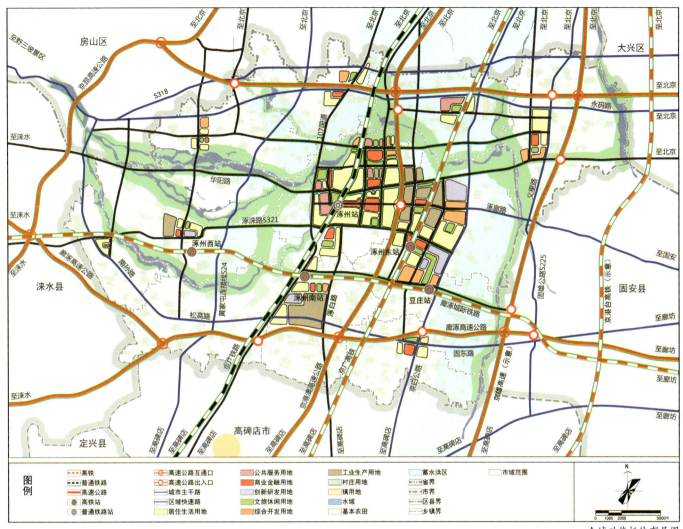

图例

高铁	高速公路互通口	公共服务用地	工业生产用地	蓄水洪区	市域范围
普通铁路	高速公路出入口	商业金融用地	村庄用地	省界	
高速公路	城市主干路	创新研发用地	镇用地	市界	
高铁站	区域快速路	文旅休闲用地	水域	区县界	
普通铁路站	居住生活用地	综合开发用地	基本农田	乡镇界	

全域功能板块布局图

涿州，更是大首都地区的重要组成部分。鉴于此，本规划以"京津冀协同发展"为指引，从"望世界之巅、借区域之势、找自身不足"三大视角展开分析，从涿州作为京津冀世界级城市群的节点、京津冀一体化发展、涿州自身的现状特征这三个视角解读涿州这一轮发展存在的关键性问题和重点发展方向。确定了"一个目标、三个定位、四个战略"的规划内容：一个发展目标为"京畿文化生态名城、协同发展功能新区"；三大总体定位为"京畿历史文化传承地、京雄创新转移孵化区、京南绿色田园宜居城"；以协同发展为统领，形成"生态提质、创新驱动、文化重塑、

服务提升"四大战略。以生态保护、产业创新、文化复兴、服务供给四个方面为切入点，突出协同，主动融入京津冀协同发展大格局中去。

创新要点

本规划具有高点站位、底线思维、系统综合、实施引导等四个方面的特点。

（1）高点站位。涿州是京津冀世界级城市群的节点，本规划站在世界的视角关注涿州未来的成长方向。从京津冀一体化发展的视角来看，涿州需要贯彻落实国家战略任务，本规划站在区域协同的高度研究涿州的发展机遇和挑战。

（2）底线思维。严格落实环京地区管控和生态红线保护等要求，将生态协同放在战略的第一要位，从空间上落实京津冀协同发展中提出的生态廊道、绿楔、环首都森林湿地公园环等要素。

（3）系统综合。本规划集成了生态、产业、文化、设施、空间等各项要素，从系统上谋划涿州市的发展战略，突出整体性。

（4）实施引导。本规划制定了可操作可落地的行动计划，提出了近期项目建议，从实施层面为战略落地制定抓手，指导下一步发展。

（执笔人：王璇）

重庆市"三峡库心·长江盆景"跨区域发展规划（2020—2035年）

2021年度全国优秀城市规划设计三等奖｜2020年度重庆市优秀城乡规划设计二等奖

编制起止时间：2019.2—2020.9
承担单位：西部分院
主管所长：张圣海　　　主管主任工：肖礼军
项目负责人：汪先为　　主要参加人：刘加维、王文静、张迪、郑洁、杜晓娟、陈彩媛、胡玲熙、王海力
合作单位：北京知行堂品牌管理有限公司、重庆市交通规划研究院

背景与意义

三峡库区是长江上游重要生态屏障。库区沿线县区为三峡工程建设和流域生态保护作出了重要贡献，但产业基础薄弱、对外交通不便、发展动力不足、人口持续外流，属于欠发达地区，处于欠发达阶段。2018年5月，新华日报报道了石柱县"毁坏湿地5000亩，招来工厂仅3家"的事件，凸显了生态保护与经济发展的矛盾。如何加强区域协调，创新发展路径，成为三峡库区亟待破解的难题。本区域规划以统筹"生态"与"生计"问题为核心，开启了三峡库区生态优先绿色发展的新征程，是跨区域发展规划编制的全新探索，为生态型地区、欠发达地区践行新发展理念，创新发展路径提供了镜鉴。

规划内容

规划以忠县皇华岛、石宝寨和石柱县水磨溪、西沱古镇为重点，统筹考虑"一江两岸"618km²的协同区域，按照"谋划铸魂—策划赋能—规划塑形—计划践行"的思路，谋划提出建设"三峡库心·长江盆景"的总体定位，策划构建生态保护与修复、文化传承与创新、农文旅融合发展三大事业产业集群，跨区域开展国土空间格局梳理、生态保护修复、绿色产业发展、综合交通体系规划和重点片区规划建设指引等，提出规划实施计划、近期建设项目和保障措施，指导跨区域发展。

创新要点

（1）提高区域站位，高点谋划。规

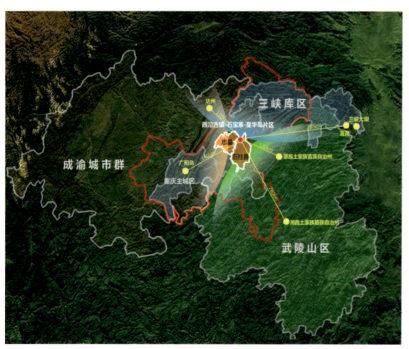

区域位置图

规划思路及主要内容框架图

划区位于三峡库区腹心位置，远离重庆中心城区和长江三峡风景名胜区，地区发展缺乏明晰的方向。规划从全局谋划一域，基于三峡库区腹心的独特区位，通过更大尺度的空间格局研究，识别自然地理和景观特色，凝练形成"三峡库心·长江盆景"的价值定位。通过上中下游横向比较，识别"古镇古寨云梯街、湿地牧场江心岛"核心资源，推动农文旅融合发展和跨区域协调发展，探索基于本地资源和比较优势的发展路径。

（2）立足本底条件，系统策划。深入挖掘自然、人文和发展本底，提出用好用足生态和人文，统筹江城、江镇、江村、山水、田园与人文要素，策划生态保护与修复、文化传承与创新、农文旅融合发展三大事业产业集群，不断增强内生动力。

（3）分层次跨区域，一体规划。跨镇域层次，聚焦规划区，以长江为绿色发展主轴，以核心资源富集区为重点，整合优势资源，加强跨江联动，构建以两大核心景区为引领的发展格局。跨县域层次，梳理两县资源禀赋和产业基础，按照同类、关联和互补三种类型加以整合，培育壮大优势产业，对城镇、产业、交通、公共服务等进行一体化布局。更大区域层次，加强与万州等周边区县的一体化研究，促进市域"一区两群"协同发展。

实施效果

"三峡库心·长江盆景"从无到有、深入人心，得到市县两级党委、政府的高度认可，写入政府工作报告、"十四五"发展规划等，规划成为重庆市重点推进的七个跨区域合作平台之一，以及忠县、石柱县推动高质量发展、创造高品质生活的工作主线。

（执笔人：汪先为）

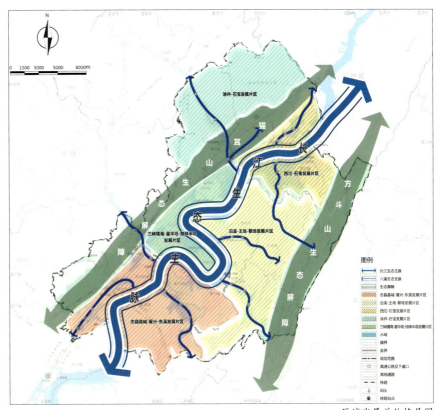

区域发展总体格局图

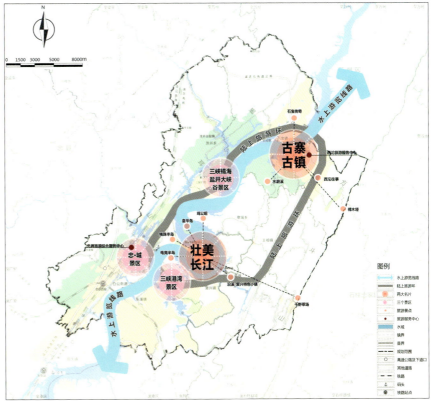

区域旅游发展规划图

重庆市东部生态城规划

2021年度重庆市优秀城乡规划设计一等奖

编制起止时间：2020.2—2021.11
承担单位：西部分院
主管所长：张圣海　　主管主任工：肖礼军
项目负责人：余妙、祝佳
主要参加人：肖礼军、谢亚、周宇、陈彩嫒、陈劲涛、周扬、谭紫微、王钰、梁策、王海力

背景与意义

　　重庆东部生态城位于重庆市中心城区东部槽谷，是国家城乡融合发展试验区、长江经济带绿色发展示范区建设的承载地。规划力图将山地生态智慧与现代城市发展需求相结合，从单一保护到绿色生长，从连片建设到群落发展，从空间供给到场景营造，从高技驱动到自然做工，探索未来山地生态城市基于自然的解决方案，为重庆市探索一条扎根地域的绿色发展之路。

规划内容

　　（1）探索未来山地生态城市营建模式。规划解锁岭谷自然力量、融合现代发展需求，以建设人类与自然共生、城乡与自然共融、经济与自然共进、技术与自然共济的新时代生态城为目标，明确面积达1943km²的重庆东部生态城的营建内涵和规划思路；基于底线管控，优化城乡共生的空间格局；创新"场景营城"方法，营造未来场景；基于在地性分析，提出山地绿色技术指引，完善高效韧性的设施支撑。

　　（2）探索区域统筹和规划实施传导机制。提出打破行政区划和制度约束，建立"六统四分"工作机制，加强区域统筹，完善技术管理，建立"穿透式"规划体系。

重庆东部生态城营建内涵

重庆东部生态城"5+5+5"场景营城模式

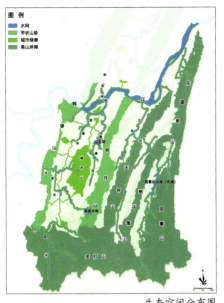

生态空间分布图

重大功能分布图

产业空间布局图

创新要点

（1）基于自然生态，构筑立体复合生态基底。顺应川东平行岭谷"山水林田湖草"立体复合的自然本底和"岭上林木、坡上梯田、谷中冲田"垂直分异的农业生态。从森林、湿地两大生态系统入手识别生态廊道，构建山地生态网络，营造多样性生境。构建山岭"上养"、坡谷"中蓄"、建设区"下修"的立体水生态，打造怡人滨水空间。保护"谷地"区域优质耕地，发展"岭上"休闲观光农业，鼓励"坡地"种养一体，推动农业绿色发展。

（2）立足自然地理，塑造城乡融合新形态。汲取"依山、傍水、近田、靠林"的岭谷人居聚落智慧，打破行政边界，环岛、环山、沿江、顺岭、依山形成七个城乡融合共生群落。管控群落中功能高度融合、空间高度复合的三类空间单元：城市组团适度控制规模，以生态廊道进行分隔；中心镇区重点培育，引导产业和人口集聚；巴渝村落有机生长，打造具有岭谷特色的美丽乡村。

（3）塑造自然场景，探索"两山"价值转化路径。基于人群对美好生活的向往，创新"场景营城"方法，形成"5+5+5"场景体系。结合岭谷特点，营造"山岭、溪谷、湾岛、峡泉、秀湖"五类"青山绿水"休闲场景，引导人们亲近自然；把握巴渝人文精神内核，营造"丘塘林居、风景客厅、特色城镇、巴渝乡愁、山城步道"五类"诗意栖居"生活场景，重塑山地人居；以绿色激发创新，营造"创新社区、创新聚落、智慧园区、智慧中心、智慧田园"五类"绿色创新"工作场景，让科技与自然共促。

（4）顺应自然做功，探索"灰绿"结合的在地技术。通过山地绿色技术适宜性分析，总结绿色低碳技术包。因地制宜提出慢游网络、公交网络、智慧网络、绿色建筑、风廊系统以及微循环市政网络等山地绿色技术。

实施效果

（1）为区域发展指明了方向。高层级绿色示范工程、绿色产业资源不断投放，推动了南岸区、巴南区共建东部槽谷一体化发展先行示范区。

（2）指导了片区规划编制。包括南岸区、巴南区国土空间分区规划，广阳湾智创生态城、重庆国际生物城等重点片区规划。

（3）支撑了重点科研项目和地方标准制定。包括美国能源基金会"中国街区更新中的绿色节能技术应用研究"、中国环境与发展国际合作委员会"重大绿色技术创新及其实施机制"、住房和城乡建设部"绿色城市发展战略、模式与政策研究"、重庆市工程建设地方标准《绿色生态城区评价标准》DBJ50/T—203—2023，并且"场景营城"方法纳入《重庆市详细规划编制指南（试行）》《重庆市城市设计编制技术指南（试行）》。

（4）助力了一批项目高质量落地。包括轨道27号线延伸、苦竹溪流域综合治理等重点项目。

（执笔人：祝佳）

深圳市大前海湾区空间战略规划

2021年度广东省优秀城市规划设计三等奖｜2021年度深圳市优秀城市规划设计二等奖｜
2018—2019年度中规院优秀规划设计二等奖

编制起止时间：2017.8—2019.11
承担单位：深圳分院
主管所长：方煜　　　　　　　　　　　**主管主任工**：赵迎雪
项目负责人：邱凯付、吕晓蓓　　　　　**主要参加人**：罗丽霞、李鑫、刘阳、周游、刘菁、樊德良、周详、陈少杰、刘莹

背景与意义

推进前海开发开放，是习近平总书记亲自谋划、亲自部署、亲自推动的国家改革开放重大举措。前海成立以来，从一片滩涂起步，取得了巨大的建设成就，但也面临城市空间孤岛化、空间制约加剧、配套缺口严重、交通瓶颈突出、区域统筹缺乏、港城矛盾加剧等挑战。在此背景下，前海亟须对新区发展脉络进行梳理，对现有发展模式进行反思。为此，深圳市启动了大前海湾区空间战略规划，试图从更大范围、更高层次，跳出前海看前海。

规划内容

规划以追求卓越、建设未来城市典范为要求，对前海的规划建设理念和功能结构进行方向性调整。发展理念方面，坚定了从"经济导向的产业功能区"向"人本导向的综合功能区"的转型方向；功能结构方面，提出减体量、增绿色、平职住、强配套，调整优化用地和功能结构。

突出西部整合、区城一体，从战略时序、战略分区提出前海与深圳西部地区整合联动发展的实施策略。

突出湾区引领、强化引擎能级，推动前海从"城市中心"走向"湾区引擎"。

突出香港所需、前海所长，着力推动前海与香港洪水桥的创新合作，共建高科技产业合作区。空间上，加强洪水桥与前海的轨道交通联系，支持在洪水桥设立跨

前海在大湾区位置示意图

大前海空间结构引导图

大前海产业功能结构引导图

境口岸，大力助推洪水桥的发展。

创新要点

1. 规划理念创新

坚持以人民为中心、对标一流、追求卓越，从"国家战略视角"向"日常生活视角"推动前海模式和规划理念转型，以宜居、枢纽、韧性、智慧为理念探索营城经验，建设未来城市典范。

2. 战略规划模式创新

从《深圳2030城市发展策略》《〈前海深港现代服务业合作区总体发展规划〉前期研究》，到《大前海湾区空间战略规划》，中规院持续探索"伴随式、跟踪式、在地化"的战略咨询和服务模式。

3. 编制方法创新

规划编制的同时，前海启动了《前海城市新中心规划》工作，形成了战略与规划相互支撑、互为补充，战略定方向、规划管落实的一体化编制模式。

4. 深港合作创新

深港合作是前海的立区之本。项目组对香港政府部门、规划师和普通市民进行多方深入调研，主动对接《香港2030+：跨越2030年的规划远景与策略》，自下而上寻求深港合作的最大公约数。

实施效果

一是推动扩区。规划成为前海扩区方案的重要基础和支撑。规划研究了前海扩区的需求和可行性，提出前海扩区的方案比选，并对不同扩区方案进行深入论证。2021年9月6日，党中央印发《全面深化前海深港现代服务业合作区改革开放方案》，明确将前海合作区总面积由14.92km^{2}扩展到120.56km^2，这标志着前海发展进入新篇章。

二是凝聚共识。规划提出的目标、策略成为全市上下统一共识，前海启动了前海城市新中心规划优化和调整工作，功能配比和设施布局趋向合理。

三是助力建设。高铁进前海、环湾城际轨道等重大交通设想得到积极响应，高铁进前海的战略构想得到一致认同。在规划指引下，高铁进前海的建设方案正在开展可实施性研究；环湾城际轨道建设方案成为广东省政协提案重要线索。

四是谋划未来。规划夯实了深港双方合作基础，前海与香港洪水桥的合作成为香港北部都会区发展的重要策略。

（执笔人：邱凯付）

深圳市龙岗区综合发展规划（2014—2030）

2017年度全国优秀城乡规划设计二等奖

编制起止时间：2013.9—2016.12
承 担 单 位：深圳分院
分院主管总工：朱荣远
项目负责人：张弛、张小川
主要参加人：史相宾、程崴知、熊伟豪、陈郊、曾胜、蒋国翔、袁易明、范军、魏建漳、彭建、曹艳芳、李小月
合 作 单 位：深圳大学、深圳市世联土地房地产评估有限公司、深圳市城市交通规划设计研究中心股份有限公司、
深圳市公众力商务咨询有限公司

背景与意义

龙岗区是深圳市重要的产业大区和人口大区，也是原特区外典型的二元化发展地区，集聚着理想，也沉淀着矛盾。规划以社区为切入点，划分八类社区，根据不同社区人群的差异需求，进行有针对性的公共资源供给，而非简单平均主义的标准与准则的空间覆盖，全面激活社区沉淀的经济、社会效益和潜在发展动力。

规划内容

（1）规划提出"生态龙岗、科教高地、创业新城、乐活家园"的发展目标。发展指标体系包括经济发展、社会发展和生态文明3大类、16小类，共计52个指标。为了将总体发展目标更具象化，规划提出十大发展子目标，即具有区域竞争力的城区、创新驱动的现代产业强区、多元文化共融的乐活家园、以高品质有机更新推动发展的城区、国际高等教育及职业教育引领的学习型城区、山环水润的魅力城区、绿色低碳发展的先行者、满足多元化人群住房需求的城区、交通高效便捷公交慢行优先的城区、共建共享充满活力的城区。

（2）构建更具竞争力的"双轴聚合"的整体空间结构，推动龙岗与区域一体化发展。

城市空间结构图

（3）从经济、社会、空间、生态、环境等方面提出产业、民生公共服务、空间结构、土地利用、生态环境、综合交通、绿色市政等方面的发展策略。通过"高端引领、创新驱动"战略引导高端要素集聚，系统推进机制创新、技术创新、商业模式创新、市场创新，构建知识为本、科技为核、活力迸发的创新生态体系；以"山环水润、产城融合"战略强化山水魅力的自然生态结构，塑造疏密有致、特色鲜明的城市空间形态，推动"产城融合"发展；以"产业深化、渐进演替"战略引导先进制造业和高新技术产业的集群发展，抓住深圳成为国家自主创新示范区的机遇，进一步完善龙岗现代产业体系；以"社区活化、共建共享"战略全面激活"村改居"社区所沉淀的经济与社会效益，推动龙岗转型发展的着力点下沉至社区，提升城区发展认同度和社会凝聚力，实现"共商共识促共赢"。

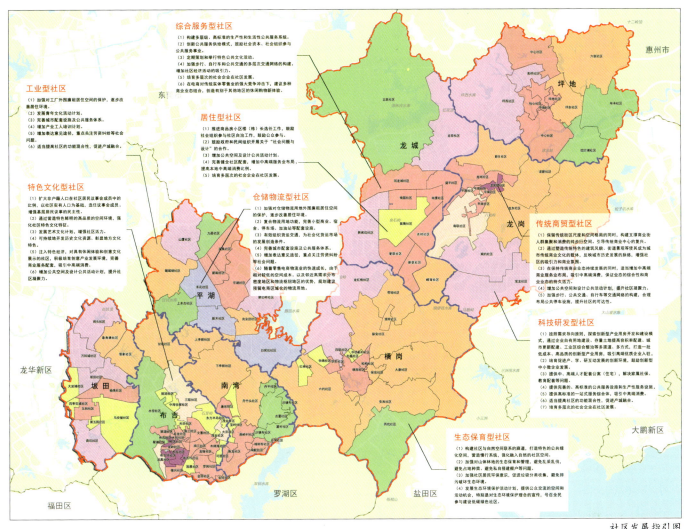

综合服务型社区
（1）构建多层级、高标准的生产性和生活性公共服务系统。
（2）创新公共服务供给模式，鼓励社会资本、社会组织参与公共服务事业。
（3）定期策划和举行特色公共文化活动。
（4）加强步行、自行车和公共交通的多层次交通网络的构建，增加社区经济活动的吸引力。
（5）培育多层次的社会企业在社区发展。
（6）在电商对传统实体零售业的强大竞争冲击下，建设多种商业业态组合，创造有别于其他地区的休闲购物新体验。

工业型社区
（1）加强对工厂外围廉租居住空间的保护，逐步改善居住性环境。
（2）发展青年文化活动计划。
（3）完善城市配套设施及公共服务体系。
（4）增加产业工人培训计划。
（5）增加表达意见征径，重点关注劳资纠纷等社会问题。
（6）适当提高社区的功能混合性，促进产城融合。

居住型社区
（1）推进商品房小区楼（栋）长选任工作，鼓励社会组织参与社区自治工作，鼓励公众参与。
（2）鼓励政府和民间组织开展关于"社会问题与设计"的合作。
（3）增加公共空间及设计公共活动计划。
（4）完善商业社区配置，增加本地居住空间布局，提高本地中高端消费比例。
（5）培育多层次的社会企业在社区发展。

特色文化型社区
（1）扩大非户籍人口在社区居民议事会成员中的比例，以社区实有人口为基础，选任议事会成员，增强基层居民议事会的自主性。
（2）通过营造特色鲜明的高品质的空间环境，强化社区特色文化特征。
（3）发展艺术文化计划，增强社区活力。
（4）可持续地对历史文化资源进行整理，创建地方文化特色。
（5）注入特色经济，对具有休闲体验和创意文化展示的社区，积极培育创新产业发展环境，完善商业服务配套，吸引中高端消费者。
（6）增加公共空间与设计公共活动计划，提升社区凝聚力。

仓储物流型社区
（1）加强对仓储物流用地外围廉租居住空间的保护，逐步改善居住性环境。
（2）复合物流用地功能，完善小型商业、宿舍、停车场、加油站等配套设施。
（3）有效组织货运交通，为社会化货运市场的发展创造条件。
（4）增加城市配套设施，提升社区活力。
（5）增加表达意见征径，重点关注劳资纠纷等社会问题。
（6）随着零售电商物流业的快速成长，由于邻近轻型的空间成本，以及邻近高需求分布密度地区和物流枢纽区位的优势，规划建议预留电商区域的物流用地。

传统商贸型社区
（1）保留传统街区尺度和空间肌理的同时，构建支撑重金街人群集聚和消费的纯步行空间，引导传统商业中心的复兴。
（2）通过塑造传统特色的建筑风貌、街道景观等将其成为城市传统商业文化的载体，反映城市历史发展的脉络，增强社区的吸引力和商业气息。
（3）在保持传统商业业态持续发展的同时，适当增加中高端商业服务业布局，吸引中高端消费，保证业态的综合和商业业态的持久活力。
（4）增加公共空间和设计公共活动计划，提升社区凝聚力。
（5）加强步行、公共交通、自行车等交通网络的构建，合理布局公共停车设施，提升社区的可达性。

科技研发型社区
（1）按照需求导向原则，探索创新型产业用房开发和建设模式，通过企业自用地建设、存量土地提质容积率配建、城市更新配建、工业区综合整治等多渠道、多方式，打造一批低成本、高品质的创新型产业用房，鼓励高端优质企业入驻。
（2）培育促进产、学、研互动发展的创新环境，鼓励创新型中小微企业发展。
（3）提供中、高端人才配套公寓（住宅），解决家属社保、教育配套等问题。
（4）提供完善的、高标准的公共服务设施和生产性服务体系。
（5）提供高标准的一站式综合体验，吸引中高端消费。
（6）适当提高社区的功能混合性，促进产城融合。
（7）培育多层次的社会企业在社区发展。

生态保育型社区
（1）构建社区与自然空间联系的廊道，打造特色的公共绿化空间，营造慢行系统，强化融入自然的社区空间。
（2）加强对山体林地的生态保育和管理，避免乱采乱伐，避免占地被毁，避免私自搭建棚户等问题。
（3）加强社区居民环保意识，促进垃圾分类收集，避免排污减低生态环境。
（4）发展生态环境保护活动计划，提供公众交流的空间和活动机会，特别是对生态环境保护理念的宣传，号召全民参与建设低碳绿色社区。

社区发展指引图

创新要点

社区切入明路径，三大转型聚焦点。从社区视角切入，规划依循中医诊病理主脉、点要穴、舒经活脉、表里兼治的哲学观，发现问题和解决问题，量化目标体系，提出聚焦"经济、空间、社会"的更新转型，明确行动纲领和实现路径。

上下共商识方法，汇聚智慧识问题。认真梳理、检讨和总结龙岗区已有的各类规划和研究，系统地辨识龙岗区发展中存在的主要问题，以专家咨询会、主题社区协商会、部门研讨会为平台，组织各方力量汇聚智慧，为制定有针对性的规划策略

和实施措施奠定基础。

统筹目标理计划，辨证施治求实效。规划注重目标与行动的一体化统筹，运用政府可控制的"十五大行动"抓手，来发挥政府在关键地区和重要领域的主动作为。制定系统、可实施的行动计划和措施，强调以时间化、空间化、定量化和责任化的方式推进目标实施，构建具有实效的执行体系，支撑部门协同开展规划与建设行动。

实施效果

项目作为龙岗区政府发展决策的重

要参考文件，行动计划项目库中的部分内容被列入区"十三五"规划，成为当时的近期城市发展与建设的重点。本规划推动了龙岗区政府及各部门一系列的改革计划和机制研究，其中《龙岗区多规协同"1+4+N"改革方案》成为深圳市2015年唯一由区政府牵头的重大改革项目，龙岗区制定了《关于改革社区治理体系 提高基层治理能力的意见》等"1+7"文件，并开展了龙岗区公共服务设施落地配套机制的研究等。

（执笔人：张小川）

杭州市钱塘区规划研究

2021年度全国优秀城市规划设计二等奖 | 2021年度浙江省优秀国土空间规划设计二等奖 |
2018—2019年度中规院优秀规划设计三等奖

编制起止时间：2019.2—2020.11
承担单位：上海分院
主管总工：郑德高　　分院主管总工：孙娟、刘昆轶　　主管主任工：董淑敏
项目负责人：周韵、董淑敏、林辰辉
主要参加人：罗瀛、胡魁、吴浩、陈锐、李丹、陈震寰、张浩浩、蔡润林、周杨军、姚炜
合作单位：浙江省城乡规划设计研究院有限公司

背景与意义

　　钱塘区总面积531.7km²，由杭州经济技术开发区和大江东产业集聚区组成，是杭州实体经济的主战场。2019年4月，为优化资源配置，以高等级大平台融入国家战略，浙江省委、省政府批复设立钱塘新区，打造世界级智能制造产业集群、长三角地区产城融合发展示范区、浙江省标志性改革开放大平台、杭州湾数字经济与高端制造融合创新发展引领区。但现状与目标还存在诸多差距，"钱塘不杭州、产业缺硬核"已成为各方共识。"钱塘不杭州"点出了生活空间品质和杭州的巨大落差。"产业缺硬核"则指出作为杭州工业主战场，产业依旧传统、产出依旧低效。面对两大问题，如何营造具有杭州气质的空间品质、探索具有竞争力的产业功能，实现新区的重构重塑，成为本轮规划的重要命题。

规划内容

　　1. 空间维度：做一个具有杭州气质的规划，实现"钱塘也杭州"

　　规划追随杭州气质，通过"三个回归"提升空间品质。

　　回归生态魅力。一是"堤岸重回1969"。沿湾江滩腾退污染工业、恢复自然生境，打造以江海湿地为核心的生态风

土地使用规划图

景画卷；中部绿谷留住美丽田园、挖掘文化资源，打造以大地风景为核心的国际艺术承载地。二是保留堤岸印记，以三条不同历史时期的围垦堤岸为线索，塑造可体验的生态场景。

　　回归空间意境。一是基于三个围垦时期的水系肌理，塑造"新湖光、新江南、新水乡"的空间意境。通过三面围合、一面打开的建设空间布局，再现"三面云山一面城"的"新湖光"；延续纵横方格水网，生活近水、生产临街，再现"水陆双棋盘"的"新江南"；最

小扰动湿地的自由阡陌肌理，再现"闲倚诗画梦田园"的"新水乡"。二是延续拥江而立的空间格局，聚焦"一江双城"。

　　回归宜居生活。应对人群需求，建构"5分钟上班、5分钟上学、3小时运动，围茶作棋触手可得"的闲雅生活，营造工作、学习与生活自由融合的细胞单元。

　　2. 功能维度：做一个借力区域动能的规划，实现"钱塘补杭州"

　　在新的长三角功能网络格局中，环

境、人才等要素成为新兴功能地区发展
的支撑，钱塘可利用三重区位优势，打
造尖端制造、技术创新、国际开放三大
硬核实力。打造尖端制造硬核，聚焦生
物医药、电子信息、航空航天等五大产
业集群，修补区域产业链断裂点，开辟
新兴制造领域，保障六大产业基地和两
个特色园区的发展空间。打造技术创新
硬核，完善"全球科技—上海总部—钱
塘孵化转化—湾区制造"的长三角供应
链体系，建设"科技、技术产能转化、
中试与生产"三大创新圈。打造国际开
放硬核，钱塘已成为外资企业集中、国
际创新平台汇聚的目的地，规划提出以
江东城、下沙城联动萧山空港，共建国
际开放"黄金三角"，实现创新、贸易、
医疗、交往"四大开放"。

创新要点

转换新区发展逻辑，回归空间设计价
值，解构杭州城市气质，探索以历史托举
未来的空间品质提升路径。

扩大比较视野，审视新区在长三角的
区域价值，探索以功能网络识别地区潜力
的分析方法。为国家全面转型时期，如何
提升新区发展质量提供参考与借鉴。

实施效果

有效指导了生态、公共服务设施、交
通、产业等一系列专项规划的编制，为
"1+4+X"政策制定提供了方向。

在提升新区品质上，积极推进"最美
河道"行动，全面开展下沙南部的城市有
机更新工作。在丰富新区功能上，建设阿
里巴巴e-WTP示范区、前进科创园等专
业化特色功能区，协调并落实水运、铁路
和跨江通道等基础设施。

（执笔人：周韵、林辰辉、罗瀛）

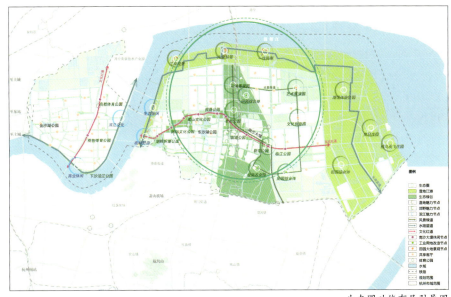

生态圈功能布局引导图

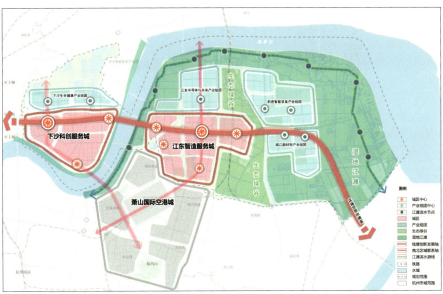

国土空间格局规划图

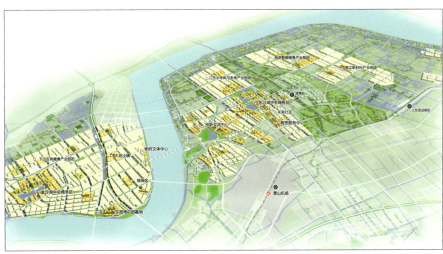

三维总体形态意向图

杭州市拥江发展行动规划

2018—2019年度中规院优秀规划设计二等奖

编制起止时间：2017.4—2019.1
承担单位：上海分院
主管总工：王凯、李晓江　　分院主管总工：孙娟、李海涛　　主管主任工：刘律
项目负责人：郑德高、袁海琴　　主要参加人：顾姝、安頔、叶芊、肖仲进、尹俊、吴春飞、赵新宇、李文彬、李晓江

背景与意义

钱塘江横贯杭州市域，是浙江省和杭州市的"母亲河"，是生态保护建设的重要区域，也是杭州城市发展的重要轴带。21世纪初，杭州从"西湖时代"迈向"钱塘江时代"，实现"跨江"发展，城市生态文化影响力和国际竞争力逐步提升。G20杭州峰会的成功举办，推动杭州站在了新的历史起点上。

后G20时代，随着国家发展理念发生变革，"一带一路"倡议和长江经济带等重大战略逐步推进，浙江省提出"大湾区、大花园、大都市区"战略等，杭州市需要重新审视钱塘江与杭州的关系，明确其在建设"独特韵味、别样精彩的世界名城"中的地位与作用。

新时代，杭州市委、市政府提出实施拥江发展行动，拥江发展是杭州建设"独特韵味、别样精彩的世界名城"的重要举措与抓手，是关系全市人民幸福、全面提升发展质量、促进治理现代化的重中之重，是新时代国家战略下的展示窗口和杭州责任。

规划内容

1. 目标与战略

以"独特韵味、别样精彩的世界级滨水区域"作为总体目标，通过让钱塘江流域的生态环境更加优美、人文特色加快彰

显、新兴经济培育强化，将钱塘江塑造成为足以比肩西湖的"最美中国的典范，山水人文的画卷"。

2. 三大战略

"一川如画"——强化上下游生态、产业、交通统筹发展。

"两岸诗和"——促进沿江城市、城镇、乡村协同发展。

"三美天下"——彰显钱塘江生态之美、人文之美、时代之美。

3. 六大行动

在以上目标与战略指引下，拥江发展重点落实"控、治、修、建、调、优"六大行动。

创新要点

1. 构建多方共同参与的治理新格局

一是以民为先，规划多次组织各种形式的公众参与，倾听市民需求和建议。

二是多界联动，从市政府规划局一家管理转向党政、行业、知识、媒体、市民等多界联动的社会复合主体共同治理。

三是市县同步，随着杭州市拥江发展领导小组办公室（简称拥江办）以及各县区拥江办的成立和运转，市、县区两级责任主体联手落实规划管控要求，同步实施治理行动。

2. 采用精细化定量分析和管控体系

一是精准分析山水，引入机器学习技

文化场景地图

术，对两岸视频图像和知名诗词进行数据分析，探寻沿江视觉景观和钱塘山水意向特征，为划定滨江管控范围和制定定量管控要求奠定基础。

二是精确识别重点，六大治理行动紧密结合现状，统筹保护与发展，力求行动对象具体、重点突出。

三是精细管控要求，规划提出"山水田园段岸线占比不少于50%""特色城镇段新建建筑高度不超过18米"等清晰的数据表达，并落到精细的空间落位。

3. 通过立法保障规划落实

借鉴西湖经验，规划形成的共识和管控要求通过立法予以保障落实。规划获批后，市拥江办牵头制定《杭州市钱塘江综合保护与发展条例》，经过多轮讨论和意见征询，已于2020年由浙江省第十三届人民代表大会常务委员会第二十二次会议批准。

（执笔人：陈娜）

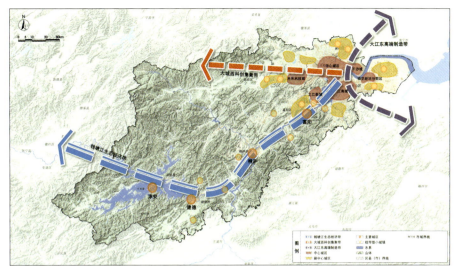

市域发展结构图

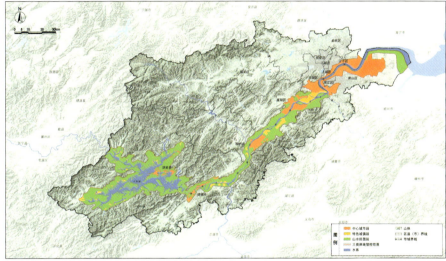

三类岸线范围划定图

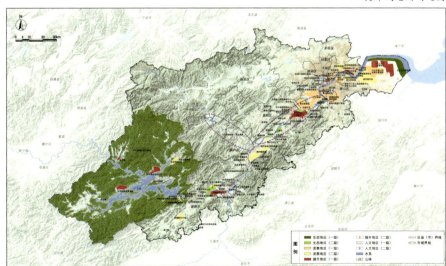

四类重点地区分布图

太浦河—沪湖蓝带计划战略规划、苏州市"环太湖科创圈+吴淞江科创带"空间规划

2022年度华夏建设科学技术奖二等奖（项目一）｜2021年度江苏省优秀国土空间规划二等奖（项目一）｜
2020年度苏州市优秀城乡规划设计一等奖（项目一）

编制起止时间：2018.11—2023.10
承担单位：城市更新研究分院

项目一名称：太浦河—沪湖蓝带计划战略规划
主管所长：邓东　　　　　　　　　主管主任工：缪杨兵
项目负责人：谷鲁奇、柳巧云　　　主要参加人：孙心亮、翟玉章、吴理航

项目二名称：苏州市"环太湖科创圈+吴淞江科创带"空间规划
主管所长：范嗣斌　　　　　　　　主管主任工：王仲
项目负责人：邓东、缪杨兵　　　　主要参加人：李晓晖、谷鲁奇、翟玉章、仝存平

背景与意义

　　长三角一体化是国家重要的区域发展战略。在长三角核心区，太湖与上海之间的关系是影响区域生态绿色可持续发展的重要因素。苏州拥有太湖80%的湖面，超过200km的太湖岸线，是环湖最重要的城市之一。"三江既入、震泽底定"，吴淞江、太浦河是太湖连通长江、东海的主要通道，也是上海与太湖之间的生态、水源、水运和发展廊道。立足长三角一体化发展，苏州从太湖流域生态安全格局出发，主动谋划太湖、吴淞江、太浦河沿线生态绿色发展路径，在保障流域水生态、水环境、水安全前提下，探索如何将生态优势转化为经济发展动能，为江南水网地区流域综合治理和绿色创新发展提供可推广的经验。

规划内容

　　（1）筑牢生态安全底线。基于开放的水系统和生境系统，集成应用流域识别、水动力模型分析、示踪剂模拟技术、生态遥感解析、生态空间网络分析等技术手段，对太湖、吴淞江、太浦河流域的生态环境

治理问题提出综合解决方案和策略措施。

　　（2）推动创新转型和绿色发展。以环太湖、沿吴淞江、沿太浦河等为重点，从战略层面对全市科创空间进行系统谋划和统筹安排，明确市域科创空间总体格局、产业创新集群主要承载区和科创功能区建设指引等，凝聚创新发展的区域共识，优化创新要素的空间布局，强化创新

活动的要素保障，促进沿湖沿河生态产品价值转化，推动流域高质量绿色发展。

　　（3）落实具体行动和实施抓手。提出流域生态保护修复、交通网络优化融合、环境整治品质提升和沿湖沿河风貌塑造的具体举措和实施行动，形成分类、分期、有序的项目建设指引，推动流域生态绿色转型。

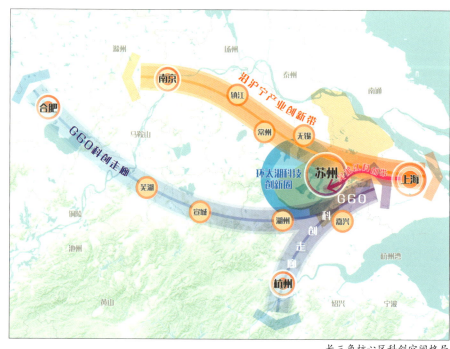

长三角核心区科创空间格局

创新要点

综合应用水文、生态、规划等先进技术解决江南水网地区的复杂问题，提出流域综合治理和绿色创新转型的系统性、针对性解决方案，实现规划技术的"集成创新"。

（1）在水文技术方面，针对江南地区错综复杂的水网系统，创新应用多种先进水文模拟技术为流域科学治理探索可推广的技术方案。

（2）在生态技术方面，针对城镇村空间与生态空间的关系问题，创新应用多种生态分析技术为江南水网地区构建高效生态格局及健康图底关系探索可推广的模式和机制。

（3）在规划技术方面，针对流域生态保护前提下的高质量发展问题，创新应用多种规划技术，突出多团队协作与集成，提出将生态和文化特质转化为创新发展动力的有效途径。

（4）在技术转化方面，针对规划研究结论如何转化为可操作、可落地的政府施政纲领问题，创新搭建"规划—政策"及"规划—项目"转化通道，确保规划有抓手、见成效。

实施效果

有力支撑了长三角地区的多项规划及研究工作。对于优化和完善《长三角生态绿色一体化发展示范区国土空间总体规划（2021—2035年）》《苏州市国土空间总体规划（2021—2035年）》等法定规划起到重要支撑作用。

优化了沿湖沿江的空间管控方式。提出了分段、分类细化管控的路径和手段，避免了"一刀切"的划线管控方式，实现了因地制宜、刚弹结合，更加符合现实发展的需要。

有效指导环太湖、沿吴淞江、沿太浦河区域综合整治和产业提质升级等行动，推动沿线地区创新要素集聚、产业升级、品质提升，取得了显著成效。

推动一批具有创新示范效应的流域联防联控、共建共享机制建立和政策出台，包括《长三角生态绿色一体化发展示范区重点跨界水体联保专项方案》《太浦河水资源保护省际协作机制工作方案》《关于推动建立太湖流域生态保护补偿机制的指导意见》等。

（执笔人：缪杨兵、谷鲁奇）

环太湖科创圈、吴淞江科创带空间结构图

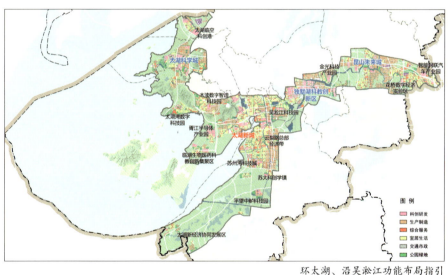

环太湖、沿吴淞江功能布局指引

规划建设实施实景组图

无锡市宛山湖生态科技城战略规划

2023年度江苏省优秀国土空间规划二等奖｜2020—2021年度中规院优秀规划设计二等奖

编制起止时间：2020.12—2021.8
承 担 单 位：上海分院
分院主管总工：孙娟、刘迪　　　　　主管主任工：张亢
项目负责人：马璇
主要参加人：郑德高、李鹏飞、梅佳欢、张亢、李舒梦、朱明明、李国维、邹歆、余淼、宋源、田小波、陈胜

背景与意义

在国内国际双循环新格局下，科技创新成为新一轮城市转型发展的重要导向。宛山湖地区作为联动沪宁创新廊道与太湖湾科创带的重要战略支点，承载着新时期推进锡山乃至无锡转型发展的重要战略使命。为进一步落实长三角构建科技创新共同体设想以及无锡市构建太湖湾科创带的战略构想，推进锡山乃至无锡新时期的转型发展，锡山区组织开展了宛山湖生态科技城战略规划研究工作。

规划内容

以建设高标准的宛山湖生态科技城为出发点，明确科技城建设发展路径，构建高品质的空间格局。本次战略规划采用"研判—定位—战略—行动"的技术框架，形成从认知到行动的系统性发展指引，从而回答好宛山湖地区"能不能做科技城""做什么样的科技城""怎么做好科技城"的系统性命题。

规划从顺应国际趋势、应对国家局势、发挥地区优势三大视角出发，提出建设"面向长三角、面向未来的国际一流生态科技城"的目标定位，并提出"做优生态的文章，打造绿色共享的生态湖区""打响科技的品牌，建设开放创新的科技新区""以人为中心，建设低碳宜居的品质城区"的发展策略。

规划从区域借力、创新借力、服务想象力与生活吸引力四大维度出发，提出双心联动、创新簇群、智慧客厅、湖链趣城四大空间战略，并构建了"一湖一岛六客厅、四廊六群多单元"的科技城总体空间结构。

为保障规划落地实施，规划通过明确支撑体系、开发建设时序与近期项目、政策机制建议等内容，提出相对明确的路径指引。

创新要点

（1）理论创新：探索了创新时代科技创新型地区规划的技术框架。本次战略规划系统梳理了国内外科技城建设规律，创新性地提出了"三类四要素"的科技创

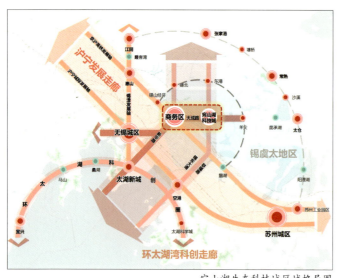

宛山湖生态科技城区域格局图

宛山湖生态科技城蓝绿空间格局图

新型地区规划编制技术框架。"三类"即国内科技城主要分为国家级科学城、专业型科技城、开发型创新城区三种类型。"四要素"即面向应用技术的专业型科技城往往具备四大发展要素，包括拥有1~2个面向前沿科技的主导产业，往往围绕主导产业集聚创新要素与创新生态，往往会提供高品质、中密度、低成本的创新空间，同时会构建面向未来的价值观和生活方式。

（2）实践创新：探索了面向未来的科技城混合单元、弹性生长的建设模式。本次战略规划在空间布局上围绕创新链组织规律，结合空间开发时序，以单元开发模式以及土地混合利用实现空间弹性发展。

实施效果

（1）通过了院士领衔的专家评审并广受好评，编制过程在全区范围内取得了充分的共识。

（2）支撑无锡参与区域协同发展，战略规划成果纳入了《上海大都市圈空间协同规划》《无锡太湖湾科技创新带发展规划》等区域规划中。

（3）有效引领锡山4.0时期高质量发展，规划成果写入锡山区第十四次党代会报告，纳入《锡山区国土空间总体规划》。

（4）有效指引了下位规划编制，并推动了近期重点项目实施行动，各类重点项目均纳入年度建设计划，大成路快速化、宛山湖高中等项目已经启动实施。

（执笔人：梅佳欢）

宛山湖生态科技城用地布局图

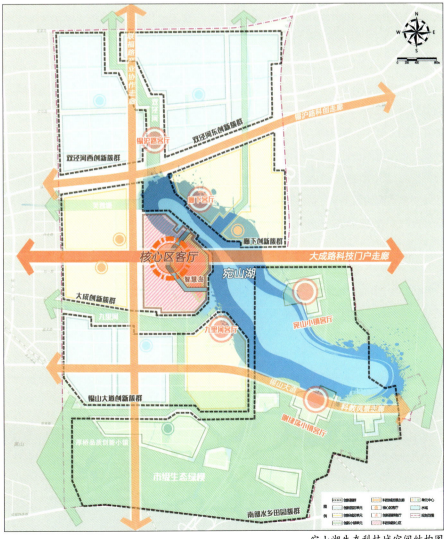

宛山湖生态科技城空间结构图

洛阳市涧西区空间、产业发展规划研究

2021年度河南省优秀城市规划设计一等奖

编制起止时间： 2019.7—2021.12
承担单位： 历史文化名城保护与发展研究分院
主管所长： 鞠德东　　　　　　　　　**主管主任工：** 赵霞
项目负责人： 杨亮、苏原、付彬　　　**主要参加人：** 冯小航、盛哲清、叶昊儒、赵子辰、陶诗琦、李云开、魏敏、赵浩、侯笑莹
合作单位： 洛阳市规划建筑设计研究院有限公司

背景与意义

新中国成立初期，百废待兴。有着"共和国长子"之称的156个工业项目中，7项落户于洛阳市涧河以西，造就了"因工而生、因产而兴"的涧西工业区。成立以来，涧西区一直是洛阳重要的战略地区。然而，随着改革开放后国家发展重心东移，涧西也面临人地关系失调、产业转型困难、人居品质不佳、特色文化不显等诸多挑战，大量创新企业和人才流失，整体发展陷入瓶颈。随着以人民为中心提质发展、创新驱动引领制造业转型、历史文化保护与传承推动魅力发展等一系列国家政策出台，涧西区迎来了新的时代机遇和历史使命。在我国城市由外延扩张转向集约高效、存量更新的大背景下，如何做中部地区老工业基地的转型提质，是本次规划的核心问题。

规划内容

着眼区域、立足涧西发展的关键层次和关键问题开展研究，与《洛阳市国土空间总体规划（2021—2035年）》紧密衔接，形成重点性、框架性、目标性的研究成果。一方面，自上而下落实国家、河南省和洛阳市发展对涧西的要求，促进产业创新引领转型、特色魅力更加彰显、城乡品质全面提升；另一方面，自下而上反映人民心声，解决产业转型困难、用地供需矛盾突出、生活品质不佳、历史文化遗产保护压力大、风貌特色不突出的问题。

针对突出问题，规划从产业创新、生活品质、文化魅力三个维度入手，优化配置空间资源，塑造"宜业、宜居、宜游"的新涧西。战略路径包括：以创促业，缔造国内领先的产业转型核；以质聚人，建设特色引领的人居品质地；以文兴城，孕育古今辉映的文化魅力区。在此基础上，严守生态红线、基本农田、城镇开发边界、历史文化遗产保护和城市"四线"等强制性内容要求。确定总体功能、城市设计意向和各类系统支撑方案，提出分片区控制指引和规划实施管理建议。

涧西组团空间结构模式图

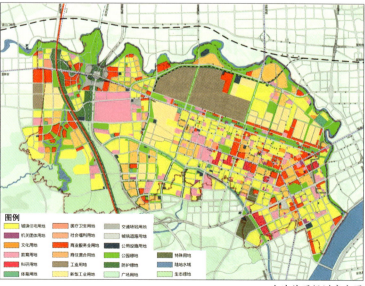

土地使用规划意向图

创新要点

深入研究适宜城市创新人群的空间布局，即以优质的产业、生活和文化氛围吸引创新人才，从而实现地区持续发展与繁荣。

（1）推动产业升级，构建创新生态网络。以"灯塔"企业转型和总部经济为龙头，培育战略性新兴产业，探索新型产业用地M0政策响应路径。

（2）布局高品质公共服务设施和多样化居住空间，提出优化人口结构的策略。构建产城融合、高效便捷的空间模式。突出街巷特色，营造"5分钟创新人群生活圈"，提升人居环境。

（3）系统研究涧西区工业遗产的价值特色，构建多层次空间体系。通过"文化+"和"体验+"理念，将工业文化融入城市生活。

实施效果

（1）研究成果纳入《洛阳市国土空间总体规划（2021—2035年）》和《洛阳历史文化名城保护规划（2021—2035年）》，提升了其科学性和合理性。推动涧西工业遗产历史文化街区成为河南省第二批历史文化街区。

（2）一批示范项目落地建成。产业转型蹄疾步稳；滨河景观品质大大改善，城市书房、街头绿地如雨后春笋；工业遗产文旅发展初见成效。

（执笔人：杨亮、付彬）

总体城市设计平面意向图

总体鸟瞰意象图

创新服务中心体系系统规划图

格尔木市城市战略定位及高原美丽城市行动计划

住房和城乡建设部与青海省部省共建高原美丽城镇示范省示范项目

编制起止时间：2021.8至今
承担单位：城市更新研究分院
主管所长：邓东　　　　　　　主管主任工：缪杨兵
项目负责人：范嗣斌、谷鲁奇　　主要参加人：柳巧云、孙浩杰、王路达、张祎婧、王亚洁、王仲、刘春芳

背景与意义

2020年11月18日，住房和城乡建设部与青海省人民政府在京签署共建高原美丽城镇示范省合作框架协议，标志着部省共建高原美丽城镇示范省工作正式启动。本次部省共建，注重青海省的西部特点和高原属性，以美丽为魂脉，以城镇为载体，以示范为机遇，在全国率先推进高原美丽城镇示范省建设，加快转变发展方式，推动城镇提质增效，促进城乡统筹发展，落实美丽中国战略。中规院结合之前在格尔木市长期开展规划设计工作的基础，承接格尔木市高原美丽城镇建设的相关规划设计工作，编制《格尔木市城市战略定位研究及高原美丽城市行动计划》。

规划内容

（1）战略价值：从国家层面看，格尔木是地理区位优越的"西部要塞"、"稳疆固藏"的重要战略节点、战略资源富集的"聚宝盆"、生态壮美的"高原明珠"。以上特质和优势使得格尔木具有重要的国土安全价值、生态安全价值、国家能源战略价值以及本土文化资源价值。支持青海省以及格尔木的发展对落实中央要求具有重大意义，建议从国家和区域层面，在政策和重大项目方面争取更多的支撑。

（2）总体定位：2035年格尔木发展目标愿景是打造中国"盆地双循环经济区"的关键支点以及中国"西部十字路口"和"碳中和"先行示范城市，进而支撑格尔木成为青藏高原区域的副中心城市。重点聚焦四大功能定位：生态涵养示范、循环经济标杆、交通物流枢纽、清洁能源基地。支撑格尔木总体定位的五大核心战略是：第一，提升城市地位，强化城市职能；第二，控牢生态底线，加强生态修复；第三，实现多维通达，塑造交通门户；第四，产业潜力突破，实现提质升级；第五，空间资源整合，实现增存并举。

（3）空间优化：明确高原美丽城镇建设近期所要打造的重点区域是"一轴、一带、两片、多点"。"一轴"是南北向的城市活力中轴地区，"一带"是东西向联系老城和新城的八一路城市景观带。"两片"是城区内的蓝绿道建设重点片区和老旧小区改造重点片区，"多点"是上面串联的重要项目节点。美丽城镇建设重点项目将主要聚焦这一结构性的空间进行落位，凸显重点地区的试点成效。

（4）行动计划：以高原美丽城镇的

总体技术思路框架

试点工作为实施抓手，明确以"四大行动计划、八大重点工程、65个近期重点项目"为建设实施抓手，从生态保护修复、城市功能提升、空间环境提质和民生福祉改善四个主要方面出发，全面提升城市的空间品质和综合配套服务能力，建设宜居宜业的城市，以匹配和支撑格尔木建设省域副中心城市的目标定位。

创新要点

（1）战略引领，对上落实国家要求。通过对格尔木战略定位的系统性研究，总结格尔木具有四方面重要战略价值，即国土安全价值、生态安全价值、国家能源战略价值以及本土文化资源价值。项目从国家和区域层面提出政策支撑要求以及重大项目支撑的要求，包括生态补偿、转移支付政策以及三江源、昆仑山等国家公园建设。

（2）行动引导，承上启下衔接实施。本项目将战略定位研究与高原美丽城镇建设行动有机结合，同步编制。积极将战略研究成果转化为具体的高原美丽城镇建设专项行动以及落地实施的重点项目。通过切实推动城镇建设项目，实现发展方式转型、城市功能完善、空间提质增效，以支撑战略定位的落实。

（3）项目落实，对下满足百姓诉求。充分了解老百姓的"急难愁盼"，以高原美丽城镇建设试点为契机，通过落实四大行动，重点解决社区公共服务设施及公园绿地不足、居住品质亟待优化等问题。通过城市绿道、口袋公园、设施修补等具体项目的落地，让老百姓有获得感和幸福感。

实施效果

（1）推动一批示范项目，取得显著实施成效。结合格尔木高原美丽城市建设行动计划，2021年共启动65个格尔木市美丽城镇建设项目，总投资约61亿元。通过城市口袋公园、绿道以及公共服务设施完善等近期项目的重点推动和实施，将高原美丽城镇建设落到实处。

（2）结合战略定位研究，切实提升城市地位。结合格尔木市重要的国家战略价值和区域职能，开展"扩市提位"的战略定位研究。以优化城市空间结构、发展高原特色的优势产业、建设高品质的城市服务、夯实自然生态安全本底等战略举措，支撑格尔木建设省域副中心城市。相关规划研究被采纳，青海省城镇体系规划正式将格尔木市确定为省域副中心城市。2023年青海省人民代表大会常务委员会提出"关于省级层面出

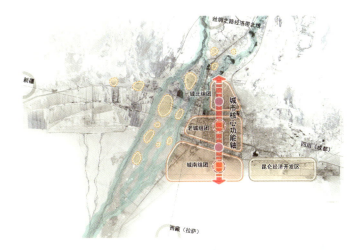

格尔木城市形态格局"T字山水、东西保育、北绿南城"

高原美丽城镇建设重点区域及近期项目落位

台支持格尔木建设青海省副中心城市意见的建议"的议案，建议省级层面尽快出台支持格尔木建设全省副中心城市的实施意见，支持格尔木先行先试。

（执笔人：谷鲁奇）

泰安市东平湖生态保护和高质量发展专项规划

2020—2021年度中规院优秀规划设计二等奖

编制起止时间：2019.6—2020.11
承担单位：绿色城市研究所、中规院（北京）规划设计有限公司
主管所长：董珂　　　　　　主管主任工：林永新
项目负责人：刘畅、谭静　　主要参加人：黄俊、许阳、孙毅、鲁莉萍、白静

背景与意义

东平湖地处黄河、京杭大运河（南水北调东线工程）和泰山的交汇处，是国务院确定的黄河流域唯一的重要蓄滞洪区，承载多项国家战略和工程。东平湖及周边地区的生态保护和高质量发展面临三大特色问题：湖区集多重功能于一身，治理主体众多，防洪安全、水质安全和生态安全韧性减弱，亟须明确主导功能；在蓄滞洪区和南水北调工程对产业的双重强控下，亟须培育绿色发展新动能；湖区地处非城镇化地区，国土空间长期缺乏精细管控，国土空间格局和风貌面临严峻挑战。

规划内容

规划以重塑"人—水—地"关系为主线，从区域职责、人本需求和绿色导向出发，聚焦三方面重点内容。

1. 理水——明确主导功能定位

开展洪水风险分析、水质模拟、生态流量测算，明确蓄滞洪、生态涵养、水源供给等功能的发挥条件。从区域和地方两个层次，明确主导功能定位，凝聚共识。从时间和空间两个维度，协调蓄滞洪和生态功能发挥。

2. 富民——制定绿色发展策略

第一，基于蓄滞洪区分区运用，优化城乡空间格局。第二，基于流域生命共同体理念，建构生态修复格局。第三，基

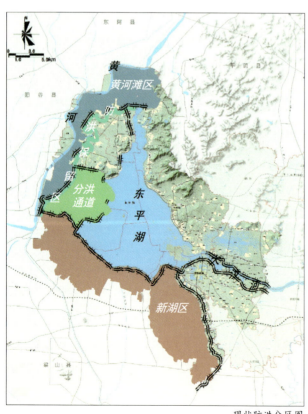

现状防洪分区图

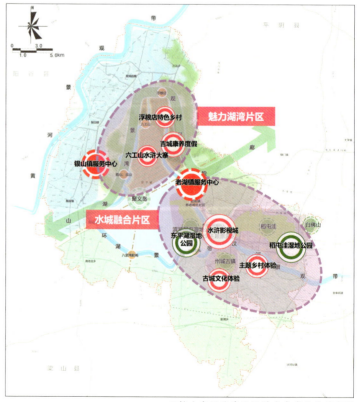

以魅力空间为载体促进生态产品价值实现

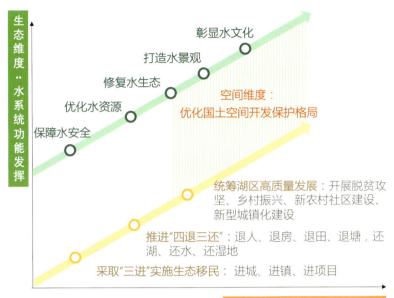

生态文明时期"人—水—地"关系优化模型

狼窝山（废弃矿山）生态修复前

狼窝山（废弃矿山）生态修复后

于生态产品的价值实现，优化绿色产业布局。

3. 法地——建立精细管控体系

在国土空间基本功能分区之上，叠加划定"两山"转化区，配套弹性用途管制和要素配置政策。按照"湖区—乡镇—村庄单元"的管控层级，对应结构管控、用途管控和要素管控的管控规则，建立"3×3"传导体系。建立美丽东平湖平台统筹湖区项目，建立"两山"转化项目库，按照"要素跟着项目走、项目跟着布局走"的原则，明确供地指标的"点增"或"增减挂"来源。

创新要点

1. 编制创新：兼顾规划统筹与统筹规划

统筹区域防洪体系、流域综合治理、区域协同发展和山水林田湖草资源要素，通过"要素识别—格局构建—要素管控"，实现区域、流域与要素统筹。

山东省委、省政府组织搭建"协同规划"平台，多学科融合统筹化解多维度冲突，以防洪安全为底线、水质安全为核心、生态安全为重点，多次征求国家部委和省直部门意见，形成多方共识的"一张蓝图"。

2. 方法创新：建立新时期"人—水—地"关系优化模型

分别从生态维度、社会维度和空间维度开展专题研究，制定防洪和生态适应的高质量发展空间对策。

3. 成果创新：匹配国土空间全要素、精细化的治理需求

形成"1个通则+2套指引+X个导则"的工具包，指导规划项目开展和民生项目实施，确保规划对策有效传导。

实施效果

1. 洪水风险化解能力提升

2021年，东平湖秋汛遭遇了"黄汶相遇""峰峰相叠"的特殊情况，依据规划创造性提出的"协调安排东平湖南排入南四湖通道，应对极端不利情况"方案，首次向南四湖分洪。

2. 生态保护修复提档升级

2019年以来，湖区完成矿山覆绿700亩、新增耕地300亩、湿地修复2.8万亩。湖水常年稳定保持Ⅲ类水质，局部可达Ⅱ类，生物多样性指数提高。

山东省国土空间总体规划将东平县的主体功能由农业主产区调整为重点生态功能区，山东省人大颁布《山东省东平湖保护条例》，立法保护东平湖。

3. 绿色生产生活方式形成

沿湖社区、村庄的污水处理系统建设完成。失地农民和上岸渔民转型成为农村合作社工人、保水渔业员工、民宿经营者、山区护林员。生态保护成为提高农民经营性收入、推动湖区经济结构转型的内生动力。在省内形成了"党建+社区+产业"的乡村振兴东平样板。

（执笔人：刘畅）

南昌城市高质量发展建设方案

2023年度江西省优秀城乡规划设计一等奖｜2022—2023年度中规院优秀规划设计一等奖

编制起止时间：2021.11—2022.6
承担单位：绿色城市研究所、城市设计研究分院
主管总工：张菁　　　　　　　主管主任工：林永新
项目负责人：董珂、吴淞楠　　主要参加人：李刚、禹婧、王亮、董琦、刘力飞、黄思瞳、谯锦鹏、王梓琪
合作单位：江西省人居环境研究院、南昌市城市规划设计研究总院集团有限公司、江西省区域经济与社会发展研究院、
　　　　　江西省综合交通运输发展研究中心

背景与意义

党的二十大提出以中国式现代化全面推进中华民族伟大复兴，每个省、市都有责任去寻找符合自身条件的中国式现代化路径。同时，面对当前国内外形势，亟须通过扩大内需推动经济回暖、提振市场信心。习近平总书记强调，尽快形成完整内需体系，着力扩大有收入支撑的消费需求、有合理回报的投资需求、有本金和债务约束的金融需求。高质量发展规划是在空间上推动城市高质量发展的重要抓手，应以生成和落位重大项目为目标导向，聚焦国家所需、群众所盼，立足资源禀赋、发挥自身优势，守牢债务、土地、生态、文物保护、安全等底线，深入谋划、推动

建设一批兼顾经济、社会、生态效益的大项目、好项目。

为紧抓住房和城乡建设部与江西省共建城市高质量发展示范省重大机遇，贯彻落实江西省委省政府主要领导2021年11月在南昌调研时提出的"南昌市要在引领城市功能品质提升上尽显英雄城风采""拿出整体性、战略性、长远性的南昌市城市高质量发展建设方案"的要求，建立了以部省共建城市高质量发展示范省机制为依托，省政府牵头协调、省住房和城乡建设厅统筹、南昌市为主体、国家优秀规划团队为支撑、部省市协同推进的工作机制；成立了以省政府分管领导为组长的南昌城市高质量发展建设推进工作领导

小组，下设一个综合组和六个专项组，共同推进工作方案制定和落实。

规划内容

建设方案建立了"找准问题—摸清家底—拟定目标—开好药方—选对项目—补齐政策"的方法体系。

与传统战略规划不同，建设方案强调以清晰的战略主线生成项目，生成项目是面向实施的重点。

遴选重点项目的标准主要关注以下几方面：一是老百姓需求的迫切程度，二是一个项目满足多个目标，三是考虑投入成本和产出效益，四是项目可分解，而不是超大尺度、超大投入的项目。为了让项目

工作组织框架图

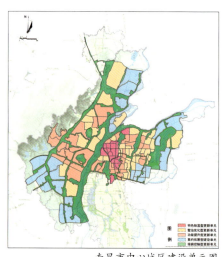

南昌市中心城区建设单元图

落地，每个重大项目都要核算投入产出效益，初步匡算投资总额、投资主体、资金来源、盈利模式、建设时序等，并拟定建设导则，汇总形成"一图"和"一表"。

创新要点

（1）创新规划范式与成果形式。步入新发展阶段，城市政府需要以战略为引领、以实施为抓手，明确近期应当干什么、怎么干。这需要从落实国家要求、满足人民需求、解决城市诉求的角度明确干什么，从可实施、可见效、可推广的角度明确怎么干。建设方案上承战略，深化确立南昌市战略纲领和行动举措；下启实施，积极谋划人民获得感强、综合效益高、近期可操作的项目，实现精准施策。

（2）创新从规划到建设的技术方法体系。在城市层面将城市体检、高质量建设方案和城市更新统筹联动，明确"找准问题—摸清家底—拟定目标—开好药方—选对项目—补齐政策"的规划方法，结合目标找差距，结合群众"急难愁盼"找问题，制定城市发展战略和重大行动，再通过城市更新行动落实到具体项目，保证项目实操性，取得良好的社会和经济效益。

（3）创新项目遴选机制和面向实施的项目管理流程。按照能实施、能见效、能示范的标准，对重大项目细化分解，明确建设目标、资金投入产出、责任单位、完成时限等，统筹政府各部门夯实项目保障、资金保障和用地保障。

实施效果

江西省委、省政府召开"深入实施强省会战略推动南昌高质量跨越式发展大会"，要求以本建设方案为"硬核之策"，举全省之力强省会。南昌市人民政府印发《南昌城市高质量发展建设方案推进实施方案》，将重大项目落实到具体

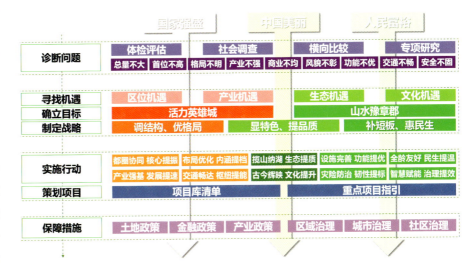

南昌城市高质量发展建设方案"六步法"

南昌城市高质量发展建设方案技术路线图

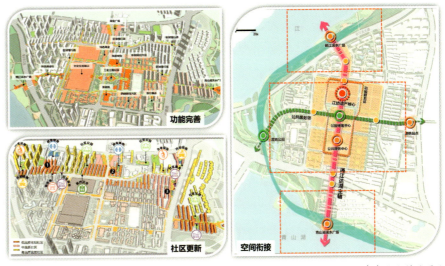

江纺工业遗产活化利用项目

部门，确保重大项目持续稳定开展。此外，新疆维吾尔自治区、包头市等地借鉴南昌城市高质量发展建设方案的经验，积极开展城市高质量发展战略及建设规划的编制。

（执笔人：董珂、吴淞楠）

湖北省域战略规划

编制起止时间：2023.2—2024.7
承担单位：中部分院
主管总工：王凯　　　　　主管所长：罗彦　　　　　主管主任工：车旭
项目负责人：郑德高、陈烨　　主要参加人：陈莎、李舒梦、蒋国翔、金银、张岳一丁、李敢、赵鑫玮、秦诗文、钱剑培
合作单位：中山大学、湖北省空间规划研究院、武汉市规划研究院、清华大学、南京大学

背景与意义

　　湖北地处我国中部、长江中游，具有承东启西、连南接北的区位优势，是中部地区崛起、长江经济带发展等国家战略的重要承载地。党的十八大以来，习近平总书记先后五次考察湖北，赋予湖北"加快建成中部地区崛起的重要战略支点"的目标定位。2023年，湖北省委、省政府组织编制《湖北省域战略规划》，将"中部地区崛起重要战略支点"的目标定位细化为"五个功能定位"，并落实到空间布局，推动经济社会发展战略与国土空间布局相适应、相统一。《湖北省域战略规划》是对湖北发展作出的全局性、综合性、长期性的战略谋划，是引领全省上下奋力推进中国式现代化湖北实践的统领性规划，具有十分重要的意义。

规划内容

　　（1）通过"三个地理"全面认识省域发展基础。从自然地理、历史人文地理、经济地理角度分析湖北在全国的地位，深入分析湖北省地理区位、资源要素、经济结构，综合形成对于湖北省发展条件的总体判断。

　　（2）细化湖北在全国发展大局中的功能定位。落实国家战略要求，结合湖北资源禀赋条件，确定国内大循环重要节点和国内国际双循环重要枢纽、国家科技创新与制造业基地、国土安全保障服务基地、国家水安全战略保障区、国家优质农产品生产区"五个功能定位"。

　　（3）严守五类安全底线，提升国土安全韧性。筑牢水安全、水环境安全、生态安全、粮食安全、地质安全五类安全底线，以流域为单元制定分级分区差异化管控机制，自然解决、工程防御和应急管理相结合，开展流域综合治理，全面提升国土安全韧性。

　　（4）统筹资源要素配置，优化用地空间布局。落实"五个功能定位"，加强空间统筹，因地制宜引导重大生产力、人口发展与城镇体系合理布局，构建省域历史文化传承保护格局。结合省级事权，创新用地分类标准，优化用地布局，明确各类用地用途管制要求，以国土空间布局的有序促进发展的有序。

　　（5）强化支撑体系建设，优化基础设施布局。提升基础设施整体效能、服务水平和防护能力，推动交通运输设施塑造"九省通衢"、水利基础设施守护"荆楚安澜"、能源基础设施锚定"双碳"目标、信息基础设施支撑"数化湖北"。加快构建系统完备、高效实用、智能绿色、安全可靠的现代化基础设施体系。

创新要点

　　（1）锚定"一个战略"。规划从中华

湖北省安全底线类型示意图

湖北省域规划数字化信息平台总体设计示意图

民族伟大复兴的高度来认识和思考"什么是支点、怎么建支点"，将湖北省"中部地区崛起重要战略支点"的总体目标细化为"五个功能定位"，在全省上下达成了广泛共识，并贯彻落实到全省经济社会发展各层级、各方面。

　　（2）构建"一张蓝图"。规划落实"五个功能定位"和理想空间结构，构建安全底线、功能布局、支撑体系、用地布局等要素系统相叠加的"一张蓝图"。以空间的唯一性兼顾协调各方，多重因素一体考虑、多重目标动态平衡，确保资源有

效配置，增强发展的整体性、系统性、生长性，推动经济社会发展战略和国土空间布局相适应、相统一。建立坐标一致、边界吻合、上下贯通的"一张蓝图"。

（3）搭建"一个平台"。规划同步搭建省域规划数字化信息平台，作为构建省域规划体系、保障规划实施的基础性平台，推动实现统筹规划和规划统筹的数字化管理平台。以省域战略规划这个"一"为底图，以数字化信息平台为载体，叠加省级各行业、各领域、各部门规划，建立和完善市县规划信息系统，实现省市县上下贯通，建立全省规划管控机制。

（4）创新"一个机制"。发挥党总揽全局、协调各方的领导核心作用，成立省规划委员会及其办公室，推动各市州成立相应机构，建立党委政府统一领导、各部门协同、省市县上下贯通的工作机制。加强规划一致性审核，确保各类规划符合省域战略规划。建立规划实施动态监测、分析评估机制，完善评价指标体系，落实督促检查和考核评价。

实施效果

（1）指导中国式现代化湖北实践。规划经湖北省人大常委会表决通过，成为引领全省上下奋力推进中国式现代化湖北实践的统领性规划。在规划指导下，全省上下统一共识，全面推进以流域综合治理为基础的"四化"同步发展，确保"一张蓝图干到底"，奋力推进中国式现代化湖北实践。

（2）推动省域规划体系建立。以省域战略规划为基础，左右叠加各行业、各部门规划，上下贯通市县规划，湖北省构建了"多规合一"的省域规划体系。以省域规划体系加强统筹规划和规划统筹，指导实践、统筹发展，推动各地、各部门在推进中国式现代化湖北实践中目标一致、

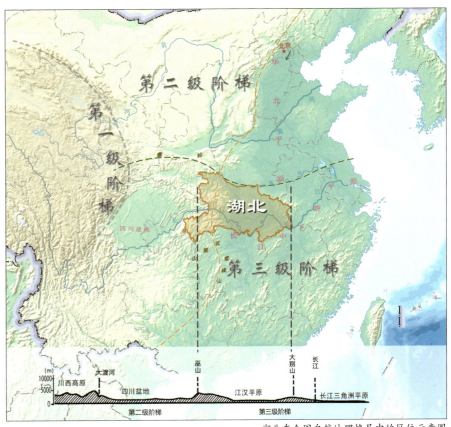

湖北在全国自然地理格局中的区位示意图

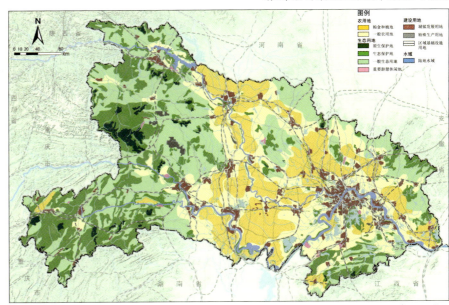

湖北省用地布局规划图

步调一致。

（3）引领省级发展调控机制建设。以省域战略规划为引领，建立全省一盘棋的管控机制，将省域规划数字化信息平台与相关重要平台联通，用省域战略规划确定的"一张蓝图"统筹发展，确保重大战略落地、推动重大规划实施、支撑重大项目选址，推动经济社会发展的基本单元由市县为主体向省市县统筹转变。

（执笔人：陈烨、李舒梦）

03

城市总体
规划

北京城市总体规划（2016年—2035年）前期研究：京津冀区域空间布局规划统筹

2019年度全国优秀城市规划设计一等奖｜2019年度北京优秀城乡规划设计特等奖

编制起止时间：2014.5—2015.7
承担单位：城市建设规划设计研究所
主管总工：王凯　　　　主管所长：尹强　　　　主管主任工：杜宝东
项目负责人：徐辉　　　主要参加人：曹传新、张永波、张峰、周婧楠

背景与意义

　　基于京津冀地区人口规模超1亿人、人口高度密集、人均资源紧缺的现实基础，如何在京津冀协同发展的国家战略要求下，立足首都的全面可持续发展，破解环境污染问题严峻、区域发展落差大、北京周边无序开发的突出问题，探索可持续发展下的首都与区域空间优化布局模式。

规划内容

　　（1）立足大国首都的职能发展展望，世界范围大城市的发展一般规律和城乡融合发展模式，提出基于创新协同、可持续发展模式下的北京区域发展战略思路。

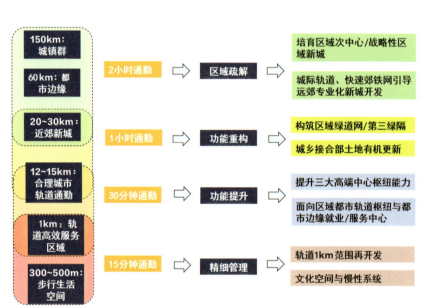

首都地区功能空间重组策略

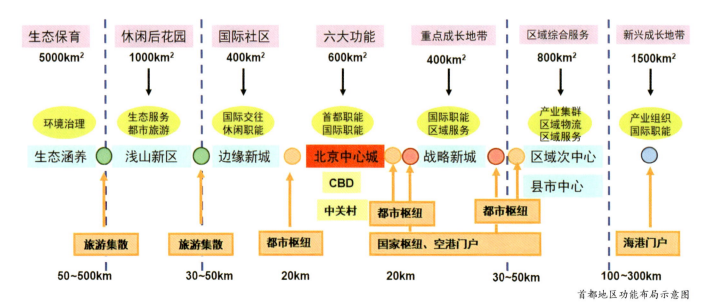

首都地区功能布局示意图

（2）按照首都功能与京津冀一体化布局要求，将首都的核心功能、产业集群、区域物流、休闲旅游与生态服务等功能统筹布局，北京中心城、战略新城、边缘新城、浅山地区、生态涵养区和区域次中心等载体分类承接不同职能。

（3）立足与北京中心城不同的通勤或交通时间，分不同圈层提出区域疏解、功能重构、功能提升及精细管理举措。

创新要点

（1）坚持生态优先为前提，建立起保护与开发新格局。充分考虑区域的水、土地等宜居要素分布，构建区域绿隔；同时考虑主导风向、静风区域分布，构建区域通风廊道系统。

（2）共建京津冀交通枢纽。推进京唐合作、津沧港区协作，实现北京区域货运功能外迁；进一步强化天津在国家层面、石家庄在环渤海地区的枢纽地位。强化不同层次轨道网络对于城镇开发的协同支撑作用，首都二机场等区域预留战略开发地区，推动通州、顺义、大兴—亦庄功能优化提升。

（3）分区推动轨道与主要功能协同布局。东南部地区：以城际轨道网为主，切合快速商务通勤，强化北京中心与区域城市的互联互通。东部、南部地区：以市郊铁路为主（站点密度高），适应郊区化发展，并引导TOD的专业化地区开发。西部、北部地区：以城际轨道与市郊铁路为主，以促进郊区旅游发展。

（4）推动部分功能疏解与区域合作。推动北京中心城批发市场疏解与区域物流布局重构，主要向北京南部、京津廊地区转移集中；在京津、京唐、京石等城镇走廊共建先进制造业合作区；北京与临界县市合作共建休闲旅游区、都市工业发展区。

（执笔人：徐辉）

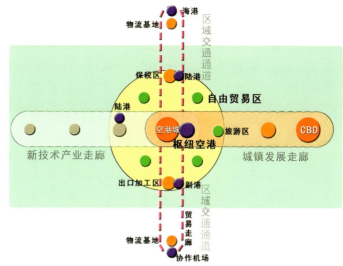

国际枢纽机场临空经济区布局

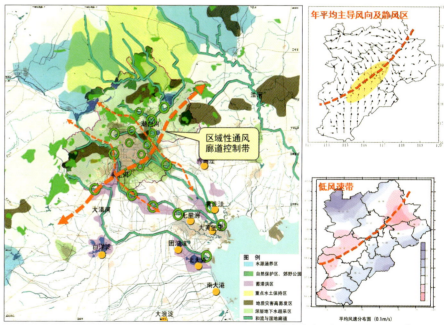

区域生态安全格局与重要通风廊道预控

轨道规划设想与城镇空间引导策略

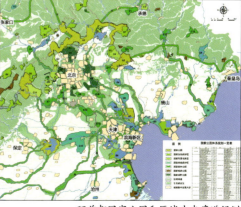

环首都国家公园和区域生态廊道规划

上海市城市总体规划系列研究

2017年度全国优秀城乡规划设计一等奖｜2017年度上海市优秀城乡规划设计特等奖（城市规划类）｜
2016—2017年度中规院优秀城乡规划设计一等奖

编制起止时间： 2013.3—2017.6
承担单位： 上海分院
主管总工： 王凯　　**分院主管总工：** 郑德高、付磊　　**主管所长：** 马璇　　**主管主任工：** 孙晓敏
项目负责人： 孙娟
主要参加人： 葛春晖、林辰辉、张振广、陈阳、季辰晔、张一凡、孙烨、陈胜、张晓荪、刘培锐、朱雯娟、林存松、冯琼
合作单位： 上海市城市规划设计研究院、上海同济城市规划设计研究院有限公司、上海市地质调查研究院

背景与意义

2014年5月上海市委、市政府召开了第六次规划土地工作会议，正式宣布启动新一轮城市总体规划的编制工作。2014—2017年，上海市城市总体规划项目先后经历了战略研究、纲要编制、成果编制和上报送审等主要阶段，已于2017年5月通过部际联席会审查通过，主要编制工作基本完成。《上海市城市总体规划（2017—2035年）》以习近平新时代中国特色社会主义思想为指导，全面贯彻党的十九大精神，全面对接"两个阶段"战略安排，全面落实创新、协调、绿色、开放、共享的新发展理念，明确了上海至2035年并远景展望至2050年的总体目标、发展模式、空间格局、发展任务和主要举措，为上海未来发展描绘了美好蓝图。

在规划编制过程中，我院承担的主要工作包括：①解读总规任务，提出总体规划任务书的编制建议；②分析规划重点，提出战略课题研究框架；③深入研究论证，完成战略课题研究；④开展封闭工作，撰写总规纲要成果；⑤负责两大专题，完成城市性质论证；⑥参与成果制作，统筹编制分区指引。此外，我院还承担以城乡统筹、城市交通、城市安全为主

题的三场面向社会公众的战略专题研讨会的组织工作。

规划内容

（1）解读总规任务，提出总体规划任务书的编制建议。从梳理编制方向、确定编制任务、调整规划体系、优化成果体系、明确专题专项体系、细化指标体系共计六个方面对新一轮总体规划编制任务书提出了建议。

（2）分析规划重点，提出战略课题研究框架。针对新一轮总体规划的技术要求，从编制技术和发展战略两个维度，提出了24项研究课题，建议纳入上海城市总体规划战略阶段的前期研究。同时我院承担了其中"战略议题工作方案研究""规划管理体系研究""基于TOD理念的交通与城市空间一体化发展策略研究""新型城镇化背景下的城市空间发展研究"和"长三角区域交通衔接和本市各区域间交通衔接研究"五项重要课题的研究工作。

（3）深入研究论证，完成战略课题研究。提出了城市更新的思路、框架和策略，上海在长三角城镇群、大都市区和市域三个层次的空间形态与组织方式，上海城市开发边界的划定与管控要求等核心观

上海市域空间结构图

点。本轮战略研究成果在我院组织的以城乡统筹、城市交通、城市安全为主题的三场研讨会中取得了较为广泛的共识，并在后续总体规划的编制过程中得到了相应的采纳和应用，有力地支撑了上海市城市总体规划的具体方案。

（4）开展封闭工作，撰写总规纲要成果。深化细化了"目标—指标—策略"的逻辑框架，明确了上海城市新一轮发展战略转型的基本原则和导向，并对15分钟社区生活圈的规划内容进行了重点编制。

（5）负责两大专题，完成城市性质论证。负责编制了"目标定位和指标体系"与"实施保障机制"两大专题，优化完善形成了"上海是我国的直辖市之一，国际经济、金融、贸易、航运、科技创新中心和文化大都市，国家历史文化名城，并将逐步建设成为卓越的全球城市"这一上海城市性质的具体表述。

（6）参与成果制作，统筹编制分区指引。在"1+3"核心成果中，负责了"1"中目标定位和区域协同两个章节的撰写，并且作为"3"中分区指引的统筹牵头单位，会同其他相关单位，编制整合了分区指引的最终成果，并通过向各区、各部门征求意见最终形成上报成果。

创新要点

（1）从前期战略议题入手，进行了系统的顶层设计，通过区分前置型议题和系统型议题，来强化战略议题彼此之间的逻辑关系，结合"全球城市"的目标导向和"上海困境"的问题导向，最终确定战略议题。

（2）运用定量与定性的技术方法，

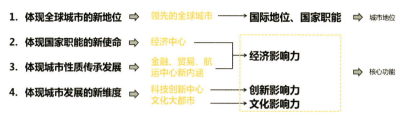

上海城市性质的核心内涵

从历史人文、时空距离、企业关联、个体通勤和案例归纳等多个视角切入，系统研究了上海大都市区的空间范围，并通过对功能网络和生态网络的分析，为上海大都市区的目标定位、空间结构、规划策略和体制机制提出了具体建议。相关研究结论被充分吸纳到上海市城市总体规划成果中的区域协同部分。

（3）系统剖析了城市总体规划中目标愿景和城市性质二者之间的联系与差异，从历史的视角分析了上海城市发展的脉络与轨迹，评估了上一轮发展取得的成绩和不足。从竞争力、可持续和魅力三个维度构建了"总体愿景—分目标—指标—策略"的逻辑关系，从国际新趋势、国家新要求、上海新方向三个视角论证了新一轮上海城市性质的核心

内容。

（4）构建了包括战略引导、刚性管控、系统指引3个板块的分区指引框架，框架内部又细分为12个方面，通过文字、指标和图纸来实现对各区总体规划的指引，并针对两类指引类型分别形成"一文一表一图"与"一文一表三图"的成果形式，实现自上而下、刚弹并重的规划要求传导。

（5）强调编制工作的系统性，通过长三角城市群课题，闵行区、青浦区、崇明区的总体规划，全国城镇体系规划等其他项目，对上海市城市总体规划的编制工作进行优化和校准，保证总体规划的战略性和实施性。

（执笔人：张振广）

闵行区战略指引图

闵行区底线指引图

闵行区系统指引图

成都市城市总体规划（2016—2035年）

2018—2019年度中规院优秀规划设计一等奖

编制起止时间： 2016.3—2018.7
承担单位： 中规院（北京）规划设计有限公司、城市规划学术信息中心、西部分院
主管总工： 杨保军　　　**主管所长：** 易翔　　　**主管主任工：** 尹强
项目负责人： 刘继华、王新峰
主要参加人： 李荣、魏祥莉、荀春兵、胥明明、刘超、李一宁、顾京涛、田颖、石亚男、余加丽、盛志前、刘博通、
　　　　　　　李丹、黄科、陈岩、杨皓洁、覃光旭
合作单位： 成都市规划设计研究院

背景与意义

　　本轮成都市城市总体规划是成都建设全面体现新发展理念的国家中心城市的行动纲领，拉开了成都千万人口城市的建设框架，探索了具有成都特色的超大城市治理新模式，并完成了2017年住房和城乡建设部总体规划编制改革试点工作任务。

规划内容

　　本规划全面贯彻了新时代发展理念，内容详实，创新突出，有效指导了成都市系列城市治理实践，相关改革试点工作也为编制新一轮国土空间总体规划奠定了坚实基础。主要包括三方面的内容。

　　一是落实国家责任，合理确定目标定位。规划落实国家对成都提出的建设国家中心城市的要求，明确了"五中心一枢纽"城市核心功能内涵和空间载体；并凸显成都的公园城市特点、天府文化底蕴和国家向西向南开放门户地位等三大优势，提出国家中心城市、美丽宜居公园城市、世界文化名城和国际门户枢纽城市四大目标定位，探索新发展理念引领的具有中国特色、可复制、可推广的公园城市建设新模式。

　　二是遵循生态本底，重塑全域空

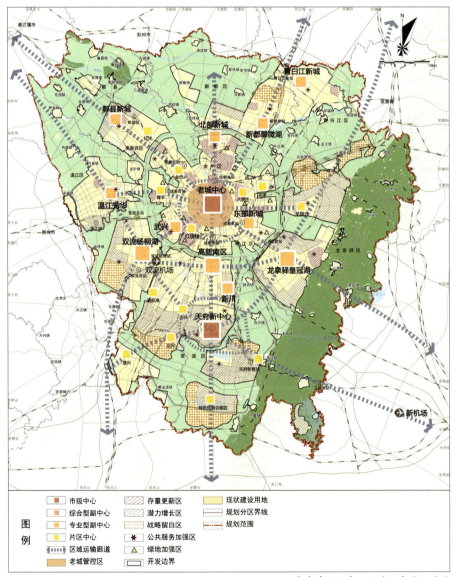

集中建设区中心体系及布局指引图

间格局。遵循成都东中西平行带状生态格局本底，优先保护西部生态敏感的龙门山和都江堰精华灌区，推动城镇产业逐步向东转移。重点把握好增与减的关系，推动建设用地东增西减、外增内减，增量重点向东部投放，西部加强存量提升，降低生态风险，形成"东进、南拓、西控、北改、中优"的空间格局，推动从增量主导的外延式发展转向内涵并重的内涵式发展，实现市域布局从"圈层拓展"向"多极网络"模式演进。

三是突出民生导向，提升人居环境质量。规划以群众关心的绿地不足、雾霾严重、服务不均、职住不平衡、文化特色消退、城乡不平衡等热点问题为导向，综合施策，通过完善五级绿化体系、打造天府绿道系统、构建两级通风廊道、优化公共中心体系、建设全覆盖的30分钟通勤圈和15分钟生活圈、保护成都历史文化城区、传扬天府文化建设"三城三都"、构筑功能空间融合的城乡统筹基本单元等举措，提升宜居环境品质，彰显城市文化特色，提高人民群众的幸福感和获得感。

创新要点

规划探索以"分级管控"为核心的总规编审改革新路径，突出重点，精简内容，形成动态维护的一张蓝图。重点在"战略引领""底线管控"和"实施传导"三方面进行探索。

战略引领方面，创新表达相关战略内容。目标引领上，构建"目标—战略—行动—指标"层层贯彻体系，成为指导地方的行动纲领；布局引领上，精简用地管控，探索规划政策区和土地用途分区，推动城市布局公共政策化；建设引领上，衔接技术管理规定并指导修改，引领城市建设。

底线管控方面，通过划定"三区三线"、城市"五线"，制定核心约束性指标，强化边界管控和核心指标管控，提升总规底线管控地位。同时基于分级管控的思路，探索性构建国家级、省级和市级三级强制性内容体系，并按照一级政府一级事权、权责对应的原则，构建边界一致的强制性内容管理职责。

实施传导方面，规划建立以总规为核心的规划体系，通过不同层级规划的合理分工，实现分级管控、逐级完善、向下传导。市域层面，规划体系增设五大功能区规划导则层次，形成"总规—五大功能区导则—分区规划"的全域管控新路径。集中建设区层面，总规以控制单元作为接口，形成"总规划定控制单元和市区级公益类用地—分区规划深化细化公益类用地—控规落地"的规划传导路径，指导分区规划细化和控规落地。

市域五大功能区分区示意图

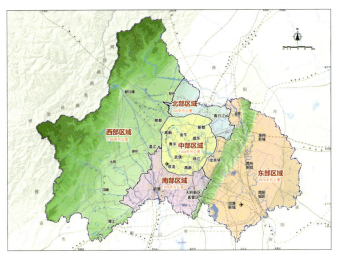

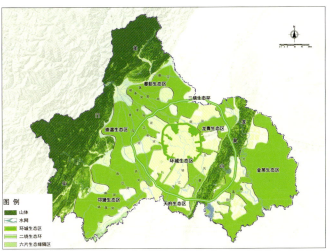

市域生态安全格局图

实施效果

规划全面支撑了国家中心城市建设，提升了成都国际国内影响力；推动了外围新城全面融入中心城区，奠定了千万人口城市的空间框架；推动了公园城市建设和锦城绿道等系列民生工程落地实施，提升了居民幸福感。

（执笔人：胡章）

武汉市城市总体规划（2017—2035年）相关研究

2019年全国优秀城市规划设计二等奖

编制起止时间：2016.1—2018.12

承担单位：上海分院

主管总工：张菁　　　分院主管总工：郑德高、刘昆轶　　　主管所长：马璇　　　主管主任工：孙晓敏

项目负责人：孙娟、马璇

主要参加人：张振广、葛春晖、孙晓敏、张一凡、张晓蒂、袁鹏洲、刘珺、冯琼、胡智行、林存松、张聪、刘浏

合作单位：武汉市规划研究院、武汉市交通发展战略研究院、武汉市土地利用和城市空间规划研究中心、武汉市规划编制研究和展示中心

背景与意义

武汉是我国中部地区中心城市，处于高速发展向高质量发展的换挡期，面临多重挑战，既具有落实国家任务、引领区域协同、迈向国家中心城市建设等进一步发展的强烈诉求，也面临着破解"城市病"、实现品质升级的转型压力，这一"转型+发展"并重的阶段特征问题、战略路径、规划模式选择均在全国具有典型性、代表性，在总体规划的作用、理念、方法等方面也提出更高的创新要求。

《武汉市城市总体规划（2017—2035年）》从理性规划、空间价值转化、要素配置优化等方面进行城市宏观规划的原创性构建。中规院主要负责武汉城市圈规划研究、武汉大都市区发展战略研究等专题研究，并重点承担总规的目标定位、区域协同、非集中建设区、创新发展、文化软实力等部分内容。

规划内容

（1）坚持理性规划，突出"转型+发展"的规划战略引领。一是从"更长时间"和"更大空间"理性认识城市规律，通过开展《武汉2049》战略研究，整体研判"2020—2035—2049"的战略重点，建立"国家中心城市成长阶段—国家中心城市成熟阶段—世界城市培育阶段"的三步走战略。二是从目标、空间、要素的匹配关系建立新的发展逻辑。总体围绕武汉建设"创新引领的全球城市、江风湖韵的美丽武汉"这一目标，突出现代服务、科技创新、先进制造、综合枢纽等战略空间，促进武汉集约高效发展。

（2）强化空间价值转化，探索高质量发展的空间治理模式。一是关注跨界协作空间，构建协同发展的武汉大都市区。二是关注全域生态空间，锚固多要素合一的基本生态框架。三是关注外围非集中建设空间，通过完善管控体系引领乡村振兴。

（3）促进要素配置优化，强化硬实力、软实力的综合提升。一是突出创新引领，集聚战略要素，提升"硬实力"；倡导"地铁+慢行"的出行方式，构建国铁、高铁、城铁、地铁"四网合一"的轨道网络体系。二是突出江风湖韵，彰显魅

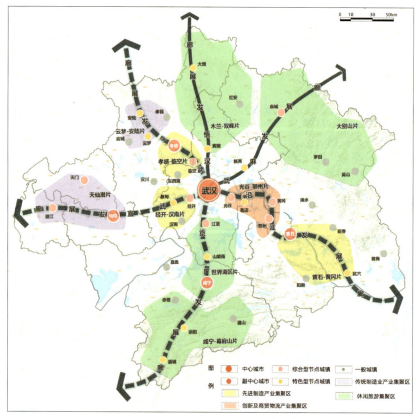

武汉城市圈空间结构规划示意图

力要素，提高"软实力"。

创新要点

（1）探索了超大特大城市与周边协同规划与发展的路径。规划按照空间邻近、紧密通勤、经济关联、功能互补等原则，通过时空距离法、经济联系法、人口流动法等定量方法，首次构建武汉大都市区空间层次。适应城市区域化发展趋势，建立与武汉能级相匹配的区域协作抓手，突出距武汉60~80km的近汉地区统筹。探索武汉大都市区生态共保、设施共享、功能互补、机制一体的跨界协作治理体系。

（2）探索了"多中心、网络化"的中心体系构建路径。发挥武汉科教优势，打造"大学之城"，多模式建设"创谷"，打造小型化、嵌入式众创空间，建设产业创新中心。凸显武汉综合交通枢纽地位，强化"陆港、空港、水港"联动，推进"从对小汽车友好向对行人友好"的交通转型。加强武汉商贸物流中心优势，构建"多中心、网络化"的中心体系。

（3）探索了非集中建设区"多规合一"的体系构建路径。按照全域一体思路，融合城市规划与土地利用规划的理念和方法，基于城镇开发边界的划定，将市域划分为集中建设区和非集中建设区两大层次，分类制定功能和空间管控要求。非集中建设区通过引导"功能小镇+生态村庄+郊野公园"建设，统筹生态保护、农业生产、村庄建设、休闲旅游等功能，将生态优势转化为生态红利，成为集中建设区职能的有益补充。以风景区、自然保护区、森林公园等生态空间为基础，整合农田林网、河湖水系，构建集生态保育、科普观赏、运动游憩、农业体验等功能于一体的复合型郊野公园集群，实现生态资源保护和游憩功能品质提升的共赢。

（执笔人：马璇、张振广）

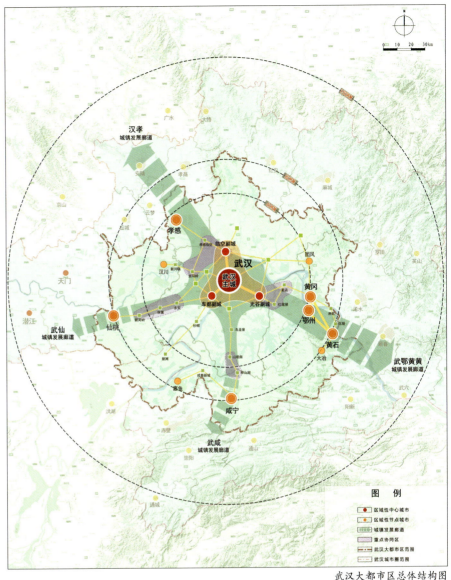

武汉大都市区总体结构图

武汉市域中心体系规划图

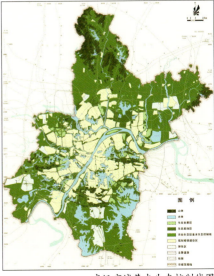

武汉市域基本生态控制线图

深圳市城市总体规划（2017—2035年）

2018—2019年度中规院优秀规划设计一等奖

编制起止时间： 2016.4—2018.6

承担单位： 深圳分院

主管总工： 杨保军　　**主管所长：** 方煜　　**主管主任工：** 范钟铭　　**项目负责人：** 罗彦、吕晓蓓

主要参加人： 邹鹏、樊德良、邱凯付、孙文勇、邴启亮、夏青、蒋国翔、石爱华、杜宁、周详、刘昭、李春海、罗仁泽、程崴知、
周俊、魏正波、李福映、俞云

合作单位： 深圳市规划国土发展研究中心、深圳市城市规划设计研究院有限公司、深圳市城市交通规划设计研究中心有限公司、
深圳市规划国土房产信息中心

背景与意义

深圳经济特区自创建以来，经过30多年的高速发展，在取得巨大成就的同时，也面临着新的挑战，存在资源紧约束加剧、服务和设施品质不高、区域发展不平衡不充分等系列问题。在新常态背景下，2017版总规作为深圳市第四轮城市总体规划，既承载着推动城市高质量发展的期望，又肩负着住房城乡建设部在全国新一轮总体规划改革创新试点任务。

规划内容

规划紧扣时代趋势，围绕"推动特区不断增创新优势，迈上新台阶"这一战略部署，以国际视野谋求发展新高度，以引领区域发展为使命，以生态引领、创新引领下的高质量发展为落脚点，务实转变城市发展方式，力求实现有质量效益的精明增长。

（1）规划提出了"建设可持续发展的全球创新城市"目标愿景，并以创新为引领构建高效的城市资源配置体系，营造多元活跃的创新生态。

（2）引领粤港澳大湾区发展，构建深圳大都市圈，推动深圳的功能多元拓展和适度疏解，实现发展要素在区域中统筹布局，推动深圳从城市走向区域。

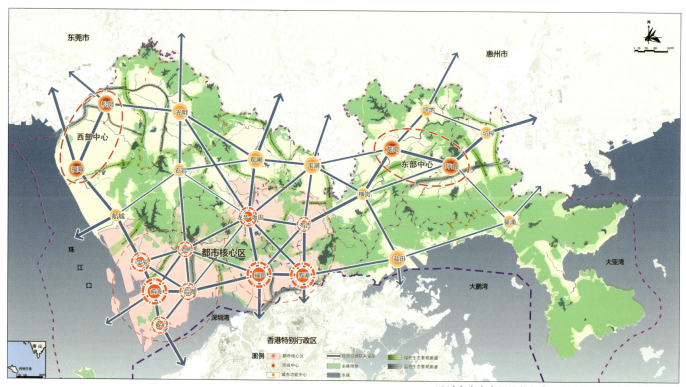

深圳市城市空间结构与中心体系规划图（部试点成果）

（3）重构深圳城市空间格局，推动深圳城市结构从"轴带组团"向"多中心、网络化、组团式"演进，增强城市发展的均衡性和区域辐射力。

创新要点

（1）探索陆海统筹和全域管控，立足"海域+陆域"的全域空间资源整合理念，加强陆海产业发展、空间开发、功能布局和生态环境保护的协调。

（2）探索高度城镇化地区的空间资源配置方法。创新土地利用模式，实施用地规模和建筑规模双平衡，探索有机更新路径，推动立体开发，建设适度高密度城市，提高空间资源利用效率。

（3）推行生态空间精细化管理。改变原有简单式划线管制、空间单一的做法，实施"差异化、精细化"分级分类管理。将生态系统整合和宜居环境改善相结合，打造充满野趣的各类自然公园群，建构亲近自然的活力游憩系统。

（4）编制新时代"数字总规"，提升治理水平。利用大数据分析，加强精准研究支持精细规划。搭建"多规合一"信息平台，构建全域数字化"一张蓝图"，推动全市协同审批应用体系建设，实现统筹规划和规划统筹。

实施效果

（1）规划提出的深圳率先建设"社会主义现代化先行区"目标设想，得到了中央的认可，并于2019年正式批示深圳建设中国特色社会主义先行示范区。

（2）规划提出的区域协同发展策略

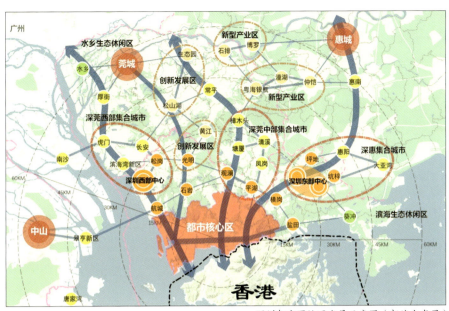

深圳都市圈协同发展示意图（部试点成果）

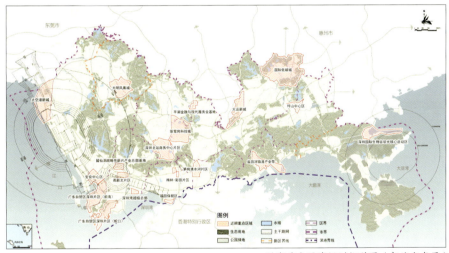

近期重点区域规划指引图（部试点成果）

和建设深圳大都市圈的战略构思，得到了广东省的充分肯定和周边城市的积极响应，并落实到《广东省国土空间总体规划》当中。

（3）规划带来了广泛的社会影响，推动和指导了后续一系列规划的制定，规划

的核心思路和主要内容，已被吸收纳入后续全市国土空间总体规划当中。

（4）规划划定的18个重点区域，推动了多个重点地区的开发建设与一大批重大民生项目的实施。

（执笔人：邹鹏）

青岛市城市总体规划（2011—2020年）

2014—2015年度中规院优秀城乡规划设计二等奖

编制起止时间：2004.3—2015.11
承担单位：深圳分院
主管总工：张兵　　　　分院主管总工：范钟铭　　　主管所长：尹强　　　主管主任工：魏正波
项目负责人：方煜
主要参加人：王晋暾、刘雷、李福映、赵迎雪、多骥、林楚燕、孙昊、李昊、刘志双、李鹏、白晶、邝启亮、
　　　　　　俞云、蒋国翔、何斌
合作单位：青岛市城市规划设计研究院

背景与意义

《青岛市城市总体规划（2011—2020年）》在新型城镇化、中国经济新常态、"一带一路"倡议、山东半岛蓝色经济区建设等背景下编制，新一轮总体规划传承海洋文化，立足蓝色经济，提升城市定位，突出海陆统筹、尺度重构、湾区治理与蓝海营城，寻求城市蓝色引领、特色发展的转型路径，指导青岛城乡建设。

规划内容

（1）国家蓝色战略要求下的定位提升。城市性质确定为"国家沿海重要中心城市与蓝色经济示范城市、国际性的港口与滨海度假旅游城市、国家历史文化名城"。

（2）基于尺度重构下的空间结构优化。形成"一轴（全域生态中轴）、三城（东岸城区、北岸城区、西岸城区）、三带（滨海蓝色经济发展带、东岸烟威青综合发展带、西岸济潍青综合发展带）、多组团"的市域城镇空间布局结构。

（3）落实国家新型城镇化要求。优化城乡空间格局，形成中心城市、外围组团、重点镇和一般镇四级城镇等级结构。

（4）传承历史文化保护。保护"山海相依、岛城一体"的整体空间格局和风貌特色，保护历史城区"顺应地形、依山就势"的路网格局，保护山体观景点和通山视廊，制定严格的保护措施。

（5）完善公共设施与市政基础设施。构建覆盖全市域的社会服务设施体系，形成"三主、五副、多层级"的中心城区公共服务中心体系。统筹市政基础设施规划，加强与周边城市建设的衔接。

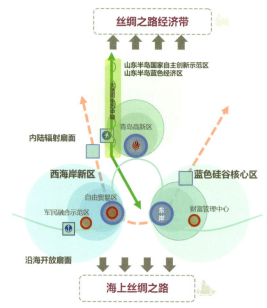

青岛发展面临战略机遇分析图

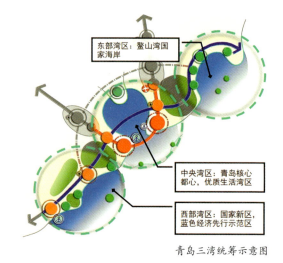

青岛三湾统筹示意图

创新要点

（1）海陆全域统筹，实施多规融合的海洋中心城市空间管控体系。从沿海拓展到流域，首次提出"大沽河—胶州湾生态中轴"，将占青岛市域45%的大沽河流域整体纳入资源管控。从陆域延伸至海域，将全市海域、74个海岛及海洋保护区一并纳入要素管控。

（2）空间尺度重构，建立以人为本的海湾型城镇群空间组织方式。实现从单一城市到组团式、多中心、集合型海湾城市群的结构转型。以市域快轨构建复合交通走廊，引领城镇群轴带发展。

（3）制度创新引领，构建产城协同的新型空间治理格局。打破行政壁垒，摒弃单一生产为导向的功能区，整合园区与镇街，集聚创新资源，搭建新型城市空间治理体系。

（4）传承蓝色基因，建设中西合璧的国际海洋文化名城。首次提出构建由自然环境、历史城区、历史文化街区等构成的全域历史文化资源保护与特色风貌体系。整体保护海湾核心资源，丰富旅游度假、赛事活动，建设国际海洋文化名城。

实施效果

全域统筹思路逐步落实。胶州湾"四线"已立法实施，出台了《青岛大沽河管理办法》等相关管理文件，有效阻止了对胶州湾的污染，编制了《青岛市海岸带规划导则》，指导沿线各项保护、开发建设活动。

依据总规提出的功能管理区体系，青岛开始有序调整原有的行政管理构架。先后设立新黄岛区、新市北区，西海岸新区

历史文化名城保护规划图

获批为国家级新区。

依据轴带展开战略，连系蓝色硅谷和西海岸新区的市域快轨已经开工建设。新机场建设启动，青岛北站已经建成运营。

在总规的指导下，修编了《青岛历史文化名城保护规划》，《青岛市城市风貌保护条例》已立法实施。

（执笔人：李福映）

胶州湾禁止与限制建设区

胶州湾填海控制线

青岛海岛保护利用规划图

鞍山市城市总体规划（2011—2020年）

2018年度辽宁省优秀工程勘察设计奖城市规划类一等奖｜2014—2015年度中规院优秀城乡规划设计二等奖

编制起止时间：2013.1—2017.8
承担单位：城市环境与景观规划设计研究所
主管总工：官大雨　　主管所长：易翔　　主管主任工：黄少宏　　项目负责人：王佳文、王磊、牟毫
主要参加人：查克、胡继元、徐有钢、刘芳君、赵群毅、徐辉、孙青林、刘世伟、吴岩、刘宁京、王继峰、于鹏、康凯
合作单位：鞍山市城乡规划设计院有限公司、北京市气候中心、中国科学院地理科学与资源研究所

背景与意义

"十二五"以来，我国经济发展方式转变步入攻坚时期，全面振兴东北老工业基地战略实施逐步深入。鞍山作为中国老工业基地的典型代表，正值从"发展瓶颈期"走向"动力再造期"的转型关键阶段，面临经济发展乏力、生态欠账、人口老龄化等现实问题。本次规划立足国家发展要求和鞍山发展阶段特征，聚焦产业转型、生态建设、单位制社会转型等重要议题，形成指导鞍山城市发展建设的全局性、综合性、战略性的法定规划。规划于2017年8月由国务院批准实施。

规划内容

（1）规划确定鞍山的城市性质为我国重要的钢铁工业基地、辽中南地区重要的中心城市。城市主要职能包括具有国际先进技术水平的国家战略性钢铁深加工和研发基地，东北地区重要的商贸与物流城市，东北地区著名自然、文化旅游和休闲度假旅游城市，辽宁省激光、新能源、重型设备等专用装备制造业基地，辽宁省康体疗养和养老服务基地等重要职能。

（2）规划确定市域形成"一带两轴、四心多点"的城镇体系空间结构。一带，即鞍海城镇发展带；两轴，即鞍台城镇

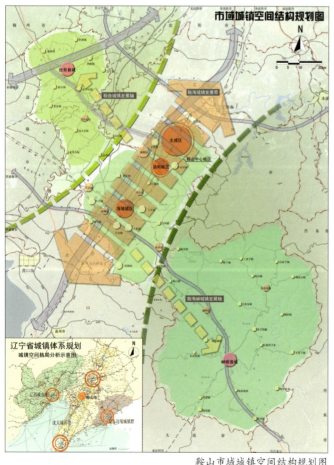

鞍山市域城镇空间结构规划图

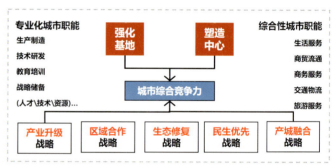

鞍山实现"强化基地、塑造中心"的五项发展战略

鞍山中心城区空间结构规划图

发展轴和鞍海岫城镇发展轴；四心，即鞍山中心城区、海城城区、台安县城和岫岩县城；多点，即多个重点发展的建制镇。

（3）规划在提出主要向南、兼顾向西的城市发展方向基础上，确定了"一轴一带、双城多片"的中心城区总体发展格局。

创新要点

规划总结了"资源条件分析—工业体系地位—发展定位与战略—气象分析辅助布局"的技术路线，在指导资源型城市、老工业基地城市规划转型等方面，具有一定的创新性。

规划总结了独立完整工业体系之于国家工业化的关键作用，以及钢铁冶金工业在其中的重要地位。规划从基地和中心的关系出发思考鞍山城市发展定位，在分析强化鞍山国家重要钢铁工业基地的战略意义基础上，规划提出了实现鞍山"强化基地、塑造中心"的五项发展战略。

规划在区域和市域的分析研究中，结合自然地理板块和行政区划，综合运用了资源产业分区和社会文化分区（语言文化小区）等分析方法，为合理组织市域各类要素、协调周边区域发展、合理确定市域发展分区提供了较好的支撑。

规划较早采用了气象模拟技术辅助分析工业城市功能布局的方法，通过分析采矿区和排岩场的粉尘扩散情况，对影响最大的中部采矿区提出相关管控要求。为此，项目组与鞍山钢铁公司召开多轮会议讨论矿山的开采方式和开采时序，尽最大可能保护生态环境，并对"棕地治理"提出了具体要求。

实施效果

本版总体规划作为指导2020年城市建设的法定规划，在协调相关规划、指导下位规划编制、重要项目选址、近期实施工程等方面已经发挥了重要作用。

规划针对老城区、风景名胜区周边地区和采矿区等多种类型地区，提出的分片区发展指引，有力地指导了下位规划的编制与管理。规划确定的老旧小区改造、补齐公共服务短板、历史街区保护等规划建议正在稳步推进、逐步实现。

（执笔人：王佳文、牟毫）

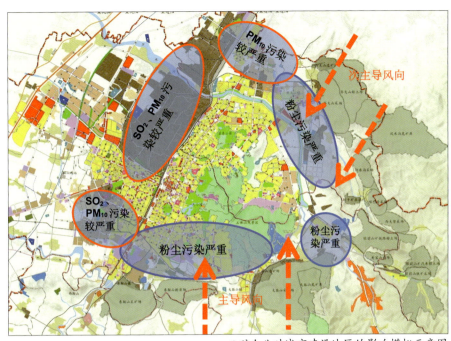

工矿企业对城市建设地区的影响模拟示意图

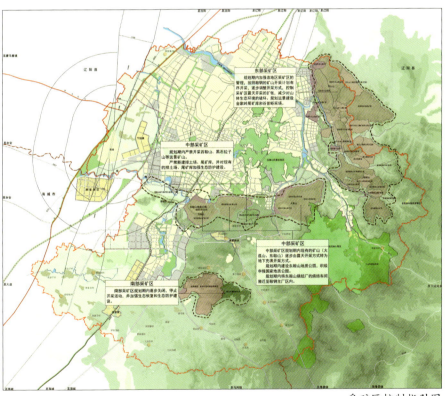

采矿区控制指引图

无锡市城市总体规划（2016—2030年）

编制起止时间：2016.8—2019.5
承担单位：绿色城市研究所、城镇水务与工程研究分院、城市交通研究分院
主管总工：杨保军、詹雪红　　　　主管所长：徐辉　　　　主管主任工：林永新
项目负责人：董珂、王昆　　　　主要参加人：胡晶、董琦、王昊、兰慧东、李薇、孟惟、王秋杨、张然、冯跃、禹婧、黎晴、杨嘉、罗义永
合作单位：无锡市规划设计研究院

背景与意义

2017年3月，住房城乡建设部下发《关于修编无锡市城市总体规划工作意见的函》（建规函〔2017〕42号），国务院同意无锡市启动新一轮城市总体规划修编工作，随后，住房城乡建设部确定成都、武汉、无锡、常州等六个城市作为第一批启动2030年总规的城市，进行先行先试。2017年8月，住房城乡建设部启动总规编制改革试点工作，江苏省作为总规改革试点省，无锡市城市总体规划予以积极响应。

规划内容

紧密围绕总规改革要求，落实总规"统筹规划、规划统筹"的使命。

（1）明确目标定位。从"中央和江苏省需要什么样的无锡、怎样建设新时代的无锡"入手，坚持实业创新、人文山水、生态宜居的城市发展方向。

（2）突出战略引领。建立"愿景目标—战略定位—举措—行动"的技术路线，实现有效传递、逐级落实。

（3）强化刚性管控。坚持以资源环境承载能力为刚性约束条件，严格落实空间管制要求。

（4）推进区域协同。紧密对接国家和区域发展战略，深入推进锡澄宜一体发展，放眼区域，谋划无锡未来。

（5）优化空间结构。彰显空间特色，提升空间品质，强化存量用地治理，明确优化路径。

创新要点

（1）贯彻中央精神，践行新发展理念，落实国家和区域发展战略以及省委市委对无锡的发展要求，引领城市高质量发展。

（2）坚持规划统筹，强化规划编制组织。市委书记、市长亲自抓，切实履行党委、政府主体责任；发挥知名专家团队和核心技术团队的支撑作用；充分调动全市力量，形成"全市规划全市做"新局面；坚持公众参与，开门编规划，共谋城

无锡市域生态安全格局图

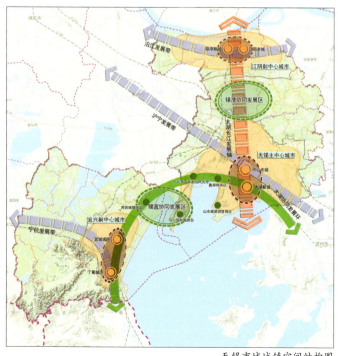

无锡市域城镇空间结构图

市发展；助力区域一体发展，推动环太湖协同发展。

（3）创新编制内容，推进城市转型发展。一是厘清现状和规划基础，完成全域现状用地数字化全覆盖，客观进行现行总规实施评估，深刻认识自身特征与挑战。二是对未来蓝图提出方向性、长远性、总体性的指引，建立"愿景目标—战略定位—举措—行动"规划路径。三是确立七大战略举措，以更具竞争力的实业创新名城为目标，确立"苏南枢纽""锡澄宜一体""智慧物联"战略举措，以更具吸引力的人文山水名城为目标，确立"魅力湖湾""运河名城"战略举措，以更具持续力的生态宜居名城为目标，确立"绿色优居""都市田园"战略举措。四是强化刚性管控，理清管控要素，落实生态和农业保护，划定三区三线。五是构筑区域发展新格局，对接沪宁，协同苏常，辐射泰州，共建环太湖协同保护与发展。六是构建市域总体空间结构，全面实现市域格局优化。七是市区整合，全面提质重构，彰显山水和文化魅力，促进存量空间有机更新。八是完善各类要素配置。

（执笔人：董珂、王昆）

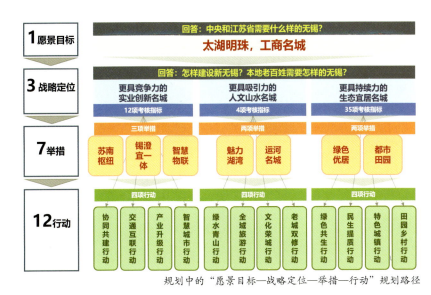

规划中的"愿景目标—战略定位—举措—行动"规划路径

一湾 重湖
三山 叠嶂
五楔 水网圩田

城市开敞空间体系规划图

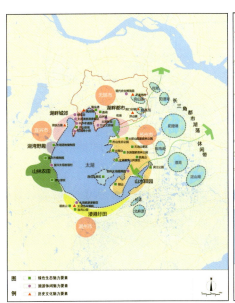

"魅力湖湾"战略空间要素保障图

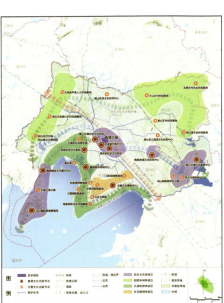

"运河名城"战略空间要素保障图

"智慧物联"战略空间要素保障图

常州市城市总体规划（2016—2030年）

编制起止时间：2016.8—2019.3
承担单位：绿色城市研究所、城镇水务与工程研究分院、城市交通研究分院
主管总工：王凯　　　主管主任工：林永新　　　项目负责人：董珂、胡晶、董琦
主要参加人：王昊、王昆、张然、冯跃、孟惟、冉旭东、罗义永、王巍巍、唐磊、杨嘉、姚伟奇
合作单位：常州市规划设计院

背景与意义

常州地处长江之南、太湖之滨、长三角中心地带，行政辖区面积4372km²，2016年末全市常住人口470.8万人，城镇化率71%。

考虑到行政区划出现重大调整、现行总体规划临近近期末等因素，常州市人民政府于2016年8月报送了《关于开展常州市城市总体规划（2030）编制工作的请示》，2017年3月，该请示获国务院批准，新一轮城市总体规划编制工作正式启动。按照住房城乡建设部总体部署，江苏省是两个城市总体规划编制改革试点省之一，常州市是第一批启动2030版城市总体规划的六个城市之一，承担着先行先试、改革创新的历史使命。

常州山水城格局

规划内容

（1）基于国家使命、区域责任和人民期盼，确定目标愿景和发展战略。围绕"智造名城、常乐之州"，明确建设更具开放度的区域通道战略枢纽、更具竞争力的中国智造示范城市、更具吸引力的吴风今韵生态绿城、更具幸福感的和谐共享宜居家园四大发展目标。对应四大发展战略：一是把握城市发展新机遇，以区域枢纽彰显开放融合示范；二是寻求城市发展新动力，以智造领军彰显产业转型示范；三是坚持城市发展新模式，以生态绿城彰显生态文明示范；四是共建城市发展新家园，以宜居家园彰显以人为本示范。

（2）基于底线约束，明确空间管制要求。以资源环境承载力和国土空间开发适宜性评价为基础，明确城市发展底线；以空间开发适宜性评价为基础，科学确定城市空间格局。

（3）基于战略引领，明确全域空间布局。包括保障人口健康发展、完善市域空间结构、推动全域城乡统筹、优化城市空间布局、加强资源要素配置、强化城市分区指引等内容。

（4）从完善体制机制和确定近期行动两个方面着手，为规划实施提供保障。一是通过优化城乡规划体系、建立"多规合一"信息平台、健全规划决策监督机制、完善法律法规建设等方式，强化市级统筹；二是部门协同、统筹全市行动，以

市区联动落实行动分解。

创新要点

（1）强化"多规合一"，落实空间规划改革。以城市总体规划为战略纲领和协调平台，整合各部门空间规划，推进"多规合一"。充分认识到城乡规划的权威性体现在编制、实施、监督三者的"三足鼎立、相互指导、相互制约"关系，将刚性内容的确定纳入总体规划编制、实施和监督的全过程中系统考虑，从事权归属和空间基准两个角度出发，进行分层、分度指导。

（2）尊重发展规律，加强空间战略研究。研究常州所处的城市发展阶段和城市发展特征，从空间治理角度认识城市规划建设的深层次问题，基于从多头治理走向"多规合一"、从各区分治走向全市统筹、从权力下放走向层级管控、从粗放控制走向精细管理、从外延扩张走向内涵提升的趋势判断，建立"目标愿景—发展战略—空间布局—系统支撑"的逻辑体系，将城市总体规划编制作为推动城市治理能力提升的重要一环。

（3）建立指标体系，体现引领管控作用。将量化发展目标作为落实总体规划的重要抓手、评估总体规划的重要依据和考核政府的重要参考。一方面对应上级政府管理监督事权，满足"一年一体检、五年一评估"的要求；另一方面建立用于评估本级政府各实施部门工作绩效的指标体系，确定总体规划指标体系与政绩考核挂钩的体制方案。预期型指标体现城市工作的正确方向，强化总体规划的战略性、前瞻性；约束型指标体现城市工作的严谨态度，强化总体规划的权威性、严肃性。

（执笔人：董珂、胡晶）

市域空间结构规划图

市域城镇特色职能指引图

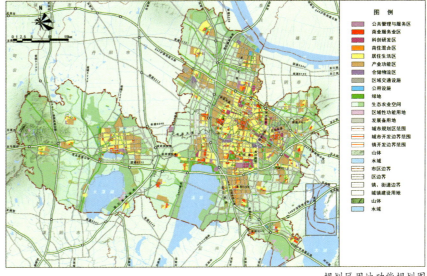

规划区用地功能规划图

规划区综合交通规划图

温州市城市总体规划（2003—2020年）

2021年度浙江省优秀国土空间规划设计二等奖 │ 2014—2015年度中规院优秀城乡规划设计一等奖

编制起止时间： 2011.7—2017.4

承担单位： 历史文化名城保护与发展研究分院、城市交通研究分院

主管总工： 张兵　　　　**主管所长：** 鞠德东　　　　**主管主任工：** 缪琪　　　　**项目负责人：** 郝之颖、陈睿、林永新

主要参加人： 王宏远、徐明、龙慧、孙建欣、杨开、胡敏、汤芳菲、陈莎、黎晴、赵霞、康新宇、胡京京、王勇、耿健、
魏祥莉、杨忠华、全波、邹歆、杨少辉、赵莉

合作单位： 温州市城市规划设计研究院有限公司

背景与意义

温州是我国市场经济高度活跃、民营资本雄厚、市民社会意识强烈、人员国际化交往频繁的先锋区域。面对传统温州模式以乡镇经济为空间单元所形成的"低、小、散"弊端，温州市委、市政府积极谋划"大都市区型"空间治理格局，包括启动大范围的乡镇合并，在全市设立大小共38个都市型功能区，作为区县一级的派出机构，赋予城市管理的权责，并深化强镇扩权改革，创新性设立"镇级市"，为温州由乡镇拼贴的低水平城镇化向全域都市化发展转型奠定了管理体制基础。面对新形势，《温州市城市总体规划（2003—2020年）》于2016年修订，本次城市总体规划修订的重要意义就是要解决"温州城市的空间治理方式无法适应和引导温州人活力的问题"，重塑温州城市价值，引领温州模式创新。

规划内容

（1）建立大都市区一体化的全域空间治理格局。顺应温州自然地理，划分山区、城镇密集地区、海洋海岛区三大区域实行差异化治理；依托瓯江—飞云江—鳌江流域格局，在城镇密集地区推动"一主两副"一体化空间布局，强化交通支撑；加强邻近乡镇一体化建设，建成功能更加

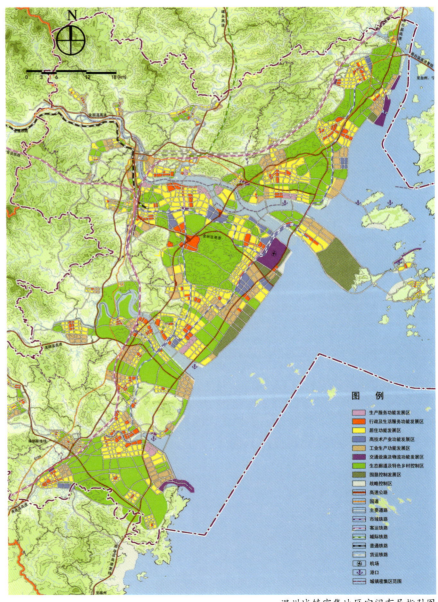

温州城镇密集地区空间布局指引图

多元、复合、高效的"新市镇"。

（2）面向三类温州人的活力升级需求，构建都市功能与空间支撑系统。为国际的温州人、温州的温州人和外来的新温州人三类不同需求的温州人创造能够充分发挥其活力的高水平功能和高品质场所。

（3）协同保护与彰显温州独特的山水与历史文化特色。避免空间无序蔓延，构建城镇密集区一体化蓝绿空间网络，打通山—水—湿—城—海的纵横生态关联；加强全域历史文化遗产的系统性保护，携手共建温商家园。

（4）构建面向大都市区治理的空间传导机制。基于市级政府事权，明确大都市区分区发展政策、资源底线管控政策、战略性空间管控政策和功能分区政策四类政策分区。

创新要点

（1）以构建大都市区空间治理体系作为社会主义市场经济体制下总体规划编制改革的核心目标。规划从面向温州大都市区治理方式变革的空间规划支撑体系切入，从空间治理格局优化、空间资源底线协同保护、基于不同层级政府事权的空间规划传导机制等维度提出温州大都市区的空间治理方案。

（2）将"人"的核心需求作为布局优化的立足点。从社会文化角度分析温州模式下的城市空间特征，尊重温州人的需求和市场规律，提出温州各级政府应当在加强有效作为、促进温州模式创新的同时，突出自下而上地寻求规划引导和实施路径，探索了一条温州特色的"以人为核心"的规划方法。

（3）突出"山—海—滩—田，城—河—岸—湿"资源统筹规划和山水文化遗产的系统保护。作为中国山水诗的摇篮，规划系统梳理了温州的山川海湿和历史文

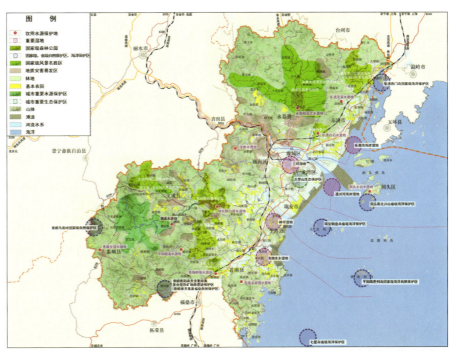

温州市域空间管制要素图

温州中心城区文化遗产保护规划图

化资源，深刻认识到自然生态资源未来的转化价值，以及山水与文化之间的影响关系，突出山水和文化遗产的一体化保护、全域协同管控发展的底线。

实施效果

温州以城市总体规划为依据，加快推进大都市区治理体制改革，相继出台了一系列都市区规划建设统筹协调机制，落实战略性空间管控政策和功能分区政策，深

化推进镇改市改革。2019年9月龙港正式撤镇设市。

城市东部中心和东部综合枢纽加快建设实施，瓯江口高能级开放平台建设成效显著，温瑞一体化建设取得实质性进展。2016年温州获批国家历史文化名城。瓯江沿线、塘河沿线、历史文化街区、中央绿轴、三垟湿地等"两线三片"五个重点区域成为温州城市新地标。

（执笔人：陈睿）

湖州市城市总体规划（2017—2035年）

2019年度浙江省优秀城乡规划设计一等奖｜2018—2019年度中规院优秀规划设计二等奖｜2019年度湖州市优秀规划设计一等奖

编制起止时间：2017.3—2019.1
承担单位：城市更新研究分院
主管所长：邓东　　　　　　主管主任工：缪杨兵
项目负责人：范嗣斌、魏安敏　　主要参加人：柳巧云、魏天爵、祁玥、姜欣辰、孔星宇、徐进进、刘元、肖林、蔡润林、孙心亮、桂晓峰、胡彦
合作单位：湖州市城市规划设计研究院

背景与意义

湖州是首次提出"绿水青山就是金山银山"理念的地方、全国首个地级市生态文明示范区、国家历史文化名城，肩负着探索生态文明新时期践行"两山"理念样板地、模范生的国家使命与责任。为适应新时代新发展理念和浙江省总体规划编制改革新要求，湖州市启动新一轮城市总体规划编制，旨在探索存量发展时期城市转型和生态文明发展的新路子，实现资源紧约束条件下国土空间的集约高效利用，为湖州打造生态文明典范城市提供顶层设计，促进城市能级提升，实现城乡融合发展，彰显"行遍江南清丽地，人生只合住湖州"的千年名城风韵。

规划内容

规划立足时代使命和现实需要，以高质量发展为目标，尊重城市发展规律，贯通历史、现状、未来，统筹人口资源环境，聚焦区域格局融入、绿色生态基点、国土空间优化、民生幸福保障、特色魅力彰显、基础设施配置等六大要点，系统谋划了生态文明样板地、模范生的未来发展新蓝图。

在目标定位上，以"繁华美丽新江南、湖光山色生态城"为愿景，明确六个城市重要职能；在空间布局上，以保障蓝绿空间网络为底线，以南太湖滨湖一体化发展为立足点，以提升中心城市能级为目标，划定三区三线，确定"一体两翼、三

带三楔、公共中脊、城乡互融"的现代化生态型滨湖组团式大城市格局；在要素配置上，高标准规划城市基础设施，优化城市交通网络和市政设施，健全城市综合防灾体系，提升城市基础设施服务能力和水平；在规划方式上，坚持开门规划、区域视野、城乡统筹和"多规合一"，力争实现"一张蓝图绘到底"。

通过本次规划，有效实现了从做大增量到盘活存量、从建设空间规划向国土空间全要素规划、从单一的技术性物质空间规划向公共政策性综合规划的三大转型，为探索生态文明城市绿色发展提供了湖州范式。

湖州在长三角城市群空间格局中的位置

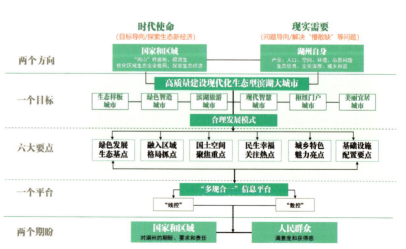

总体技术思路

创新要点

（1）跨区组织编制，推动湖州、长兴两个总规同一班组同步编制，共谋沿太湖地区绿色一体协同发展模式。

（2）强化多专业融合，通过生态、产业、人口、空间模式等多个专题研究，以大数据分析、遥感解译、空间句法等技术方法为全域全要素规划提供支撑。

（3）探索生态文明湖州范式，谋划建设南太湖新区，打造践行"两山"理念的先行示范区和生态经济引擎；通过"蓝绿带""湿地链""山景园"构建"5分钟亲水见绿圈"，提升湖州美丽宜居度；开展全域生态修复和工业平台整合，通过文化路径串联、特色魅力区构建等将全域优质生态人文环境转化为"风景新经济"。

（4）探索精明增长、集聚发展、内涵提升新思路，在总量限定前提下，优先保障中心城市发展，实现城乡建设用地规模有保有压、增减挂钩和刚弹结合。

（5）探索公共政策导向下的规划编制实践，一方面将规划主要结论纳入政府文件，另一方面将政府重要施政决议落实在规划成果中，提升规划可实施性。

实施效果

在总体规划指引下，"绿色发展""生态样板城市"等观念深入人心并进一步促成湖州市委、市政府《"一四六十"决定》《湖州中心城市能级提升行动纲要》等多项公共政策的出台，"五谷丰登"创新创业平台、联想科技创新中心等一系列支撑湖州绿色发展的重大设施、项目相继实施落成。同时，规划直接推动了南太湖新区的成立，促进原太湖度假区和湖州开发区的组织机构合并，并成功申报成为浙江省大湾区建设四大新区之一，为湖州探索绿色高质量发展和能级提升提供了新的动力引擎。

（执笔人：柳巧云）

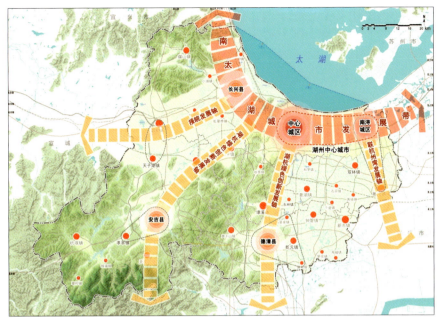

"湖长一体"市域空间结构优化

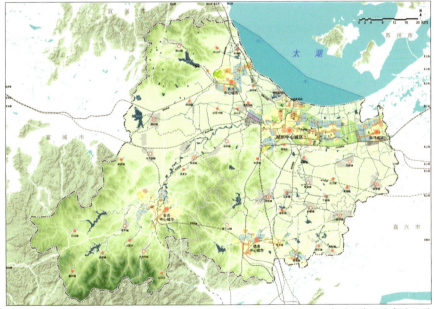

湖州全域功能布局指引

湖州中心城区空间结构

济宁市城市总体规划（2014—2030年）

2017年度全国优秀城乡规划设计二等奖｜2017年度山东省优秀城乡规划设计二等奖｜
2016—2017年度中规院优秀城乡规划设计二等奖

编制起止时间：2014.7—2016.12
承担单位：中规院（北京）规划设计有限公司
主管所长：尹强　　　　　　主管主任工：罗赤
项目负责人：李家志、涂欣　　主要参加人：车旭、刘盛超、付新春、李婧、陈志芬、范锦
合作单位：济宁市规划设计研究院、济宁市规划咨询中心

背景与意义

在新时期国家研究建立空间规划体系，推动城市总体规划编制改革的总体要求下，济宁市依托兖州撤市设区和设立济宁经济技术开发区等行政区划调整契机，先于城市总规编制办法修订前编制了新一轮城市总体规划。

本次规划突出城市总体规划的战略引领作用，并结合土地利用等专项规划的指标管控职能，构筑了"多规合一"一张蓝图，同时，重点对跨多个行政区的规划区协同治理进行了探索，逐步实现总规由"统筹规划"走向"规划统筹"。

规划内容

规划基于区域发展趋势与济宁自身特点研判，重点应对济宁因采煤塌陷导致的组团分割难题及区划调整下的中心壮大诉求。其主要内容包含以下两个方面。

1. 做强规划区，从相互竞争走向一体化协同治理

规划创新规划区编制思路，旨在突破行政壁垒，通过一体化布局、一体化管控、一体化管理，引导各县、市、区从相互竞争走向一体化协同治理。

在一体化布局上，明确生态、交通、产业等一体化布局思路。生态一体化侧

重改善生态环境，构建"双心双环、城绿镶嵌"的大生态体系。交通一体化侧重调整城市结构，搭建快速多层次大运力的客货运输网络。产业一体化聚焦转变发展模式，构建产业廊道，注重链条分工。

在一体化管控上，规划在落实刚性底线管控的基础上，完善对生态、产业、城镇等重点管控区的管控政策，以及市政、交通等重大设施的廊道管控。

在一体化管理上，探索体制机制改革，通过"一个机构、一张蓝图、一体管控"，加强规划的审议、审查，协调内

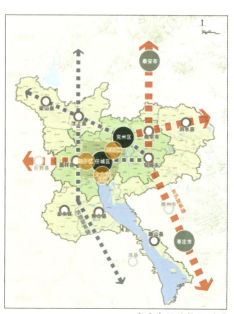

市域空间结构规划图

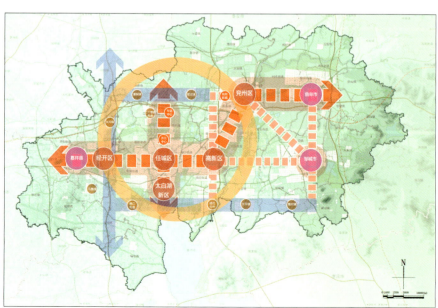

规划区空间结构规划图

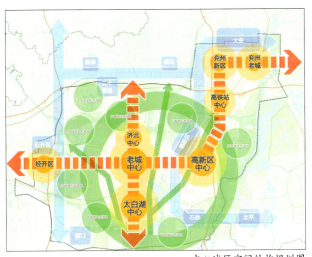

中心城区空间结构规划图

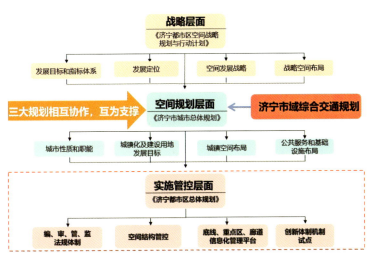

规划编制体系图

部矛盾，实现协同治理。

2. 做大中心城，从单中心圈层结构走向多中心廊道拓展

在空间布局上，规划重点关注"绿、产、城"的协调关系，实现绿色廊道、产业廊道、服务廊道的有效对接，形成"多心轴向发展、多廊串联交织"的轴网结构。明确区域性交通基础设施对城市发展的带动作用，规划快速轨道等大运量交通廊道，落实以公共交通为导向的发展模式。组团间重点强化功能对接及廊道联系，突出"任兖一体化"发展、高新区转型升级，为中心城的做大做强提供支持。

在品质提升上，规划引导济宁从注重空间增长走向存量空间挖潜。系统整治外围环城塌陷地，并与中心城区公园绿地连接贯通，将生态要素引入市区，形成环城大型湿地公园体系，进一步加强总体城市设计研究，推进"运河之都、江北水城"特色建设。

创新要点

（1）创新规划编制方式，完善规划编制体系。规划顺应总规改革思路，坚持前期编制的《济宁都市区空间战略规划与行动计划》主导思路和空间结构，不断深

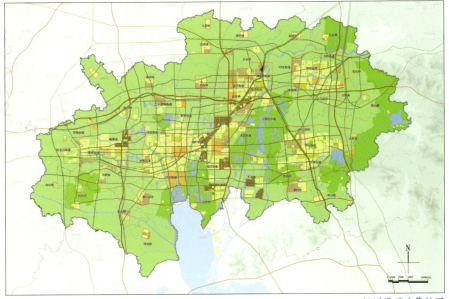

规划区用地管控图

化研究内容。与此同时，与总规同步开展都市区总体规划、市域综合交通规划的编制，力求同步审批、同步实施、分级管理，保障重点设施的实施性。

（2）创新规划管控机制，推进规划管理改革。改变省直管县后，县（市）总规独立报批的机制，从构筑跨多行政区统一规划的都市区出发，建立省厅直管，都市区管委会参与审查的分级管理制度，达到统一规划、多规协调、共同实施、分级管理的目的。

（3）创新规划区编制思路，实现空间有效治理。建立规划区规划的编、审、管、监机制，加强规划的审计审查，保障规划的权威性、协调性和指导性。规划注重刚性和弹性的结合，在一体化布局的基础上，通过划定生产、生活、生态空间，落实底线管控、区域管控、廊道管控，形成一张"多规合一"管控蓝图，同时明确不同管控分区的开发管制界限及对应的空间管理政策，最终实现规划区内协调一致、有效管理。

（执笔人：李家志）

东莞市城市总体规划编制改革与治理创新研究、东莞市城市总体规划（2016—2030年）纲要

2017年度全国优秀城乡规划设计三等奖 | 2017年度广东省优秀城乡规划设计二等奖 |
2016—2017年度中规院优秀城乡规划设计一等奖 | 2016年东莞市优秀城乡规划设计玉兰奖

编制起止时间：2014.3—2016.12
承担单位：深圳分院
主管总工：杨保军　　　　主管所长：方煜　　　　主管主任工：范钟铭
项目负责人：朱力、罗彦、邹鹏　主要参加人：杜枫、邱凯付、张俊、刘阳、俞云、黄丽娇、高淑敏、蒋国翔、邴启亮
合作单位：东莞市城建规划设计院

背景与意义

2016版东莞总规是国务院审批城市总规中第一个将规划期限延伸到2030年的总规，作为住房城乡建设部确定的城市总体规划编制和审批改革创新首个试点，承担着探索新时期总体规划编制方法的任务，具有较强的创新性。

同时，作为珠三角模式的典型代表，东莞在社会经济发展取得卓越成绩的同时，也累积了诸多的问题，需要以总规推动城市空间治理转型和创新，在更高起点上实现更高水平发展。

规划内容

以"以人为本、生态优先、区域协同"为指导思想，立足"转型发展"和"统筹发展"，制定了新时期城市发展战略，构建分区统筹的整体发展框架；坚持产业立市和生态发展相结合，更加注重城市更新、城市特色、城市安全对空间的营造和保障。

（1）以人口转型促进社会转型。提出转变人口引导与调控思路，从以往关注人口总量转向关注人口结构与需求。强调以人民为中心，通过完善城市功能，建立覆盖全市、分级合理、配置完善的公共服务设施网络，提升人民生活品质和幸福感。

（2）坚持生态优先，对自然山水资源实行严格保护，划定城镇开发边界、生态控制线等控制要素，建构全市统一的空间控制线管制体系，并明确分级分类管控要求，推动自然与城市生活交融互补。在此基础上，挖掘人文历史与自然生态特色，构筑沿江、面海、环山的城市风貌。

（3）从区域协同和市域统筹等角度组织全市空间，实施"分区统筹、强心育

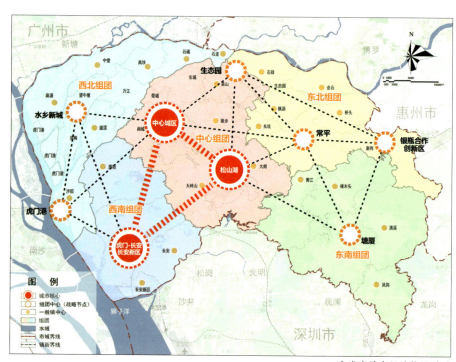

市域城镇空间结构规划图

极、融入湾区、对接广深"空间发展策略。识别东莞区域价值，合理配置各类空间资源和重大基础设施，以更高的平台参与区域竞合，推动区域发展格局重塑。构建市域"一中心四组团"空间发展格局，形成"三核、六极、多支点"城镇空间结构和中心体系，以同类型经济区一体化的理念优化园镇格局，重构空间治理模式，推动东莞从分散发展走向统筹发展。

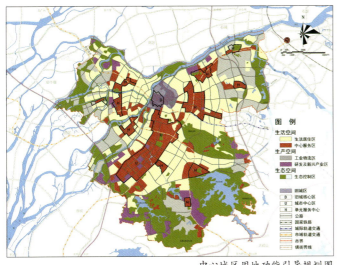

中心城区用地功能引导规划图

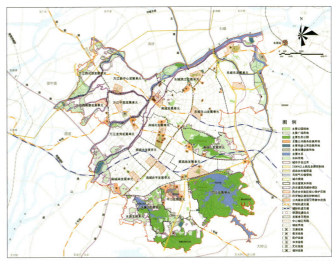

中心城区要素管控图

创新要点

（1）全域管控、分区统筹。探索全域统筹的空间规划体系，改变传统的"城镇体系+中心城区"规划编制模式，立足于全域统筹，将规划区范围扩展到全市域，并构建"市域城乡统筹规划—组团发展指引—中心城区规划"的分级空间治理体系。

（2）结构引导、要素管控。按照总规改革瘦身减负、精简内容的要求，改变以往总规内容"包罗万象"、管理重点不突出的情况，率先探索"结构引导+要素管控"规划方法，强化规划的战略引领与刚性控制作用，提高规划的可操作性和实施性。探索以主导功能区对用地布局进行"结构引导"，以"要素管控"进行刚性控制和要素配置，划定生态保护红线、城镇开发边界、永久基本农田等控制要素，并明确管控方式和管控要点。

（3）层级传导，事权分级。提出建立"城市总体规划——组团规划——控制性详细规划"规划体系，新增组团层级规划，实现规划传导，推动园镇联动发展。针对各类管控要素，采用"定界、定位、定区、定量"等不同方式进行传导，预留下层次规划细化和优化的弹性，以适应城市发展的动态需求。

实施效果

（1）发挥总规改革先锋示范作用，较好地完成了住房城乡建设部总规编制改革阶段性试点任务，促进了《加快城市总体规划改革与创新的倡议书》（简称"东莞倡议"）的形成，有

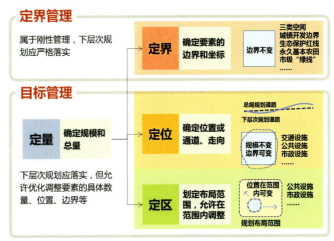

要素管控传导方式示意图

效推动了行业思想变革，并为第二批15个试点提供了参考借鉴样本。

（2）发展了战略引领作用，有效指导了东莞社会经济发展和城镇建设，推动了关于"园区统筹"一系列政策文件的制定，为东莞破解经济发展结构性矛盾和空间碎片化问题提供了有效解决方案。推动东莞进入功能品质提升和空间治理转型的新阶段，大力推进松山湖片区一园六镇、滨海湾新区、水乡新城片区的管理体制改革工作。

（执笔人：邹鹏）

珠海市城市总体规划（2001—2020年）（2015年修订）

2014—2015年度中规院优秀城乡规划设计二等奖

编制起止时间：2013.4—2015.1
承 担 单 位：深圳分院
主 管 总 工：李晓江
分院主管总工：范钟铭　　　　主 管 所 长：方煜、赵迎雪
项目负责人：魏正波、石爱华　　主要参加人：夏青、叶芳芳、罗仁泽、白晶、何斌、李福映等
合 作 单 位：珠海市规划设计研究院

背景与意义

2008年《珠江三角洲地区改革发展规划纲要（2008—2020年）》明确提出把珠海建设成为珠江口西岸核心城市。2009年8月14日，国务院批复《横琴总体发展规划》，随后设立横琴新区。从2010年10月1日起，国务院批准珠海经济特区范围扩大到珠海市域。港珠澳大桥等一系列重大区域交通设施的建设，使珠海的交通环境得到很大改善，与区域逐渐融为一体。高栏港国家级经济技术开发区、富山工业园、西部生态新城等的建设，使珠海西部迎来全新的发展机遇，成为珠海经济发展与推进城镇化的主战场。另外，《中华人民共和国城乡规划法》和新版《城市规划编制办法》的实施，要求维护和强化城市总体规划的法律效力，并增加了相应的内容。

基于以上变化和需求，2012年4月，住房和城乡建设部同意珠海市开展《珠海市城市总体规划（2001—2020）》的修改工作。2013年珠海市新一届市委、市政府提出"蓝色珠海、科学崛起"的发展目标，要求启动总规修改工作。随着新型城镇化上升为国家战略，珠海市需要借助总规修改构建与国家战略和新的区域定位相适应的空间布局与支撑系统，探索适应未来发展不确定性的可持续发展模式，成为广东省乃至全国推进新型城镇化发展的示范地区。

规划内容

承上启下，明确城市目标定位与发展规模。将城市未来发展总目标确定为：实施"蓝色珠海、科学崛起"战略，按照国际宜居城市标准，共建美丽珠海，使珠海成为珠江口西岸核心城市、生态文明新特区、科学发展示范市。通过多方案比较确定城市性质为：国家经济特区、珠江口西岸核心城市、国际性港口、商务休闲和风景旅游城市。按照"主动调控、预留弹性"的原则，建立全口径的人口管理与服务模式，确定2020年常住人口规模为245万人，与2001版总规保持一致；用地规模满足新的发展需求，由210km^{2}增加到340km^2。

继往开来，优化城市空间格局和交通网络。在空间发展模式上，构建面向区域、顺势而为的空间结构，形成"面向区域、生态间隔、多极组团式"的空间发展模式。在空间结构上，简化空间层级，将2001版总规提出的由"主城区—次中心城—外围新城—中心镇"构成的多层次、组团型的城市空间体系调整为"主城区—新城—中心镇"的渐进式、集约组团型空间结构。在交通发展模式上，坚持"以人为本、低碳生态"理念，大力提倡公交优先，发展慢行交通，实现交通效率与城市活力的有机结合。在交通网络规划上，在2001版总规基础上，重点加强区域联系，强化港珠澳大桥、西部沿海高速等区域性通道的功能，加快港珠澳大桥连接线、高栏港高速及城际轨道交通等通道的建设。同时结合空间布局的拓展完善城市轨道交通、道路交通和重大设施。

统筹兼顾，合理引导生态建设与设施完善。强化珠海市滨海城市特色塑造，结合城市建设特征形成九大风情海岸，结合海岸线自然形态形成珠海十八湾。通过近岸岛链、桂山岛群、万山群岛、外伶仃—担杆岛群、万山蓝心的景观特色指引展现海岛特色。同时，按照新版《城市规划编制办法》的要求完善各类公共服务和商业服务设施、市政基础设施与综合防灾设施等。

结合总规修改的要求，将规划内容分类为修改内容、增加内容和强化内容。增加内容为住房保障、城市更新、地下空间、四区五线，强化内容为景观风貌、滨海特色、城乡统筹。

创新要点

1. 构建可持续的城市发展模式

延续2001版总规应对不确定性的研

究方法，重点是抓住战略资源、把握空间结构、完善目标体系、量化发展指标、确定生态结构、划定城市绿线等，以强化空间方案的弹性和经济发展的引导。

在战略资源把握上，首先，通过识别战略资源，确定城市空间结构；其次，结合发展阶段，确定城市发展时序；最后，按照科学发展，确定城市发展规模。由此形成结构有序、规模合理、环境优美、用地集约、经济高效的城市可持续发展的路径。

在目标体系上，通过定性、定量、定位相结合，将珠江口西岸核心城市分解为科学发展、生态文明、区域引领、"一国两制"四个分目标，并落实到具体的指标体系和空间载体。

2. 强化景观风貌、滨海特色、城乡统筹等内容，以突出珠海城市特色

其中以城乡统筹为例，提出城镇发展区、城乡协调区和生态控制区等三大分区及引导策略，优化提升村居、城镇发展村居、生态控制村居等三类幸福村居及空间统筹策略。

3. 与概念规划相互衔接，提出远景发展设想

与珠海市同步开展的珠海城市概念性空间发展规划相互衔接，对未来远景空间结构、中心体系和交通网络提出指引。

实施效果

在总规修改的引导下，城市空间结构拉开框架，尤其是西部金湾和斗门地区的西部生态新城、高栏港地区获得快速发展，西部中心也逐步形成。

在城市交通方面，尤其是与区域的交通联系得到很大改善，以高速公路和城市干线为主的面向区域的交通网络逐步形成，珠深城际等也纳入建设计划。

横琴新区在规划指导下有序推进城市建设，与澳门的合作也顺利开展，金融中心等功能不断凸显。2021年国务院印发《横琴粤澳深度合作区建设总体方案》，使其国家战略地位获得进一步提升。

规划在景观特色与海岛发展方面也发挥了重要的引导作用，海岛资源得到进一步整合，海岛旅游和乡村旅游实现联动发展。

（执笔人：石爱华）

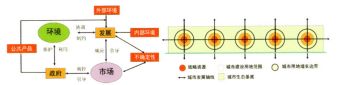

不确定性环境下构建可持续的城市发展模式

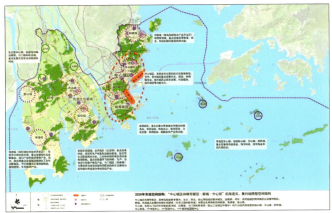

市域空间结构规划图（2015年7月公示）

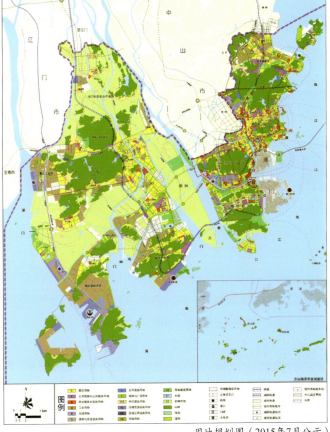

用地规划图（2015年7月公示）

三亚市城市总体规划（2011—2020年）

2017年度全国优秀城乡规划设计二等奖 | 2016—2017年度中规院优秀城乡规划设计一等奖

编制起止时间：2010.3—2016.8
承担单位：城市更新研究分院、城市交通研究分院、城镇水务与工程研究分院
主管总工：杨保军　　　　主管所长：尹强　　　　主管主任工：闵希莹、缪杨兵
项目负责人：邓东、范嗣斌、刘继华
主要参加人：李荣、缪杨兵、孙心亮、刘元、戴继锋、姜立晖、杜恒、王巍巍、吴学峰、马俊来、李艳钏

背景与意义

　　三亚是中国最具特色的城市，经过几十年的快速发展，已从昔日的边陲渔村发展成为知名旅游城市。稀缺的资源带来巨大的吸引力，而快速、粗放的发展模式，也带来了一系列问题挑战。

　　新时期"海南国际旅游岛建设"以及农垦体制改革、海南省全面建设小康社会和城乡一体化发展等背景下，三亚的角色越发重要，是承载着国家利益和责任的国际交流平台及门户城市。

规划内容

　　基于三亚独特的资源环境条件和国家责任，规划强调三亚的发展应坚持专业化国际热带海滨风景旅游城市的发展模式，其发展建设不应贪大求全，而在于特色精美。规划进一步明确三亚城市性质为国际性热带海滨风景旅游城市，并从国家、海南省层面进一步深化完善城市职能。

　　规划强调，以目标导向来进行全域统筹和管控，以城市设计作为营造风景旅游城市特色的手段，以谋划重点项目作为实现目标定位的途径。

　　市域层面重点在统筹整合。规划采取城乡统筹的思路强化对全域资源的统筹保护与利用，形成滨海地区和内陆腹地兼顾的"山海相连，指状生长"的城乡空间结构模式。

　　中心城区层面重点在优化提升。基于现状突出问题和高端目标定位，强调运用总体城市设计方法，确定用地功能布局、城市形态结构、景观风貌特色等，强调对重大基础设施、公共设施和战略性节点空间的管控与预留，设立各类项目准入门槛，加强对近期实施项目的管控和引导等。

创新要点

　　本版总规工作强调目标导向与问题导向相结合，结合旅游城市特色，综合运用了大数据、遥感解析、城市设计等方法和手段，总规创新要点主要如下。

　　（1）目标定位全域覆盖，旅游主导城乡统筹。在进一步明确发展定位以及在国家、海南省所应承担的职能基础上，明确了三亚专业化风景旅游城市的发展模式，以旅游为龙头、城乡统筹的发展路径，并且第一次全市域覆盖进行空间要素解析、管控和规划，提出了"指状生长、山海相连"的空间发展格局，有序地指引了全域范围的保护与发展，也为后来"多规合一"的规划统筹打下了良好基础。

　　（2）城市设计全程贯穿，旅游城市特色营造。在宏观、中观、微观等层面全程运用城市设计方法，对于城市宏观总体格局把控、中观城市形态和特色营造、微观项目管控和准入标准等方面起到了良好的管控和指引作用，为建设热带风景旅游精品城市特色提供了有力支撑。

中心城区用地规划图

（3）建立目标实现途径，重点着眼旅游民生。规划强调加强房地产管控，滨海地区集中发展旅游度假功能，一线用地不能再用于房地产开发。对重要战略节点型空间进行管控和设计，重点规划、保障和协调推动支撑城市目标定位的一系列项目的具体落位落实。重点包括文娱设施、剧院音乐厅、主题乐园、主题酒店、邮轮游艇港湾、滨海活力街区、免税店、旅游到访中心、旅游交通等一系列旅游功能完善类项目。

（4）创新推动"城市双修"，系统梳理综合提升。基于城市目标定位，针对城市当前突出问题，创新性地提出和运用"生态修复、城市修补"思路和手段，明确城市中需重点修补完善的系统性指引，策划实施抓手和项目，为实现城市战略定位和解决三亚"城市病"问题明晰了实施途径。

实施效果

全域"一张蓝图"指引了市域一系列城乡统筹、美丽乡村的建设。三亚的发展更"深厚"，"全域旅游""精品旅游城市"等观念深入人心并落实到政府的相关文件政策中，推动了后来的"多规合一"工作。

规划指引下一系列重大项目陆续建成。三亚高铁站、高铁机场站等陆续建成，国际邮轮港初具规模，活力港湾规划建设有序推进，主题公园、海棠湾免税店等一系列旅游功能完善类项目相继落成，大大完善了三亚旅游服务水平和设施。群艺馆、同心家园、中小学幼儿园完善、安置区建设等一系列民生工程稳步推进，城市更加宜居。

通过"城市双修"，城市生态环境更加优越，风貌特色得以优化提升，广大群众有了更多获得感。

（执笔人：范嗣斌）

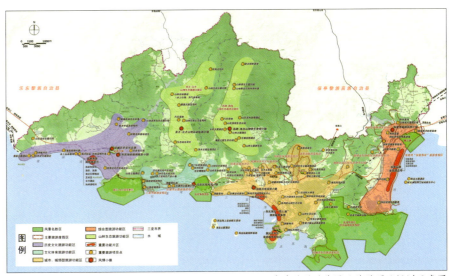

市域旅游功能区及旅游项目规划示意图

中心城区城市设计管控规划图

三亚高铁站

免税店

游艇港湾

保障性住房同心家园

浙江舟山群岛新区总体规划（2012—2030年）

2015年度全国优秀城乡规划设计二等奖｜2015年度浙江省优秀城乡规划设计二等奖

编制起止时间：2012.3—2014.10
承担单位：上海分院
主管总工：李晓江　　　　分院主管总工：郑德高　　　　主管所长：张晋庆
项目负责人：陈勇、刘晓勇　　主要参加人：邵玲、李英、王婷婷、徐靓、罗瀛、蔡润林、周杨军、洪斌、傅小娇、夏泓、李巧玲
合作单位：舟山市城市规划设计研究院

背景与意义

　　浙江舟山群岛新区是国务院正式批复的第四个国家新区，与上海浦东新区、天津滨海新区、重庆两江新区相比，具有三大特征。

　　一是国家战略重要性。舟山群岛新区在大宗商品中转和江海联运枢纽方面的地位突出，对于保障国家经济安全和维护海洋权益至关重要。同时，舟山群岛新区是我国第一个以海洋经济为主题的国家新区，对于深化沿海对外开放和实施海洋强国战略具有重大意义。二是资源环境独特性。舟山群岛是中国唯一的外海深水岛群，拥有最佳的深水岸线、优越的建港条件、丰富的岛屿资源。但同时也存在生态敏感性高、淡水资源短缺、用地空间受限等制约，难以和其他国家新区一样进行大规模陆地开发。三是岛屿开发不确定性。一方面，重点岛屿的功能定位不明确，而各级功能齐头并进、主次不明，导致战略地位不高；另一方面，重大项目的时空布局不明确，而低端项目抢占有限的深水岸线及后方用地，资源利用方式粗放，导致开发绩效不高。

规划内容

　　针对这三大特征，本次总体规划按照"战略规划先导、专题研究支撑、部门合作参与"的原则组织编制，分为两个规划阶段。

新区空间结构规划图

　　第一个阶段是空间发展战略研究。提出"四岛一城"（国际物流岛、自由贸易岛、海洋产业岛、国际休闲岛和海上花园城）的目标定位，"群岛多功能、一岛一功能"的职能体系，明确"岛群分区"的布局理念。

第二个阶段是城市总体规划编制阶段。确立"自由贸易岛、海上花园城"的发展目标。新区层面重点落实国家战略功能和重大设施布局，深化对八大重点岛屿的规划指引。中心城区层面重点明确花园城市结构模式，优化城乡空间布局，塑造滨海环湾城市特色，弹性预留未来城市战略空间。

创新要点

（1）探索群岛地区科学的发展模式。通过借鉴中国香港、新加坡的发展经验，协调国家战略与地方发展的关系，本次规划研究提出了"群岛多功能、一岛一功能"的职能分工体系，即群岛承担"四岛一城"综合功能，各岛明确主导功能，形成战略突破。基于舟山群岛新区单个海岛不具备垄断资源，而主要海岛成组成群、岛群特色鲜明的特点，提出"岛群分区"的布局理念，重点构筑嵊泗列岛岛群、洋山衢山岛群、舟山本岛周边岛群三大岛群，并合理配置城镇和基础设施。为应对岛屿开发中的不确定性，破解功能需求与资源供给之间的时空矛盾，对洋山岛、六横岛、岱山岛、金塘岛等重点岛屿开展多情景研究，提出适应性规划策略和管控要求。

（2）创新海上花园城市的空间模式。明确先底后图、公交主导、特色导向三个规划原则。优先划定城市基本生态控制线，研究明确重大交通和设施廊道布局，优化形成北部产城融合带、中部生态保育带、南部花园城市带"一城三带"空间结构。规划"东西主线+南北支线"的公交优先走廊。突出舟山通山达海、城岛互动的景观特色，塑造城市滨海环湾特色风貌。

（3）统筹衔接"多规合一"的工作机制。本规划与舟山群岛新区发展规划、土地利用总体规划、海洋功能区划、宁波舟山港总体规划等实现多规衔接，同时注重与城市综合交通规划、城市轨道交通规划研究、滩涂围垦规划等专项规划统筹推进，探索实现舟山群岛新区"多规合一"。

（执笔人：陈勇）

中心城区规划结构图

中心城区城市道路网络规划图

129

上海市崇明区总体规划暨土地利用总体规划（2017—2035年）

2019年度全国优秀城市规划设计二等奖 | 2019年度上海市优秀城乡规划设计一等奖 |
2016—2017年度中规院优秀城乡规划设计一等奖

编制起止时间： 2015.3—2018.5
承担单位： 上海分院
主管总工： 李晓江　　　**分院主管总工：** 郑德高、刘昆轶　　　**主管主任工：** 孙晓敏
项目负责人： 孙娟、马璇　　　**主要参加人：** 葛春晖、张振广、孙晓敏、刘珺、张一凡、王晨、李璇、张晓苇、蔡润林、周杨军、陈胜、张亢
合作单位： 上海市地质调查研究院

背景与意义

经过近20年发展，崇明生态建设取得了重要成效，成为上海农业先行示范地区，拥有上海最优的空气、最好的水质和最绿的生态环境。同时，崇明发展也存在一定阶段性问题与差距，如环境本底与承载力比较脆弱，生态环境多样性不足，自身特色性的功能培育不足，呈现传统郊区的发展导向，交通不够便捷、绿色，与生态岛的发展趋势不相契合。面对国家加快生态文明建设、共抓"长江大保护"战略及上海全球城市的发展定位，在新的发展机遇和趋势下，需要对崇明生态岛建设的内涵和定位进行再思考。

崇明区土地使用规划图

规划内容

发展目标：至2035年，把崇明区建设成为在生态环境、资源利用、经济社会发展、人居品质等方面具有全球引领示范作用的世界级生态岛。

总体思路：坚守人口、用地、生态、安全四条底线，大力实施"+生态"，稳妥推进"生态+"，切实转向生态化的生活生产方式。

重点内容：规划崇明2035年常住人口控制在70万人以内；锁定生态体现空间，划定崇明生态空间总面积及四类生态空间，

并进行分级分类管控；构建全域总体空间结构，形成"三区两带两片"的总体空间结构；突出网络化、多中心、组团式、集约型发展要求，形成5个各具特色的城镇圈，构建"1-7-10-20-X"的城乡体系；优化调整开发边界，由现行规划157km²瘦身至133km²，开发边界内可新增建设用地的空间同步由53km²压缩至36km²，重点瘦身规划空间过于集中的陈家镇、城桥镇、长兴三地；城市开发边界以外地区，积极盘活存量建设用地；综合交通方

面，坚持"快到慢行，减少穿行"，倡导绿色、低碳的交通出行方式，形成"外畅内优、高效集约、绿色生态"的综合交通系统，率先实现绿色交通出行比重达到85%的要求；城乡风貌上，应体现中国元素、江南韵味与海岛特色，加强以海岛为基、以水系为脉、以生态为底、以文化为核、以阡陌为径的构建策略；市政设施上，构建多点分散式的微循环系统，新城高标准的市政基础设施体系；实施支撑上，从战略引导、刚性管控、系统指引三个维度

加强对各乡镇指引，对接相关规划，明确近期六大行动计划。

创新要点

1. 空间模式创新：重塑城与乡

城镇地区紧凑集约，突出减量为先、增量管控。引导城市开发边界瘦身，有限增量用地向有风景有动力的潜力小城镇倾斜，实现空间从"大集中大分散"转向"相对有效集中"的小组团布局。乡村空间有机疏朗，突出存量活化，特色打造。遴选有特色、有基础的村落，打造六大特色村区，通过"五个一"措施，提升乡村功能与风貌。

2. 交通模式创新：关注快与慢

对外交通强调"快到"，以轨道交通为引领，增加西侧城际线，强化东西双通道建设，保证崇明到上海主城区60分钟可达；取消原规划中的穿岛高速公路，减少小汽车过境交通对生态岛的负面影响。岛内交通突出"慢行"，提升公交服务水平，建设快速公交局域线，兼顾民生与旅游；建立多元慢行系统，结合风景公路、河畔，建设环岛自行车道和四类城乡绿道。

道路系统突出"以需定增，局部优化"。路网密度上，除增加3条必要的干线公路外，仅对局部道路进行织补和优化；路幅宽度上，收窄道路红线，一般道路红线宽度按15~20m控制，乡村道路宽度不超过6m；断面形式上，干线公路断面拓宽慢行道，绿化隔离带按10~20m控制；一般公路以单幅为主，两车道为宜。

3. 管控方式创新：突出刚与弹

底线管控方面，划定四类控制线，实现边界的刚性管控。建设管控方面：一是建设高度上，城镇建筑不高于18m，乡村不超过10m；二是建设要求上，全岛新建公共建筑达到绿色三星标准；三是组团规模上，改变"新城、新区"大板块，调整为"小镇、小组团"；四是设施布局上，以1.5km为半径，结合地区中心和乡村居民点构建多点分散式的微循环系统。指标管控方面，围绕世界级生态岛目标，从六大维度构建45项考核指标。其中，约束性指标32项，崇明特色指标14项，高于其他区标准的指标8项。此外，规划还通过城市规划与土地利用规划"空间一张图"和"指标一张表"实现"两规合一"，通过"一文、两表、一图"深化对18个乡镇的规划指引。

（执笔人：张振广）

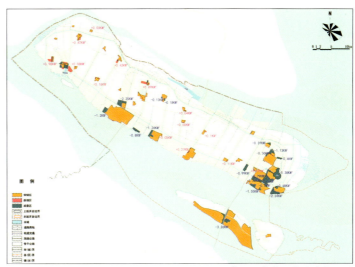

崇明区城市开发边界变化图

崇明区生态空间规划图

崇明区全域空间结构图

澳门新城区总体规划

2016—2017年度中规院优秀城乡规划设计一等奖

编制起止时间：2010.10—2016.7
承 担 单 位：中国城市规划学会、深圳分院
分院主管总工：石楠、朱荣远　　主管主任工：张若冰
项目负责人：王泽坚、耿宏兵
主要参加人：龚志渊、卓伟德、白皓文、劳炳丽、李春海、黄斐玫、邝启亮、蒋国翔、袁壮兵、
　　　　　　陈郊、陆巍、刘缨、王婳、何舸、钟苗、周俊、曲长虹、李林、安晓娇

背景与意义

2009年国务院批复同意澳门特区政府填海造地350hm^2，建设新城区，以缓解经济、人口持续增长下的城市环境压力。新城区总规不仅是澳门新增土地的分配计划，而且是继回归以来首个回应过去、现在、未来所有发展问题的系统性规划。

规划改变填海新区专注空间生产的土地效益模式，强调新城区对澳门全局民生发展的贡献，并在澳门首次采用社会、政府、技术三方全面互动的协作式规划模式，提炼和统一社会对新城空间分配方案的选择，发展繁荣宜居、融合澳门历史文化特色的绿色滨海新城，促进澳门新旧城整体的可持续发展。

规划内容

在澳门唯一空间本底的基础上，规划依据整体最优、特色发展、绿色低碳和弹性适应四个原则，与特区政府、居民和专业团体，共同研究交通模式、社区组织、滨水环境、历史保护、公共设施和公共基础设施等整体性民生问题，提出八大发展策略：①提升居民生活素质、促进经济多元发展；②把握合作机遇，共建澳珠十字门户；③公交优先绿色出行，打造双环双轴路网；④优化生态环境景观，完善绿网系统规划；⑤保护山海景观视廊，强化岸线整体利用；⑥新旧城区扶持发展，延续

澳门新城区总体鸟瞰图

新城区环境意象组图

城市独特风貌；⑦土地集约复合利用，善用地下空间资源；⑧完善城市防灾体系，增强综合应变能力。以促进澳门新旧城一体的可持续发展为前提，支持新城区成为繁荣宜居、融合澳门历史文化特色的绿色滨海新城。

创新要点

（1）协作规划。充分认识政治制度的差异以及项目的社会使命，与澳门运输工务司、本地专业团体密切配合，全过程运用协作式规划模式：识别公共政策问题，以技术方案提供价值愿景，提炼民意供社会最终选择。

（2）公众开放。澳门历史上首次就系统性规划与社会全面互动。在概念、草案、方案三个阶段，运用实时舆情数据库、电话访谈、社区专场、社会专题工作坊、专家咨询、互动游戏、新技术体验等多种方式，促进了社会对规划走向的连续反馈。民意提炼和社会动员的经验，奠定了澳门规划公共参与的第一个里程碑。

（3）需求管理。过程中抓住整体最优和细节精准两个公共政策技巧，消除技术破绽，把握政府、社会和技术的关系，使总规成为对需求进行共同选择的技术渠道，做到矛盾能消化、需求有对应，提高了澳门社会对规划地位和作用的认识。

（4）特色民生。改变过去填海区的空间生产模式，强调新城区对澳门全域民生发展的贡献。空间特色上：以小地块、滨海绿廊、交通廊道、历史性景观强化等措施，形成与旧城功能互补、韵味延续的绿色生态新区。在民生标准上：开创性地研究了澳门公共设施、公共交通、公共空间的城市规划标准，并编制了通用导则和片区导则，深度对接后续详细规划。

实施效果

（1）制度上的实施。项目七年的编制过程，对澳门城市规划地位的提升、法制化管理的完善、公众参与的组织、公务员队伍的培训，具有开创性价值。项目支持了澳门400多年来首次《城市规划法》《文物遗产保护法》的立法以及《土地法》（1980版）的重大修订；支持了《澳门城市用地分类标准》的研究，填补了澳门城市绿地、城市道路、城市公共设施规划标准的空白；组织了澳门首次大型规划展览、首个大型专家论证会、首个系统性规划公众参与全过程；配合了澳门城市规划委员会的设置运行、澳门城市规划管理网络平台的建设开放，促进了澳门城市空间管理的先进性和国际化。

（2）空间上的实施。A区、B区、C区和E1区填海工程已完成；A区的公共住房和道路基础设施正在建设；第四通道已经开工建设。

（执笔人：张若冰）

滨海天际线

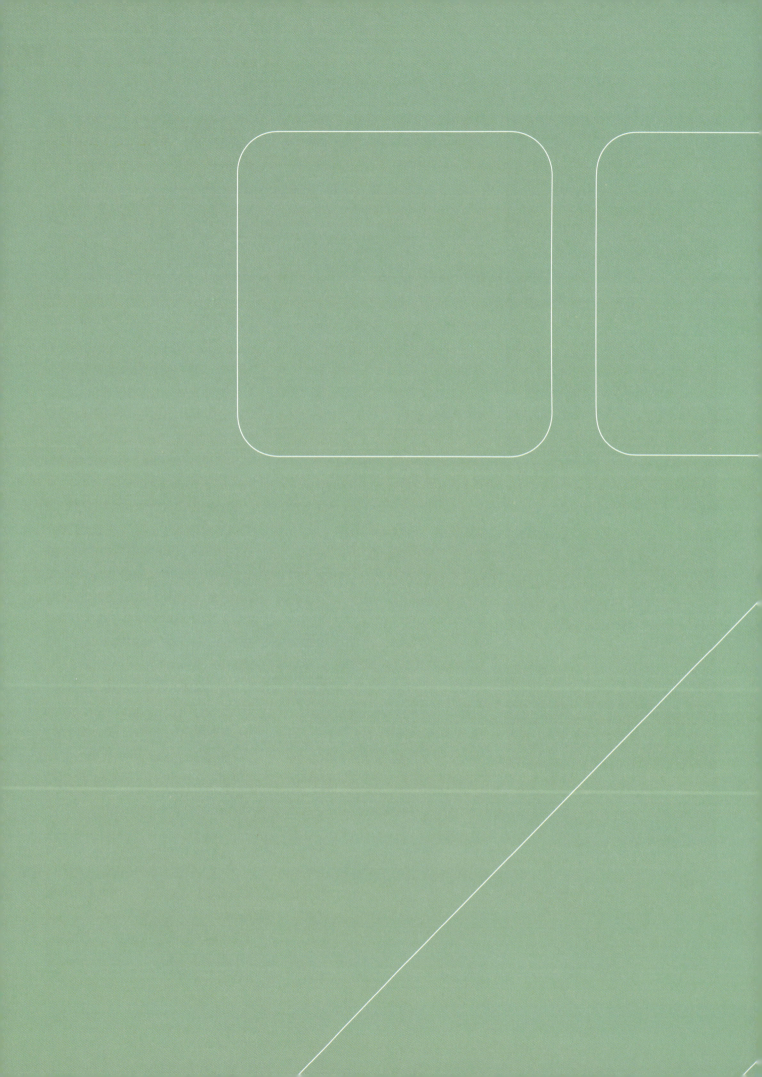

"多规合一"规划

海南省空间规划（2015—2030年）

编制起止时间：2015.4—2016.3
承担单位：城市规划设计所
主管总工：李晓江　　　　主管所长：邓东　　　　主管主任工：范嗣斌
项目负责人：胡耀文、缪杨兵　主要参加人：范渊、王仲、冯雷、刘元、谷鲁齐、姜欣辰、李晓晖
合作单位：海南省设计研究院有限公司

背景与意义

海南是由住房城乡建设部牵头、全国第一个开展省域"多规合一"改革试点的省份，这项任务既是党中央赋予海南的重要改革使命，也是国家全面深化改革全局中的具体组成部分。规划以全岛同城为基础，统筹经济社会发展规划、城乡规划、土地利用规划等多个规划，形成指导全省发展的"一张蓝图"。规划在编制和实施过程中形成了可复制可推广的改革经验，被中央全面深化改革领导小组评价为"在推动形成全省统一空间规划体系上迈出了步子、探索了经验"。

规划内容

规划以空间资源的统筹布局为基础，在统一的空间平台上统筹生态空间、生产空间和生活空间的布局，制定合理的省域空间保护与发展的总体结构，划定共同遵守的生态红线和开发边界，明确清晰的资源消耗上限、环境质量底线和资源利用底线；通过省、市县联动编制，在统一的空间平台上，以空间规划为基础，明确用地的唯一属性，为空间用地用途管制及开发保护奠定基础。

规划包含《海南省总体规划》和《部门专篇》。其中，《海南省总体规划》为全省"管总"的规划，在发展目标、生态保护、开发布局、资源利用、设施布局等方面对省域空间做出战略性和全局性的部署，是构建全省统一的空间规划体系的"宪法"和总框架。以《海南省总体规划》为纲，纲举目张地"管控、约束和指导"各类规划，同步编制的相关部门专篇，包括"主体功能区专篇""生态保护红线专篇""城镇体系专篇""土地利用专篇""林地保护专篇"和"海洋功能区划专篇"，是省级空间规划的"管控抓手"。

创新要点

1. 探索建立统一协同的规划编制体制

建立政府主导、部门支撑、市县参与的规划编制体制；分小组、分专题、分类型统合部门规划；建立规划编制的审查机制；建立省与中央部委协调推进机制。通过各个层级创新规划编制的体制机制，协调处理好省总规与市县总规、部门专项规

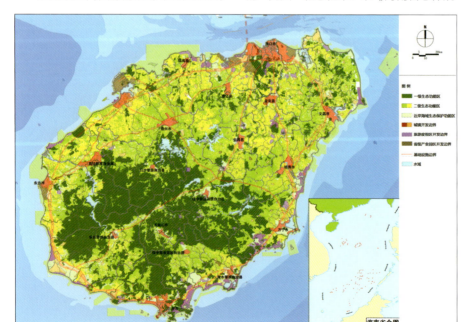

海南省"一张蓝图"

海南省生态红线规划图

海南省基本农田控制线图

划的关系。

2．探索建立统一联动的空间规划体系

横向上，取城乡规划、土地利用规划、林业发展规划、主体功能区划、海洋功能区划等众家之长，融合多规；纵向上，省级总体规划重点深化量化省级空间规划管控内容，市县总体规划在省级总规的管控、约束和指导下统一编制，并统一纳入全省空间规划体系和全省规划信息平台，最终形成全省的"一张蓝图"。

3．探索建立统一衔接的空间规划布局

以战略为引领，落实国家战略和全省发展战略，提出"一点两区三地"的战略定位，作为全域保护与发展的总纲领；以生态保育为首要原则，确定"生态绿心、生态廊道、生态岸段和生态海域"的全省生态空间结构，明确各级需要落实的生态目标和生态管控指标；以优化资源配置为重要目标，明确城镇空间结构体系、城镇等级、职能和城镇基础设施等内容，确定"一环、两极、多点"的总体空间结构，引导全省建设用地的结构布局和用地指标。

4．探索建立统一规范的规划技术标准

统一"两查、两表"的基础标准，明确土地利用变更调查和高分辨率的地理国情普查，形成开展空间规划工作所需的基本"底图"；制定多规用地分类对照表和数据冲突分析检测表，形成共同认可的数据标准。

统一多规图斑差异对比及矛盾消除的工作标准和步骤，明确开发边界和生态红线内外的用地调整基本规则。

统一空间规划用地分类标准和数据录入标准，制定10条边界控制线及47个中类用地分类，确保规划在部门实施过程中有章可循，统一空间规划信息平台的数据录入标准。

5．探索建立统一高效的规划实施机制

建立全省性的规划信息管理平台，实现各市县、各厅局业务管理信息系统与平台的信息交换、数据共享和管理联动；推动设立海南省规划委员会，作为全省综合性规划管理常设机构，负责"多规合一"改革的具体推进和总体实施监督；建立综合执法机构，形成跨部门、跨地区、跨领域的规划综合执法体制。

（执笔人：胡耀文、刘舸）

海南省空间结构规划图

海南省开发建设结构规划图

安徽省空间规划（2017—2035 年）研究

2019年度全国优秀城市规划设计二等奖｜2019年度安徽省优秀城市规划设计二等奖

编制起止时间： 2017.6—2018.6
承担单位： 上海分院
主管总工： 郑德高　　**分院主管总工：** 孙娟、陈勇　　　**主管主任工：** 董淑敏
项目负责人： 林辰辉、李海涛、周韵　　　　　　**主要参加人：** 吴乘月、景哲、陈锐、陈海涛、陈阳、朱雯娟、高艳
合作单位： 安徽省城乡规划设计研究院有限公司

背景与意义

伴随生态文明体制改革的不断深入，2016年12月国家发布《省级空间规划试点方案》，要求各地积极探索编制省级空间规划，为建立健全国土空间开发保护制度提供示范。安徽先行先试，主动谋划安徽省空间规划工作。在此背景下，如何探索一套可复制、能推广的省级空间规划编制方法，又能针对安徽特点实现"好用管用"，成为本次规划研究面临的重要挑战。

规划内容

（1）摸清底图，率先探索"多评估""双评价"工作。率先探索"多评估"工作体现在将12个省直部门的29个空间类规划叠合，首次建立省域空间规划一张底图，并识别出开发区建设规模过大、长江生态功能退化严重等重大问题。率先探索"双评价"工作体现在通过基础评价、专项评价和过程评价，识别出极度超载和重度超载地区，避免人口产业的进一步集聚。通过3类17项指标进行国土空间开发适宜性评价，识别出皖南皖西片区的生态重要性、皖中皖北片区的农业适宜性以及皖中沿江片区的城镇适宜性，为优化省域空间开发保护格局提供支撑。

（2）优化底盘，实现国家和省级战略的空间响应。在一张底图的基础上，落实两大国家战略和五大国家要求，围

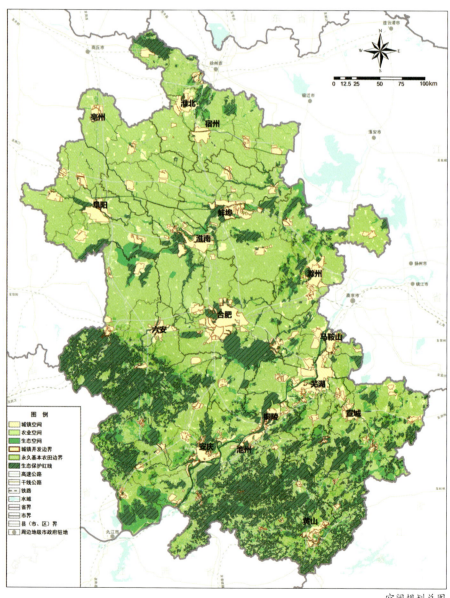

空间规划总图

空间结构规划图

魅力空间布局规划图

综合交通设施规划图

绕"建设五大发展的美好安徽"省级目标，明确12项重点任务，力图实现战略的空间响应。响应创新安徽建设，优化产业空间。针对开发区建设规模过大的问题，对安徽162处省级以上开发区进行综合评估，筛选分类并提出管控措施和规模引导。响应绿色安徽建设，优化绿色空间。一方面，采取净水、控线、转型三大举措，推进沿长江生态环境的保护与修复。另一方面，对安徽进行全要素的魅力评价，识别12片魅力特色区和60个魅力特色示范点；通过梳理历史文化联系通道和国家风景道，识别9条文化景观特色走廊。总体上，构建起"魅力特色区—文化景观特色走廊—魅力特色示范点"三级空间框架，推动安徽的魅力发展。

（3）划定底线，谋划生态、农业、城镇空间高质量发展。保障战略空间，协调划定"三区三线"，不同地区突出重点。在皖南地区，立足生态环境和生物多样性保护，提出生态空间与农业空间占比需要达到80%以上。在合芜蚌示范区，详细梳理自主创新示范区、教育园区、科研院所、大科学装置等多种创新空间，提出城镇开发边界划定需要充分保障创新空间需

求。针对安徽特点，统筹划定三条二级控制线。例如全省目前各类设施廊道繁多而无序，规划提出划定基础设施廊道控制线。设施选线若与控制线一致的，在生态红线穿越、永久基本农田占补调整时将获得优先权，可简化办理手续。

（4）约束传导，指引市县因地制宜编制空间规划。发布《市县空间规划编制标准》DB34/T 5071—2017作为技术底板，规范全省市县空间规划的编制内容和成果表达。通过"三上三下"工作，向市县有效传导了6条控制线与6个核心指标。提出沿江保护、创新发展、魅力发展、统筹发展、脱贫攻坚五类示范地区，引导各市县根据自己特点因地制宜编制市县空间规划。例如在魅力发展示范地区，要求市县空间规划编制要注重管控中心城市的粗放拓展；要落实历史文化资源保护和区域性风景道建设；要探索新兴旅游业态的发展，聚焦"两控一创新"。试图建立差异化的实施考核评价体系。根据不同分区特点及所处主体功能区，探索建立"18+X+Y"的考核指标体系，并将考核结果作为各市县绩效考核的重要依据，以实现对地方空间规划实施的督导。

创新要点

（1）开创了"三底一传导"的省域空间规划技术框架。省级空间规划先行先试背景下，本次规划研究从"摸清底图、优化底盘、划定底线和约束传导"着手，技术框架相对全面，技术方向相对准确，既能充分结合地方特点，又有一定的可推广性，为其他省份提供了重要借鉴。

（2）通过"承上启下"的工作组织逐步厘清省级空间规划工作重点。本次规划研究"三上三下"，通过对上与国家部委、对下与市县政府的多轮联动反馈，逐步厘清省级空间规划的编制重点，抓大放小，提出将明晰总体格局、保障战略空间、规范市县规划编制、建立考核评价体系等作为省级空间规划的重点内容。

（3）探索了"战略引领+刚性管控"的空间治理方法。提出五大战略引领，并明确"三区六线"等刚性管控要求。通过建立"战略引领与刚性管控结合"的空间治理方法，倒逼产业空间转型升级、引导绿色空间魅力提升，推动省域生态、农业、城镇空间的高质量发展。

（执笔人：林辰辉、周韵）

海口市"多规合一"总体规划

2017年度全国优秀城乡规划设计二等奖｜2016—2017年度中规院优秀城乡规划设计一等奖

编制起止时间：2015.10—2016.12
承担单位：中规院（北京）规划设计有限公司、城镇水务与工程研究分院、城市交通研究分院
主管总工：张兵　　　主管所长：张圣海　　　主管主任工：石永洪
项目负责人：李家志、王璐、倪剑
主要参加人：胡耀文、王磊、付新春、王秋杨、龙慧、禹婧、刘广奇、曾有文、杜嘉丹、陈仲、吴爽

背景与意义

海口市位于海南省最北端，是大陆通往海南省的陆岛运输中心，下辖4个区、17个镇，集中了全省四分之一的人口和三分之一的GDP，是海南省经济、政治、文化中心。2015年6月，中央全面深化改革领导小组（简称中央深改小组）第13次会议同意海南开展省域"多规合一"改革。海口市作为唯一的省会城市"多规合一"改革试点，被推到了改革的风口浪尖。《海口市"多规合一"总体规划》项目应运而生。

规划内容

中央深改小组要求试点在规划编制过程中，"去部门利益化、去技术化"，使得"多规合一"总体规划能够真正成为市政府层面的全面施政纲领，而非某个部门的规划。在此理解的基础上，确定了本规划的核心内容：在市政府层面，规划通过城市发展思路的梳理，确定战略与目标，统一全市各部门的思想，通过全域空间结构的全面规划，将各市直部门的管理空间进行系统整合，消除部门管控的矛盾，并形成全市空间管控的总图；在区、镇政府层

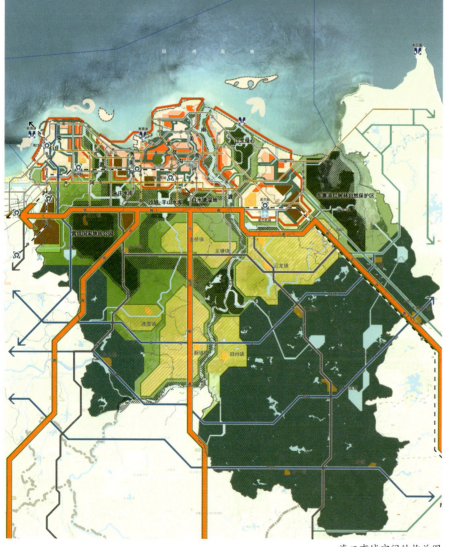

海口市域空间结构总图

海口市开发建设结构规划图

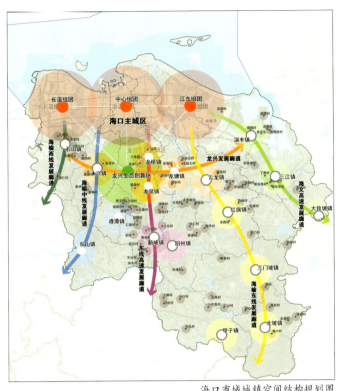

海口市域城镇空间结构规划图

海口市海洋功能区划图

面，通过更进一步的功能片区指引，将各市直部门的管控细则和指标进行具体落实，保证施政意图传导的顺畅，以及可落实、可监管。

创新要点

（1）在工作组织上，破除部门壁垒，开门做规划。成立"多规合一"领导小组，由书记任第一组长，市长任组长，下设"多规合一"领导小组办公室。始终保持着与各省直部门密切"上下联动"，与各市直部门频繁"左右互动"，市委市政府领导组织召开领导小组会议4次、市领导协调会30余次，部门对接会60余次。

（2）在价值取向上，凸显生态文明、以人为本和简政放权。破除外延式发展的理念，坚持生态立市，以环境承载力确定发展容量，以生态本底确定功能分区，明确生态、生产、生活空间，在主导产业选择上坚持低污染、高价值，在城市空间布局上坚持"显山、露水、见林、透气"。

以提高人民满意度和获得感为目标，以城市更新为抓手，全面提升城市公共服务水平。通过详细的公众调查，针对市民呼声较高的医疗、教育、文化、商贸、环卫等服务设施进行系统提升，构建15分钟便民生活圈，将以人为本落到实处。在空间管制方面，做到政府的空间权力"有所为，有所不为"，对于战略性的核心空间进行刚性管控，其余空间交给市场进行弹性的资源配置。

（3）积极探索空间管理体制机制创新。一是建立"分级分类分区"的空间管控体系。"分级"是指区分市、区、镇等纵向管理部门的管理权限，规划编制、审批权上行、规划执法权下移，三级联动监督；"分类"是指建立横向管理部门的空间管控体系，设定对应各部门的"一张图、一个表"；"分区"是指市域空间的板块化管理，在用地规划图的基础上，明确开发建设的正负面清单及空间边界。二是建立编、审、管、监分离的规划委员会制

度。将现有的"城市规划委员会"改组为"海口市规划委员会"，设立常务委员会和专业委员会。三是改革行政审批制度。搭建一个信息应用平台，促使管理部门进行渐进式并联审批；创建一个对外服务窗口，项目审批推行"一站式"服务；建立一个项目生成机制，将项目纳入"多规合一"平台实施运行；推进一个审批流程再造，试点"极简审批"，推行十项改革举措。四是推进城市管理综合执法改革。在全国率先实行"公安+城管"的联合执法模式，探索城市管理和社会治理新机制，对具有空间规划执法权的部门进行统合。五是启动"多规合一"立法工作。拟制定《海口市"多规合一"总体规划管理办法》，明确实施主体、管控规则、修改条件和程序，并同步制定《海口市"多规合一"编制技术细则》《海口市"多规合一"规划成果数据标准》等规范。

（执笔人：王璐）

141

敦煌市"多规合一"城乡统筹总体规划

2017年度甘肃省优秀工程勘察设计一等奖

编制起止时间：2015.1—2017.1
承 担 单 位：中规院（北京）规划设计有限公司
公司主管总工：尹强　　　主管所长：朱波　　　主管主任工：李铭
项目负责人：陈卓　　　主要参加人：李壮、刘珊珊、苏心
合 作 单 位：甘肃省城乡规划设计研究院有限公司

背景与意义

2014年5月，《甘肃省人民政府关于做好新型城镇化试点工作的指导意见》发布，将敦煌市列为省级试点并要求开展"多规合一"试点工作。2014年8月，国家发展改革委、国土资源部、环境保护部、住房城乡建设部联合印发《关于开展市县"多规合一"试点工作的通知》，明确敦煌市为全国28个"多规合一"试点市县之一。

敦煌市"多规合一"试点工作是国家研究推进空间规划改革的过程中一个代表性规划研究成果，作为国家试点，为发现多规矛盾、探索融合方法、总结改革方向作出了重要的试点贡献。

规划内容

编制一张全域蓝图，建立一套管控体系，搭建一个规划实施平台，指导一批建设项目落地，完善工作协调机制。

推进历史文化和自然遗产保护与城市开发建设的有机结合。充分保护与展示莫高窟、悬泉置遗址、玉门关、长城烽燧、阳关烽燧等241处文物古迹和历史遗址以

敦煌市"多规合一"的"136"工作思路

及大漠戈壁等自然风貌，充分延续历史文化名城的整体空间环境、城乡肌理、建筑风貌以及历史文化价值，严守保护底线。

加强产业发展与环境承载力的有机结合。立足生态环境脆弱、承载能力有限的实际情况，在环境承载力基础上，科学合理地确定文化旅游、工业、现代农业等重点产业空间规模。

引导新增发展需求与城乡空间管控的有机结合。解决规划差异问题，盘活土地资源，保障国际文化旅游名城建设重大战略支撑项目的落地，科学布局，有效实现空间管控。

创新要点

在国际文化旅游名城建设目标的指引下，解决敦煌发展面临的实际问题，优化保护与发展的整体格局，从"多规合一"全国试点任务出发，总结出"控得严、管得全、用得弹"的敦煌经验。

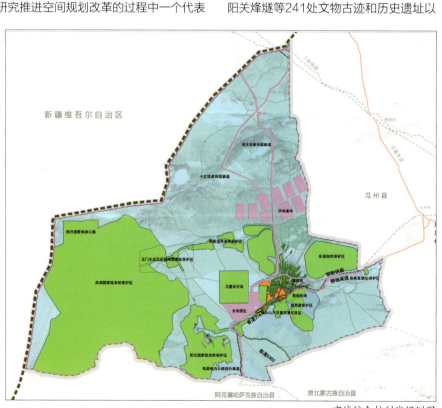

市域综合控制线规划图

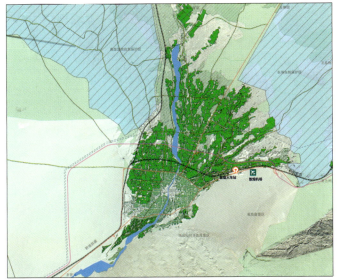

基本农田控制线规划图

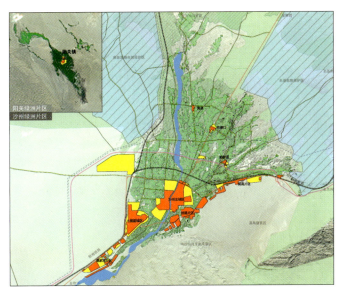

建设规模开发边界控制线规划图

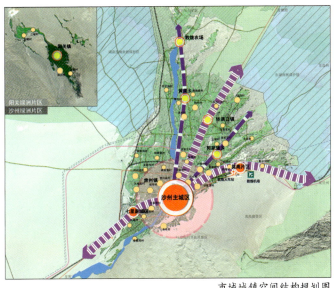

市域城镇空间结构规划图

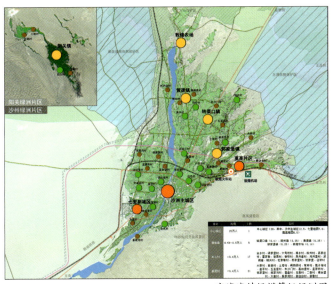

市域城镇规模等级规划图

控得严,对全市域核心资源精细化管控,空间管理政策精确到图斑。

管得全,将城乡统筹全面覆盖全市域,逐步完善对建设行为的全面管控。

用得弹,在历史文化、自然生态、重大设施等空间保护与预留的基础上,建设具有前瞻性的发展架构,通过建设用地与开发边界的双重控制确保规划的合理弹性和有效实施。

实施效果

(1)解决了多规差异带来的多个城乡空间利用问题。以问题导向切入,建立了统一空间规划平台,解决了多个规划之间存在的8000多个差异图斑,盘活了土地资源,保障了城乡发展空间的合理利用。

(2)构建了多部门共识的全域发展格局,按照"一张图"共同组织实施规划。以建设"敦煌国际文化旅游名城"为目标共识,制定全市域统一的空间发展战略,构建功能合理的空间发展格局,精准绘制一张蓝图,为保障敦煌市健康快速发展提供依法、科学的依据。

(3)根据部门事权,划定了"全域覆盖、无缝衔接、互不交叉"的空间管控线。在市域内划定了基本农田控制线、生态文化控制线、开发边界控制线、城镇建设控制线、特定功能区控制线、乡村建设控制线、设施建设控制线、自然基底控制线等空间管理控制线,由多个部门实施分头不交叉管理,提高效率。

(4)建立了空间信息平台,支撑行政审批流程优化。

(执笔人:李壮)

143

05

国土空间
规划

全国国土空间规划相关研究及技术支撑

编制起止时间：2019.3—2021.12
承担单位：绿色城市研究所、中规院（北京）规划设计有限公司、深圳分院、区域规划研究所、城市交通研究分院等
主管总工：王凯　　　项目负责人：张菁
主要参加人：董珂、王佳文、罗彦、全波、王昆、刘宏波、赵霞、陈睿、董琦、王建龙、魏正波、李谭峰、郭璋、於蓓、闫岩、陆荣立、任希岩、
　　　　　　陈志芬、孙建欣、李铭、李壮、张志超等
合作单位：中国国土勘测规划院、中国地质环境监测院、中国自然资源经济研究院、中国科学院地理科学与资源研究所、自然资源部信息中心、
　　　　　　自然资源部国土整治中心、国家海洋信息中心、国家海洋技术中心、国家林业和草原局林草调查规划院等

背景与意义

2019年《中共中央 国务院关于建立国土空间规划体系并监督实施的若干意见》发布并提出"分级分类建立国土空间规划"，其中"全国国土空间规划是对全国国土空间做出的全局安排，是全国国土空间保护、开发、利用、修复的政策和总纲。"

中规院组织技术团队全程参与了《全国国土空间规划纲要（2021—2035年）》（本项目中简称《纲要》）的前期研究、专题报告和规划编制阶段的技术支撑工作。

研究内容

中规院围绕全国国土空间规划开展了一列专题研究，为提出规划思路、技术路线、目标战略和文本框架提供了重要技术支撑。其中，重点在国土空间保护开发格局、国土空间高品质利用方式、综合交通体系和综合防灾减灾网络等方面开展深入研究。

（1）国土空间保护开发格局。依托在历次全国城镇体系规划、省级城镇体系规划、城市总体规划等层次的长期研究基础和丰富实践积累，中规院与其他编制单位提出"生态、农业、城镇空间+支撑体系、魅力体系"的总体框架，梳理资源

环境紧约束条件，提出国土空间格局优化规则。在城镇空间研究方面，基于人口和城镇化趋势判断，提出多中心、网络化、开放式、集约型、绿色化城镇空间格局，建立由城市群、都市圈和各级中心城市等构成的全国城镇体系。

（2）国土空间高品质利用方式。提出生态和文化产品价值实现的制度框架和关键性制度创新。在梳理全国历史文化和自然景观资源的基础上，延续全国城镇体系规划相关研究，建立支撑美丽国土建设的魅力空间体系。提出城市、县镇、乡村空间品质提升的总体策略和差异化路径。

（3）综合交通体系和综合防灾减灾

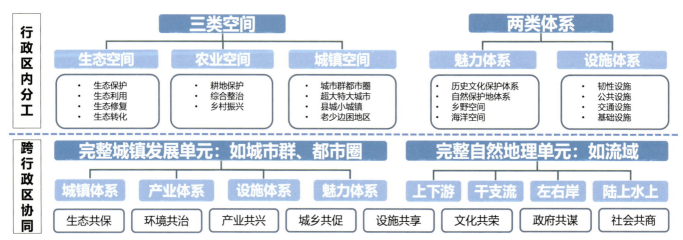

国土空间格局构建的总体框架

网络：在与交通领域专项规划充分协调的基础上，开展了全国综合交通线网和枢纽地区的规划研究。统筹发展与安全，充分避让各类灾害风险，建立生命线工程，提升城市减缓与适应气候变化的能力。

创新要点

（1）提供本轮国土空间规划的思路建议。即在资源环境紧约束条件下，实现中国式现代化，探索生态优先、绿色发展的高质量发展新路子。

（2）提出全域综合性规划的基本技术逻辑。即统筹兼顾全域全要素的开发保护诉求，实现整体效益最优，依托主体功能区制度和"三类空间"划定实现宏观和中观的空间分工协作。

（3）提出自然资源资产保值增值的制度设计。即按照制度经济学原理，通过产权明晰和要素流动推进生态和文化产品价值实现，包括创新权能、确权登记、权利分区、资产定价、市场交易、政府考核等制度。

实施效果

上述研究以习近平生态文明思想为指导，统筹发展和安全，为提出符合新时代需要、引领高质量发展的国土空间目标战略和总体格局提供了有力支撑。

有关主体功能区制度在国土空间规划中的地位和作用、资源环境承载能力和国土空间开发适宜性评价的技术路径、国土空间开发保护格局优化技术方法、国土空间高品质利用方式、生态产品价值实现机制等专题研究对各级国土空间规划的编制和国土空间规划制度的完善具有重要借鉴意义。

（执笔人：董珂、王佳文）

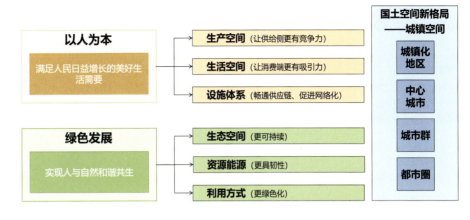

研究主线一：以人为本

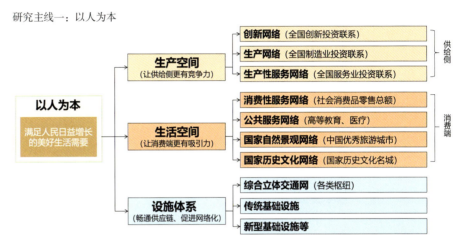

研究主线二：绿色发展

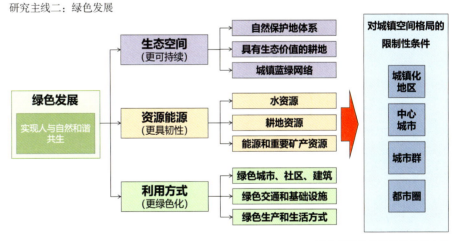

国土空间格局优化的规划主线

长江经济带国土空间规划相关研究

编制起止时间： 2019.5—2022.12

承担单位： 区域规划研究所、中规院（北京）规划设计有限公司、城市交通研究分院、历史文化名城保护与发展研究分院、西部分院、上海分院、风景园林和景观研究分院、村镇规划研究所

主管总工： 张菁　　　　**主管所长：** 商静　　　　**主管主任工：** 赵朋

项目负责人： 郑德高、陈明、陈睿

主要参加人： 孙建欣、任希岩、吕晓蓓、王慈、闫岩、吕红亮、翟家琳、李潭峰、朱冠宇、杨杨、陆品品、陆容立、张超、杜莹、黄俊卿、杨浩、陈宇、郝媛、邓武功、杨天晴、李家志、卢蕾、周劲松、王冀、王磊

合作单位： 自然资源部国土空间规划研究中心、中国地质调查局、中国国土勘测规划院、自然资源部国土整治中心、自然资源部信息中心

背景与意义

长江经济带发展战略是以习近平同志为核心的党中央作出的重大战略决策。编制和实施长江经济带国土空间规划，是实现高质量发展、更好支撑和服务中国式现代化的重要举措。

2019年国家规划体系改革后，《长江经济带国土空间规划》成为自然资源部组织编制的首部国土空间规划。中规院负责空间格局优化专题研究，并发挥了重要的技术统筹和协调作用。

规划内容

1. 系统优化长江经济带国土空间开发保护格局

坚持"共抓大保护、不搞大开发"，从经济带整体性和流域系统性着眼，统筹发展和安全，系统研究水环境、水生态、水资源、水安全、水文化和岸线等的有机联系，支撑长江经济带高质量发展。

2. 构建区域协调发展的主体功能布局

立足资源环境承载力，划分长江上中下游三大区域，以城市群、都市圈为驱动，以重要农产品生产空间为供给保障，以重要高原、山脉、河湖、海岸为生态安全屏障，以基础设施网络为引领，实现"三生"协调发展。

3. 构建优势互补、高质量发展的区域经济布局

服务于国家发展和安全战略，统筹考虑区域内人口、资源、产业、公共服务、基础设施等要素配置，分布式构建相对完备的区域产业链、供应链，促进重大生产力布局优化，以"一域之稳"为"全域之安"作出贡献。

创新要点

1. 探索了从蓝图式规划走向治理型规划的技术逻辑

注重核心问题与风险的分析判断，提出长江经济带系统治理的核心问题包括：长江上游过度开发影响三峡安全，长江中游水域空间减少加剧长江流域洪涝风险，长江下游水源污染威胁我国经济重心安全，等等。规划以解决核心问题、引领高质量发展为目标，明确规划管控引导指标，提出规划对策，成为各级国土空间规划编制的重要参考。

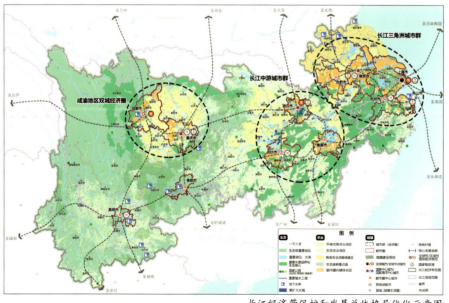

长江经济带保护和发展总体格局优化示意图

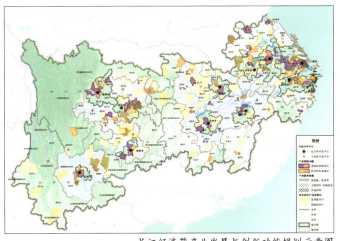

长江经济带产业发展与创新功能规划示意图

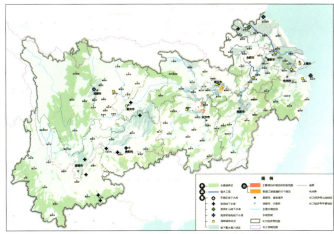

长江经济带水源涵养与水空间优化示意图

2．探索了以资源（尤其是水土资源）的可持续利用为核心的国土空间布局优化技术框架，构建了"人—地—水"平衡分析技术模型

一是统筹人口流入地区建设用地增长与耕地保护的关系，确保长江经济带整体耕地规模不下降，巩固长江流域粮仓地位。二是协调人口流入或耕地规模增加与水资源承载能力的关系，通过跨区域调水实现"人—地—水"平衡，水资源被调出地区获得生态补偿并纳入保护空间格局。通过在长江经济带和二级流域两个空间层次均构建"人—地—水"平衡，推动实现国土空间格局优化目标。

3．探索了以流域为单位的国土空间管控分区与系统治理体系

以八个二级流域为单元开展系统治理和空间布局优化，是"以空间规划统领水资源利用、水污染防治、岸线使用、航运发展等方面空间利用任务"的重要切口。二级流域治理规划体系以三类空间布局优化为目标线索，分别从生态更优美、粮仓更安全、功能更完善三大目标展开；以水环境、水安全、水生态的系统治理为问题线索，追根溯源，贯穿流域治理始终；提出十方面治理目标和二十类重点治理的区域，形成二级流域治理管控与传导"一张图"。

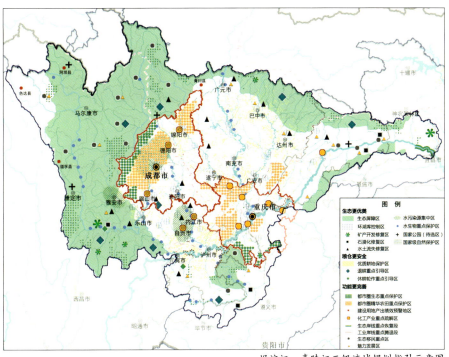

岷沱江—嘉陵江二级流域规划指引示意图

4．探索了以产业链—供应链—创新链布局优化为核心的区域产业空间布局

围绕长江上中下游产业进一步规模化—集群化和补短板，将产业链按不同环节分为新能源新材料、关键部件和高端装备、终端制造三种类型进行产业链补链、延链，将创新资源布局分为基础研发强化和技术转化加速两类进行创新链补链、延链，形成长江经济带产业空间规划指引。

实施效果

国务院于2024年2月批复《长江经济带—长江流域国土空间规划（2021—2035年）》，要求将规划确定的目标指标、重点任务等纳入有关地方各级国土空间规划，加快形成统一的国土空间规划体系，统筹国土空间开发保护。

（执笔人：陈睿）

长三角生态绿色一体化发展示范区
国土空间总体规划（2021—2035年）

2023年度上海市优秀国土空间规划设计特等奖｜2022—2023年度中规院优秀规划设计一等奖

编制起止时间： 2019.4—2023.2
承担单位： 上海分院
主管总工： 王凯　　**分院主管总工：** 张永波、李海涛　　**主管所长：** 朱慧超
项目负责人： 郑德高、孙娟、刘迪、闫岩
主要参加人： 朱慧超、谢磊、朱碧瑶、赵宪峰、卢诚昊、林彬、周鹏飞、康弥、古颖、刘昊翼、廖航、蔡润林、戚宇瑶、袁畅、柏巍、尹维娜
合作单位： 上海市地质调查研究院、上海市城市规划设计研究院

背景与意义

2019年5月，党中央、国务院正式印发《长江三角洲区域一体化发展规划纲要》，明确以上海青浦、江苏吴江、浙江嘉善为长三角生态绿色一体化发展示范区（本项目中简称示范区），要求共同编制示范区国土空间规划，联合按程序报批。上海市、江苏省、浙江省人民政府共同组织编制《长三角生态绿色一体化发展示范区国土空间总体规划（2021—2035年）》（本项目中简称《总体规划》）。

本规划是国内首个跨省域共同编制报国务院审批的国土空间规划；是党中央、国务院印发《全国国土空间规划纲要（2021—2035年）》后，首个由国务院正式批复的国土空间规划。

规划内容

立足现状禀赋，对标先进地区，规划聚焦"五个共"的空间场景营造，强调率先实践新理念、打造可见可现的示范。

（1）构建人类与自然和谐共生的生态格局。示范区河网纵横、湖荡密布，形态多样的水体是其最核心的生境要素。遵循活水畅流、恢复生境的原则，在分类管控四类水乡特色片区的基础上，以水为脉，构建"一心两廊、三链四区"的生态格局。连通河道湖荡，划定结构蓝线，提升水空间；打造以太浦河、京杭运河为主干的清水绿廊体系，实施水岸联治，改造

水环境；完善三级区域防洪体系，分类管控圩区，保障水安全。

（2）营造全域功能与风景共融的城乡空间格局。提出传承人水相亲的空间基因，延续中小城镇为主体的空间特征，不搞集中成片开发，形成多中心、网络化、功能与风景共融的空间格局。依托湖荡打造三条蓝色珠链，将自然景观与研发社区有机融合；在三省交界处优先打造水乡客厅，将生态公园与小镇更新紧密结合；建设蓝道绿道风景道"三道"的特色交通系统，串接主要功能片区和文旅资源，实现生产生活与游憩活动的整合。

（3）培育创新链与产业链共进的产业空间。突出生态友好、前沿引领，实现

示范区生态空间结构规划图（2023年2月公示）

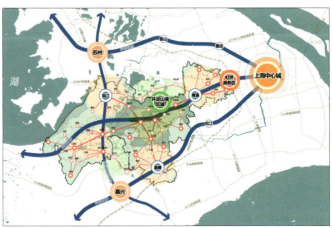

示范区城镇空间结构规划图（2023年2月公示）

从"经济洼地"到"价值高地"的转变。协同加强产业准入与标准管理，共建正负面两张清单；统筹产业用地"搬转留"，优化布局结构、促进集群集聚。在空间载体上，基于既有园区布局和存量转型潜力，着力培育创新策源的研学机构、应用转化的产业基地、低成本多样化的产业社区、现代服务集聚区，支撑"研学产"多环节全链条融合。

（4）塑造江南风与小镇味共鸣的生活场景。提出"江南韵、小镇味、现代风"的新江南水乡意象，坚持小尺度、低高度、人性化的空间秩序，营造全龄友好的未来生活图景。挖掘恢复历史水路，划定自然人文景观片区，形成以历史水路为纽带的特色格局；构建小尺度、低高度、人性化的空间秩序，通过管控街坊尺度和建筑高度、提高生活密度，营造"小镇感觉"。

（5）建设公共服务和基础设施共享的智慧支撑系统。推进公共服务和基础设施的资源统筹、共建共享。构建统一生活圈服务配置标准，建立多层次多类型的互联互通交通系统，谋划布局成本共担、服务共享的区域服务设施、绿色市政基础设施和智慧防灾预警体系。

创新要点

（1）治理导向的国土空间规划。面向地方治理能力提升，尝试建构"问题—目标—行动—项目"的逻辑闭环。通过共性问题和跨界协同关键瓶颈的识别，找准治理对象；寻求三地公认的目标共识，明确治理方向，并通过量化指标、标准将目标具象化；基于目标提出相应规划策略，结合实际事权划分，转化为具体行动计划，面向不同治理主体、部门进行治理工

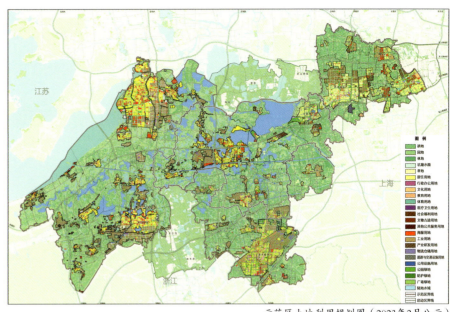

示范区土地利用规划图（2023年2月公示）

示范区产业空间规划布局图（2023年2月公示）

示范区历史文化保护规划图（2023年2月公示）

作的任务分解。依托政府、市场、社会多方共治，筛选行动计划中近期可操作、具有显示度和引领性的样板项目，作为落地实施的治理抓手。继而，在实施过程中反馈修订规划目标，进而通过规划闭环实现治理闭环。

（2）合作协商的一体化规划。打破行政边界，但不改变现行的行政隶属关系，是示范区推进一体化发展的前提。不同于传统自上而下的空间规划，本次规划不取代两区一县国土空间总体规划，更加强调"三级八方"多元主体的合作协商，在一体化统筹同时，也充分尊重地方差异性。

（3）探索构建城乡融合的基本规划单元。示范区的自然本底特征和经济发展方式，决定了必须走城乡融合的发展路径。基于这一思路，规划在空间传导层次上，提出以"水乡单元"替代"控规单元"，改变镇区控规和乡村规划独立编制的传统路径，即在10~15km²的尺度上，将镇区、乡村及周边的河湖农田林等生态要素整体考虑，作为详细规划的基本单元，同时也是后续推进全域综合整治的单元，从而形成城乡融合发展的紧密共同体。

（执笔人：赵宪峰）

成渝地区双城经济圈国土空间规划（2021—2035年）

编制起止时间：2020.4至今

承担单位：西部分院

主管总工：王凯　　　　主管主任工：肖礼军

项目负责人：张圣海、吕晓蓓、张力、郭轩

主要参加人：肖莹光、谢亚、赵倩、王新峰、杜晓娟、付晶燕、吴松、贾莹、明峻宇、肖磊、陈君、肖钧航、刘敏、胡林、覃光旭、徐萌、浦鹏、高宇佳、汪鑫、陈婷、沈也迪、翟丙英、黎小龙、易青松、刘园园、潘凌子、方坚、雷夏、刘路路、雍娟、吴凯

合作单位：重庆市规划设计研究院、重庆市交通规划研究院、中国地质调查局成都地质调查中心（西南地质科技创新中心）、四川省国土空间规划研究院、四川省国土科学技术研究院（四川省卫星应用技术中心）、成都市规划设计研究院、中铁二院工程集团有限责任公司

背景与意义

2020年1月，习近平总书记在中央财经委员会第六次会议上强调要推动成渝地区双城经济圈建设，打造带动全国高质量发展的重要增长极和新的动力源，将成渝地区建设成为"具有全国影响力的重要经济中心、科技创新中心、改革开放新高地、高品质生活宜居地"。2020年11月，中共中央、国务院印发《成渝地区双城经济圈建设规划纲要》。2022年10月，党的二十大把推动成渝地区双城经济圈建设写入报告，为成渝地区开启中国式现代化新征程、迈上高质量发展新台阶描绘了宏伟蓝图，提供了根本遵循和行动指南。

按照党中央、国务院决策部署，为落实国家战略，整体优化成渝地区双城经济圈国土空间保护利用格局，四川省和重庆市根据《成渝地区双城经济圈建设规划纲要》《全国国土空间规划纲要（2021—2035年）》和国家相关政策，共同组织编制《成渝地区双城经济圈国土空间规划（2021—2035年）》。本规划是国家层面重要的国土空间专项规划，是成渝地区双城经济圈空间发展的共同纲领，是川渝两地协同编制和管理各级各类国土空间规划、开展国土空间保护利用相关工作的重要依据。

规划内容

厘清国土空间保护利用的主要问题、重大机遇和风险挑战等，推动形成绿色低碳、集约高效、协调互惠、合作共赢的区域发展新局面，为实现"一极一源、两中心两地"创造基础条件。

按照"盆中优化、盆周保育，双圈互动、两翼协同"的思路，推动优势地区重点发展，形成以"一区四屏、一轴五带"为特征的国土空间总体格局。保护四川盆地粮食主产区、筑牢盆周生态屏障，构建大中小城市和小城镇协调发展格局。

优化综合交通枢纽布局，建设轨道上的双城经济圈，完善区域物流运输体系、加快能源输配设施建设。保障能源资源、水资源安全，加强综合防灾减灾，推动绿色低碳循环发展。彰显巴蜀自然文化价值和国土空间魅力，系统保护区域自然与文化资源，整体构建巴蜀魅力空间体系。

加强成渝主轴、毗邻地区、渝西地区、成德眉资同城化综合试验区空间指引，全面融入对外开放格局。

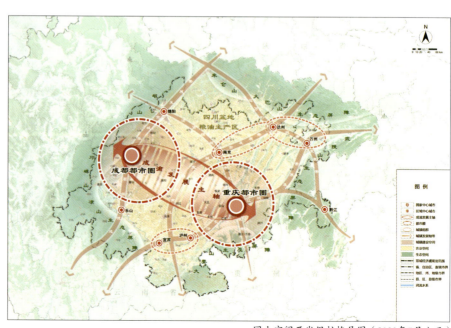

国土空间开发保护格局图（2023年5月公示）

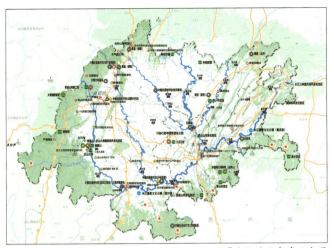

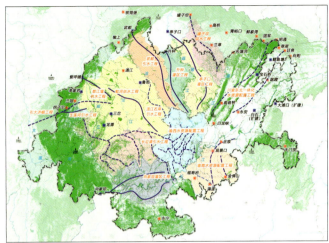

巴蜀文化旅游走廊示意图

水资源统筹配置示意图

明确规划实施中的政策配套、管理机制、规划传导、重大项目和近期计划等。

创新要点

《成渝地区双城经济圈国土空间规划（2021—2035年）》作为第一个跨省级单元的城市群地区国土空间规划，在技术方法和内容上按照做有限规划、有效规划的总方针进行了多轮探索。

（1）战略引领，形成推动川渝合作共赢的规划。确立以战略目标共识为基础优化空间格局，以趋势分析为导向识别战略重点地区，以区域合作项目为引领推动区域共同行动的技术路线。

（2）求同存异，形成有限有效的实用规划。将两地空间整合到四川盆地这一地理单元上，统筹开发保护格局，解决空间矛盾，形成一张空间蓝图、一套保障机制和一个重大项目库。

（3）空间协同，完善跨行政区国土空间治理体制。强化跨区域、跨流域的协同保护与发展，如在共保"六江"、平行岭谷生态廊道，共建成渝产业创新走廊、巴蜀文化旅游走廊，统筹川中丘陵水

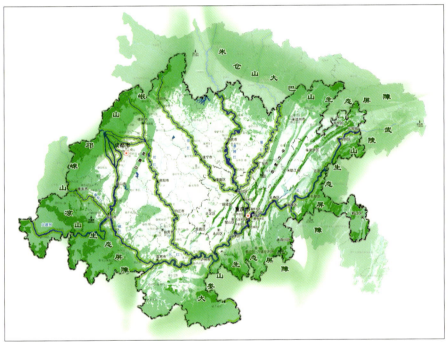

生态空间格局示意图（2023年5月公示）

资源配置等方面，明确对相关规划的空间指引。

实施效果

本规划探索了联合编制的工作组织模式，推动了国土空间规划从管控型规划走向协调引导型规划，将战略目标共识转化为落地实施举措。

依托规划编制和实施，两省市相关部门和地方对成渝地区重要空间问题、整体空间格局、重点合作事项以及重大空间政策等逐步达成了共识。规划还指引了"六江"生态廊道、川渝高竹新区、遂潼涪江创新产业园区等跨区域空间的规划编制。

（执笔人：郭轩）

153

天津市国土空间发展战略、天津市国土空间总体规划（2021—2035年）

2019年度全国优秀城市规划设计三等奖（战略）｜2019年度天津市优秀城乡规划设计奖一等奖（战略）｜
2018—2019年度中规院优秀规划设计一等奖（战略）｜2023年度天津市城市规划行业优秀技术成果一等奖（总规）

编制起止时间：2017.4至今
承担单位：上海分院、深圳分院
主管总工：王凯　　　分院主管总工：孙娟、李海涛　　　主管主任工：陈阳、陈勇
项目负责人：郑德高、张永波、林辰辉、罗瀛
主要参加人：吴乘月、申卓、陈海涛、陈阳、胡魁、周韵、蔡润林、邹歆、孙阳、谢磊、戚宇瑶、高艳、朱雯娟、
　　　　　　宋源、吕晓蓓、孙文勇、张俊、樊德良
合作单位：天津市城市规划设计研究总院有限公司

背景与意义

　　天津以"天子渡口"得名建城，自古就是京畿重地、河海要冲，拥有得天独厚的区位优势、连通内外的港口优势，是一座历史文化底蕴深厚、有特色韵味的城市。2017年，为在国家全面开放、区域协同的"大棋局"与"新两步走"的时代坐标中，找准战略目标与发展方向，以更加长远的价值观指导当前行动，天津率先编制《天津市国土空间发展战略》，并于2020年1月通过天津市人大常委会审议，为国土空间总体规划编制确立纲领。《天津市国土空间发展战略》落实国家战略要求，响应市民需求，立足目标导向和问题导向，研究提出区域协同、全域统筹、空间重构、产业重塑、枢纽重组、生态重现、人文重兴七大国土空间发展战略。

　　2019年3月，《天津市国土空间总体规划（2021—2035年）》编制工作正式启动。2022年11月，规划正式通过天津市人大常委会审议。2024年8月，规划获得国务院批复。

规划内容

1. 发展目标

　　城市性质：直辖市之一，我国重要的中心城市，国家历史文化名城，现代海洋城市，国际性综合交通枢纽城市，现代流通战略支点城市。

　　核心功能定位：全国先进制造研发基地，北方国际航运核心区，兼顾金融创新运营示范区和改革开放先行区功能定位。

2. 区域协同

　　加快建设以首都为核心的京津冀世界一流城市群，携手打造中国式现代化建设先行区、示范区，加快形成"北京引领、三区

天津市国土空间总体格局规划图（2021年9月公示）

联动、功能互补、错位发展"的协同合作格局。

3. 空间格局

　　以"三区三线"为基础，统筹优化农业、生态、城镇和海洋空间，形成"三区两带中屏障、一市双城多节点"的国土空间总

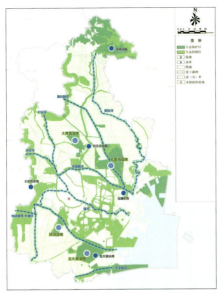

天津市生态空间布局规划图（2021年9月公示）

天津市历史文化保护格局图（2021年9月公示）

津城、滨城空间结构规划图（2021年9月公示）

体格局。

4. 统筹发展与安全

全面提升海空两港国际枢纽能级，提升服务"三北"地区的综合交通枢纽水平，加快"轨道上的京津冀"建设，积极推进对外交通、城市群交通网络高效衔接和有机融合。

以大文化的保护和发展思路，构建"一市双城一区、四带三片多点"的历史文化名城保护格局，发挥文化作为天津高质量发展的内在动力，在建设中华民族现代文明中体现"天津价值"。

针对天津面临的海平面上升、水资源短缺、危化品风险、地面沉降等问题，以建设安全智慧的韧性城市为目标，保障公共安全，提升城市综合韧性。

创新要点

1. 开创了国土空间战略规划的新范式

不同于城市扩张型战略，《天津市国土空间发展战略》建立了"空间统筹"与"重点突破"相结合的技术路线。在空间上，强调区域与市域层面的全要素统筹；在策略上，突出针对重点问题的"重构、重塑、重组"三大战略突破；在治理上，突出底线管控、减量增效、留白留绿。在新的战略思路下，08版战略规划提出的"双城双港、相向拓展"转变为本版的"双城紧凑、中部生态"，推动天津绿色高质量发展。

2. 探索了国土空间规划支撑超大特大城市转型发展的规划新范式

协同推进生态环境高水平保护，建设美丽宜居京津冀新底色。强化全域全要素视角，统筹建设市域生态魅力新格局。面向碳达峰碳中和，建设绿色低碳的韧性国土空间。突出陆海统筹、港湾辉映，守护美丽新海洋。聚焦美好生活需要，以人为本营造高品质新生活空间。推动产业和园区绿色转型，保障新质生产力空间。

3. 建立"机遇挑战—规划策略—空间响应—空间政策"空间逻辑线，创新系列空间治理政策

创新城乡建设用地增存挂钩、增减挂钩政策，创新战略留白机制、产业用地高质量发展政策，以及创新魅力地区用地与存量空间盘活等政策。

实施效果

战略实施方面，天津市人大于2020年1月发布《关于推进实施国土空间发展战略的决定》，作为天津未来发展的全局性、纲领性文件，由各级政府组织全面实施。在《天津国土空间发展战略》推动下，《天津市绿色生态屏障管控地区管理若干规定》出台，"天津市绿色生态屏障"开始建设，"1+4"湿地保护与修复不断推进。

总体规划实施方面，本版总规支撑了工业园区围城治理，实现了低效园区取缔和减量发展。遵循"减少数量、提高质量、集中集聚发展"总体思路分类推动产业园区整合提升，推动产业空间高质量发展，累计整合、撤销取缔132个园区，推动30个园区减量调整。

（执笔人：林辰辉、罗瀛、吴秉月）

重庆市国土空间总体规划（2021—2035年）

编制起止时间：2018.3—2024.2
承担单位：西部分院
主管总工：郑德高
主管主任工：郝天文
项目负责人：张圣海、吕晓蓓、张力　　　**主要参加人：**郭轩、刘敏、蒋力克、谢亚、惠小明、赵倩、王晓璐
合作单位：重庆市规划设计研究院（牵头单位）、重庆市交通规划研究院、重庆市规划和自然资源调查监测院、重庆市规划展览馆（重庆市规划研究中心）、重庆市地理信息和遥感应用中心、重庆地质矿产研究院、重庆市规划事务中心

背景与意义

　　2019年5月，《中共中央 国务院关于建立国土空间规划体系并监督实施的若干意见》发布，重庆市委、市政府全面贯彻党中央、国务院的重大决策部署，统筹组建由市规划和自然资源局牵头的工作专班，组织编制了《重庆市国土空间总体规划（2021—2035年）》（本项目中简称《规划》）。

　　《规划》由重庆市规划设计研究院牵头，中规院重点负责区域协调发展、主体功能区划分、产业空间支撑等内容，参与市域国土空间开发保护格局、中心城区空间结构等内容的共同研究工作。

市域国土空间开发保护格局图（2024年6月公示）

规划内容

　　《规划》全面落实国家战略，明确目标定位，以成渝地区双城经济圈引领区域协调，以"三区三线"为基础构建市域国土空间开发保护格局，形成现代山地特色高效农业空间、山清水秀的生态空间、宜居宜业的城镇空间，构建多中心、多层级、多节点的主城都市区，完善中心城区的空间布局与功能配套，优化公共服务和基础设施支撑体系，彰显山水之城、美丽之地独特魅力，其主要内容如下：

　　1. 明确城市性质和功能定位

　　重庆是我国的直辖市，我国重要的中心城市、国家历史文化名城和国

市域农产品主产区格局优化图（2024年6月公示）

际性综合交通枢纽城市，发挥全国先进制造业基地、西部科技创新中心和对外开放门户、长江上游航运中心等功能，更加彰显"山水之城、美丽之地"独特魅力，奋力谱写中国式现代化建设重庆篇章。

2. 筑牢安全发展的空间基础

重庆是长江上游生态屏障的最后一道关口，为全面锚固高质量发展的空间底线，《规划》基于重庆"七山一水二分田"的地理特征，统筹划定三条控制线。提高资源节约集约利用水平，明确自然灾害风险重点防控区域，划定洪涝等风险控制线以及绿地系统线、水体保护线、历史文化保护线和基础设施保护线，落实战略性矿产资源等安全保障空间。

3. 优化农业生态城镇空间

严格落实耕地保护硬措施，严格落实长江经济带"共抓大保护、不搞大开发"要求，筑牢长江上游重要生态屏障。推进以人为核心的新型城镇化，构建中心城区引领、区域中心城市带动、区县城支撑、大中小城市和中心镇协调联动的新型城镇化格局。

创新要点

重庆是四大直辖市之一，面积上相当于一个中等规模的省级行政单元。中规院重点负责与参与研究的内容充分考虑了重庆的特殊市情，进行了创新性探索。

1. 立足国家战略要求构建规划技术主线

深入理解"两点"定位，明确新时代重庆发展的历史使命，明确城市远景、性质、职能及其重大功能空间。详细对照"两地""两高"目标，框定4个方面15条关键问题，提出27条规划对策、100余项指标，建立"目标—问题—对策—指标"的技术逻辑，形成《规划》技术主线。

2. 立足区域视角推进国土空间协同协作

《规划》立足重庆市域市情，面向共建成渝地区双城经济圈，深化区域协同，如推动交通网络一体布局、产业空间链式布局、创新空间协同布局、生态空间共保共治、文旅走廊共建共塑、重大设施跨界对接、毗邻地区协同联动等，形成统筹联动的区域国土空间。

3. 立足特殊市情优化市域城镇体系方案

基于重庆"直辖体制、省域架构"的特殊市情，《规划》专题研究重庆行政架构变迁对城市发展的影响，客观评价扁平化管理体制的历史作用，综合研判新时期放大直辖体制优势的关键障

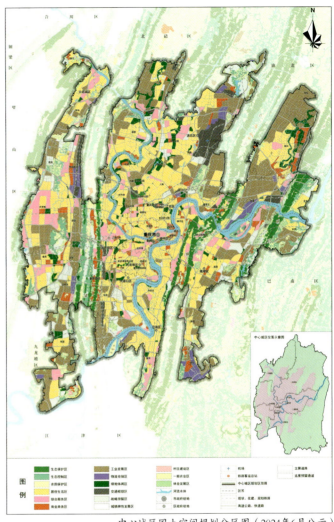

中心城区国土空间规划分区图（2024年6月公示）

碍，结合发达地区经验，提出城镇体系优化方案，重点培育六个区域中心城市。

4. 立足山水城市优势优化中心城区结构

中心城区两江合抱、青山纵列，山城江城立体城市特色突出。《规划》坚持尊重自然、顺应自然、保护自然，在空间结构中充分凸显山水要素特征，例如结合自然山水边界调整组团划分，优化形成"一核两江三谷四山"多中心组团式的空间结构，避免"摊大饼"式扩张。结合山水绿地的分隔，提升九大城市组团的综合性与独立性，促进各组团产城融合、职住平衡、功能完善。

（执笔人：惠小明）

河北省国土空间规划（2021—2035年）

2023年度河北省优秀国土空间规划项目特等奖

编制起止时间：2019.5—2023.10
承担单位：城乡治理研究所、风景园林和景观研究分院、中规院（北京）规划设计有限公司
主管总工：王凯、张菁　　　主管所长：许宏宇　　　主管主任工：曹传新　　　项目负责人：杜宝东、冯晖、李秋实
主要参加人：许尊、陈莎、邓武功、程鹏、曹木、刘盛超、王贝妮、李湉、方思宇、张欣、马晨曦、王璇、郝媛、余加丽、康晓旭、李岩、翟健、
　　　　　　郭枫、张晓瑄、赵珺玲、冀美多等
合作单位：河北省自然资源利用规划院、河北省城乡规划设计研究院有限公司、河北省国土空间规划编制研究中心

背景与意义

为贯彻落实《中共中央 国务院关于建立国土空间规划体系并监督实施的若干意见》，按照自然资源部和河北省委、省政府统一工作部署，编制《河北省国土空间规划（2021—2035年）》，形成国土空间开发保护利用的可持续发展的"河北方案"。本规划是对《全国国土空间规划纲要（2021—2035年）》的落实与深化，是一定时期内河北省域国土空间保护、开发、利用、修复的政策总纲，为重大国家战略落地实施，全面建成经济强省、"美丽河北"提供空间支撑和保障，具有战略性、协调性、综合性和约束性。

规划内容

我国已经开启全面建设社会主义现代化国家新征程，经济由高速增长阶段转向高质量发展阶段，仍处于重要战略机遇期。河北发展环境面临深刻复杂变化，要准确识变、科学应变、主动求变，把握内环京津、地理多样、动力多元、多期叠加的特殊性，探索人口经济密集地区优化开发新模式和高质量发展新路子，突出"安全""协同""高质量发展"和"治理体系和治理能力现代化"四条逻辑主线，构建与"经济强省"动力需求相适应、与"美

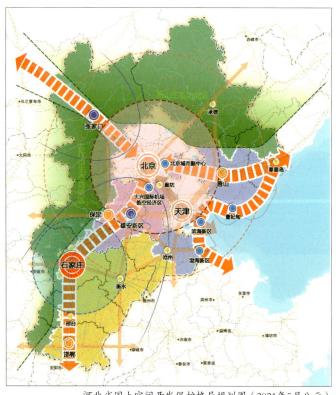

河北省国土空间开发保护格局规划图（2021年5月公示）

重点生态功能区格局优化（2021年5月公示）

丽河北"建设要求相匹配的国土空间蓝图。

一是贯彻落实总体国家安全观。以新安全格局保障新发展格局，全面提升国土安全韧性，打造人与自然和谐共生的现代化。二是保障京津冀协同发展战略实施。与京津共同构建协同有序的世界级城市群空间格局，为京津冀协同发展重大任务和工程落地实施提供空间保障。三是探索高质量发展的空间新路径。改变以资源环境过度消耗为代价的增长模式，正确把握供给和需求的关系，加快建立高效的资源流动和要素配置体系。四是实现治理体系和治理能力现代化。建立健全"多规合一"国土空间规划体系，完善国土空间开发保护制度，发挥好承上启下、统筹协调作用。

创新要点

（1）提升国家战略的规划响应。基于京津冀资源承载力与生态环境容量提升国土空间适配性，增强国家重大工程空间保障能力，完善环首都、环渤海湾区等的跨区域空间治理体系。

（2）强化问题导向的行动能力。坚持以水资源为硬约束优化各类要素配置，全面构建适水发展格局，制定地下水超采综合治理等专项行动。

（3）构建"生产—消费"复合的功能体系。顺应人民对于美好生活的新期待，突出历史文化资源的保护与利用，依托长城、大运河、太行山等构建世界级的魅力休闲体系。

（4）加强空间管控的高效传导。打破传统思维，建立"用途、结构、边界、名录、指标、清单、时序"的多方式传导体系，确保规划的空间落位、实施见效。

实施效果

（1）用地审批。"三区三线"批复成果已全面投入使用，纳入建设项目用地审批系统，作为各地市建设项目用地组卷报批的审核依据。

（2）规划传导。将规划指标要求和相关空间管控要求通过"图、表、清单"等方式下发各地市，指导市县国土空间规划和相关专项规划编制。

（3）技术支持。持续推进深化"多规合一"改革，为全省自然资源相关法律法规、政策标准和技术指南等的制定提供规划依据。

（执笔人：曹木）

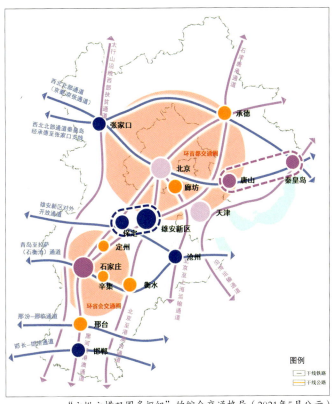

"六纵六横双圈多枢纽"的综合交通格局（2021年5月公示）

文化遗产与自然遗产整体保护（2021年5月公示）

辽宁省国土空间规划（2021—2035年）

编制起止时间：2019.12—2024.4
承担单位：中规院（北京）规划设计有限公司
主管总工：朱波　　　　　公司主管总工：尹强、黄继军、全波　　　主管所长：李铭　　　主管主任工：徐有钢
项目负责人：王佳文、胡继元　　　主要参加人：邱李亚、姚静怡、陈恺、张羲、刘建华、林旻、国子健、李壮
合作单位：辽宁省城乡建设规划设计研究院有限责任公司、沈阳市规划设计研究院有限公司

背景与意义

习近平总书记在主持召开新时代推动东北全面振兴座谈会时强调，要牢牢把握东北在维护国家国防安全、粮食安全、生态安全、能源安全和产业安全的重要使命，牢牢把握高质量发展这个首要任务和构建新发展格局这个战略任务，奋力谱写东北全面振兴新篇章。在辽宁考察时，习近平总书记也强调辽宁要在新时代东北振兴上展现更大担当和作为，奋力开创辽宁振兴发展新局面。

辽宁省是我国城镇化与工业化起步较早的省份，对维护我国"五大安全"至关重要，是东北地区人口密度最高、经济水平最高、振兴基础最好的省份，也是第一批面临人口收缩和发展方式转型双重压力的省份。《辽宁国土空间规划（2021—2035年）》在编制过程中开展了一系列的国土空间优化探索，争取当好"试验田"，为全国发展模式转型提供更具普适性的示范和经验。

规划内容

规划围绕把辽宁省国土空间打造成为支撑国家战略安全的重要基地、东北全面振兴核心区、老工业基地绿色转型示范区、东北亚陆海开放合作枢纽门户的总体目标，实施安全韧性、陆海联动、轴带集聚、绿色高效、提质更新五项国土空间开发保护战略，进一步巩固辽宁省在国家发展大局中的战略地位，为实现辽宁省全面振兴、全方位振兴提供空间支撑和保障。

规划落实"五大安全"政治使命，划定"三区三线"，落实战略性矿产资源、历史文化保护等安全保障空间，保障能源安全通道基地、国家战略科技力量建设，明确自然灾害风险重点防控区域，筑牢安全发展的空间基础。

规划落实全国国土空间开发保护格局要求，夯实以辽东山地丘陵、辽西低山丘陵、黄海、渤海为主体的生态安全基底，优化农业、生态、城镇、海洋等国土空间布局，构建"一圈一

带两区"的国土空间开发保护总体格局，促进不同区域的功能协同互补，实现更加均衡的全面振兴全方位振兴。

规划深入实施以人为本的新型城镇化战略，支撑城市更新行动实施，促进城镇建设方式由增量扩张向增存并重、结构优化、质量提升转变，保障科技创新体系和现代化产业体系建设空间，提高建设用地利用效率，构建内涵式、集约型、绿色化发展的城镇空间。

规划统筹海域、海岸线、海岛开发保护活动，协调海岸带地区生产、生活、生态空间布局，打造陆海统筹、功能协调的

国土空间开发保护格局图（2024年7月印发）

重点生态功能区格局优化图（2024年7月印发）

农产品生产区格局优化图（2024年7月印发）

城市化地区格局优化图（2024年7月印发）

海洋空间，推动海洋开发利用从数量规模向质量效益转变，支撑辽宁省从海洋资源大省发展成海洋强省。

规划以推动东北亚区域合作为重点，畅通东北海陆大通道，深入参与中蒙俄经济走廊建设，积极对接新欧亚大陆桥经济走廊，联动日本、韩国、朝鲜，打造深度融入共建"一带一路"的重要节点、国家向北开放的重要门户。

创新要点

规划为积极应对人口减少的客观趋势，降低负面影响，高质量推进新型城镇化和区域协调发展战略，从三个方面进行空间优化。一是系统优化主体功能战略布局，将人口变化情况作为主体功能区调整的重要依据，将城镇化潜力较为有限的原城镇化地区调整为农产品主产区或重点生态功能区，对国家级和省级城镇化地区差异化引导，推动主体功能格局与人口变化趋势更加协调；二是促进城镇空间进一步集聚，引导全省人口、产业、设施向

"沈—大"发展轴和"京—沈"发展轴集聚，提高沈阳都市圈、辽宁沿海经济带等城镇密集地区的城镇人口承载力；三是围绕保障国防安全基本底线，建设边民集中聚居点。

规划强化陆海统筹，协调海岸带地区生产、生活、生态空间布局。一是构建陆海一体化的生态保护格局，强化主要入海河流的流域治理，突出近岸海域的生态屏障作用。二是降低近岸海域、岸线的开发利用强度，引导海域开发利用走向深远海，推进大连、营口、盘锦、葫芦岛等地养殖区逐步从近岸内湾向深水海域发展。三是以湾区作为陆海统筹的重点，按照城市滨海活力湾区、港口航运繁荣湾区、临港工业高效湾区、滨海度假魅力湾区，分类提升湾区功能。四是加强岸线管控与保护，恢复蓝色海岸线，严格按照国家大陆自然岸线保有率要求对岸线进行保护和修复。

规划支撑城市更新行动深入推进，改善老工业基地空间品质。一是支撑城市更

新先导区建设，从提高城镇生活空间品质、统筹优化公共服务资源布局、增强城镇空间安全韧性三个方面打造高品质的城镇空间。二是对资源型城市发展进行了深入引导，在资源富集地区以保障资源就地转化能力建设为核心，支持资源相关的战略性新兴产业和生产性服务业发展空间；对资源枯竭地区以民生保障为核心，完善基础设施和基本公共服务配套，强化自然资源领域政策支持。

规划强化传导机制，确保规划内容可落实。一是建立省级层面国土空间规划与耕地保护、生态修复、历史文化保护、综合交通、矿产保护开发、沈阳都市圈、海岸带等专项规划的统筹协同工作机制，达到协调一致的工作效果。二是强化市县传导和任务分解落实，依据规划内容，形成任务分解实施方案和市县国土空间规划审查要点，确保规划向下可传导、任务可落实。

（执笔人：胡继元）

福建省国土空间规划（2021—2035年）

编制起止时间：2020.1—2023.11
承担单位：文化与旅游规划研究所
主管总工：靳东晓　　　主管所长：周建明　　　主管主任工：苏航
项目负责人：张娟、刘航　　主要参加人：陈莎、周学江、黄嘉成、耿煜周、谢瑾、徐一剑、刘翠鹏、罗启亮、岳晓婧、王一飞
合作单位：福建省城乡规划设计研究院

背景与意义

福建生态宜人，风光秀美，文化多元，是国家生态文明试验区、国家对外开放的重要地区。习近平总书记曾在福建工作十七年半，开创了一系列重要理念和重大实践，党的十八大以来多次对福建工作作出重要指示批示。本项目全面贯彻新发展理念，针对福建省国土空间开发保护的问题和挑战，明确全省国土空间开发保护指导思想和基本策略，统筹推进各项目标任务，取得了一系列成果与技术创新。

规划内容

（1）筑牢安全发展的空间基础。统筹划定落实三条控制线，明确自然灾害风险重点防控区域，划定洪涝等风险控制线，落实战略性矿产资源、历史文化保护等安全保障空间，全面锚固高质量发展的空间底线。

（2）系统优化国土空间开发保护格局。优化主体功能定位，细化主体功能区划分。提出拓展"四类八区"高效富美的农产品生产空间，守护"两屏一带六江两溪"山青水美的生态安全格局，打造"两极两带三轴六湾区"多中心网络化的城镇空间格局，构建"一带两核六湾多岛"开放合作的海洋空间格局，完善文化资源、自然资源、景观资源整体保护的空间体系。

（3）促进区域协调发展。积极推动建设两岸融合发展示范区，加快发展壮大粤闽浙沿海城市群，推进省内重点地区合理分工。

（4）完善规划实施保障机制。健全法规政策、技术标准体系，强化规划传导和用途管制，构建统一的国土空间规划"一张图"，实施全生命周期管理。

创新要点

（1）提出了基于两岸融合发展视角的海峡城市群战略构想。通过对海峡两岸经济产业、社会发展、城镇格局演变等形势分析，构建了由海峡东西岸两条都市连绵带、福州—平潭和台北—新北两大区域经济发展高地、厦门和高雄两大海峡中心城市以及其他区域性中心城市共同组成的世界级海峡城市群格局。

（2）探索了都市圈空间优化的关键技术。系统研究国内外中心城市发展和都市圈空间组织模式，提出了福建两大都市圈设施联通、产业协同、功能融合、生态共保等发展策略。

福建省国土空间总体格局图（2021年9月公示）

福建省城镇空间格局规划图（2021年9月公示）　　福建省生态安全格局图（2021年9月公示）

（3）构建了陆海统筹的海岸带综合保护利用格局。在严格实施海岸线分类保护制度的前提下，提出统筹陆海功能布局，以渔业、港口、石化基地、滨海旅游等发展所必要的陆海区域为重点，探索陆海一体化开发保护模式，统筹开展资源开发、生态环境保护、基础设施建设。

（4）创新了特色景观空间体系的识别与格局构建方法。综合评价自然、人文、旅游等各类资源要素的等级与数量规模，识别文化、山体、河湖、滨海、海岛、田园六类特色景观标识地；以国省干道、旅游风景道、古驿道、海岸线等重要廊道为基础，串联高等级景观节点，打造七条特色景观廊道；采用等级赋值加权核密度分析等方法，结合文化与地理分区划定九大特色景观区；形成点、线、面一体的特色景观空间格局。

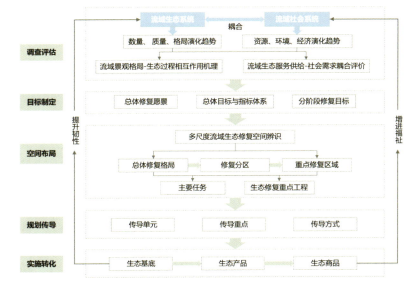

福建省国土空间生态系统保护修复技术路径

（5）创新了以流域为单元的山水林田湖草沙生态系统保护修复技术路径。基于流域空间特征和生态修复发展趋势，构建"调查评估—目标制定—空间布局—规划传导—实施转化"全过程的省级生态空间保护修复技术路径，为提高流域综合发展水平提供技术支撑。

（执笔人：张娟）

江西省国土空间规划（2021—2035年）

2023年度江西省优秀城乡规划设计一等奖

编制起止时间：2019.9—2023.9
承担单位：城市规划学术信息中心、城镇水务与工程研究分院、城市交通研究分院、风景园林与景观研究分院、
　　　　　中规院（北京）规划设计有限公司
主管总工：王凯、张广汉　　　主管所长：张永波　　　主管主任工：石亚男　　　项目负责人：徐辉、李昊、翁芬清
主要参加人：陈莎、郝天、李长风、邓武功、金银、何佳惠、高宇佳、杨珺雅、李岩、王真臻、宋梁、杨芊芊、姚立成
合作单位：江西省国土空间调查规划研究院

背景与意义

　　2019年5月9日，中共中央、国务院印发《中共中央 国务院关于建立国土空间规划体系并监督实施的若干意见》，明确要求建立"五级三类"国土空间规划体系。2019年9月，经江西省人民政府同意，由江西省自然资源厅牵头，会同相关省直部门、各设区市、赣江新区管委会组织编制《江西省国土空间规划（2021—2035年）》。

　　规划于2023年9月15日获国务院批复，是全国第四个获批的省级国土空间规划。规划是江西省首部"多规合一"的国土空间规划，为构建全省"四级三类"国土空间规划体系明确上位规划指引，为推动省域国土空间治理能力现代化奠定基础。

规划内容

　　（1）明确了江西全省国土空间的中长期目标。项目围绕全面建设社会主义现代化江西的目标，落实《全国国土空间规划纲要（2021—2035年）》对江西的规划要求和规划传导指标，结合三线划定、资源保护开发、自然保护地等专题研究，针对全省国土空间开发保护面临的问题和挑战，明确规划目标和十项国土空间开发保护主要指标，为全省及各市县至2035年国土空间开发保护活动明确总体目标指引。

　　（2）创新提出了支撑新发展格局的"美丽江西"国土空间开发保护总体格局，筑牢安全发展的空间基础。规划落实国家重大战略，充分考虑江西省自然地理和社会经济空间格局特征，顺应新发展阶段区域协调发展的新趋势，以"三区三线"为基础，提出了"一圈引领、两轴驱动、江湖联保、三屏筑底"的省域国土空间开发保护总体格局，优化完善了主体功能分区格局，框定了省域国土空间"底盘"。在总体格局指引下，规划夯实支撑高质量发展的空间基础。包括统筹划定耕地和永久基本

农田、生态保护红线、城镇开发边界三条控制线，明确自然灾害风险重点防控区域，落实战略性矿产资源、历史文化保护的安全保障空间，构建约束有效和安全韧性的空间底线。

　　（3）强化了规划实施保障的政策机制。规划提出推进法规体系建设、完善规划实施和主体功能区配套政策、建立永久基本农田储备区制度等规划配套政策机制；通过指标控制、分区传导、底线管控、名录管理、政策要求等方式，强化规划内容逐级传导；要求建立规划动态评估调整、规划实施监督考核机制，实施规划全生命周期管理，统一国土空间用途管制，增强

江西省国土空间开发保护格局图（2024年1月公示）

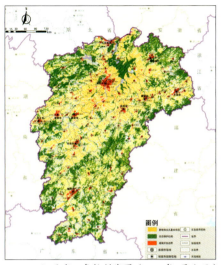

江西省三条控制线图（2024年1月公示）

江西省重点生态功能区格局优化图
（2024年1月公示）

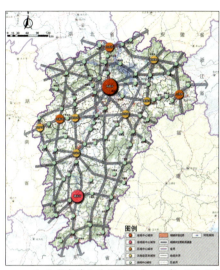

江西省城镇体系规划图（2024年1月公示）

规划实施的可操作性，维护规划的权威性和严肃性。

创新要点

（1）突出大湖流域生态空间整体保护思路，守护鄱阳湖流域"一湖清水"。规划以习近平生态文明思想为指导，贯彻人与自然生命共同体理念，探索具有江西特色的大湖流域整体保护与绿色国土开发新模式。提出构建"一江双心、五河三屏"的生态保护格局，划定生态保护红线，建立自然保护地体系，实施全域全要素生态修复，强化流域协调保护，为维护国家和区域生态安全、加快建设美丽中国江西样板奠定基础。规划以绿色发展为导向，推动自然资源利用效率全面提高，加强对发展生态特色经济的资源和机制保障，加快推动"两山"价值转化。

（2）满足人民群众对美好生活的需求，构建城乡协调发展的城镇空间体系。规划针对江西城镇空间集聚不足、都市圈发育不足的现状问题，确定都市圈引领的空间战略和"一主一副、三重多点"城镇体系结构，引导城镇空间"集聚、强心、增效"。规划提出做强做优南昌都市圈，强化南昌市省会城市地位，推动赣州市建

设省域副中心城市，提升九江、上饶、宜春等中心城市综合服务能力，形成大中小城市和小城镇合理分工、功能互补、协调发展的城镇体系。规划落实以人为核心的新型城镇化战略和乡村振兴战略，有机融合城乡生产、生活、生态空间，因地制宜构建城乡生活圈，积极推动新型基础设施建设，提高教育、医疗、养老等公共服务设施的便利性、可达性。

（3）塑造"红绿古"魅力空间体系，彰显江西风景独好的资源特色。规划深入挖掘江西深厚的历史底蕴与秀美的自然山水资源，从加强红色基因传承、强化山水景观资源保护与利用、构建历史文化遗产保护空间体系三个方面，塑造以"红绿古"为标签的魅力空间体系。规划系统整合归属江西省文化和旅游厅、农业农村厅、工业和信息化厅、住房和城乡建设厅等6个部门的7000余处各类历史文化遗产，构建系统完整的历史文化遗产保护空间体系，提出构建环鄱阳湖、赣西、赣中南、赣东北四个魅力景观圈，西部幕阜山—罗霄山、东部怀玉山—武夷山、南部长征红色文化三条魅力景观带。

（4）探索智慧国土空间规划编制。规划同步建成全省省级国土空间规划"一

张图"实施监督信息系统，完成了4大类、32中类、374小类数据资源入库和接入工作，实现过渡期省市县规划数据的统一入库，将各类专项规划纳入"一张图"系统协调矛盾，为规划编制审批实施监督、国土空间用途管制、规划许可实施提供数字化支撑。规划积极运用遥感、LBS数据、POI数据、工商企业数据等各类新型数据，以及城镇空间拓展动力模型、基于电路模型的生态网络分析等新兴技术，增强规划编制的科学性。

实施效果

规划划定了江西全省"三区三线"，为全省建设项目组卷报批提供重要依据。规划与省"十四五"规划、水网建设规划、综合立体交通网规划等各类规划充分衔接，统筹协调1694个省级以上各类重大建设项目的空间需求，消除规划冲突，强化对实体经济和先进制造业发展空间的支持，为全省高质量发展提供了空间和资源要素保障。规划作为省域国土空间的纲领性规划，指导约束省级相关专项规划和市县国土空间规划编制。

（执笔人：李昊）

广东省国土空间规划（2021—2035年）

2023年度广东省优秀城市规划设计一等奖

编制起止时间： 2019.2—2023.8
承担单位： 深圳分院
主管总工： 王凯　　　**主管所长：** 罗彦、方煜
项目负责人： 何斌、邱凯付
主要参加人： 陈少杰、刘菁、刘莹、俞云、李春海、白晶、邬启亮、谢莫岗、邹鹏、蒋国翔、张俊、孙文勇、李福映、樊德良、许闻博、冯楚芸、陈郊、蔡燕飞、苏阅、解芳芳、吴亚男、王妍、赵连彦、邱凌偈等
合作单位： 广东省城乡规划设计研究院科技集团股份有限公司、广东省科学院广州地理研究所、广东省土地调查规划院

背景与意义

《广东省国土空间规划（2021—2035年）》是全国首批获国务院批复的省级国土空间规划，是广东省首部"多规合一"的省级国土空间规划，也是生态文明体制改革的实践成果。

规划内容

规划以"世界窗口、活力广东、诗画岭南、宜居家园"为愿景，确立了"四空间二体系"空间治理基本框架，形成了开发、保护、修复和节约集约利用资源一体化的制度安排。

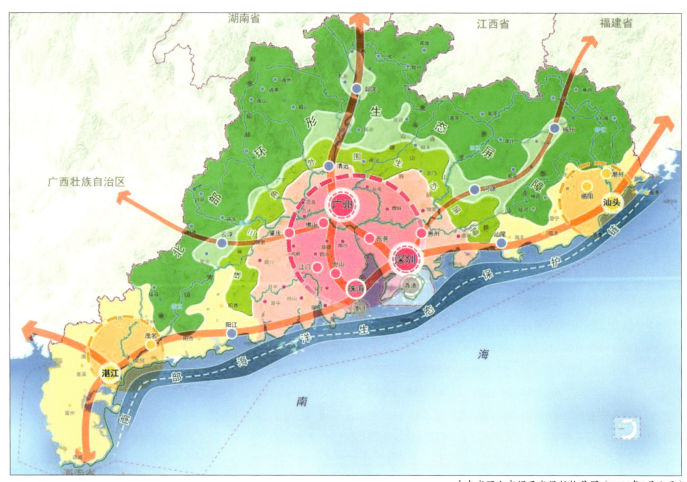

广东省国土空间开发保护格局图（2021年2月公示）

创新要点

（1）坚持底线约束，积极探索构建以"三区三线"为基础的国土空间总体格局，先后承担"双评价""主体功能区评估优化""三区三线"划定等国家试点任务。

（2）做好战略响应，加强区域间空间组织的谋划和对接，从交通布局、合作平台、相邻区域、生态保护、流域协作等角度做好衔接，强化国土空间规划对粤港澳大湾区等国家战略的支撑。

（3）突出生态优先，深度挖掘广东生态建设的全球价值，在建立自然保护地体系的基础上，构建具有全球意义的生物多样性保护网络，形成生物多样性保护的基本策略和特色。

（4）强化魅力塑造，推动自然文化遗产保护，加强对景观和文化遗产保护多要素、全域性、分层级的引导，创新性提出构建自然、流域、人文、城乡"四位一体"的魅力岭南空间体系。

（5）加强陆海统筹，积极探索国土空间规划体系下的海岸带规划技术和空间管控规则，形成海岸线、海域、海岛"三位一体"的海岸带规划管理新体系，支撑海洋强省建设。

（6）关注社会民生，结合城乡人口分布和流动趋势，强化教育、医疗、养老等公共服务设施的空间保障，增存结合、统筹安排城乡基础设施与公共服务设施的空间。

（7）彰显空间特性，把确定空间格局、落实空间管控、统筹空间安排、要素支撑保障、坚持节约集约的思路，贯穿于规划全过程，探索构建新时代空间规划话语体系。

（8）重视技术运用，形成"覆盖全域、三维立体、权威统一、陆海相连"的

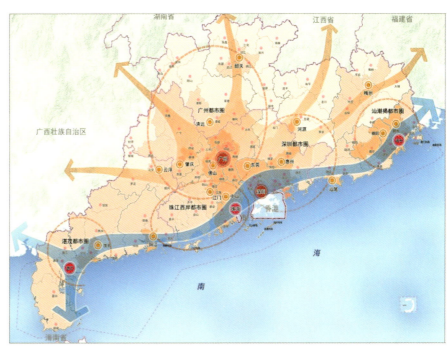

广东省城市化地区格局优化图（2021年2月公示）

广东省魅力空间体系规划图（2021年2月公示）

国土空间数字"底板"，率先在全国建立起全省统一的国土空间"一张图"实施监督系统。

实施效果

一是强化了耕地保有量等《全国国土空间规划纲要》控制性目标的落实，二是保障了广东高质量发展的空间需求，三是支撑了绿美广东建设，四是探索了空间规划编制和实施的技术方法。

（执笔人：陈少杰、邱凯付）

四川省国土空间规划（2021—2035年）

编制起止时间： 2019.10—2024.1

承担单位： 中规院（北京）规划设计有限公司、城市交通研究分院、西部分院

主管总工： 王凯、张菁　　**公司主管总工：** 尹强、张莉、黄继军、全波　　**主管所长：** 刘继华　　**主管主任工：** 苏海威

项目负责人： 王新峰、黄珂

主要参加人： 段斯铁萌、肖钧航、叶昱、荀春兵、李胜全、郑诗茵、谢昭瑞、吕洪亮、周霞、朱天琳、马步云、郭紫波、张圣海、肖莹光、吴凯、荀倩莹、雷夏、浦鹏、杨皓洁、唐川东、李海雄、马晋嘉、杜晓娟、王慧鹏

合作单位： 四川省国土科学技术研究院（四川省卫星应用技术中心）、四川省国土空间规划研究院、中国科学院·水利部成都山地灾害与环境研究所、四川省经济和社会发展研究院、成都市规划设计研究院

背景与意义

四川省地处长江上游、西南内陆，是我国的发展腹地，是支撑新时代西部大开发、长江经济带发展等国家战略实施的重要地区。《四川省国土空间规划（2021—2035年）》是四川省空间发展的指南、可持续发展的空间蓝图，是各类开发保护建设活动的基本依据，将推动新时代治蜀兴川再上新台阶，谱写中国式现代化建设四川篇章。

规划内容

规划包括"目标定位—总体格局—专项布局—区域协同—传导实施"系列内容。在"内陆开放、带动全国的高质量发展新支柱，稳定后方、服务全国的战略安全保障区，率先示范、引领全国的生态文明新标杆"战略定位指引下，以成渝地区双城经济圈建设为牵引，划定"三区三线"，锚定国土空间开发保护格局，优化主体功能区布局。以此为基础，严守资源与人居环境安全底线，打造开放高效的基础设施体系，彰显巴蜀特色的国土空间魅力，并强化以川渝合作为核心的省际协作

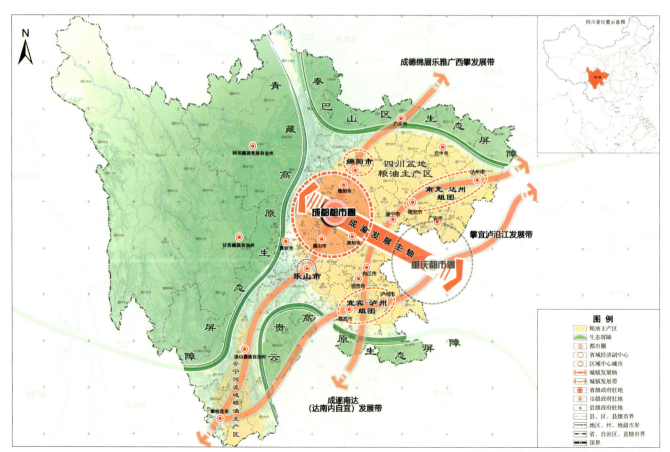

国土空间开发保护格局图（2024年4月公示）

创新要点

（1）充分顺应自然地理基础，构建兼顾安全与发展的国土空间总体格局。按照各类空间各得其所，各类资源各尽其用的思路提出了"两区三屏、一轴三带"的总体格局，强化四川盆地、安宁河流域优质耕地保护，强化长江、黄河上游及青藏高原等生态屏障保护，增强成都都市圈辐射引领作用。

（2）落实总体国家安全观，划定对应"四大安全"的国土空间安全底线。规划在粮食安全和生态安全的基础上，突出资源安全和人居安全两大主题，增加划定了重要资源管控线和地质灾害防控线，推动总体国家安全观在四川更加精准落地。

（3）落实"藏粮于地、藏粮于技"战略，打造新时代更高水平的"天府粮仓"。一是统筹好成都平原、安宁河谷流域与广大丘陵山区的耕地保护。二是以永久基本农田保护区和粮食生产功能区、重要农产品生产保护区为重点区域，扎实推进高标准农田和水利建设。

（4）将强化极核与培育支点相结合，形成"对流互促"的国土空间开发体系。重点强化成都与全省各重要节点、特色片区的资源对流和功能联动，包括构建以成都为核心的省域功能网络，以及以"东轨西航"为骨架的省域交通网络。

（5）联动五大片区国土空间专项规划，提高省级规划的协调性和指导性。成都平原、川南、川东北、攀西、川西北五大片区国土空间规划与省级规划同步编制，通过上下联动，更好地促进全省空间格局优化，更有效地指导市州规划编制和重大项目落地。

（执笔人：黄珂）

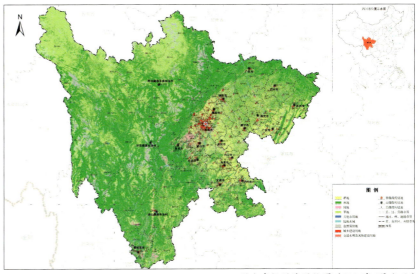

国土空间用地现状图（2024年4月公示）

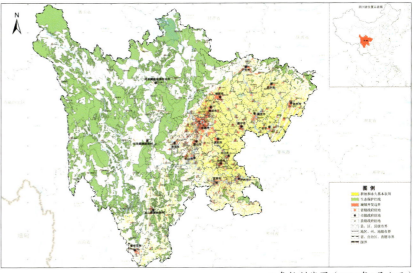

三条控制线图（2024年4月公示）

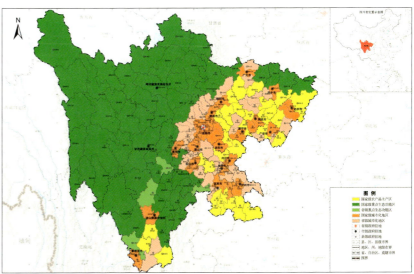

国家级和省级主体功能区分布图（2024年4月公示）

西藏自治区国土空间规划（2021—2035年）

编制起止时间：2020.5—2024.4
承担单位：西部分院、历史文化名城保护与发展研究分院、住房与住区研究所、城市交通研究分院、城镇水务与工程研究分院、风景园林与景观研究分院、中规院（北京）规划设计有限公司
主管总工：邓东、詹雪红　　　　主管主任工：郝天文、吕晓蓓、金刚
项目负责人：张圣海、郑越、李烨、王晓璐
主要参加人：朱刚、刘路路、潘劼、冯祉烨、张力、明峻宇、张高攀、徐漫辰、焦怡雪、毛海虓、杨忠华、王继峰、姚伟奇、李岩、刘守阳、张浩、张桂花、唐磊、王宝明、徐秋阳、徐明、王玲玲、高原、苏原、于涵、杨天晴、刘昕林、刘世晖、徐钰清、焦帅、戚纤云
合作单位：西藏德众工程咨询服务有限公司、中国科学院·水利部成都山地灾害与环境研究所、中国地质调查局成都地质调查中心（西南地质科技创新中心）、四川德阳中地测绘规划有限公司

背景与意义

2020年8月，习近平总书记在中央第七次西藏工作座谈会上强调要全面贯彻新时代党的治藏方略，建设团结富裕文明和谐美丽的社会主义现代化新西藏。2021年7月，习近平总书记在西藏考察时再次强调谱写雪域高原长治久安和高质量发展新篇章，抓好稳定、发展、生态、强边四件大事。

《西藏自治区国土空间规划（2021—2035年）》于2020年5月启动编制，全面贯彻新时代党的治藏方略，于2024年4月获国务院批复。本规划在自治区发展历史上首次实现了国土空间全覆盖、要素系统全管控，为推动青藏高原生态保护和高质量发展擘画了空间蓝图。

规划内容

规划按照国家重要安全屏障、生态安全屏障、战略资源储备基地、清洁能源基地、高原特色农产品基地、世界旅游目的地和面向南亚开放的重要通道的总体定位，制定了生态安全、边境安全、高保障民生、高质量发展、高水平治理的"两安

三高"总体技术路线。

规划准确把握西藏自治区地广人稀、地域差异大、欠发达地区的基本区情，明确了"安全稳定的神圣国土、绿色美丽的生态文明高地、高原高质量发展的先行区"国土空间总体定位，提出边境稳固、永续保护、适度集聚、分区差异空间发展战略。

规划以"三区三线"为基础，深入实施主体功能区战略，按照生态优先、高质量发展、守边固边的总体思路，充分考虑生态保护、边境建设、对外开放、适度集聚等因素，构建起两屏稳固、一核引领、多点支撑、四区协同的国土空间开发保护新格局。

规划以建设青藏高原生态文明高地为

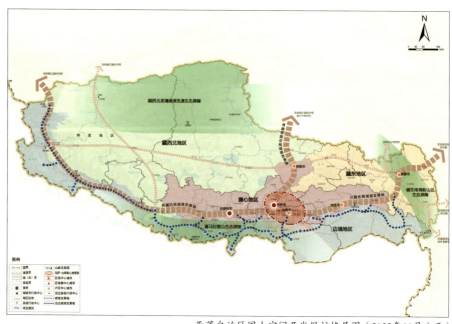

西藏自治区国土空间开发保护格局图（2022年11月公示）

目标，加强系统性保护和重点片区修复，加强生物多样性保护，提升高原生态固碳能力，筑牢生态安全屏障。规划按照宜农则农、宜牧则牧、宜林则林原则，加强耕地保护，合理布局农牧产业融合发展空间，分类指导乡村建设，全面推进乡村振兴。规划落实以人为核心的新型城镇化战略，引导人口、经济各要素向中心城市集聚，打造西部地区重要经济圈，培育发展核心城镇群，加强边境地区建设，优化产业布局，促进产城融合，促进城镇用地布局高效集约，更好地支撑高原经济高质量发展。

创新要点

1. 规划研究了"修复+监控"的生态安全保护体系。

西藏是我国生态文明建设的重点地区之一，由于气候变化和超载过牧等原因，冰川消融加速、高寒草地不断退化。规划充分认识高原生态系统中人力与自然力的相互关系，坚持"有限规划，有效作为"，在整体保护的基础上，采用修复、监控等策略，确保高原生态安全屏障的质量有所提升。在生态脆弱区域开展生态保护修复，实施退牧还草，治理沙化土地，加强水土流失治理，提升生态环境品质；在冰川消融明显的关键地区，建立冰川观测站、气象站和生态环境监测站，开展冰川监测与研究。

2. 规划探索了以动物"食物链"为基础的生态保护空间划定。

针对不同的生态空间，规划以旗舰动物保护为抓手，以食物链为延伸，准确识别重点生态空间，明确保护内容。保护羌塘高原的"藏羚羊—草原"链，提出草原生态系统保护策略；保护雅鲁藏布江中游河谷的"黑颈鹤—湿地—耕地"链，加强动物食源性耕地研究，统筹河谷耕地的农业与生态功能；保护横断山区的"雪豹—

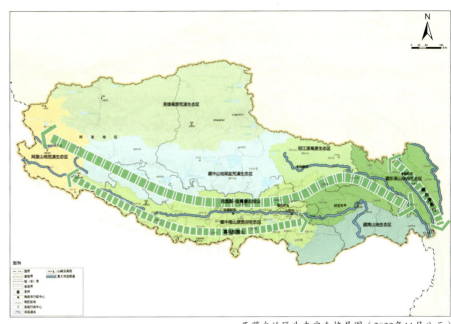

西藏自治区生态安全格局图（2022年11月公示）

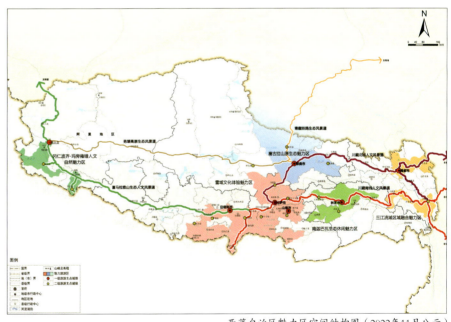

西藏自治区魅力区空间结构图（2022年11月公示）

岩羊—胡兀鹫"链，将不同野生动物的生境范围进行叠加，以林地、河道等自然要素作为廊道串联，统筹划定生态保护空间。

3. 高原地区的景观分布呈现面积巨大、广域分散、簇群集聚的特点，规划由此提出"廊道+簇群"的空间组织模式，彰显高原地区的景观魅力。

以簇群为单元整合片区资源，形成资源合力；以廊道为串联，增强簇群间的沿途自然风光与人文风光展示。提升簇群和廊道的设施支撑水平，在全域层面以乡镇为节点，确定三级旅游服务体系。在片区层面以村庄为依托，规划徒步线路，补充休憩营地。

（执笔人：郑越、朱刚）

171

甘肃省国土空间规划（2021—2035年）

编制起止时间：2019.12—2024.1
承担单位：中规院（北京）规划设计有限公司
主管总工：朱波　　　　　　　公司主管总工：黄继军、全波　　　　主管主任工：李铭
项目负责人：陈卓、张如彬、孙青林　　　主要参加人：林溪、魏佳逸、杨爽、杨倩倩、谭政、姚伟奇、李婷婷
合作单位：甘肃省自然资源规划研究院、甘肃省城乡规划设计研究院有限公司、甘肃省基础地理信息中心、甘肃省土地开发整理中心、甘肃省
　　　　　社会科学院、甘肃观城规划设计研究有限公司、西北师范大学城市规划与旅游景观设计研究院、兰州大学应用技术研究院有限责任
　　　　　公司、江苏大一科技有限公司

背景与意义

2019年5月，《中共中央 国务院关于建立国土空间规划体系并监督实施的若干意见》发布，揭开了国家空间规划体系改革的序幕。《甘肃省国土空间规划（2021—2035年）》是新规划体系下甘肃省的第一个省级规划，于2024年1月获得国务院正式批复，是甘肃省国土空间保护、开发、利用、修复的政策和总纲，是甘肃省空间发展的指南、可持续发展的空间蓝图。

规划内容

规划按照国家对甘肃的战略定位，充分衔接经济社会发展规划和各类专项规划，以协调空间发展矛盾、规范空间发展秩序为规划主线，坚持空间唯一性，以"双评价"为基础，围绕国土空间战略目

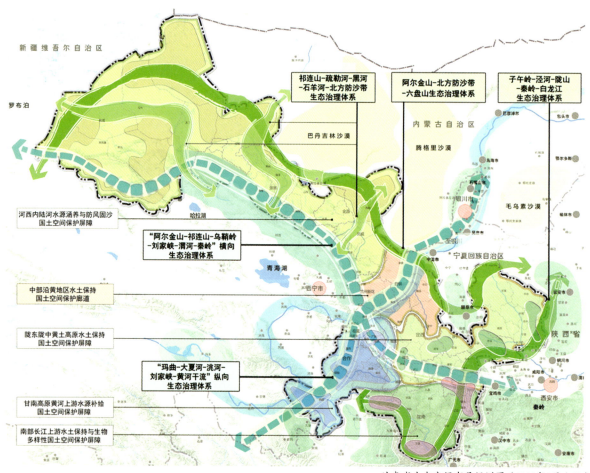

甘肃省生态空间布局规划图（2022年8月公示）

甘肃省历史文化保护规划图（2022年8月公示）

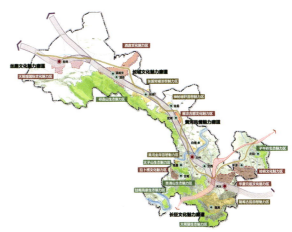

甘肃省魅力空间规划结构图（2022年8月公示）

标、人口发展与城镇化趋势、产业与城乡融合发展等开展22个方面的专题研究，优化农业空间、生态空间和城镇空间布局和管控策略，划定耕地和永久基本农田、生态保护红线和城镇开发边界，调整优化主体功能区划，完善重大基础设施、重大生产力和公共资源的空间布局，促进国土空间分类分级保护、集聚开发和综合整治，促进形成主体功能明显、优势互补、高质量发展的国土空间开发保护格局。

创新要点

（1）从千年尺度解析农业空间与生态空间的长时变化，遵循规律科学优化主体功能区方案。规划从千年尺度回顾了甘肃省农牧交错带的摆动，通过从千年尺度研究甘肃省农牧交错带和黄河地区森林分布的变化，分析种植耕作与自然生态在用地用水等方面的生态位竞争关系，更切实评价和识别甘肃省东部涉及黄土高原丘陵沟壑水土保持生态功能区相关县区的主体功能定位，将会宁县、庄浪县、静宁县、镇原县、环县、通渭县六个县区从国家级重点生态功能区调整为省级农产品主产区。明确六个县区的生态保护与修复既需要控制开发建设强度，推进小流域综合治理和封山育林、封坡禁牧等措施，阻止植

被破坏、山体开采等行为，也需要开展重点流域水土流失综合治理工程，提升耕地水土保持能力，通过适度、有序的农业种植，遏制沟头沟岸扩张态势。

（2）分类分区展开复杂地理单元的本底评价，提高省级规划科学支撑水平。规划根据甘肃省的地理气候特征，以乌鞘岭为界，划分河西、河东两个空间分异特征明显的区域，合理确定"双评价"内容、技术方法和结果等级，遴选差异化评价指标凸显地理分区特征。生态方面，针对甘肃省降水量及蒸散量都具有空间变化率较大的特点，分别选取河西、河东片区累积水源涵养量前50%的区域进行水源涵养服务功能重要性评价。农业方面，针对河西地区内陆灌区的特点，采用灌区分布数据对水资源丰度结果进行修正，综合评价水资源对种植业生产适宜性的影响。城镇方面，在构建土地可利用程度评价指标时，针对干旱绿洲城市为主的河西走廊地区，增加了植被覆盖度与降水量指标；针对人类活动对水文生态地形影响较大的河东地区，补充以流域为单元的相对高程评价因子。规划立足"双评价"的评价结论，更为科学高效地开展了全省耕地保护任务分解、生态保护红线评估调整和城镇开发边界扩展倍数分解工作，并以"三区

三线"为基础全面优化了国土空间开发保护格局。

（3）系统谋划甘肃优势自然资源保护利用，助力提升国土空间复合利用水平。规划按照国家不断坚定文化自信，弘扬和传承历史文化、民族精神的要求，在甘肃省的总体定位中提出建设"中华文化传承的创新高地"。一方面强调对各类文化资源进行系统保护，构建了"6+4+8"的甘肃省文化保护格局，推动长城、长征、黄河国家文化公园建设，建立"名录+控制线"相结合的文化资源管控体系；另一方面，强调对历史文化资源的活化利用，识别全省各类高品质魅力资源，根据其空间分布特征，构建"四廊十五核十六区"魅力国土空间，满足人民对高品质空间的追求，为建设"美丽甘肃"提供空间支撑。规划统筹考虑技术进步带来的地均清洁能源生产能力的提升、甘肃省能源外送通道持续完善的现实情况，落实建设国家新能源产业基地要求，全力保障新能源发展空间和相关重大基础设施落位，持续推进"绿电外送"，切实保障甘肃省资源能源优势转化为经济产业优势，助力国家"双碳"目标顺利达成。

（执笔人：陈卓、孙青林）

青海省国土空间规划（2021—2035年）

编制起止时间： 2019.4—2023.12
承 担 单 位： 中规院（北京）规划设计有限公司
主 管 总 工： 朱波　**公司主管总工：** 黄继军、全波　**主 管 所 长：** 王佳文　**主管主任工：** 李铭
项目负责人： 张全、徐有钢、刘姗姗　**主要参加人：** 刘宏波、於蓓、黄道远、吕红亮、周慧、易晓峰、于鹏、黄俊、牟毫
合 作 单 位： 青海省国土空间规划研究院、青海省地理空间和自然资源大数据中心

背景与意义

青海省地处青藏高原东北部，“中华水塔”生态地位重要而特殊，“稳疆固藏”战略功能突出，清洁能源和战略性矿产资源富集，多民族融合聚居，在维护国家生态安全、国土安全、能源资源安全，实现中华民族永续发展的战略中具有无可替代的特殊地位。

本规划是全省国土空间保护、开发、利用、修复的政策和总纲，是空间发展的指南、可持续发展的空间蓝图。规划于2019年4月正式启动编制，2023年12月28日获国务院批复。规划统筹发展和安全，以落实国家战略为导向，以着力打造全国乃至国际生态文明高地为目标，整体谋划国土空间开发保护新格局，为全面建成社会主义现代化强国的青海新篇章提供空间支撑和保障。

规划内容

规划面向青海“生态省、高原省、资源省、民族省”的省情特征，以“维护中华水塔生态系统稳定、促进美丽青海绿色发展”为规划主线，重点探索了以“生态重要地区自然资源全域全要素保护、治理和价值转化”为导向的国土空间规划编制路径，形成系统性的国土空间治理方案。

规划在“双评价”的基础上全面识别青海国土空间本底条件，以“生态稳固、开放联通、绿色高效、中心集聚、系统治理”战略为引领，明晰各分区国土空间系统保护、综合治理和集聚开发的重点目标、任务及措施，构建“两屏三区、两轴多点”的国土空间开发保护新格局。

筑牢三江源草原草甸湿地和祁连山冰川与水源涵养生态屏障，强化江河源区生态保护，突出高原草原草甸、荒漠植被、森林灌丛生态修复和综合治理，巩固提升江河源区水源涵养和生物多样性生态功能。协调河湟谷地、泛共和盆地、柴达木盆地三区“人—地—水—城—产—矿”关系，加强土地、水资源、清洁能源、盐湖等矿产资源的保护和节约集约利用，承载生态超载地区人口转移，为维护青藏高原生态系统稳定和引领全省高质量发展提供重要支撑。

夯实丝路通道经济发展轴和黄河沿线生态保护与高质量发展轴连通作用，以河谷小盆地和绿洲地区小城镇为载体引导产业和人口集聚，培育高原绿色城镇簇群、人文旅游城镇，推动自然资源价值转换和生态产品价值实现。

创新要点

（1）尊重生态系统完整性，探索生态空间综合治理新模式。规划从高原特有的高寒草甸、湿地湖泊、冰川雪山等生态系统运行机制分析切入，统筹考虑生态服务重要性，确定生态优先保护地区及其关键生态要素，使自然生态系统的连通性、完整性、原真性得到了有效提升和保护。同时，关注生态空间划定与管控衔接关

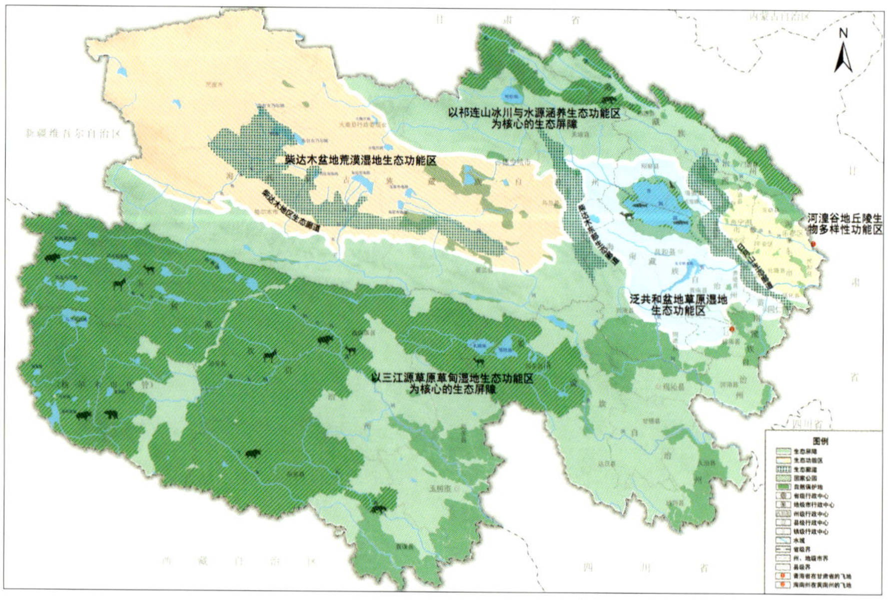

青海省重点生态功能区格局优化图

系，制定"功能管控、活动管控、强度管控、程序管控"不同层面的管控要求，为完善国土空间用途管制制度奠定基础。

（2）促进特色资源价值转换，支撑生态地区绿色发展。规划结合全省开展的生态系统生产总值（GEP）核算工作，针对生态空间内的自然资源保护要求和资源价值特征，划分生态资源保护区、生态资源限制利用区、生态资源绿色发展区，结合转移支付、公益岗位设定、特许经营等配套政策，明确生态补偿、生态旅游、特色种养、生态产品加工、可再生能源等生态资源价值转化方式，通过用地指标、配套设施进行支撑，形成国土空间与生态资源价值转换机制良好的支撑保障关系。

（3）优化城镇和农牧区空间布局，提升民生保障水平。规划根据全省人口流动趋势和特征，提出中心集聚、人口适度迁移策略，促进重点生态功能区人口逐步向河湟谷地、泛共和盆地和柴达木盆地转移。面向广大牧区，划定基本草原占天然牧草地比重在80%左右，按照"以草定畜、以畜定牧、以牧定人"思路，控制退化草原区内常住人口规模，通过轮牧、休牧、禁牧等措施，减轻天然草原放牧压力，实现草地生态良性循环，增强草原可持续发展能力。

（4）加强文化和自然遗产保护利用，彰显高原国土魅力。强化高原大尺度自然景观的完整性保护，突出对具有重要景观价值和视觉标志性的山体、湖泊、湿地、荒漠、冰川、雪山等地区的风貌管控，维护自然景观的原真性和荒野度。依托国家公园、自然保护地、世界自然遗产地、文化古道等重要生态文化资源，以"生态魅力休闲区""人文魅力廊道"为核心，构建高原特色的山川形胜和人文历史的精华片区，彰显高原人文和自然魅力。

（5）完善传导机制，增强规划指导性和约束性。规划以主体功能区为基础，探

索了"管理导向型"和"行动指南式"的分区分要素分指标管控方法，将目标指标、空间布局和重大任务，通过底线管控、分区传导、控制指标、名录管理、重点项目、政策要求等方式向下传导，形成了对下位规划较为明确的指导和约束。横向上重点对生态空间类和自然资源类专项规划加强统筹约束，明确总量、格局、结构和重大项目要求，为专项规划项目谋划、选址提供指导。

青海省国土空间开发保护格局图

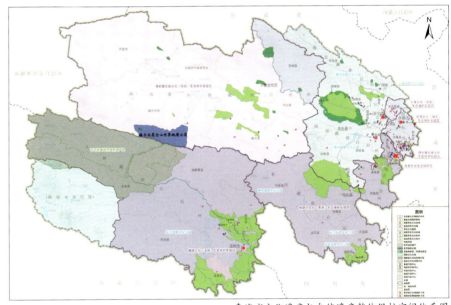

青海省文化遗产与自然遗产整体保护空间体系图

实施效果

本轮青海省国土空间规划紧扣国家转型发展要求，坚持"以资源和空间利用方式转变倒逼经济社会发展绿色转型"的总体思路，制定了生态重要地区国土空间格局优化和管控的新思路、新措施和新路径，为生态文明体制改革、美丽中国建设时期的国土空间规划提供重要实践探索。

（执笔人：徐有钢、刘姗姗、刘宏波）

新疆维吾尔自治区国土空间规划（2021—2035年）

编制起止时间：2019.12—2024.5
承担单位：城乡治理研究所、西部分院、城镇水务与工程研究分院、风景园林和景观研究分院、城市规划学术信息中心
主管总工：张菁、官大雨　　　　主管所长：杜宝东　　　　主管主任工：李秋实、徐会夫
项目负责人：曹传新、田文洁、黄俊卿
主要参加人：路江涛、曾小成、司马文卉、王巍巍、张洋、王笑时、周洋、高竹青、杨浩、杜晓娟、唐磊、胡小凤、雷木惠子、徐丽丽、刘博通、王亮、张浩、刘昕林、赵越、张天蔚
合作单位：中国建筑设计研究院（集团）城镇规划设计研究院、新疆维吾尔自治区自然资源规划研究院

背景与意义

在新时代党的治疆方略指引下，新疆维吾尔自治区开展首部"多规合一"国土空间规划编制工作。《新疆维吾尔自治区国土空间规划（2021—2035年）》通过筑牢安全底线，对新疆实现"社会稳定和长治久安"总目标具有重大意义；通过促进绿色发展，对新疆推进生态文明建设具有重大意义；通过坚持统筹协调，对新疆推进中国式现代化发展具有重大意义；通过推进系统治理，对新疆国土空间现代化治理能力提升具有重大意义。

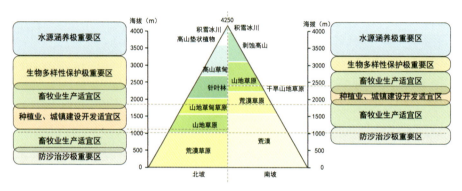

基于垂直地带性的"双评价"优化模式图

规划内容

（1）高水平统筹保护利用，践行空间转型新路径。扛稳粮食安全"国之大者"，树立大食物观，以"两带八区"为重点拓展农产品多样化生产空间。筑牢"三屏两环"生态安全基底，统筹生态保护和旅游发展，实践生态资源高价值转化新路径。整体保护历史文化资源富集区，让中华文化通过实物、实景、实事得到充分展现、直抵人心。

（2）高站位统筹发展和安全，支撑国家新发展格局。支持边境地区生产生活条件改善的空间需求，完善边境城镇体系，支持口岸经济带联动发展。构建"两环八带十六基地"矿产资源空间开发格局，保障国家能源矿产安全。畅通亚欧

黄金通道，保障"一港、两区、五大中心、口岸经济带"和自由贸易区建设空间，打造国家向西开放的桥头堡。

（3）高质量推动城镇发展，开启繁荣富裕新局面。以天山北坡城市群、乌鲁木齐城市圈等为引领，提高城镇经济集聚度，构建新疆繁荣富裕空间格局基底。培育六大制造业集聚区，保障八大产业集群建设空间，支撑构建具有新疆特色的现代化产业体系，推动新疆迈上高质量发展的轨道。

（4）高起点完善设施服务，缔造美好幸福新生活。构筑东联西出、南北畅通的战略骨干通道，加快出境和出疆铁路建设，实现"疆内环起来、进出疆快起来"。扎实推进节水、蓄水、调水、增水，构建"四纵四横"水资源安全保障

网络，为"美丽新疆"建设提供水安全保障。完善便捷城乡农牧民生活圈，塑造宜居、宜业、宜游、宜学、宜养生活服务环境。

创新要点

（1）探索"大尺度分区+小尺度嵌入"维稳戍边新路径。通过区域—城市—社区层面多尺度空间互嵌和要素互嵌，探索形成全疆维稳戍边新路径。基于人口、经济、国防、兵地4个维度，构建21个指标体系开展全疆维稳戍边评价，形成边境、南疆等维稳戍边单元分区。全疆层面，针对单元分区强化分类施策、各区联动。城市—社区层面，因地制宜制定空间、要素等方面互嵌空间举措与政策机制。

（2）匹配不同规模绿洲单元确定城镇

空间格局优化模式。立足绿洲生态本底，以绿洲空间距离为依据将全疆绿洲划分为28个绿洲单元，根据绿洲单元的规模与承载能力划分为大、中、小三类，差异化配置资源要素，引导城镇格局优化。在城镇类型丰富、层级完整的大绿洲重点构建"城市群、都市圈"，引导人口集聚，打造引领全疆城镇和经济高质量发展的核心增长极；在中绿洲重点构建中小城市协调的城镇组群；在小绿洲重点培育特色化小城镇。

（3）匹配自然地理特殊性，强化"分区+要素"统筹平衡的全域全要素管控模式。立足新疆垂直地带性显著和生态功能类型典型、生态问题复杂多样的自然地理特殊性，以"分区+要素"叠加统筹的思路，形成平衡全域统筹全要素的管控模式。针对新疆垂直地带性特征，优化"双评价"方法，平衡生态、农业和城镇空间保护开发。针对流域差异和水源涵养、生物多样性维护、防风固沙等生态功能差异，以及土地沙化、盐渍化等生态环境问题差异，统筹制定山水林田湖草湖沙冰全要素统筹管控。

（4）探索形成兵地一盘棋的编制方法。按照"统一底图、统一标准、统一规划、统一平台"要求，形成"两个编制团队+统一信息平台+两套成果输出"模式的兵地一盘棋的编制方法。由自治区和兵团两个编制技术团队基于统一信息平台，开展多轮次兵地空间协调，形成兵地"一张蓝图"。基于兵地各自管理需要，分别输出两套成果。

实施效果

支撑兴边富民、"三基地一通道"、丝绸之路经济带核心区、兵团向南发展等国家战略实施。农业、城镇、生态、魅力空间和基础设施支撑体系等内容纳入自治区党代会和政府工作报告。指导完成下位规划和专项规划以及政策标准体系的建立。

（执笔人：曹传新、田文洁、周洋、高竹青）

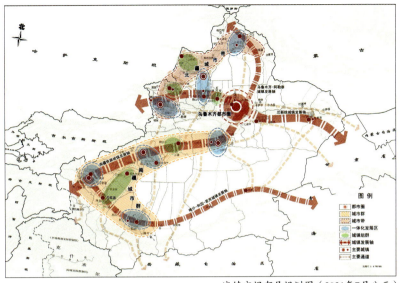

城镇空间布局规划图（2021年7月公示）

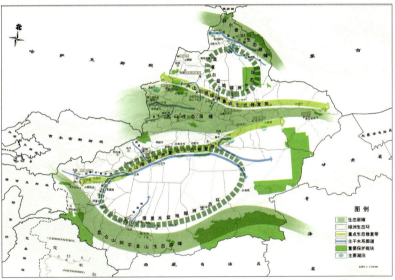

生态空间布局规划图（2021年7月公示）

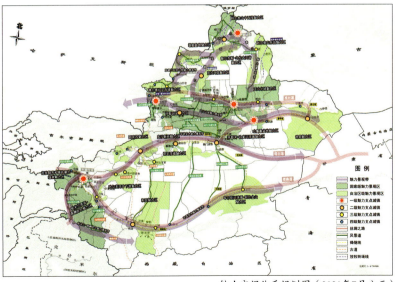

魅力空间体系规划图（2021年7月公示）

浙江省国土空间规划（2021—2035年）

编制起止时间：2019.4—2022.12
承担单位：绿色城市研究所、上海分院、城市交通研究分院、中规院（北京）规划设计有限公司
主管总工：张菁　　项目负责人：王凯、董珂、林永新、胡晶、陈勇
主要参加人：王亮、闻雯、黎晴、陈莎、刘晓勇、季辰晔、李岩、任希岩、白静、王昆、孟唯、吴淞楠、兰慧东、解永庆、闫晓璐等
合作单位：浙江省城乡规划设计研究院、浙江省国土空间规划研究院、浙江省发展规划研究院

背景与意义

为忠实践行"八八战略"，努力打造"重要窗口"，深化"多规合一"的空间规划改革，推进共同富裕和省域现代化"两个先行"，统筹指导省域国土空间保护、开发、利用、修复，完善省级国土空间规划体系，编制本规划。中规院负责了方案阶段的技术牵头和统筹工作。

规划内容

（1）规划目标。全面提升国土空间治理体系和治理能力现代化水平，形成生产空间集约高效、生活空间宜居适度、生态空间山清水秀，安全和谐、富有竞争力和可持续发展的国土空间格局，打造长三角世界一流城市群金南翼、现代版"富春山居图"。

（2）安全底线。统筹划定耕地和永久基本农田、生态保护红线、城镇开发边界。明确自然灾害风险重点防控区域，划定洪涝等风险控制线，落实战略性矿产资源、历史文化保护等安全保障空间，全面锚固高质量发展的空间底线。城镇开发边界扩展倍数控制在2020年现状城镇建设用地规模的1.3倍以内，单位GDP建设用地使用面积下降不少于40%。

（3）国土空间保护开发格局。面向高质量发展、竞争力提升、现代化先行，构建"一湾引领、四极辐射、山海互济、全域美丽"，多中心、网络化、集约型、开发保护一体化的国土空间总体格局。落实国家粮食生产安全责任，培育"四片、两特、多点"的农产品生产空间。筑牢"两屏、八脉、多廊"生态安全屏障，推进全省生态空间网络化。推进长三角生态绿色一体化发展示范区建设，

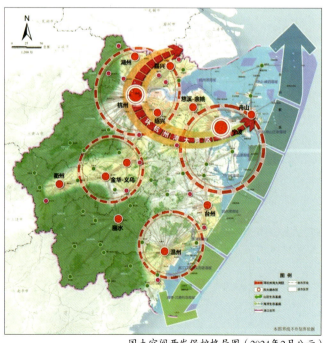

国土空间开发保护格局图（2024年2月公示）

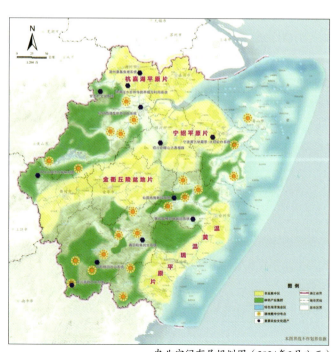

农业空间布局规划图（2024年2月公示）

构建多中心、网络化、集约型、开放式、绿色化的区域一体城镇空间系统，持续深化"千村示范、万村整治"工程，打造城乡生活圈，均衡布局公共服务设施。强化文化遗产与自然遗产整体保护和系统活化利用，重点加强杭州西湖文化景观、大运河、良渚古城遗址等世界遗产保护。

（4）现代化基础设施。完善综合立体交通网络，优化城市和区域灾害风险防控设施布局，合理布局应急保障设施，健全综合防灾减灾安全保障体系。统筹传统和新型基础设施空间布局，构建现代化基础设施网络。

创新要点

（1）深化细化主体功能区：用"5+2"的方式细化主体功能区。基于城镇化水平高的现状，依据大都市区的"核心—外围"结构，细分城镇化优势区和潜力区。基于省域多山的现状，依据生态保护和转化的不同重点，细分生态经济地区和重点生态保护区。基于文化景观丰富以及多海多岛的特点，附加海洋经济地区和文化景观地区类型。

将主体功能区作为优化各类资源（例如土地指标）区域配置，以及政府差异化绩效考核体系的依据。

（2）探索资源小省的集约发展模式。一是依托新型城镇化节约城市发展用地。培育城市群都市区，利用中心城市的高效率节约用地。引导县域经济特色化发展，推动"小县大城"向"名县美城"发展，避免同质化、低效率的竞争。做精美丽城镇，真正地把小城镇建设成为服务农村的基层功能节点。二是对要素的保障上，统筹增量资源和存量资源的利用。把有限的增量资源向重大项目和民生项目倾斜，推动闲置土地处置、城镇低效用地再开发。三是探索节约集约利用的新模式。推动城市用地综合开发，强化地上地下一体化开发，推动TOD、"分层确权""工厂上楼"、混合用途等新模式，推动城市更新。

（3）强化"两山"转化的空间支撑。一方面在布局上，构建自然与人文交融的"浙里美"网络，识别出资源要素密度大、具有一定的空间规模、景观可塑性强、基础设施配套成熟的地区，构建由"花园功能区—自然文化廊—魅力特色区—耀眼明珠"构成的多层次大花园空间体系。另一方面在机制上，按照生

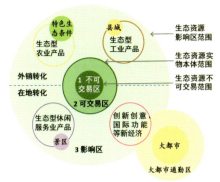

"两山"转化与空间管制示意图

态空间能否市场化交易，将生态产品价值实现的路径空间化，明确"绿水青山就是金山银山"转化的重点空间。创新"两山"转化的资源要素供给，建立健全生态产品价值实现机制，以自然资源资产化管理促进生态产品价值实现。

实施效果

本规划已获得党中央、国务院批复，是地方各级国土空间总体规划、详细规划、相关专项规划的上位规划和编制依据。

规划建立动态调整的国土空间规划"一张图"，在"一张图"上协调解决矛盾问题，合理优化空间布局。

（执笔人：林永新、闻雯）

生态空间布局规划图（2024年2月公示）

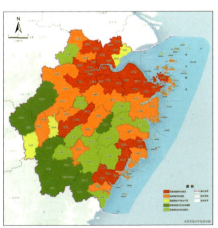

主体功能分区图（2024年2月公示）

"浙里美"网络示意图（2024年2月公示）

黑龙江省国土空间规划总体定位、总体格局及总体方案修改完善专项研究

编制起止时间：2022.8—2023.12
承担单位：城乡治理研究所
主管总工：董珂　　　　　　　主管主任工：许宏宇
项目负责人：杜宝东、曹传新、田文洁　　主要参加人：周洋、路江涛、高竹青

背景与意义

2019年以来，按照国家统一部署要求，黑龙江省开展国土空间规划编制工作。2022年黑龙江省委、省政府在听取《黑龙江省国土空间规划（2021—2035年）》汇报时，要求重点开展总体定位、总体格局及总体方案深化研究。本研究擘画了龙江新发展格局的空间蓝图，筑牢了龙江高质量发展的空间基础，对黑龙江省落实国家"五大安全"，推进全面振兴和全方位振兴，实现高质量发展，推进生态文明建设等具有重要意义。

规划内容

落实"五大安全"战略使命要求，突出向北开放窗口、能源资源大省、大国重器和前沿创新等特征，围绕全面振兴全方位振兴导向，综合确定"国家战略安全保障区、国家向北开放与东北亚合作先导区、东北全面振兴与高质量发展引领区、国家农业现代化与绿色发展样板区、北方冰雪文化与生态经济发展示范区"的总体定位。

遵循省域自然地理格局和经济社会发展规律，筑牢国家生态安全的东北屏障，强化核心城市资源集聚，推进资源型城市转型和沿边地区开发开放，构建"三山四水两平原"的保护格局与"一圈一团七轴带多节点"的开发格局。

以国家战略要求为导向，结合省委、

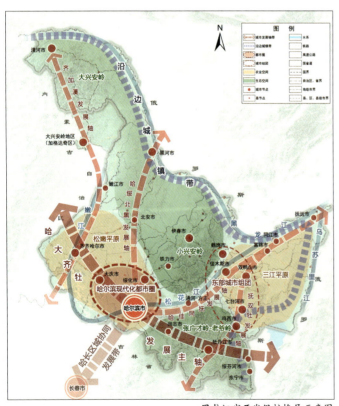

黑龙江省开发保护格局示意图

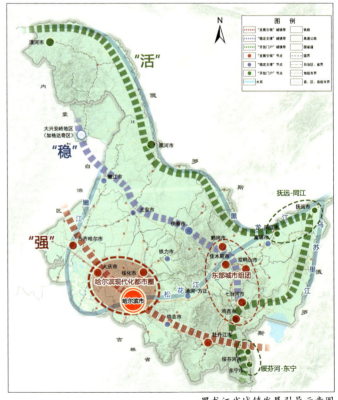

黑龙江省城镇发展引导示意图

省政府工作部署，立足省情特征，识别核心问题，提出包括底线约束、双向开放、核心集聚、支点突破、城市复兴、田园绿美、体验升级等7大空间战略和27项目战略行动的总体方案。

创新要点

1. 创新人口收缩省域空间结构适应和公共服务适应新手段

适应"整体收缩+重点集聚"省域人口变化趋势，创新空间结构和公共服务供给手段。空间结构上，重点聚焦省会、省域中心城市，突出哈大齐沿线城镇节点"强"的引领，推动边境沿线城镇"活"的示范，强化省域中部城镇"稳"的支撑，因地制宜提升"发展引领""稳定支撑""开放门户"等特色节点，形成具有竞争力的空间结构。强化公共服务精准供给，提升中心城市综合服务水平，推动特色节点公共服务补齐"标配"、精准"选配"和适当"高配"。如边境地区按照"林区型""平原型"两类统筹公共服务配置。

2. 创新地广人稀地区"中心+廊道+节点"联动的功能组织模式

聚焦省域中心城市和创新、旅游、开放等功能节点，通过中心城市组织串联、辐射带动作用，形成全省"一盘棋"紧密联动的功能组织模式。强化哈尔滨创新策源地以及哈大齐创新智造走廊对全省各类特色创新节点的带动，推动哈尔滨旅游服务枢纽和哈亚牡、哈伊等旅游走廊对全省旅游节点的联动，形成"中心城市+口岸开放节点+境外口岸合作区"的前方外贸

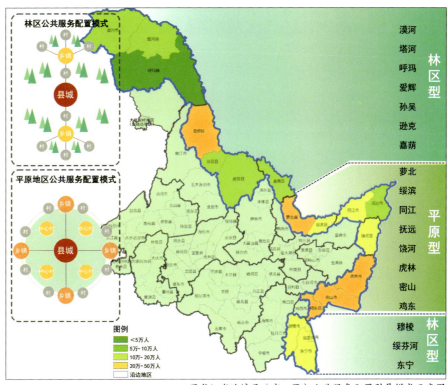

黑龙江省边境县（市、区）公共服务配置引导模式示意图

口岸和中心城市集群生产加工基地的紧密互动，实现全省功能一体化组织。

3. 创新欠发达地区本土资源高价值转化空间供给新路径

立足黑龙江省与经济发达地区产业链、供应链关联不足的客观条件，通过创新空间供给举措实践本土资源高价值转化新路径。通过全域全季旅游产品供给，更专业、更高视角、更精彩的"拳头"产品突破，耦合高能级资源和高等级交通布局，提供多元特色旅游服务，实现世界级"冰雪森林湿地"生态资源高价值转化。通过"点"的重点突破和"线"的串联极化，重点供给科学城、环大学大院大

所创新创业生态圈、多元创新应用场景和创新走廊等，推动"新字号"本地转化。通过植入专业化创新空间，打造集群化加工空间，推动"原字号"资源就地规模化转化。

实施效果

本研究提出的总体定位、总体格局及总体方案纳入《黑龙江省国土空间规划（2021—2035年）》，并得到国务院批复实施，部分内容作为重要施政纲领写入2023年黑龙江省政府工作报告。

（执笔人：曹传新、田文洁、周洋、高竹青、路江涛）

雄安新区周边区域国土空间规划（2019—2035年）

编制起止时间：2019.6—2019.12
承担单位：规划研究中心
主管主任工：郭枫
项目负责人：殷会良、马嵩　　主要参加人：刘松雪、殷小勇

背景与意义

空间治理是国土空间规划的主要内容之一，更是规划编制的主要目的。空间规划实践探索时期，从治理视角完善规划编制内容、有利于提高规划治理能力。雄安新区设立以来，新区规划纲要、总规及中央批复文件均提出"严格管控新区周边、统一规划"的要求，为雄安新区周边区域国土空间规划明确了"完善治理规则、落实高质量管控"的核心任务，在整合既有多规治理规则基础上，从治理目标对象、治理事权载体、治理运行工具和治理行为特点等角度分析，提出了"加减乘除"四个治理完善策略和治理规则完善方法，对于完善国土空间规划编制内容体系、提高

规划治理能力具有现实指导意义。

规划内容

（1）加：立足高质量管控和一屏三区总体定位，统筹多元治理对象。一方面，强化外围分散零星开发管控。在管控好建设用地外，提出蓝绿空间利用强度等控制要求，统筹管控设施农用地、农村道路、沟渠、林区道路等未列入建设用地管控的建设开发活动，降低分散零星开发建设的集合影响。另一方面，统筹治理农业和生态修复活动。在控制规模和格局基础上，针对农业和生态空间分别提出公共服务、设施配套、景观控制和综合整治等要求，提升农业和生态综合效益，管控过度

垦殖和人工修复影响。

（2）减：突出规划治理空间属性，聚焦用途管制和生态保护修复事权抓手。剔除人口、经济等与空间相关性弱的指标，围绕用途事权明确用地格局、生态保护修复等六方面空间控制指标。延伸空间立体化质量管控要求，探索空间质量多维度管理，吸纳相关部门意见，明确建设、生态、服务和景观质量管控指标。

（3）乘：整合既有多规"指标、分区、规则和名录"治理工具，强化结构优化方案和实施治理衔接。一是分类分区细化分解总体指标。提出各区县建设用地规模、细分城—镇—乡各级居民点建设控制要求，提出生态、建设、农业三类空间分

管控区空间治理技术路线图

区分类分解传导要求。二是明确用途管制分区落实结构优化方案，划定由生态、农业、城镇控制"老三线"，水域、重要林地和重大设施等新区保障"新三线"，最终形成界限清晰、互不交叉、覆盖全域11类国土用途管制分区。三是制定分区用地准入规则和约束指标通则，明确建设总体规模、强度和集约利用要求，深化蓝绿空间用途"分区准入+约束指标"规则和开发建设约束指标通则性控制规则。四是形成重大生态工程、历史文化资源、重大基础设施等多类别综合性治理项目名录。

（4）除：适应治理行为过程性特点，保持内外、主次和先后等多方面刚弹结合治理柔性。一是内外联动柔性，强化建设总量的上限控制和重大生态、设施方面的底线指标控制要求，其余结构性内容预留弹性，鼓励借助外围区县联动降低区内建设发展压力。二是主次布局柔性，严格管控安全分区，预留结构优化分区弹性，明确"村庄、城镇村内部、点状用地的布局弹性"的探索开发权转移机制。三是机制保障柔性，明确提高规划审查层级、重点项目联合审查和规划评估等策略，保持时序动态更新。

创新要点

围绕跨区域空间治理，探索了规划治理规则体系，提出了可操作性较强的一整套技术方法与实施策略。

（1）探索了治理规则完善的技术思路，整合既往多规治理规则基础上，结合治理目标、事权主体、运行工具和行为特点，提出"加减乘除"四方面改进策略。

（2）实践了治理规则构建的具体方法。在实现规划从功能结构管理向实施管理的转换、构建刚弹结合的规划机制方面进行了探索和创新。

（执笔人：马嵩）

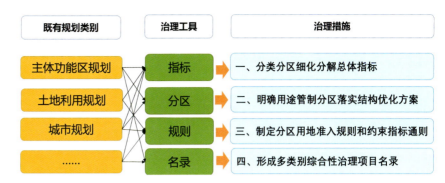

治理工具和治理措施整合图

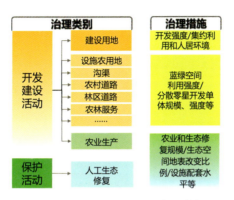

治理对象及其措施图

用途管制分区类型图

类型	农业空间		生态空间			农业或生态空间
	永久基本农田保护区	一般农地区	生态红线保护区	森林区	水保护域区	自然资源修复区
耕地	●	●	×	×	×	●
牧草地	×	●	×	●	×	●
田然草地	×	●	×	●	×	●
园地	×	●	×	●	●	●
林业生产用地	×	●	×	●	×	●
林业生态用地	×	●	●	●	●	●
各类水面	×	●	●	●	●	●
水工建筑用地	●	●	●	●	●	●
设施农用地	×	●	×	×	×	●
田坎	●	●	×	●	×	●
道路交通用地	×	●	×	●	×	●
军事设施用地	●	●	●	●	●	●
文物古迹用地	●	●	●	●	●	●
分散零星的公用设施用地	×	×	×	×	×	●
殡葬用地	×	×	×	×	×	●
监教场所	×	×	×	×	×	●
宗教用地	×	×	×	×	×	●
采矿用地	×	×	×	×	×	●
盐业	×	×	×	×	×	●
商业或公共机构用地	×	×	×	×	×	●

注：●代表准入，×代表不准入

管制分区用地准入和管控政策图

成都都市圈国土空间规划研究

2021年度全国优秀城市规划设计二等奖｜2021年度四川省优秀规划设计一等奖

编制起止时间：2020.9—2021.12
承担单位：西部分院
主管所长：张圣海　　　　　　主管主任工：肖莹光
项目负责人：吴凯、杜晓娟　　主要参加人：雷夏、李海雄、苟倩莹、袁鹏洲、田涛
合作单位：成都市规划设计研究院（牵头单位）、成都市自然资源调查利用研究院（成都市卫星应用技术中心）

背景与意义

都市圈是我国新型城镇化重点地区。2019年《国家发展改革委关于培育发展现代化都市圈的指导意见》发布，提出加快培育发展现代化都市圈。党的二十大报告也指出，要以城市群、都市圈为依托构建大中小城市协调发展格局。

成都都市圈是成渝地区双城经济圈两大都市圈之一，是其建设的重要支撑，也是全国第三个、中西部第一个获国家层面批复的都市圈。在新时期，率先进行国土空间规划研究，具有探索和示范意义。

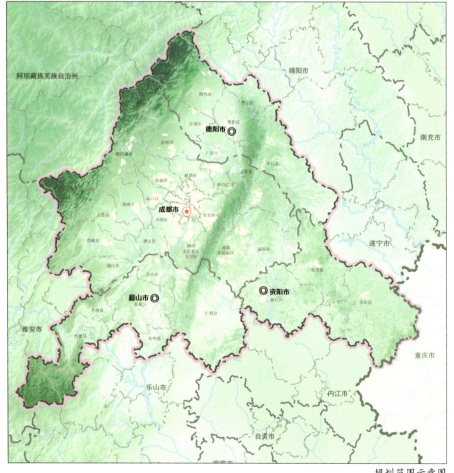

规划范围示意图

规划研究由成都市规划和自然资源局组织，组建由成都市规划设计研究院牵头、中国城市规划设计研究院和成都市自然资源调查利用研究院共同参与的联合团队进行研究。

规划内容

规划研究范围为成都、德阳、眉山、资阳四市，属于跨行政区域的国土空间规划。按照《中共中央 国务院关于建立国土空间规划体系并监督实施的若干意见》，跨行政区域或流域的国土空间规划是"在特定区域（流域）、特定领域，为体现特定功能，对空间开发保护利用作出的专门安排，是涉及空间利用的专项规划"。其目的是推进由上级规划确定的重点地区，以及承担重大战略任务的特定区域协调协同发展。

本次规划研究是指导成都都市圈协调协同发展的国土空间专项规划研究，重点聚焦空间资源统筹谋划与区域间空间矛盾协同，包括格局优化、底线管控、城镇发展、基础设施建设、资源能源开发、生态环境保护等，并加强与重庆都市圈在城镇、产业、创新、基础设施等方面的协同联动。其中，我院重点负责人口城镇化、产业空间布局、区域协同联动等内容的研究。

创新要点

（1）从区域产业链、创新链构建和指导都市圈产业布局角度出发，根据制造业产业链布局规律和空间范围差异，将成都都市圈重点制造业划分为广域型、局域型、松脚型三个类型，并分别明确布局策略。

（2）提出复兴都市圈外围区县活力的路径。外围区县人口流出明显，受教育水平较低，外流人口主要从事低技能劳动密集型产业。研究结合流出人口受教育水平、年龄结构等，提出发展契合其就业需求的制造业、互联网新经济产业等，以提升外围区县人口集聚能力。首先，发展本地根植性强的农特产品加工，并承接核心城市产业转移和配套，吸引中年劳动者、留守妇女等就业。其次，面向互联网技术与现代生活方式下沉，培育云客服、数字微客等互联网服务业，吸引小镇青年就业。第三，依托都市圈强大的消费市场和农村土地制度改革等政策利好，激活乡村资源，吸引外出务工人员和大学生返乡创业。

（3）依托市域铁路轨道交通节点，提出节点周边"5公里产业创新圈"，促进区域从交通强联系到功能强关联。成都轨道延长线S3（成资）、S5（成眉）、S11（成德）等市域轨道交通布局，为外围有风景、低成本区域激活提供了条件。对我国沿海地区研究发现，轨道交通、高铁站、高速出入口等枢纽节点周边5km地区承接核心城市创新转化功能外溢，形成产业集聚。因此，研究提出引导孵化器、"二次开发"实验室、中试共享生产线、创业苗圃等创新转化功能向都市圈枢纽节点地区布局。

（执笔人：杜晓娟、雷夏）

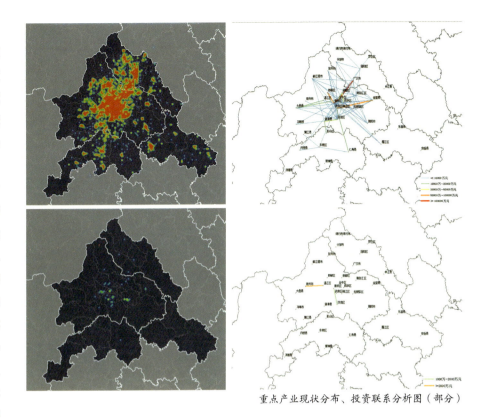

重点产业现状分布、投资联系分析图（部分）

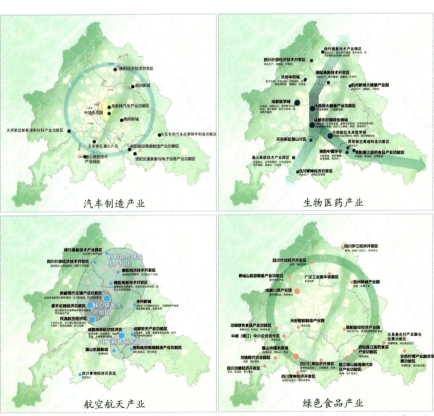

汽车制造产业

生物医药产业

航空航天产业

绿色食品产业

产业集群空间布局示意图（部分）

长春都市圈国土空间规划（2021—2035年）

编制起止时间： 2019.12至今
承 担 单 位： 中规院（北京）规划设计有限公司
公司主管总工： 张莉、黄继军、全波   **主管所长：** 陈卓   **主管主任工：** 顾京涛
项目负责人： 谭璐、刘博   **主要参加人：** 吕怡琦、鲁哲宇、张驰、王宇、李玥、冯睿璇
合 作 单 位： 长春市规划编制研究中心（长春市城乡规划设计研究院）

背景与意义

《长春都市圈国土空间规划（2021—2035年）》是全国首批编制的都市圈国土空间规划之一，为探索东北振兴政策背景下，大尺度、区域性专项国土空间规划的编制方法提供经验积累和案例借鉴，为长春都市圈作为吉林省"一主六双"高质量发展战略核心、融入区域发展格局提供了系统认知和空间发展策略共识。

规划内容

一是在空间上落实"一主六双"省域重大发展战略，向上充分衔接省级国土空间规划，向下有效指导市县级国土空间规划，并落实主体功能分区要求，形成了具有都市圈特色的"三大空间"：围绕黑土地保护和粮食主产区建设，保障国家粮食安全，优先保障农业用地，构建富美优质的农业生产空间；聚焦加强松辽两大河流水系生态保护，支持吉林省万里绿水长廊建设，串联东西生态安全屏障，筑牢绿色韧性的生态安全格局；引导人口、经济、产业等要素沿主要交通干线集聚，形成重要发展轴带，强化大中小城市间的协同联系，优化城镇空间结构，构筑高效协同的城镇空间格局。

二是探索东北振兴背景下，以农业主产区为主体、城市间相对缺乏紧密互动关系的长春都市圈如何发挥核心城市的辐射带动作用，形成在省市县三层面达成共识的空间协同方案，同时也为长春都市圈范围内的市县发展主体提供了八个重点方面的协同发展策略与实施抓手。

三是从都市圈国土空间规划的特殊性出发，着眼于区域国土空间协调发展的总体要求，关注长春都市圈在空间覆盖度、辐射强度和三大空间发展效能等方面的主要数据变化情况，建立都市圈国土空间协调发展指数，定期监测都市圈国土空间的建设进展和协同水平，形成都市圈协调发展的年度评估机制。

都市圈范围分析图

长春都市圈国土空间协调发展指数表

指数	序号	指标	单位	维度
一、都市圈空间拓展指数	1	长春一小时交通圈辐射范围	km²	都市圈辐射度
二、都市圈联动强度指数	2	都市圈各城市间联系强度	/	交通联系度
三、城镇空间效能指数	3	一小时交通圈范围内城镇用地增长占都市圈总增长比重	%	增长集聚度
	4	城镇建设用地地均非农GDP	亿元/km²	用地效能
四、农业空间安全指数	5	亩均粮食产量	斤/亩	粮食安全
	6	主要农作物耕种综合机械化率	%	农业现代化
五、生态空间绿色指数	7	单位GDP碳排放总量	万t/亿元	碳排放水平
	8	陆地自然生态系统年度碳汇能力	万t/a	碳汇能力

创新要点

与分级国土空间规划不完全相同，长春都市圈规划更加强调"战略性"和"协同性"，并需要探索全新的实施方式。一方面，规划注重区域协调发展的空间安排，聚焦都市圈空间发展和都市圈内部各城市协同过程中需要解决的重大、关键问题，提出指导性和方向性的解决方案，以及对各城市空间发展的行动指引；另一方面，与省市县级国土空间规划不同，长春都市圈规划的实施有其特殊性，必须要构建可追踪、易获取、可量化、指向性强的评估体系，才能有效地对规划实施效果进行评估并且能够精准地判定存在问题的发展领域和区域，从而在下一步体检评估的过程对市县规划建设提出更加有针对性的指导意见和改进要求。

（执笔人：谭璐、张驰）

南部协同示意图

北部协同示意图

郑州都市圈国土空间规划（2022—2035年）

编制起止时间：2022.7—2024.7

承担单位：城乡治理研究所、历史文化名城保护与发展研究分院、城市交通研究分院、风景园林和景观研究分院、
　　　　　中规院（北京）规划设计有限公司

主管总工：郑德高　　　主管所长：杜宝东　　　主管主任工：曹传新

项目负责人：冯晖、许尊

主要参加人：刘盛超、张欣、王璇、周婧楠、曹木、李湉、金丹、孙钰蘅、方思宇、王颉、冯颖翌、马晨曦、陈坤、
　　　　　　徐明、李长波、王笑时、覃露才、云海兰

合作单位：河南省国土空间调查规划院、河南省城乡规划设计研究总院股份有限公司

背景与意义

都市圈是城镇化发展到较高阶段的城市空间组织形态。培育现代化都市圈是新形势下引导超大特大城市发展方式转变，优化区域人口和经济空间结构，促进城市群高质量发展和经济转型升级的重要手段。按照河南省委、省政府建立郑州都市圈"1+1+3+N+X"规划体系工作部署，依据《河南省国土空间规划（2021—2035年）》，对接《郑州都市圈发展规划》，编制《郑州都市圈国土空间规划（2022—2035年）》。

郑州都市圈以郑州国家中心城市为内核，紧密联系周边城市，是黄河流域、中部地区经济实力最强、发展速度最快的区域之一，在构建新发展格局和建设全国统一大市场中具有重要地位。

规划立足河南实际、着眼全国大局、拓展全球视野，以前瞻30年的战略眼光，谋划目标愿景，优化总体格局，促进高效协同，合理配置资源，为郑州都市圈一体化和高质量发展提供规划引领和要素保障。

规划内容

（1）定方向——建设具有世界影响力的现代化都市圈。牢牢把握河南在国家发展大局中的战略定位，建设代表国家参与全球竞争合作、支撑高质量发展的郑州都市圈，确定规划目标与指标体系，制定空间策略。

（2）优格局——聚力形成高质量发展的空间格局。强化郑州国家中心城市龙头带动作用，提升周边城市综合承载能力和发展水平，构建"一主一副、三轴四极"的空间结构，形成高质量一体化发展的空间新范式。

（3）守底线——携手筑牢可持续发展的安全屏障。加强跨区域和流域的生态空间共保共育，规划形成支撑高质量发展的"一带两屏、一心多廊"生态格局，打造黄河流域生态保护与协同治理的样板区。

（4）提能级——持续增强核心功能与辐射影响力。开辟发展新领域新赛道、塑造发展新动能新优势，围绕提升创新领导能力、产业综合实力、枢纽开放能级、山水人文魅力和幸福宜居指数等精准匹配空间需求。

（5）促融合——推动现代基础设施网络深度融合。加快构建与都市圈发展定位目标相一致，与国土空间开发保护格局

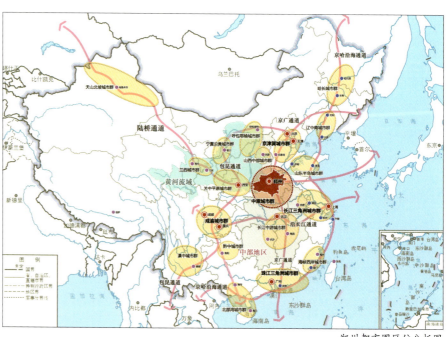

郑州都市圈区位分析图

相适应，与发展阶段相匹配的现代化基础设施支撑体系。

（6）强治理——提升跨界治理能力现代化水平。统筹平衡各方空间发展诉求，推动跨区域要素自由流动和合理配置，提升空间协同治理能力。

创新要点

（1）立足"高"的导向，科学判断郑州都市圈在全国发展大局中的战略位势和参与区域竞争合作的比较优势，把准主攻方向、突出战略重点、明晰行动路径。

（2）强化"协"的思维，在更大尺度统筹资源要素配置，引导都市圈成员城市在开放合作中目标同向、格局一体、优势互补、互利共赢，形成高质量发展的空间合力。

（3）探索"新"的路径，推动发展方式由规模扩张向内涵提升转变，明确在转变发展方式中"减什么、增什么、强什么、补什么"。

实施效果

本规划衔接落实《郑州都市圈发展规划》确定的重大任务安排，全面保障区域一体化重大工程落实落地；形成城市空间跨界协同任务清单，有效指导下层次市县相关规划编制；加强规划土地一体化管理，明确跨区域三条控制线调整优化和建设用地指标统筹配置等政策协同方向。

（执笔人：冯晖）

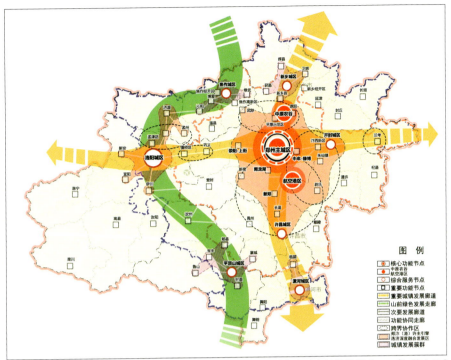

郑州都市圈空间格局图（2024年6月公示）

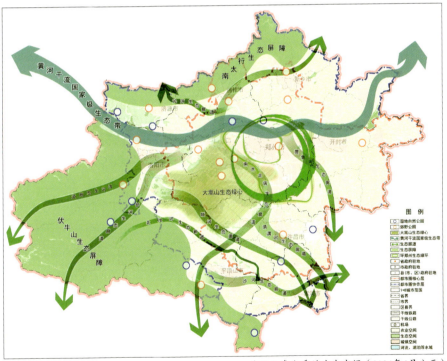

共保山青水秀的生态空间（2024年6月公示）

乌鲁木齐都市圈国土空间规划（2021—2035年）

编制起止时间：2021.8至今
承担单位：西部分院
主管所长：张圣海　　　　　主管主任工：金刚
项目负责人：黄俊卿、曾小成　　主要参加人：谭琦川、杨浩、段选、程代君、谢亚、吴松、蔡磊、刘博通、王亮、周扬、徐承
合作单位：中国科学院新疆生态与地理研究所、国家发展和改革委员会国土开发与地区经济研究所、中国建筑设计研究院有限公司

背景与意义

为落实第三次中央新疆工作座谈会要求，新疆维吾尔自治区"十四五"规划提出"以乌鲁木齐（兵团第十二师）为中心，带动昌吉市、五家渠市、阜康市、奇台市同城化发展，加快构建一小时交通网络，辐射带动昌吉州其他县市、石河子、克拉玛依、吐鲁番、哈密等城市发展，推动乌昌石经济一体化发展"，为新时期高质量推动乌鲁木齐都市圈规划建设提供了基础。随后自治区明确以"自治区审查审批、乌鲁木齐市组织编制、其余县市协同参与"的模式，开展了规划编制工作，规划聚焦乌鲁木齐都市圈处于培育期发展阶段的现实情况，围绕跨区域国土空间规划兼具发展性与空间性的特点，重点探索了培育型都市圈国土空间规划的编制路径。

规划内容

乌鲁木齐都市圈作为连接疆内与疆外、联系南疆与北疆的重要枢纽，具有"西引东来""东联西出"等优越的区位优势，但现状都市圈内部尚未形成紧密的经济、产业等关联网络，整体发展能级较弱。在全疆全面推进高质量发展背景下，乌鲁木齐都市圈既要牢牢把握国家和新疆战略赋能，协同提升发展能级，又要找准发展痛点堵点，协同优化空间布局。因此，规划以凝聚目标共识为前提，共筑一体化总体格局，共谋对外开放、能源保障、产业制造、现代农牧、文旅融合五大高质量发展空间，共建生态环境、综合交通、市政设施、公共服务、城乡融合、防灾减灾六大高水平协同布局，共定一套高标准保障机制，整体形成"1+5+6+1"的规划总体框架，为都市圈协作共治提供规划指引。

创新要点

（1）顺应绿洲城镇发育特征，应对培育型都市圈未来空间增长的不确定性，探索了兼具基础性、长远性的空间框架。一是尊重绿洲生态本底，凝聚底线约束共识，以绿洲为单元，框定水土资源承载能力上限，确定农业生产、生态环境等保护空间底线。二是遵循区域城镇演变规律，规避未来空间发展无序、资源利用过载等风险，聚焦中心城市提级扩能，合理确定城镇结构与功能分工，优先推动"乌昌五阜"核心发展区同城化发展，辐射带动外围若干发展区一体化发展，整体形成"核心发展区建设'1小时高效通勤圈'+外

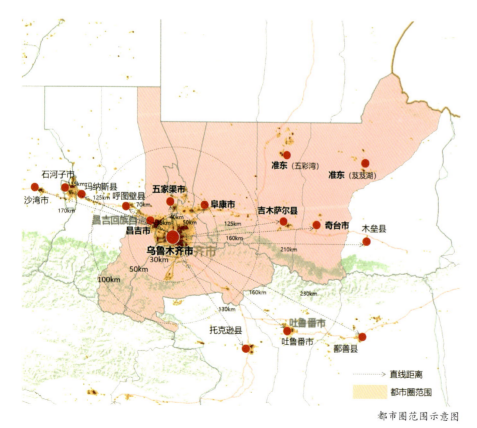

都市圈范围示意图

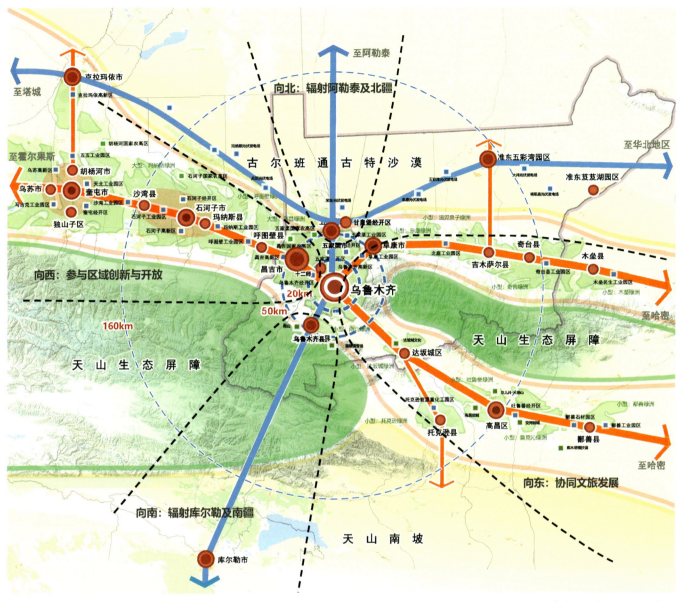

图中文字：

至阿勒泰
向北：辐射阿勒泰及北疆
至华北地区
克拉玛依市
克拉玛依高新区
至塔城
准东五彩湾园区
准东芨芨湖园区
胡杨河国家农业区
玛纳斯光伏发电场
古 尔 班 通 古 特 沙 漠
大型：玛纳斯绿洲
至霍尔果斯
五五工业园区
石河子国家高新区
五彩湾光伏发电场
阜康光伏发电场
将军庙光伏发电场
大井光伏发电场
胡杨河市
天北工业园区
乌苏高新区
小型：阜康绿洲
小型：滋泥泉子绿洲
乌苏市
奎屯市
沙湾县
石河子经开区
甘泉堡经开区
奇台县
木垒县
向西：参与区域创新与开放
马吉克工业园区
沙湾工业园区
奎屯经开区
石河子高新区
石河子市
玛纳斯县
呼图壁县
五家渠国家高新区
五家渠市
五家渠工业园区
乌鲁木齐高新区
阜康市
北庭工业园区
吉木萨尔县
奇台县工业园区
木垒民生工业园区
小型：奇台绿洲
独山子区
玛纳斯工业园区
呼图壁工业园区
昌吉国家高新区
昌吉市
十二师
昌吉高新区
乌鲁木齐经开区
小型：木垒绿洲
天 山 生 态 屏 障
至哈密
20km
乌鲁木齐
50km
160km
天 山 生 态 屏 障
乌鲁木齐县
达坂城文化
达坂城区
小型：达坂城绿洲
托克逊能源重化工园区
高昌故城
吐鲁番经开区
鄯善石材园区
鄯善工业园区
小型：鄯善绿洲
托克逊县
高昌区
空间故城
鄯善县
小型：托克逊绿洲
小型：鲁克沁绿洲
向东：协同文旅发展
库木塔格沙漠
至哈密
向南：辐射库尔勒及南疆
天 山 南 坡
库尔勒市

都市圈区域发展格局分析图

围发展区建设'1小时交通圈'"的空间框架。

（2）强化合作共建与协调多方诉求，探索了兼具战略性、务实性的行动框架。一是注重长远思考、系统谋划，落实对外开放、能源与粮食安全及民族融合等国家战略要求，共建五大高质量发展空间，聚焦生态保护、设施建设及产业发展等诉求，明确六大协同布局，整体形成自上而下与自下而上并重的行动框架。二是推动行动转化为具体实施项目，明确统一的"建设布局—建设标准—建设时序"等要求，确保都市圈协同发展的各项工作落地落细落实。

（执笔人：曾小成、谭琦川）

南京市国土空间总体规划（2021—2035年）

编制起止时间： 2019.10至今
承担单位： 上海分院
主管总工： 张菁　　**分院主管总工：** 郑德高、陈勇　　**主管主任工：** 柏巍
项目负责人： 杨保军、张永波、闫岩
主要参加人： 陆容立、张超、康弥、朱碧瑶、蒋成钢、靳文博、潘磊、尹俊、吴春飞、刘世光、周鹏飞
合作单位： 南京市规划设计研究院有限责任公司、南京市城市规划编制研究中心、南京国图信息产业有限公司、南京市城市与交通规划设计研究院股份有限公司、南京市国土资源信息中心

背景与意义

按照国家空间规划体系改革新要求，2019年10月，南京市国土空间总体规划编制工作启动。结合19项专题研究、28项专项规划，于2022年9月形成成果草案、进入报批程序，南京成为最早上报完整国土空间总体规划成果的国批城市之一。截至2023年底，《南京市国土空间总体规划（2021—2035年）》已经过自然资源部内部审查、相关部委第一轮意见征询，待呈报国务院批示。

项目推进过程中，结合地方国土空间治理体系建立了部门合作、市区联动的有效机制，并紧密配合自然资源部、江苏省自然资源厅等，在编制内容、技术方法、成果规范等方面先行先试、探索积累相关经验。

规划内容

（1）立足国家要求、区域担当，谋划城市长远目标。面向双循环新格局，融入长三角更高质量一体化发展，从江苏、中国、世界三个层面，研判城市核心功能，聚焦全国先进制造业基地、东部产业创新中心和区域性科技创新高地、东部现代服务业中心、区域性航运物流中心建设，明确城市性质为"江苏省省会、东部地区重要的中心城市、国家历史文化名城、国际性综合交通枢纽城市"。

（2）坚持生态优先、集约发展，构筑理想空间格局。以科学划定"三区三线"为前提，以生态安全、集约高效、凸显特色为原则，构建"南北田园、中部都市、拥江发展、城乡融合"的全域国土空间开发保护格局，锚固和修复蓝绿空间，推动耕地保护与乡村振兴互促，进一步优化"都心（中心城区）升级、副城集聚、新城支撑"的城镇体系，统筹增量利用、存量盘活、质量提高，支撑内涵发展。

（3）聚力现代化人民城市建设，深化空间规划策略。推动绿色转型，加强长江保护和滨江特色塑造，引领沿江协同保护。彰显古都魅力，完善历史文化保护传承体系，打造国家文化高地。强化创新驱动，保障先进制造业布局，构建了"一芯两带、双核多点"的创新空间结构。优化交通体系，建设高效畅达的绿行枢纽都市。完善公共服务设施与城市生命线网络，营建宜居韧性智慧城市。

创新要点

（1）建立与规划治理架构相衔接的"战略引领、刚性管控"技术逻辑。基于

南京都市圈一体化格局示意图
（2022年10月公示）

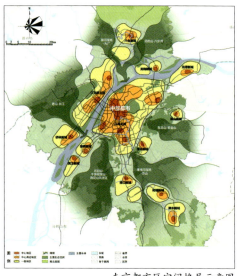

南京都市区空间格局示意图
（2022年10月公示）

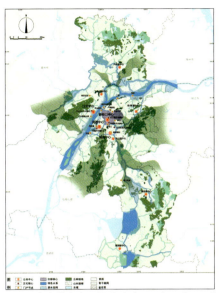

市域特色空间格局图（2022年10月公示）

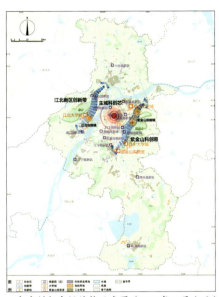

市域创新空间结构示意图（2022年10月公示）

老城历史文化保护规划图（2022年10月公示）

国家要求、历史定位、市民诉求、国际规律等研判城市战略定位，面向全域全要素、分级分类、全流程的国土空间用途管制与引导，从耕地保护、生态修复、区域协同、城乡格局、产业创新、宜居品质六个主要方面的现状评估与问题认知出发，设定空间支撑方面的关键衡量指标，制定高质量发展为导向的空间利用策略。

（2）按照"生态约束、总量框定、内涵提升、质量提高"的原则，科学研判城市规模与绩效。建立以"碳排放容量"和"生态服务容量"为约束的承载力评价体系，以碳峰值限定人口极限规模，以生态服务水平限定土地极限规模。基于"人、地、房、财"开展空间绩效评价，并将空间绩效目标作为发展规模预测与分配的基本依据。建立用地增量配置和年度供地计划与"流量利用、存量盘活、质量提高"三挂钩机制，以国土空间高质量利用支撑发展方式转型。

（3）统筹底线观、历史观、区域观，传承与优化理想空间格局。立足自然本底与发展现状，以保障生态、农业和城市生命线安全格局为前提，以建立城镇化稳定阶段的城市理想形态为导向，衔接区域重要廊道，遵循城市空间组织规律，系统谋划新时期的城乡空间布局。延承南京"多心开敞、轴向组团"的都市区经典格局，强化以新街口为中心、半径40km圈层的集约高效发展；以南北两片生态田园为主体，探索特大城市周边乡村地区的特色发展路径；突出与江共生、拥江发展，让长江从城市边缘向城市中轴转变；依托放射形交通廊道，强调轴向组团、串珠状布局，使城镇空间与山水田园镶嵌，增进城乡融合。

实施效果

（1）同城市发展与地方施政紧密结合，有效发挥了战略预研、方案预设和风险预警作用。作为市域国土空间保护、开发、利用、修复的行动纲领，规划关于目标愿景、理想格局、区域协同等的核心观点，写入党代会、政府工作报告等，得以锚固并贯彻；关于产业创新载体布局、人—地—房耦合布局等的多情景、多方案比选，为市委、市政府相关重大决策和空间资源供给提供了参考；关于生态安全格局、低效用地再开发等方面的研究，推动了相关法规和技术规范的制定。

（2）依托部门互动和市—区—镇联动的工作机制，有效统筹了规划管控与空间保障服务作用。一方面，衔接专业部门和专项规划，保障重点空间要素供给；另一方面，按照"市级战略—区级传导—镇级实施"的层次，保障规划意图落地，充分吸纳各层级在功能定位、空间布局、支撑体系等方面的合理诉求。

（3）规划编制和管理制度创新相互支撑、双向反馈，同步推动国土空间规划相关的地方立法。例如，《南京市国土空间规划条例》《关于加强保护传承营建高品质国家历史文化名城的实施意见》《南京市长江岸线保护办法》等。

（执笔人：朱碧瑶）

石家庄市国土空间总体规划（2021—2035年）

编制起止时间：2020.9至今
承担单位：区域规划研究所
主管总工：张菁　　　主管所长：陈明　　　主管主任工：陈睿　　　项目负责人：商静、张强
主要参加人：谭杪萌、陈宏伟、孙建欣、魏保军、伍速锋、张丹妮、范锦、康浩、陈志芬、曹雄赳、张春洋、
　　　　　　沈宇飞、张亦瑶、陈兴禹、刘冠琦、张思家、白颖
合作单位：石家庄市国土空间规划设计研究院有限责任公司

背景与意义

为贯彻落实《中共中央、国务院关于建立国土空间规划体系并监督实施的若干意见》，按照自然资源部和河北省委、省政府统一工作部署，优化国土空间开发保护格局，促进国土空间治理体系和治理能力现代化，编制《石家庄市国土空间总体规划（2021—2035年）》。

本规划是石家庄市域国土空间保护、开发、利用、修复的总纲，是编制县（市、矿区）国土空间总体规划、详细规划的依据，是相关专项规划的基础，为石家庄全面建成现代化、国际化美丽省会城市提供空间支撑和保障。

规划内容

（1）强化区域协调，增强省会能级。一是"链接京津"，全方位拓展与北京、天津、雄安新区合作的广度与深度；二是"畅通通道"，强化与天津、青岛等重要出海口的交通联系；三是"强化带动"，规划建设石家庄都市圈，带动京津冀南部功能拓展区高质量发展。

（2）协调矛盾冲突，推动国土空间格局优化。针对石家庄地跨太行山地和华北平原的地理格局特点，以"双评价"、地下水承载能力、大气扩散条件以及基础设施支撑等多方面的分析为依据，差异化识别分区管控要点，实现开发保护格局与资源环境承载能力的最优配置。

（3）推动新型城镇化，促进城乡融合布局。通过"强中心""优县域""聚廊道"的规划策略，强化以中心城区和正定为核心的服务能级，提升县城产业功能和综合承载能力，实现城镇协同和集约高效布局。

（4）立足补齐短板，提升城市宜居品质。坚持"二环"内做减法，有序疏解低效功能，推动城市更新，提升城区宜居环境品质；坚持"二环"外做乘法，推动拥河发展，优化城市功能布局，促进职住平衡，提升城市运行效率。

京津冀及周边城市综合联系强度分析图

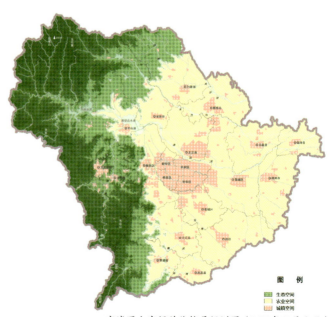

市域国土空间总体格局规划图（2022年10月公示）

创新要点

（1）突出规划的战略性。充分保障京津冀协同发展战略意图落实，在区域格局中精准把握石家庄在科技创新、双循环格局以及省会综合服务等方面的综合优势，增强城市创新服务与产业能级，更好发挥对区域的辐射带动作用。

（2）关注人对空间的需求。一是通过大数据分析和社会学调查研究相配合，发现县城、乡村双向居住与就业的特征，打造适合平原地区机动车出行特点的半小时县乡日常活动圈；二是中心城区层面结合宜居单元开展居住、就业、公共服务、开放空间等评价，针对性地提出更新用地的调整要求，强化功能织补。

（3）注重科学性研究。运用"双评价"、大数据、通风模拟等科学分析手段，破解石家庄当前面临的问题挑战与矛盾冲突，提出国土空间格局与布局的系统性优化解决方案。在通风廊道划定中，根据区域风场条件、地表通风潜力、生态冷源，综合确定廊道级别和位置，结合城市绿廊、河流和干道、公园绿地，连通外围生态冷源，改善城市内部通风环境，缓解城市热岛效应。

（4）突出统筹协调作用。一是市县两级规划上下联动编制，市级规划突出对县级规划的引导与管控，在市级统筹下形成全市开发和保护的最优方案。二是在市县传导方面，对各县发展条件、土地利用绩效、规划实施效果进行评价，建立奖惩机制，实现全域空间资源的集约高效配置。三是在详细规划传导方面，加强人、地、房等基础数据分析，识别住宅过量地区与高空置率地区，在单元传导方面采用上、下限弹性控制引导。

实施效果

（1）强化规划传导：落实总体规划，系统推进生态修复规划、城市设计等专项规划编制，对下位规划编制起到有效的指导与约束作用。

（2）多维支撑落实：构筑九大支撑平台，实施十大专项行动，建设四个中心，制定支持五大产业集群等系列措施，加强总体规划的落地实施。

（3）推动更新提质：围绕城市空间结构，推动实施69个城市更新项目，不断补齐城市功能短板、大幅提升城市公共服务水平与居民幸福感满意度。

（执笔人：张强）

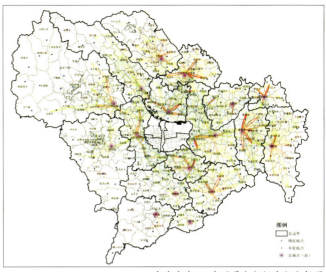

市域城乡OD交通量大数据出行分析图

市区通风廊道识别分析图

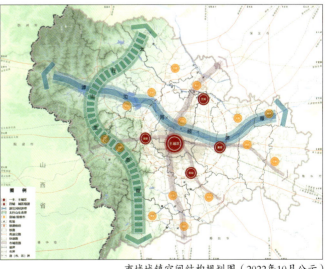

市域城镇空间结构规划图（2022年10月公示）

长春市国土空间总体规划（2021—2035年）

编制起止时间： 2018.1至今

承担单位： 住房与住区研究所

主管总工： 张菁、官大雨　　　**主管所长：** 卢华翔　　　　　　　**主管主任工：** 焦怡雪

项目负责人： 余猛、庹川　　　**主要参加人：** 侯玉柱、叶竹、曹永茂、高恒、周博颖、赵峰、葛文静

合作单位： 长春市规划编制研究中心（长春市城乡规划设计研究院）

背景与意义

长春是"一带一路"北线重要节点城市、具有国家战略意义的工农产业基地、国内一流的智力和技术密集型城市，拥有全国面积最大的中心放射式城市格局，也是著名的园林城市，连续十次入围"中国最具幸福感城市"。

规划坚持以习近平新时代中国特色社会主义思想为指导，深入贯彻党的二十大精神，忠实践行习近平总书记视察吉林重要讲话重要指示精神，立足新发展阶段，完整准确全面贯彻新发展理念，服务和融入新发展格局，统筹发展与安全，紧紧抓住推进东北振兴发展的历史机遇，全面落实吉林省"一主六双"高质量发展战略，加快推动长春现代化都市圈建设，构建山、水、城、乡有机融合的国土空间格局，为长春振兴发展率先实现新突破提供空间保障。

规划内容

（1）城市性质。综合考虑长春的自然资源禀赋及在东北亚经济地理格局中的重要作用，提出长春的城市性质为吉林省省会，东北亚区域性中心城市，国家重要工业基地、现代农业和科教创新城市，国家历史文化名城。

（2）总体思路。长春地处东北平原腹地，国土空间总体格局为"一城两山七田半分水"，呈现出广袤农业平原中点状城镇分布的空间特点。基于长春的城市发展阶段及国土空间特征，规划着重探索弱生态约束条件下的增量引导和存量优化管控，以落实战略目标，提高用地利用效率，保护生态空间及基本农田，实现国土空间格局的优化。重视发挥本底价值，挖掘城市产业和科创优势，打造开放平台和综合枢纽，建设底蕴雄厚的创新长春；重视转变发展方式，推进生态文明建设，落实"双碳"目标，促进资源节约集约利用，建设山青水碧的绿色长春；重视以人民为中心，让服务空间可以享受、绿色空间可以亲近、历史空间可以感知、艺术空间可以品味，建设有温度、有品质的精致长春。

创新要点

（1）探索了以"要素整合"为核心的技术思路，通过资源价值再挖掘、破除区域藩篱、消除同质竞争等方式，优化资源配置，形成发展合力。一是以枢纽门户体系及通道构建降低发展成本，改变远离经济发展重心的区位劣势；二是系统梳理城市板块资源，统筹整合园区发展，提升发展效率；三是注重对城市优质公共资源的开放与共享，通过打开科教、文化、绿色空间围墙，采用以人为本的空间营造模式，形成创新发展的良好氛围。

（2）探索了弱生态约束下的空间管控策略，以管理约束代替本底约束，全面统筹生态、城镇和农业三类空间，构建全域国土空间保护和利用格局。秉持市域建设用地总量不增加、城乡建设用地规模适

长春市双阳区水稻实景

度缩减的原则，将规模落实为全域、分层级的开发强度控制，根据主导功能设定各类用地的开发强度上限。强化增量和存量并重的规模管理，通过盘活低效用地，不断加大存量用地供给，逐步减少新增建设用地规模，并根据发展阶段明确增存用地的供给策略和时序。

（3）探索了战略目标与空间要素结合的规划方法，以战略传导推动统筹发展，强化空间落实。构建支撑定位的空间保障体系，围绕城市发展目标落实主要功能布局、制定行动计划并落实到实施行动要点，保障了规划目标的可实施性。

（4）探索了"人、产、地"精准匹配的规划手段，将人口、产业和用地相结合提高空间效率。根据各板块的现状及发展态势，推动人口与用地的精细化布局，实现人口、产业和用地的相互匹配，提高空间发展绩效。识别城市社会空间及居住、就业特征，推动居住结构、就业结构和社会结构的空间匹配，推动职住平衡，并在街道层面提出就业、居住用地供给策略及公共服务设施的增补策略。

实施效果

规划编制全过程有效指导了城市社会经济发展与建设。规划初步成果形成后，其核心内容纳入长春市"十四五"规划，实现了国土空间规划与发展规划的统一。在总体规划指导下，编制了各区县国土空间总体规划、中心城区各片区详细规划以及多个部门的专项规划，构建了上下贯通、左右叠加的国土空间规划体系，形成全域发展一盘棋。同时，运用共同缔造理念，在政府、专家、市民多个层面形成广泛共识，推动一系列行动计划落地实施。

（执笔人：庹川）

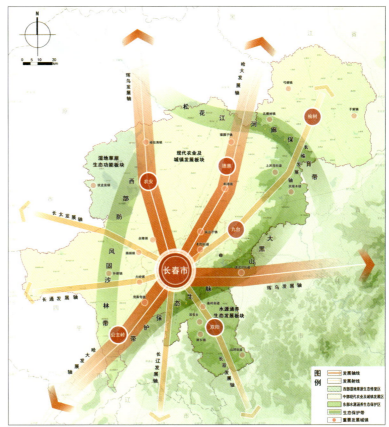

市域国土空间总体格局示意图（2022年10月公示）

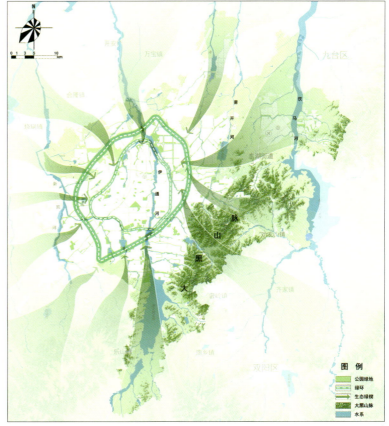

中心城区绿地系统和开敞空间规划示意图（2022年10月公示）

合肥市国土空间总体规划（2021—2035年）

编制起止时间：2020.3至今
承 担 单 位：村镇规划研究所
主管总工：张菁　　　　　　　　**主管主任工：**刘泉
项目负责人：陈鹏、魏来　　　　**主要参加人：**国原卿、张昊、张洁、王潇、王磊、许顺才
合 作 单 位：合肥市规划设计研究院

背景与意义

合肥是长三角重要的中心城市、综合性国家科学中心、共建"一带一路"和长江经济带战略双节点城市。

《合肥市国土空间总体规划（2021—2035年）》是合肥面向社会主义现代化城市建设所制定的空间蓝图和战略部署，是国土空间保护、开发、利用、修复的行动纲领。

规划内容

（1）明确城市战略定位。合肥的城市性质是安徽省省会，长三角地区重要的中心城市，全国性综合交通枢纽城市；核心功能定位是中部先进制造业基地，区域性科技创新高地，国际航空货运集散中心（待批复）。

（2）统筹划定三条控制线。数量和质量并重，划定耕地和永久基本农田保护红线；科学划定生态保护红线；按照集约适度要求划定城镇开发边界。

（3）优化空间格局。按照"中心引领、两翼齐飞、多极支撑、岭湖辉映、六带协同"的要求，构建"一城一湖一岭、两翼多极六带、三环三楔三区"的空间格局，体现了合肥城湖共生、促进区域均衡、传承历史经典等特征。

（4）提升城乡宜居品质。构建"多中心、组团式、网络化"的空间结构，有

合肥市域国土空间总体格局规划图（2022年3月公示）

序推动城市更新改造，塑造"大湖风光、江淮风韵、创新风尚"的风貌意向。

（5）强化支撑保障。构建历史文化保护、综合交通、基础设施、综合防灾等空间体系。建设国土空间规划"一张图"，完善规划实施政策机制。

创新要点

习近平总书记2016年、2020年两次考察安徽时分别作出重要讲话，称赞合肥是养人的地方、创新的天地，提出要让巢湖成为合肥最好的名片。规划以落实国家战略、践行责任使命、满足人民向往为导向，进行了创新探索。

（1）落实国家战略，建设创新之城。支撑未来大科学城、科大硅谷等重大科创平台建设，保障量子信息国家实验室、合肥光源等"国之重器"落地。划定工业产业区块线，支持"芯屏汽合、集终生智"等重点产业链发展空间。

（2）践行责任使命，建设生态之城。构建"三环"（城市休闲内环、城市活力绿环、田园游憩外环），重现"绿环绕城"意象；重塑"三楔"（董铺—大房郢水源地绿楔、滨湖湿地绿楔、紫蓬山绿楔），再现经典"风扇布局"。实施巢湖梯级湿地网络修复，打造江淮运河"百里画廊"。

（3）满足人民向往，建设养人之城。凸显"群湖为核"的空间特色，按照"一湖一中心"模式构建城市公共活动中心体系。依托南淝河、十五里河等主要河流和城市廊道，打造约80km长的城市新"翡翠项链"。

（执笔人：陈鹏、魏来、国原卿）

合肥新"翡翠项链"规划图（2022年3月公示）

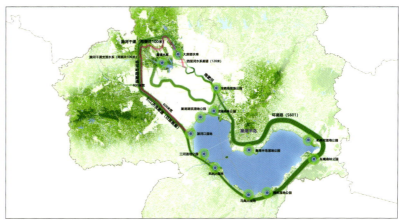

合肥"三环三楔"格局图（2022年3月公示）

合肥城市公共活动中心体系规划图（2022年3月公示）

福州市国土空间总体规划（2021—2035年）

编制起止时间：2019.12—2024.7
承担单位：中规院（北京）规划设计有限公司
主管总工：张菁　　　　公司主管总工：朱波、黄继军、全波　　　主管所长：李铭　　　主管主任工：胡继元
项目负责人：徐有钢、黄道远　　主要参加人：吴嘉玉、刘芳君、高文龙、刘军华、林忠银、汤小华、葛小凤、谢骞、刘颖慧、李鑫
合作单位：福州市规划设计研究院集团有限公司、福建师范大学地理研究所、福建省国土资源勘测规划院

背景与意义

福州地处东南沿海，具有东与台湾一水相隔，北承长江三角洲，南接珠江三角洲的战略区位。《福州市国土空间总体规划（2021—2035年）》秉承弘扬习近平总书记在福建、福州工作期间的重要理念和重大实践，围绕现代化国际城市建设目标，整体谋划全市国土空间开发保护格局，为福州全方位推进高质量发展提供空间支持。

规划内容

（1）构建开发保护新格局。坚持生态优先、绿色发展，以资源环境承载力与国土空间开发适宜性为基础，把"三区三线"作为严守资源安全、调整经济结构、推进城镇化的底线，构建"东进南下、沿江向海"的市域国土空间开发保护总体格局，引导中心城区空间发展从"单中心"向"多中心、组团式、网络化"转变。

（2）完善协同发展新体系。发挥省会引领带动作用，落实福州都市圈、闽东北协同发展区等区域发展战略，推动区域设施共建、环境共治、产业共兴。以"双港"为引领，以快速交通廊道为骨架，构建城镇、产业与交通一体化格局，促进山区和沿海城市、小城镇、乡村协调发展。

（3）赋能存量空间新价值。将全域土地综合整治、低效用地再开发、城市更新等创新做法融入规划，推动老城区、老旧小区、旧厂区提质升级，通过盘活存量，补齐城市功能短板，助力产业转型，实现城市空间结构调整。

（4）彰显魅力国土新特质。突出滨江滨海资源特色，加强历史文化遗产保护和特色风貌塑造，引导城市景观格局从"小山水"走向"大山海"，构建"景观地、景观廊道、景观区"等点线面相结合的特色景观体系，综合提升国土的自然与文化价值。

（5）建构规划实施新机制。强化总体规划对详细规划的传导，建立指标控制、底线管控、清单管理、政策要求、项目落地"五位一体"的传导机制，加强对基础设施、资源能源、生态环保、历史文化等专项规划中开发保护内容的空间性约束和指导性要求。

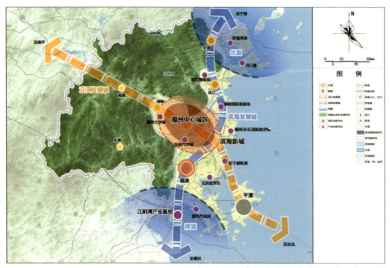

福州市域国土空间总体格局（2021年8月公示）

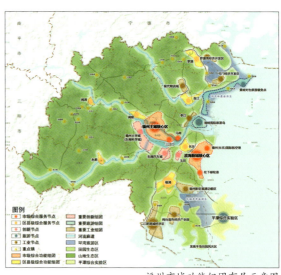

福州市域功能组团布局示意图

创新要点

（1）以流域为单元，强化生态协同治理。针对福州所处的东南沿海地区独流入海的小流域地理特征，从生态系统完整性角度，跨行政界线划分闽江、敖江、龙江等五个"流域—海湾"生态保护和治理单元，形成"上游—中下游—近海"生态协同治理和土地统筹优化模式，制定全市一盘棋的山水林田湖海系统治理方案。

（2）加强陆海统筹，深化山海协作发展。按照"山海协作、核心引领、湾区联动、板块集聚"思路，统筹协调沿海、山区发展的空间需求，优化山海一体的基础设施布局。以海岸带、海岛（链）、海湾和海洋自然保护地为支撑，构建海洋生态保护网络；以福州新区滨海新城、丝路海港城为支点，划定120km²陆海统筹重点地区，构建环湾集聚、岛城互动的陆海统筹发展新格局。

（3）强化设计引领，提升山水城市品质。传承福州城市传统山水格局，彰显"海滨城市、山水城市"风貌特色，确定"凭山水以立城、依山水以定城、融山水以塑城、借山水以秀城、游山水以荣城"的山水营城策略，结合大数据分析、场景模拟、街道画像等数字分析手段，探索了总体城市设计与国土空间总体规划的结合方法。

（4）应对气候变化，保障海滨城市韧性安全。受全球气候变化等因素影响，福州遭受台风和风暴潮侵袭的平原低地排涝压力加大。规划以江河系统治理为重点，构建流域间"分区防守、局部沟通、分流入海"和流域内"上蓄、中疏、下挡"的防洪安全保障格局，重点加强防波堤、护岸、沿海防护林等防护设施和渔港、避风锚地等海岸带防灾减灾设施建设。

（执笔人：徐有钢、黄道远）

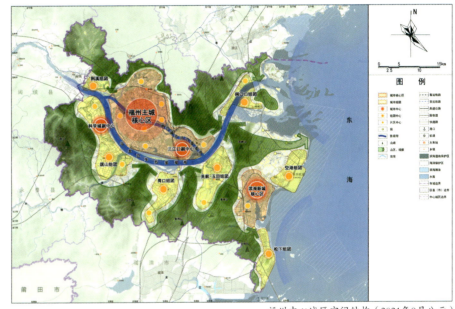

福州中心城区空间结构（2021年8月公示）

结合总体城市设计的山水营城地标系统构建

南昌市国土空间总体规划（2021—2035年）

编制起止时间：2020.7至今

承担单位：绿色城市研究所、城市设计研究分院、城市交通研究分院、城镇水务与工程研究分院

主管总工：张广汉 主管所长：董珂 主管主任工：谭静

项目负责人：林永新、李刚

主要参加人：谯锦鹏、吴淞楠、牛玉婷、王梓琪、王亮、刘世伟、解永庆；刘力飞、黄思瞳、周瀚、谢婧璇、刘禹汐；
毛海虓、杨忠华、姚伟奇、王雨轩、党博雅、李潭峰；田川、李宁、程小文

合作单位：南昌市城市规划设计研究总院集团有限公司、时空云科技有限公司

背景与意义

为落实《中共中央 国务院关于建立国土空间规划体系并监督实施的若干意见》和《全国国土空间规划纲要（2021—2035年）》等相关要求，编制《南昌市国土空间总体规划（2021—2035年）》。

规划贯彻落实习近平总书记考察江西重要讲话精神，围绕江西在中国式现代化新征程上"走在前、勇争先、善作为"的使命担当和南昌市打造"一枢纽四中心"目标要求，为将南昌建设成为中部地区崛起的重要增长极、融入双循环新发展格局，推进以人民为中心的高质量发展，科学描绘全市开发、保护、利用的空间蓝图。

规划内容

规划以体现南昌在区域中的资源禀赋特色、发挥比较优势为目标，全面梳理并识别各类资源禀赋的价值，突出鄱阳湖流域生态保护和省会大都市高质量发展两个最主要的区域禀赋价值，作为规划的两条主线贯穿全局。

（1）在评估评价中，聚焦妨碍禀赋价值的空间问题风险。生态主线最突出的风险是长江流域枯水期水文变化和极端气候导致的极端水文条件对生物多样性的严重威胁；发展主线突出的风险是城市粗放发展的惯性。

（2）在区域协同中，提出基于禀赋相对优势的区域分工协作。在发展主线上，向西与武汉、长沙共同打造新时代的长江中游"三城记"，成为双循环中的国家战略地区；在生态主线上，向东衔接浙皖赣地区，共同建设世界级休闲魅力区，将南昌世界级的生态优势通过区域协作转

区域协同示意图

三大空间协调模式图

城绿融合全域衔接模式图

市域国土空间总体格局规划图
（2022年10月公示）

鄱阳湖滨四类候鸟觅食地规划示意图

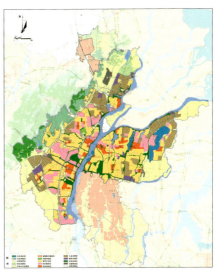

中心城区国土空间规划分区图
（2022年10月公示）

化出来。

（3）在空间战略中，聚焦于协调不同禀赋之间的空间冲突。将"大湖—大城"关系作为规划的核心，以"大野—大疏—大密"为原则，做到生态、农业、城镇的核心空间互不干扰，交融空间功能复合，再转化为布局总图和分项图。

（4）在空间对策中，聚焦解决禀赋价值存在的关键问题。在生态主线中，主要采取建设世界候鸟天堂，构建三网融合的生态格局，提升农业对生态和都市服务的多维价值，塑造全域魅力空间等措施。在高质量发展主线中，主要采取市域集聚开发、控制乡村蔓延，划定都市区开敞空间、平衡城市功能布局，培育创新动能、提高地均产出、促进低效存量用地再开发等措施，从多个空间尺度提高开发效率，解决"城市病"。

创新要点

1. 基于自然地理格局和演变规律，制定针对性的规划策略

南昌的自然地理格局特色是"北洲、南泽、西山、东湖"，规划分析了各个板块在自然资源演变、农业发展、乡村聚落、景观风貌等方面的不同特征。基于自然地理特征，构建各板块的生态、农业、城镇空间格局；基于演变规律，识别核心要素与敏感易损要素，明确生态要素保护利用和整治修复重点；基于不同板块的自然景观条件，塑造全域城乡景观风貌；挖潜不同板块标志性自然地理地区，塑造魅力空间。

2. 构建城绿融合、全域衔接的生态—绿地空间体系

基于打通城市绿地系统和市域生态系统的目标，以城郊地区的郊野绿楔和都市区的城市绿廊为衔接重点，通过生态保护区—生态控制区—林业发展区—生态廊道—郊野绿楔—城市绿廊—城市绿地的互相衔接，构建城市绿化与自然生态融合成网的生态—绿地体系。

3. 完善以候鸟为重点的生物多样性保护网络

鄱阳湖候鸟栖息地生态功能的恶化，主因是水文环境的巨大变化，划定生态红线不足以解决问题。规划提出构建四类候鸟觅食地。第一类觅食地，依据候鸟分布位置提出扩大自然保护区；第二觅食地为碟形湖，按照水文涨落规律进行生态修复；第三类觅食地为环鄱阳湖岸线鸟类友好农业带，是生态农业复合空间，作为应急和备用的觅食地；第四类觅食地为利用现有鱼塘和低洼地改造的鸟类湿地公园，利用湿地公园招引鸟类，开展观鸟活动，促进生态产品价值实现。

4. 促进城区职、住、服平衡，防治"城市病"

城市尺度，从超大圈层走向分片平衡，形成2个主城片、4个副城片，每个片区具有相对完整城市功能；片区尺度，形成就业—居住—服务"多对多"的功能关系，重点补充片区服务中心和就业空间；组团尺度，构建覆盖全城的15分钟街道生活圈，健全日常生活设施，便利短途出行。

（执笔人：林永新、李刚）

郑州市国土空间总体规划(2021—2035年)

编制起止时间: 2018.10至今

承担单位: 历史文化名城保护与发展研究分院、城市交通研究分院、中规院(北京)规划设计有限公司

主管总工: 郑德高、官大雨   **主管主任工:** 苏原、赵霞

项目负责人: 鞠德东、汤芳菲、钱川

主要参加人: 付彬、许龙、杨新宇、杜莹、闫江东、卞长志、李长波、苏月、张凤梅、王现石、汪琴、周琪皓、孔烨、郭紫波、刘云帆、赵一新、孔令斌、李凤军、张铮、陈丽莎、谢昭瑞、王宁、雷连芳、印璇

合作单位: 郑州市规划勘测设计研究院、河南大学规划设计有限公司、上海第一财经传媒有限公司、中国人民大学、中国农科院农业经济与发展研究院、南京大学、上海师范大学、郑州大学、北京地格规划顾问有限公司

背景与意义

2019年5月,《中共中央 国务院关于建立国土空间规划体系并监督实施的若干意见》发布,明确指出"国土空间规划是国家空间发展的指南、可持续发展的空间蓝图,是各类开发保护建设活动的基本依据"。

郑州市是河南省省会、中部地区重要的中心城市、国家历史文化名城、国际性综合交通枢纽城市。2020年郑州市经济总量为1.2万亿元,常住人口规模1260万人,城市经济总量和人口规模快速增长,以郑州为核心的都市圈发展格局基本形成。郑州在迈向建设国家中心城市的进程中面临着安全韧性、耕地保护和生态系统底线亟待建立,战略功能转型发展需要有效空间支撑,国土空间开发保护一盘棋治理能力亟待提升等诸多挑战。

本规划以习近平新时代中国特色社会主义思想为指导,深入贯彻国家生态文明体制改革的理念,落实黄河生态保护和高质量发展等国家重大区域战略,落实"一带一路"倡议、中部崛起、中原城市群发展等国家和区域政策,围绕郑州建设国家中心城市发展目标,科学有序地推进郑州市域范围内国土空间开发保护总体安排和综合部署,构筑全域农业、生态、城镇空间统筹的国土空间总体格局,坚持高水平保护、高质量发展、高品质生活、高效能治理,全面提升国土空间治理体系和治理能力现代化水平。

郑州周边山水环境(2022年10月公示)

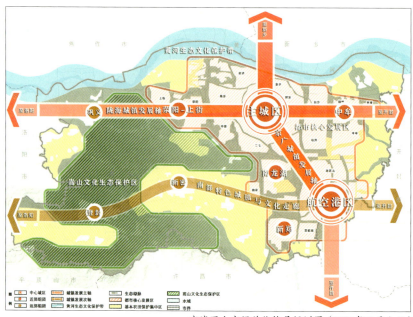

市域国土空间总体格局规划图(2022年10月公示)

规划内容

本规划响应国土空间规划体系改革中系列政策和标准规范的要求，动员全市30多个部门，协同7个县（市、区）进行国土空间总体规划编制，组织了规划、土地、生态、交通、市政、人口、产业、文化、大数据等多专业组成的技术团队全面开展编制工作。规划以"双评价、双评估"为基础，系统梳理了城市发展的空间底盘底数，明确了城市性质和核心功能定位，以"国家中心城市、华夏文明古都"为目标愿景，统筹多向链接的区域空间协同格局，构筑全市和谐共生的国土空间总体格局，形成了特色鲜明的农业空间、山河平原辉映的生态空间、多中心高品质的城镇空间，明确了耕地和永久基本农田、生态保护红线和城镇开发边界，并对全市的魅力景观空间、综合交通体系、基础设施空间等支持要素进行了系统谋划。构建了主城区和航空港区"双核"分工共同承载城市核心功能的中心城区，对于中心城区的功能布局和系统支持全面进行了规划引导。同时对于全面提升空间治理能力的各项政策和规划传导机制进行了谋划。

创新要点

1. 全面贯彻安全韧性城市建设工作主线

规划探索了在市级国土空间总体规划中全方面贯彻安全韧性城市理念的方法和策略，加强了灾害风险评估的系统性前置研究，从区域协同跨界治理、全市生态农业和城镇空间格局统筹、中心城区结构优化和更新提质、生活圈治理能力提升四个空间层次，流域和全市行洪蓄滞空间、生命线保障系统、应急救援防护系统三大体系着手，全面提升城市安全韧性的空间支撑水平，构建系统化的空间策略。

2. 围绕国家中心城市建设促进城市功能转型和空间品质提升

郑州目前处于从区域中心城市迈向国家中心城市的关键转型阶段，在科技创新能力提升、产业空间用地保障、高端服务功能集聚等方面都探索了相应的规划策略和空间支持路径。同时郑州亟待强化城市就业环境和宜居品质对人才流动迁徙的吸引作用，突破高等教育资源短缺、就业岗位吸引力不足、人居环境品质较低、服务能力欠缺、文化魅力不足等困境，全面谋划为城乡居民提供公平、高效、便捷的高质量生产生活生态空间的各项策略。

3. 探索系统提升全域空间治理能力的路径

应对当前郑州市区面积过小，城市建设用地已经向周边县市蔓延生长的实际情况，加强全域一盘棋的空间统筹，市域层面建立多中心组团化的城镇发展新格局，加强城镇密集地区的生态网络建设与交通系统连接，加强郑州与都市圈中开封、许昌、洛阳、焦作、新乡等城市的跨界空间协同，探索合作共建地区，形成规划传导、政策制定、项目行动等多种实施保障策略。

（执笔人：汤芳菲、钱川、王现石）

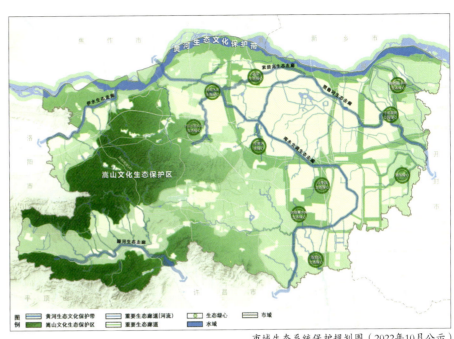

市域生态系统保护规划图（2022年10月公示）

1	区域协同	构筑韧性区域，强化跨界治理机制
2	全域格局	统筹生态系统与城镇空间的关系
3	核心体系	保障流域和全市行洪通道及蓄滞空间
4	基础支撑	加强生命线系统保障能力
5	即时响应	健全应急救援防护系统
6	重点提升	推动中心城区结构优化和更新提质
7	基层动员	提升生活圈防疫防灾治理能力

本次规划对于安全韧性城市建设的系统响应

海口市国土空间总体规划（2021—2035年）

编制起止时间：2019.7至今
承担单位：中规院（北京）规划设计有限公司
主管总工：王凯　　　公司主管总工：尹强、黄继军、全波　　　主管主任工：胡耀文
项目负责人：慕野、张辛悦、王萌
主要参加人：刘舸、赵兴华、徐玉、王琛芳、杨硕、郭紫雨、曾有文、白金、黄思、陈钟龙、黄婉玲、莫庆旭、吴杰、左梅
合作单位：海南国源土地矿产勘测规划设计院有限公司、海南省环境科学研究院、海南省海洋与渔业科学院、国家林业和草原局中南调查规划院、
　　　　　海口市城市规划设计研究院有限公司、海南大学、南京大学

背景与意义

为贯彻落实党中央、国务院关于建立国土空间规划体系并监督实施的重大部署，编制《海口市国土空间总体规划（2021—2035年）》，作为海口市辖区内国土空间开发保护利用修复的总体部署和统筹安排。

《海口市国土空间总体规划（2021—2035年）》坚持"山水林田湖草海岛是一个生命共同体"理念，突出"江海交汇、林田相依，以水定城、产城融合，城乡一体、垦地融合，陆海统筹、区域协同"的特点，统筹优化国土空间格局，聚力将海口打造成为海南自由贸易港核心区。

规划内容

（1）摸清国土空间本底及存在问题。规划对海口市现状国土空间利用情况、经济社会发展情况和发展规律进行了全面分析，通过开展"双评价""双评估"、城市体检等系列工作，对标自贸港建设要求，总结海口市目前面临的五大短板。

（2）高水平建设海口经济圈。充分发挥海口带动作用，联动周边市县，全面提升海口经济圈发展能级，塑造"大海口"综合竞争新优势。在区域层面，强化海空双港引领，构筑双循环通道；强化区

域共治，构建蓝绿一体的区域生态安全格局；强化港城联动，构建高效连通的区域交通体系。

（3）构建生态友好新格局。规划按照"中心优化、东进西提、南育北联"的总体策略构建全域国土空间开发保护格局。

（4）科学划定"三区三线"。规划按照自然资源部要求及省级部署，科学划定永久基本农田、生态保护红线、城镇开发边界"三条控制线"，统筹考虑各类用地布局，形成海口市全域规划分区方案，引导全域国土空间高质量发展。

（5）保障产业高质量发展。规划构

海口市域国土空间总体格局（2021年12月公示）

建自贸引领的开放型产业体系，落实省级产业园区空间方案，整体提升产业能级和产业用地使用效率。

（6）优化全要素资源配置。规划从公共服务、五网设施、资源价值提升等方面提出了具体的发展目标及发展方向，全面建设舒适便利、韧性安全、凸显风貌的现代化、国际化新海口。

创新要点

（1）规划紧扣海南建设自由贸易港的最大实际，深入研究中国香港、新加坡、迪拜等国际自由贸易港案例，对标对表、明确目标、寻找差距、促进提升。规划统筹区域协调发展，打造海南自由贸易港核心引领区；高效供给产业空间，构建自贸引领的现代产业新体系。

（2）规划揭示人口时空分布规律，为优化海口市空间结构、实现职住服平衡提供支撑。通过大数据对人口、设施、商业等分布情况进行分析，发现海口市"形态三组团、功能单中心"的空间格局是形成交通拥堵、公共设施缺位等一系列"城市病"的主要原因。规划通过"中心优化、东进西提、南育北联"的空间举措，推动城市向多组团、网络化的空间结构转变；通过"公服引导、教育先行"的空间策略，加强高水平教育设施在中心城区东西两翼的布局，用优质教育资源吸引旧城区人口向外迁移。

（3）规划落实海洋强国战略，构建

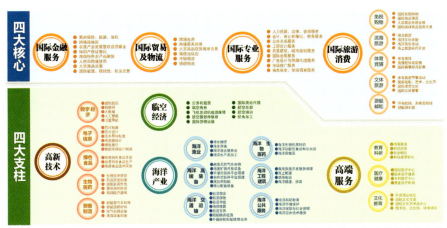

海口市"4+4"开放型产业体系

海口市陆海统筹构想及海岸带分区示意图

腹地、滨海、近海三级发展圈层的陆海统筹格局。腹地圈层重点提升海洋研发领域实力；滨海圈层强化陆海联动的旅游和枢纽服务；近海圈层科学划定七类海洋功能区，实现海洋生态环境的有效保护和海域资源的可持续利用。

（执笔人：张辛悦、慕野）

西安市国土空间总体规划（2021—2035年）

编制起止时间： 2019.3至今
承担单位： 区域规划研究所、深圳分院、城市交通研究分院、历史文化名城保护与发展研究分院、中规院（北京）规划设计有限公司
主管总工： 王凯、张广汉　　　**主管主任工：** 陈睿
项目负责人： 陈明、邵丹、孙昊
主要参加人： 李福映、吕红亮、王继峰、杨新宇、周霞、于鹏、王军、林瀚、翟家琳、李林晴、沈宇飞、秦佳星、朱天琳、陈志芬、
　　　　　　　麻冰冰、许闻博、王慈、杨杨
合作单位： 西安市城市规划设计研究院、陕西华地勘察设计咨询有限公司、西安城市发展资源信息有限公司

背景与意义

国土空间总体规划是统筹全市国土空间保护、开发、利用、修复和指导各类建设的纲领性文件。编制好、实施好西安市国土空间总体规划是西安市全面贯彻新发展理念，支撑促进高质量发展的重要实践。

西安在国家区域协调发展的历史方位中地位重要，规划编制深入落实习近平总书记对陕西省从"五个扎实""五项要求"到"五个新突破"的重要指示，落实好、保障好科技自立自强、现代化产业体系构建、城乡区域协调发展、高水平对外开放和生态环境持续好转等要求，按照国家区域发展战略的高度推进西安—咸阳一体化发展，争当西部示范。

规划内容

1. 创造更具自然与文化价值的国土空间

山水形胜奠定了西安的总体格局，历史文化遗产广泛分布在河边、塬边和山边，农田灌区也是历史文化的重要组成部分。因此，本次规划提出构建生态、文化、农业融合的"大保护"格局，划定生态保护红线、历史文化保护线和永久基本农田保护红线。规划提出加强"一屏一带"生态保护，将"七田"作为耕地优化布局的方向。规划构建连续完整的生态网络，以秦岭、渭河为基础，细化生态修复分区，连通陆域水域生态廊道。

除严格保护以外，规划构建了大遗址带都市圈文化绿心、东南川塬、东西轴线三个重要的文化传承区域，弘扬郊野文化、丝路文化和新中国城市建设文化。

2. 构建安全韧性城市的基础框架

西安地处黄河流域中游，南依秦岭、北临渭河。为应对极端降雨事件增多的现实情况，规划充分利用水库和洼地调蓄，衔接山洪通道和城市河道，形成山城一体的排洪脉络，划定洪涝风险控制线。划定城镇开发边界时，严格避让河道管理范围，有条件的区域避让河道保护范围，还给河流更多自然空间。规划积极构建韧性城市支撑体系，统筹各类供水、能源等专项规划空间需求，落实"平急两用"设施建设要求，提高城市运行安全保障。

3. 形成更趋合理的城市空间结构和功能布局

以西咸一体化为重点推进空间结构优

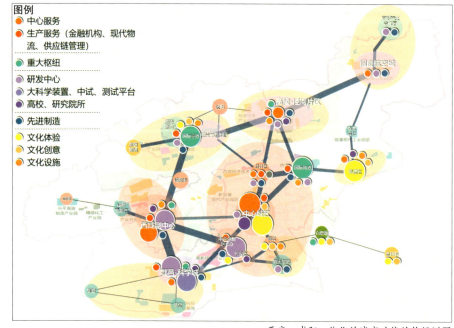

西安—咸阳一体化的城市功能结构规划图

图例
- 🔴 中心服务
- 🔴 生产服务（金融机构、现代物流、供应链管理）
- 🟢 重大枢纽
- 🟢 研发中心
- 🟣 大科学装置、中试、测试平台
- 🟣 高校、研究院所
- 🔵 先进制造
- 🟡 文化体验
- 🟠 文化创意
- 🟠 文化设施

化，形成"一主、一副、六城、多组团"的城镇空间结构。在都市圈统筹组织核心功能网络，在都市圈核心区拓展科技创新功能；整合临空经济区、高陵先进制造业集聚区、阎良航空城空间，支撑构建渭北先进制造业走廊。除发展空间以外，规划提出渭河两岸协同保护利用区，统筹跨河、跨塬、跨铁路等交通基础设施，以及完善同城化水利、能源基础设施建设等要求。

4．全面提升超大特大城市品质和宜居度

社会调查表明优质的工作岗位、城市文化和教育医疗资源是吸引西安人口流入的主导因素。为了保持城市活力、提高职住平衡和公共服务均好程度，规划提出功能"疏解、控制、集聚"三类地区，指导分区用途结构调整。规划完善从宏观到微观的公共服务体系建设，充分发挥西安地铁客流强度优势，分级构建公共交通引领的城市中心体系。微观层面，将详细规划编制单元与社区生活圈相结合，形成与街道范围衔接的技术编制基础与传导管控体系，充分预留公共服务设施增容空间。

实施效果

规划编制与体系建设同步推进。重点建立了以市为主、上下联动的工作机制，制定了专项规划目录清单，深入推进"多规合一"。同时，依托国土空间规划"一张图"实施监督系统，深化国土空间数字化治理，并持续推进体检评估与规划管理工作相融合。滚动识别人口密度高、公共服务设施覆盖低的地区纳入建设计划，不断提升群众满意度。

（执笔人：邵丹）

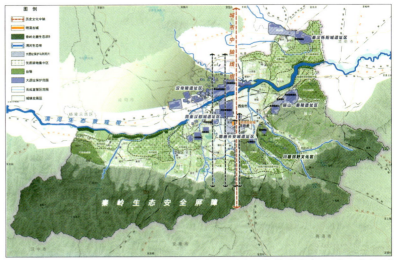

西安市国土空间保护格局图（2022年11月公示）

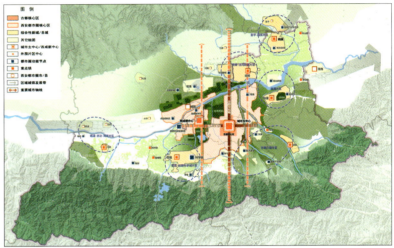

西安市国土空间开发格局图（2022年11月公示）

西安市（含西咸新区）泾渭河协同保护利用区规划指引图

兰州市国土空间总体规划（2021—2035年）

编制起止时间：2020.7至今
承担单位：中规院（北京）规划设计有限公司
主管总工：朱波　　　　　**公司主管总工：**黄继军、全波　　　**主管主任工：**孙青林
项目负责人：李铭、董志海、张敬赛　　**主要参加人：**刘雪源、陈莎、赵鑫玮、陈绍涵、杨爽、王建龙、张新全、肖飞、鹿鑫、田鑫
合作单位：甘肃省城乡规划设计研究院有限公司、兰州市城乡规划设计研究院有限公司

背景与意义

作为唯一一个黄河穿城而过的省会城市，发展与保护相统筹是兰州国土空间规划编制的核心议题。

1. 确保黄河水体健康

2019年习近平总书记视察兰州时提出"兰州要在保持黄河水体健康方面先发力、带好头"。因此，加强生态建设、保持好黄河水体健康是兰州的首要责任。

2. 推动兰西城市群发展，建设带动西北复兴的增长极

建设增长极，带动区域发展是西北省会城市的天然使命。更重要的是，只有发展好兰州，合理地集聚人口，才能促成大区域整体有效保护，从根本上解决全省的生态保护问题。

规划内容

1. 构建"三城协同"发展格局，着力提升兰州城市综合承载能力

规划顺应兰州自然地理格局，提出构建中心城区、兰州新区和榆中生态创新城"三城协同"组合式发展的城镇开发格局，突出省会功能在兰州新区和榆中生态创新城的布局，增强两个

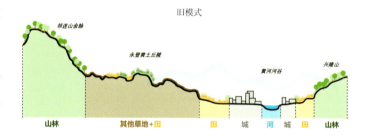

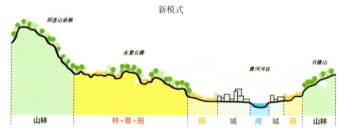

兰州土地利用垂直分布调整示意（永登区域）

兰州自然地理格局分析图

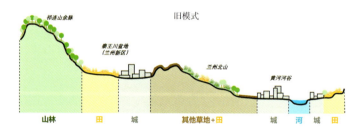

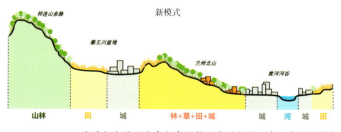

兰州土地利用垂直分布调整示意（新区—中心城区区域）

外围组团人口吸引力，发挥外围组团空间优势，全面提升兰州城市综合承载能力，支撑甘肃国家西北生态屏障建设。

2. 多元化治理水土流失，确保黄河水体健康

综合考虑区位、地形地貌、土地利用、农村人口分布、灌区分布以及生态治理成本等情况，重点在永登县东南部等区域，以小流域为单元实施水土流失综合治理工程，控制水土流失；在兰州新区东南部，通过土地整理将低丘梁峁未利用地分别改造成适合高标准农田建设的台地、平地，增加高质量耕地数量，减少水土流失；在中心城区北部等地区，在规避灾害风险、满足安全前提下，将生态治理与适度城镇建设相结合，实现低成本可持续的水土流失治理。

创新要点

1. 探索通过"省会功能全域化布局"的城镇治理手段，实现"三城协同"格局

中心城区的空间稀缺叠加超大尺度的空间框架是兰州城镇发展的最大挑战，这导致有空间的外围组团难以聚集人，没空间的中心城区无法承载更多的人。为了适应兰州独特的自然地理格局，规划提出"省会功能全域化布局"的城镇治理策略，在每个城市组团构建完整的"国家—省级—本地"三级功能体系，全市建立"223N"的功能分工体系，从而促进外围组团成长为既具备充足就业岗位，又拥有高水平公共服务能力的新的人口聚集中心。

2. 探索"三生"空间融合的生态保护实施路径，实现生态效益和社会效益的统一

兰州段黄河水质好，但是入河泥沙量较大，保持兰州段黄河水体健康的关键在于水土流失治理，高成本水土流失治理

兰州国土空间开发保护格局规划图（2022年4月公示）

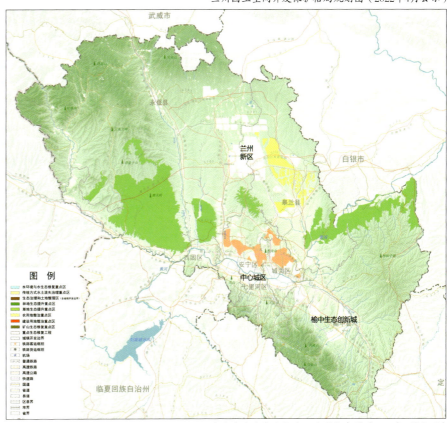

市域水土流失重点治理片区分布图（2022年4月公示）

是兰州持续生态建设的主要挑战。规划通过未利用地的多元化治理方式，把社会活动、社会资本与水土流失治理结合，全面降低生态治理和建设成本；同时在未利用地治理中，把生态治理与耕地保护、公共空间塑造相结合，促进"三生"空间融合，实现生态效益和社会效益的统一。

（执笔人：董志海、张敬赛）

银川市国土空间总体规划（2021—2035年）

编制起止时间： 2019.12—2024.7
承担单位： 中规院（北京）规划设计有限公司、城市交通研究分院
主管总工： 朱波、詹雪红　　**公司主管总工：** 黄继军、全波　　**主管所长：** 李铭　　**主管主任工：** 胡继元
项目负责人： 徐有钢、谢骞　　**主要参加人：** 吴嘉玉、於蓓、刘雪源、王继峰、王建杰、潘霞、刘颖慧、于鹏、周星宇
合作单位： 北京舜土规划顾问有限公司

背景与意义

　　银川地处黄河上游的农牧区过渡地带，西依贺兰山、东临黄河，因得黄河自流灌溉之便利，形成典型的平原绿洲，素有"塞上江南"的美誉。《银川市国土空间总体规划（2021—2035年）》贯彻落实习近平总书记视察宁夏重要讲话和重要指示批示精神，以建设"黄河流域生态保护和高质量发展先行区示范市"为统领，落实《黄河流域生态保护和高质量发展规划纲要》要求，整体谋划国土空间开发保护格局，提升国土空间资源利用效率，推进国土空间治理体系和治理能力现代化，为支撑形成"经济繁荣、民族团结、环境优美、人民富裕的美丽新宁夏"的首府示范提供坚实空间保障。

规划内容

　　（1）顺应自然地理，构建国土开发保护新格局。基于地理格局和资源禀赋，兼顾国家要求、地方需求和民生诉求，统筹划定"三区三线"，确定"三廊三区"国土空间开发保护总体格局。

　　（2）优化农业空间，提升河套灌区农业发展水平。落实国家对河套灌区农业发展要求，稳定种植面积，调整用地结构，确定全域土地综合整治计划，促进农业高效用水与生态平衡、盐碱地改良，提升粮食产量和品质。

　　（3）稳定生态空间，落实黄河上游生态保护要求。结合生态系统特征，围绕"节水、固沙"两大核心任务，制定"西护山、中理水、东治沙"生态保护和修复措施，保障黄河流域银川段水源涵养、防风固沙生态能力持续提升。

　　（4）集约城镇空间，增强沿黄城市群辐射带动能力。以创新转化和对外开放为引领，积极对接亚欧大陆桥和西部陆海新通道，优先保障科技创新、产业创新和高新技术产业用地，提升银川区域带动能力。

银川地理格局分析图

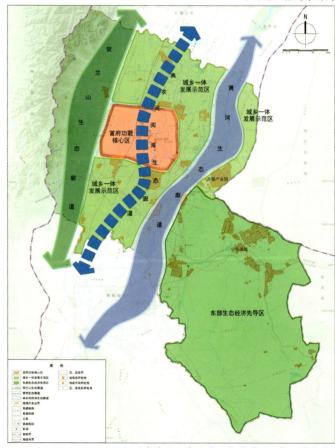

银川市域国土空间总体格局（2022年10月公示）

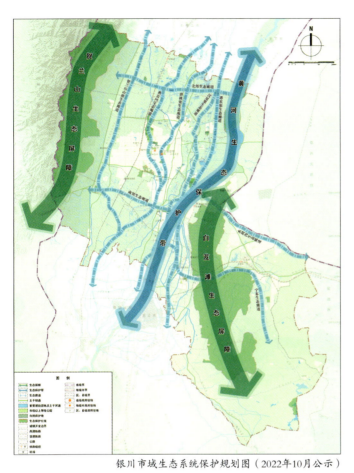

银川市域生态系统保护规划图（2022年10月公示）

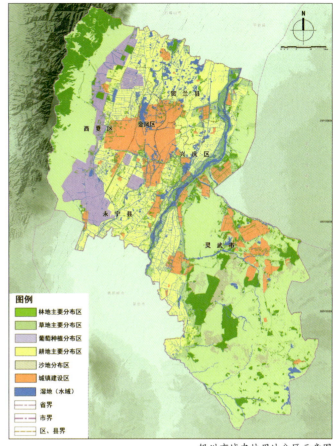

图例
- 林地主要分布区
- 草地主要分布区
- 葡萄种植分布区
- 耕地主要分布区
- 沙地分布区
- 城镇建设区
- 湿地（水域）
- 省界
- 市界
- 区、县界

银川市域农林用地分区示意图

（5）塑造魅力廊道，保护传承弘扬黄河文化。立足"贺兰山下、黄河两岸、长城内外"，加强文化遗产保护和利用，打造贺兰山、典农河、黄河三条生态魅力廊道，串联生态人文要素，塑造"塞上江南"美丽风景线。

创新要点

（1）以水资源为约束，探索水地转换新路径。落实水资源刚性约束要求，从"以需定供"转向"以水定需"。规划根据水资源结构变化调整用地结构，实现"算水账"转换到"算地账"。确定西部山区保水治地、中部平原节水优地、东部荒滩引水养地的配置策略，探索"四水四定"规划分区和空间管控方法。

（2）以农林用地为前提，促进土地利用结构优化。农林用地是落实"保护黄河水资源、保护贺兰山生态、保护河套平原农业"三大国家任务的核心承载空间，规划优先对其进行承载力量化测算和布局优化，落实耕地、湿地保护任务，保障葡萄酒、枸杞特色作物为代表的园地，推动沙地等未利用地转化为生态用地，以此为前提优化建设用地规模、项目选址和布局。

（3）以水系湿地为脉络，构筑"塞上湖城"蓝绿生态网络。城市外围依托西干渠、唐徕渠、汉延渠等灌区水网，形成网络化生态格局；城市内部依托阅海、典农河等湿地水系，连通区域生态，打造"十分钟、半小时、一小时"滨水休闲圈，彰显"塞上湖城、绿色宜居"的城市风貌。

（4）以服务设施为抓手，促进产城融合和城乡融合。将城市外围产业组团划分为城市型、城郊型、独立型三类产城融合单元，结合产业类型和就业结构，制定差异化服务设施，支撑产城融合发展；引导中心城区外围郊区村、城中村集中连片改造，提升土地利用效率和环境品质，打造"中心城镇+农产品供应地+乡村服务地域"城乡服务协同生活圈体系。

（5）注重政策与空间结合，增加规划实施性。按照《自然资源部支持宁夏建设黄河流域生态保护和高质量发展先行区意见》赋予宁夏的倾斜性政策，探索制定银川国土空间的相关试点政策和规则。在生态、农业空间领域，重点明确建设项目管控、生态保护和修复的要求，健全利益补偿机制。针对存量工业用地转型、城市更新等领域，建立促进功能融合发展、土地复合利用的开发机制。综合运用各类增减挂钩、增存挂钩等政策工具，推动规划实施。

（执笔人：徐有钢、谢骞）

乌鲁木齐市国土空间总体规划（2021—2035年）

编制起止时间：2020.9至今
承 担 单 位：西部分院
主管总工：张菁　　　主管主任工：金刚
项目负责人：张圣海、黄俊卿、程代君
主要参加人：吴松、刘博通、曾小成、杨浩、蔡磊、罗欣宇、张浩、王亮、周扬、王茜、陈宗群
合作单位：乌鲁木齐市城市规划设计研究院、乌鲁木齐市自然资源勘测规划院、乌鲁木齐市规划信息中心、中国地质工程集团有限公司、
　　　　　上海同济城市规划设计研究院有限公司、南京大学城市规划设计研究院有限公司、新疆建筑设计研究院股份有限公司

背景与意义

乌鲁木齐是新疆维吾尔自治区首府，是全疆政治、经济、文化中心，也是全疆唯一一个国土空间总体规划报国务院审批的城市。

作为空间规划体系改革背景下乌鲁木齐的第一版总体规划，规划围绕现代化国际城市的总体定位，立足国家对国土空间规划的改革要求，着力聚焦乌鲁木齐国家战略价值重要、兵地空间交融、绿洲生态系统脆弱敏感、水资源紧约束等特征和问题进行研判。

规划内容

（1）完整准确全面贯彻新时代党的治疆方略，聚焦社会稳定和长治久安总目标，整体谋划乌鲁木齐面向2035年中长期发展的空间战略蓝图，建成现代化国际城市。

（2）落实区域开发保护战略要求，坚持兵地一盘棋，立足市域垂直分层自然地理格局，保护天山、荒漠等重要生态区域，推动绿洲高质量发展，构建"天山生态保护区""绿洲集聚发展区""荒漠保育修复区"三区协调的开发保护总体格局。

（3）基于资源环境承载能力和国土空间开发适宜性，构建"3+4+X"的控制线管控体系，包括永久基本农田保护红线、生态保护红线、城镇开发边界"三条控制线"，绿线、蓝线、紫线、黄线"四线"，以及洪涝风险控制线、历史文化保护线等其他控制线。

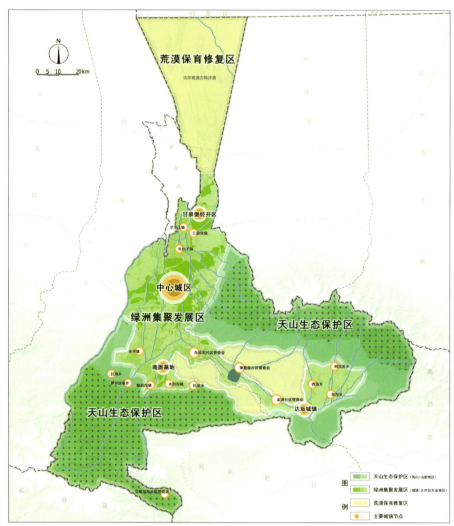

国土空间总体格局规划图

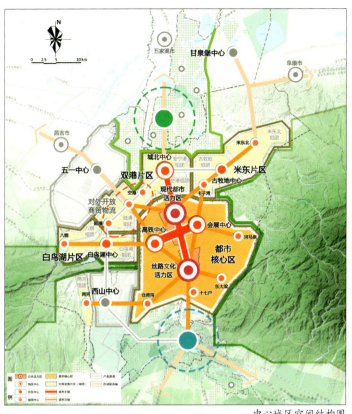

中心城区空间结构图

水资源空间配置示意图

（4）基于中心城区老城地区优质服务资源过度集中，外围产业园区产城失衡等问题，规划提出"南北双控、东西双融、中部双优"空间优化战略，严格南向饮用水源保护区、北向永久基本农田约束，加强西向与兵团第十二师、东向与乡村、山水融合发展，推动中部建成区功能与品质优化提升，形成多中心、组团式的城市空间结构，促进职住平衡产城融合。

（5）坚持事权对应原则，构建了全市"三级三类"国土空间规划编制体系，建立了"市—区（县）—管控单元"传导体系，将城市国土空间总体规划发展目标与指标落实到区（县）和管控单元，建立起规划实施保障机制，确保一张蓝图干到底。

创新要点

（1）基于干旱半干旱地区水资源天然不足，空间分布不均等特征，规划"以水定规模、以水定空间"，严守水资源总量上限及河湖湿地生态用水底线，并根据流域单元水资源承载能力评价结果，引导城镇建设、生态绿化等新增空间重点在水资源富余区布局，优化形成与水资源空间分布相匹配的生产、生活、生态空间布局，缓解水资源供需空间错配矛盾。按照"高水高用、低水低用"及"优水优用"原则，细化水资源分区配置方案，减少地形高差带来的水资源调配成本。

（2）尊重"山地—绿洲—荒漠"的垂直分层自然地理格局，探索生态系统分层保护修复治理路径。顺应山、水、林、田、湖、草、沙、冰等自然资源空间分布，科学划分生态保护与修复分区，分区施策，制定差异化的生态保护修复策略，增强区域生态服务和生态供给功能，促进山水林田湖草沙冰生命共同体安全、稳定、可持续。

（3）结合中心城区所在六个行政区不单独编制分区规划的实际情况，定制化建立国土空间总体规划传导体系。按照主导功能差异，结合街道管理边界、骨干道路等要素，在六个行政区范围内进一步划分城镇、乡村、特殊功能三类管控单元，将城市总体层面的规划意图准确传导到各类管控单元，为下一步详细规划单元的划定和详细规划的编制提供有效指导。

（执笔人：程代君）

宁波市国土空间总体规划（2021—2035年）

编制起止时间：2019.6至今

承担单位：上海分院

主管总工：王凯　　　　　分院主管总工：孙娟、李海涛　　　主管主任工：柏巍

项目负责人：葛春晖、邵玲　　主要参加人：张永波、蔡言、郭祖源、赵春雨、周鹏飞、何兆阳、张晓蒂、刘晓勇、徐冲

合作单位：宁波市规划设计研究院有限公司

背景与意义

遵循国家空间规划体系改革新要求，2019年，《宁波市国土空间总体规划（2020—2035年）》编制工作正式启动。存量发展时期，空间资源利用从增量时代的蔓延拓展转变为存量时代的整治优化。新时代国土空间规划的价值取向由经济导向、追求速度的传统发展观转变为"生态优先、安全为基、以人为本"的科学发展观，评判标准从过去简单的对经济增长速度的追求转变为寻求人民获得感的提升。规划对象的转变导致空间治理手段的转变，需要强化整体性和系统性的空间治理，处理好保护与发展的关系。本轮宁波国土空间规划编制围绕全域全要素的空间布局优化，探索国土空间规划治理转型的新路径，构建全域一体化的新格局。

规划内容

1. 明晰使命要求，谋划城市发展目标定位

开启高水平全面建设社会主义现代化新征程，建设现代化滨海大都市。明确城市性质为"长三角地区重要的中心城市，国家历史文化名城，现代海洋城市，全国性综合交通枢纽城市"。

2. 统筹发展和安全，优化全域国土空间格局

开展基础性"双评价"，增加农田集中规整度、洪涝灾害因子等"宁波特色"评价要素，细化空间价值判断，优化主体功能区，分区引导保护与发展。坚持底线优先，守牢耕地保护红线，锚固生态安全格局，科学划定生态保护红线，开展五类生态修复工程。优化城镇发展体系，提升中心城区能级，统筹北翼余慈形成组合城

区，增强南翼宁象地区的空间品质。促进组团集约高效，构建"一体两翼多组团、三江三湾大花园"的全域空间格局。

3. 聚力高质量发展，制定国土空间发展举措

聚焦大枢纽、大产业、大都市、大文化四大方面，围绕综合枢纽、港航贸易、先进制造、科技创新、中央商务、公共服务、都市休闲和历史文化八大功能，构建"四梁八柱"现代化滨海大都市功能体系。

以甬江科创区为科创空间核，谋划八个科技创新集聚区，以沿海产业带和沿路产业带为依托，"3+17"大平台为支撑，构建"两带多园"产业空间格局。

建设一流枢纽，打造五向复合对外高铁通道，构建高速公路、骨干道路、轨道交通三个"1000公里"的综合交通体系。

充分挖掘和保护历史文化，提升滨海大都市的人文魅力，建设底蕴浓厚、活力多元的国家历史文化名城。

统筹市级重大公共服务设施布局，关注"一老一小"和青年发展，构建15分钟生活圈，完善"浙里甬有"社区服务功能。

围绕宁波危化品和洪涝风险，构建布局合理、绿色低碳、设施完备、防控到位、处置高效的安全韧性格局。

4. 推动全域空间整治，重构规划实施新路径

推动全域国土空间综合整治作为实施

宁波在长三角区位图（2022年11月公示）

宁波都市圈规划示意图（2022年11月公示）

市域国土空间总体格局规划图（2022年11月公示）

市域城镇体系规划图（2022年11月公示）

市域生态系统保护规划图（2022年11月公示）

国土空间规划的重要举措。将农业空间、城镇空间、生态空间全部纳入整治范围，拓展全要素综合整治，聚焦农用地综合整治、村庄综合整治、工业用地整治、存量空间资源盘活、生态空间修复治理等五类核心整治对象，明晰整治重点和系统化目标，推动资源重组、空间重构、环境重生，强化国土空间总体规划有效实施。

创新要点

1. 推动空间转型新模式

以生态文明理念为根本遵循，以牢守底线、安全提升、绿色转型为核心目标，实现国土空间资源的优化配置。落实国家底线约束意志，统筹划定"三区三线"。针对宁波发展面临的海洋安全、城市生产运营安全的挑战，划定海洋安全控制线和城市安全控制线，搭建"3+2"的特色化刚性管控体系，保护生态环境，调整能源结构，促进绿色新兴产业发展，推进绿色宜居城市建设。

2. 实施规划传导新路径

匹配"三级三类"国土空间规划体系，构建战略引领、底线约束、系统支撑三个维度的规划传导机制，明确指标传导、控制线传导、用途传导、指引传导、名录传导共5大类168项传导要素，对接部门事权，刚弹兼顾，按照严格落实、逐层深化、优化调整三级传导规则，形成"143条传导链"，保障总规的传导效用。

3. 探索规划实施新路径

推动从土地整治到综合整治，扩大整治对象，不仅针对农业地区，将城镇空间、生态空间全纳入，拓展全要素综合整治，聚焦五类核心整治对象，构建市、区（县）、街镇、详规单元四级的整治规划体系，与国土空间规划层次体系对应衔接，实现分层分级治理，形成年度整治计划，推动规划实施。

4. 建设数字管理新平台

以数字赋能空间治理，探索建立数字化管理制度，加强国土空间数字化管理，实现编制、实施、管理"三位一体"的全生命周期的数字治理和监管。以空间为核心属性，涵盖自然资源部门、农业农村部门、发展改革部门、生态环境部门等，形成数据集成包，推动空间治理水平和能力智慧化。

（执笔人：赵春雨）

厦门市国土空间总体规划（2021—2035年）

2023年度福建省优秀城乡规划设计二等奖

编制起止时间：2019.10—2024.6
承担单位：文化与旅游规划研究所
主管总工：张菁　　　　　**主管所长：**周建明　　　　　**主管主任工：**苏航
项目负责人：张娟、刘航　　**主要参加人：**戴彦欣、周亚杰、耿煜周、黄嘉成、谢瑾
合作单位：厦门市城市规划设计研究院有限公司、厦门市国土空间和交通研究中心（厦门规划展览馆）

背景与意义

厦门自古就是通商裕国的口岸，也是开放合作的门户，正所谓"厦庇五洲客，门纳万顷涛"。习近平总书记高度关心厦门发展，为厦门擘画了"高素质的创新创业之城""高颜值的生态花园之城"的发展目标和"提升本岛、跨岛发展"的重大战略。

《厦门市国土空间总体规划（2021—2035年）》落实国家发展新理念，体现国家战略的新要求，探索适应新时代的城市发展新模式，构建空间治理的新机制，为全省打造宜居、韧性、智慧城市提供了生动样板，为厦门城市战略转型和空间优化提供了技术支撑。

规划内容

（1）开展多维度、多尺度综合评估评价，科学奠定空间战略基础。充分利用多源数据，面向不同空间尺度，研判区域经济社会发展的总体结构；面向不同人群需求，精准分析城市空间价值与品质；构建城市运行体征监测定量化指标体系，为规划决策提供依据。

（2）落实"国家要求"，突出"地方特质"，确定城市定位和战略空间。围绕厦门在国家、区域战略中的地位作用，以"两高两化"为牵引，突出"美丽城市""因港而兴""开放特区""台胞家园"等

城市特色，确定四大战略定位，为城市发展模式转型指明方向。

（3）建立用地与交通耦合模型，优化城市空间结构与形态。采用多情景模拟方法，对不同发展模式和交通供给模式下的空间拓展形态及空间绩效进行综合比较，提出城市空间结构、功能布局和三维形态的最优方案。

（4）"传承城市基因、凸显地域景

观"，提供高品质宜居生活空间。深入挖掘厦门独特的美丽基因，建立完善的城市立体空间形态和景观特色风貌体系，打造百个生活花园，构建多彩纤维网络，延续花园建筑风貌，建设高颜值、高品质、有温度的宜居家园。

（5）打造多领域融合的城市空间信息平台，推动高水平精细化治理。建立编管督一体化的空间数字平台，打造智慧城

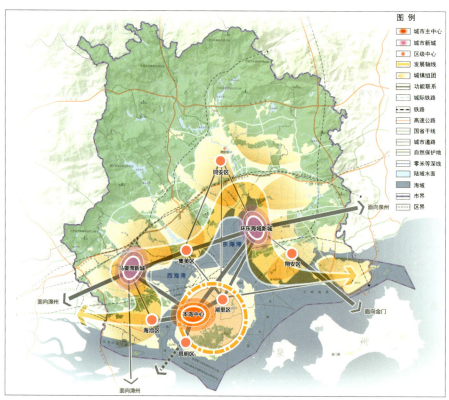

厦门城市空间总体结构规划图（2021年11月公示）

市的三维数字基底，推动城市空间数字化和各领域数据融合、技术融合、业务融合，全面推动数字城市建设和城市治理创新。

创新要点

（1）提出了"刚弹结合"的城市空间战略框架。突出对城市空间资源和土地利用的宏观调控作用，以主导功能区对城市空间进行"结构引导"。严守城市理想空间格局，明确各类自然资源和公共资源的用地布局和管控要求，以"要素管控"的方式强化规划的刚性作用。

（2）创新了生态优先的空间划定方法与管制机制。按照"先底后图"的思路，基于"双评价"和景观生态学方法，优先划定生态控制线。采用"两线合一"的全域管控模式，反向划定城镇开发边界。同时，结合规划实施中的问题，进一步优化空间管控规则，推动地方相关立法修订。

（3）探索建立一体化城市空间公共数据平台。通过汇聚并管理各部门公共数据和数据需求，集中落实到空间"一张图"，建立了一体化的城市土地基础信息、供需信息、交易信息平台，以及多部门共享共用的"联审平台"，丰富了空间数据治理服务。

（4）构建了"总体规划—管控单元—详细规划"的规划传导体系。按照"目标指标化、指标空间化"的总体思路，划分覆盖全域的管理单元，明确各单元的类型、人口规模、主导功能、设施配置、公共空间等规划要求，建立"纵向到底、横向到边"的空间管控和实施传导体系。

（5）深化了共同缔造的城市空间治理方法。通过现场调研、互联网平台、移动通信、传统媒体等多种形式，全过程开展公众参与及规划宣传，共收集有效问卷19576份，市民意见9486条，针对人民群众急难愁盼的问题，创新空间治理模式，提升市民对城市规划建设管理的参与度、满意度和获得感。

（执笔人：张娟）

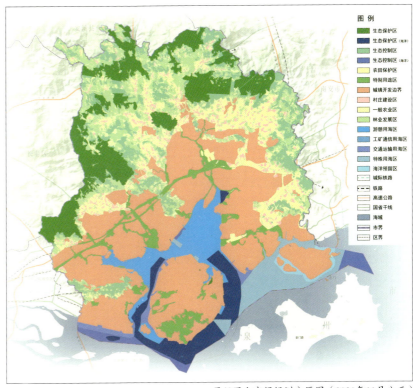

厦门国土空间规划分区图（2021年11月公示）

厦门山海空间格局规划图（2021年11月公示）

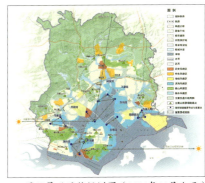

厦门景观风貌规划图（2021年11月公示）

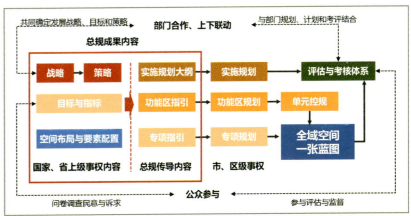

厦门总体规划内容和实施传导框架示意

青岛市国土空间总体规划（2021—2035年）

编制起止时间： 2019.2至今

承担单位： 区域规划研究所、深圳分院、城镇水务与工程研究分院、城市交通研究分院

主管总工： 董珂、詹雪红　　　　**主管所长：** 陈明　　　　**主管主任工：** 赵朋、孙建欣、邵丹

项目负责人： 商静、曹培灵

主要参加人： 张强、谭杪萌、陈宏伟、潘丽珍、朱冠宇、米雪、朱清涛、唐君言、金超、吕翀、陈兴禹、沈宇飞、袁芳、刘曦、
陈利群、杨嘉、黎晴、毛海虓、宁杨弘威、张亦瑶、孙琦、刘耀阳、薛亦暄、司马文卉、高均海、王鹏苏、凌云飞、
王晓晨、林青青、张帆、孙涵、赵莉、郝媛、刘守阳、李岩、赵鑫玮

合作单位： 青岛市城市规划设计研究院、北京创时空科技发展有限公司、自然资源部第一海洋研究所

背景与意义

为全面贯彻《中共中央 国务院关于
建立国土空间规划体系并监督实施的若
干意见》，落实《全国国土空间规划纲要
（2021—2035年）》各项要求，推动形成
人与自然和谐共生的国土空间开发保护新
格局，提升空间治理现代化水平，编制
《青岛市国土空间总体规划（2021—2035
年）》，为青岛市全面建成新时代社会主义
现代化国际大都市提供空间支撑和保障。

规划内容

（1）突出规划的战略性。贯彻落实
国家海洋强国战略，深度融入黄河流域生
态保护和高质量发展战略，强化区域协
调，海陆联动，轴带协同，增强城市能
级；促进生产、生活、生态三类空间的有
机融合，发挥农业和城镇空间的生态环境
和宜居休闲功能，增强海域、海岛和生态
空间的经济价值转换功能，实现自然生态
与人工建设环境的和谐共生。

（2）突出规划的科学性。协调开发
与保护、城市与乡村、陆域和海域等各类
矛盾冲突，推动国土空间格局优化，构建
"山海相依、环湾引领、轴带展开、三生
共融"的总体空间格局。

（3）突出规划的问题导向。针对空
间绩效、品质"双低"的问题，构建多中

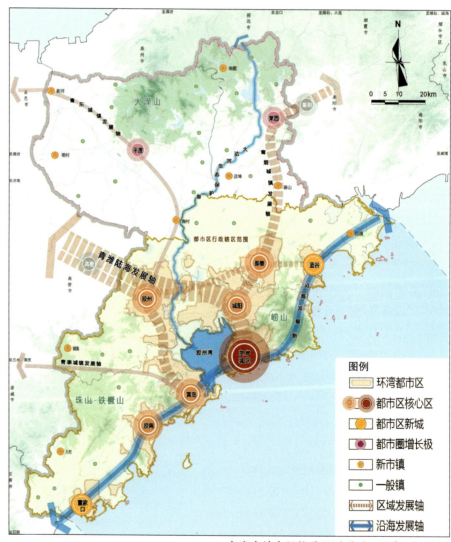

市域城镇空间格局规划图（2021年7月公示）

心网络化都市区空间结构，完善从宏观到微观的公共服务体系建设，统筹城市更新、城中村改造与低效用地再开发，全面提升超大特大城市运行效率和宜居品质。

（4）突出规划的实施传导。发挥市级规划的统筹协调作用，通过对各区（市）发展条件进行综合评价，建立土地资源的奖惩机制，实现空间资源的集约高效配置，并建立指标、指引、项目库、数据库等全方位规划传导体系，保障规划有序实施。

创新要点

（1）探索符合青岛特点的陆海统筹策略和方法。以陆海协同的"双评价"为基础，通过纵向融合，横向协调，对各类空间开发保护行为进行综合调控，构建陆海统筹的生态、环境、经济、资源、交通、灾害防治等系统，形成国土空间总体规划"一张图"。

（2）探索构建四级耕地保护分级管控体系。构建"永久基本农田—永久基本农田储备区—其他一般耕地—耕地整备引导区"分级管控体系，全面锁定、分类管理，梯次调优补划，保护全市耕地数量和质量底线不突破。

（3）探索多元举措，促进建设用地节约集约。通过严格控制建设用地增量，盘活存量建设用地，建立战略留白用地机制，引导建设用地复合利用，建立以效益定供给的城镇建设用地供应机制，完善增减挂钩机制等多元举措，促进建设用地节约集约。

（4）探索城市宜居单元综合评价方法。通过多元方法划定宜居单元，建立多维度、多指标的评价体系，运用常规统计数据和网络时空大数据相结合的技术手段，系统识别城市各单元设施短板，有针对性地补齐各单元设施，全面提升基本公共服务质量。

（执笔人：曹培灵）

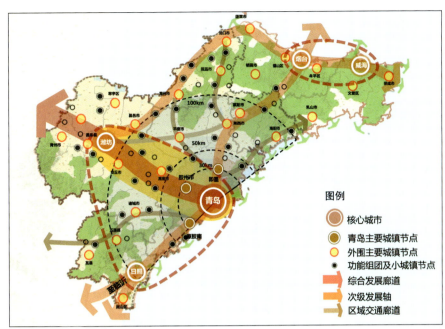

胶东经济圈空间协同发展示意图（2021年7月公示）

市域生态系统保护规划图（2021年7月公示）

邯郸市国土空间总体规划（2021—2035年）

2023年度河北省优秀国土空间规划项目一等奖

编制起止时间：2019.8—2024.2
承担单位：城乡治理研究所
主管所长：许宏宇　　　　　　主管主任工：曹传新
项目负责人：杜宝东、许尊、冯晖　主要参加人：王璇、马晨曦、刘盛超、方思宇、孙钰蘅
合作单位：邯郸市规划设计院

背景与意义

《邯郸市国土空间总体规划（2021—2035年）》是贯彻落实《中共中央 国务院关于建立国土空间规划体系并监督实施的若干意见》《中共河北省委 河北省人民政府关于建立国土空间规划体系并监督实施的实施意见》形成的邯郸市首部"多规合一"规划，具有较强的创新性。规划同步开展21个专题研究和32个专项规划，为落实新发展理念、实施高效能社会治理、促进高质量发展和实现高品质生活提供空间保障。

规划内容

《邯郸市国土空间总体规划（2021—2035年）》以建设富强文明美丽的现代化区域中心城市为发展目标，强化四对统筹关系，形成六大空间战略，以全域空间变革推动发展方式转型。

（1）四对统筹关系。功能定位上，统筹"内"与"外"，将全域引领与区域协调相结合。总体格局上，统筹"底"与"高"，将底线约束与高质量发展相结合。城区布局上，统筹"增"与"减"，将提质增绿与规模年均递减相结合。发展弹性上，统筹"用"与"留"，将快速推进和战略预留相结合。

（2）六大空间战略。推动资源型生

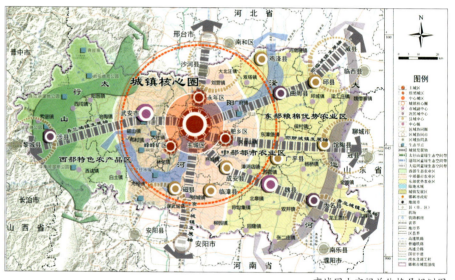

市域国土空间总体格局规划图

中微观视角的国土空间总体规划研究思路

产向技术性智造空间转变，建设智造邯郸。推动链条创新向全面创新格局转变，建设创新邯郸。推动中间区位向中心地位转变，建设枢纽邯郸。推动资源优势向品牌优势转变，建设文化邯郸。推动煤铁锈色向蓝绿秀美转变，建设生态邯郸。推动规模供给向品质导向转变，建设宜居邯郸。

创新要点

（1）探索"中微观视角的国土空间总体规划"研究方法，推动总体规划从"号脉型"向"手术型"的转变。规划以解决实际问题为目标，更注重通过中微观层面研究反馈上位层面。深入分析城市转型发展所需的动力机制和承载空间，避免简单分解和机械管控，构建适应城市高质量发展要求的空间载体。

（2）探索空间底线的科学识别，拓宽规划技术应用实践。规划以景观生态视角构建模型，为全域空间分区与管控提供支撑，探索国土空间规划框架下的规划技术新应用。

（3）实践"统筹规划"和"过程规划"新途径，保障重大战略的落地性和规划弹性。规划编制正值河北省和邯郸市形势快速变化的时期，面临多层次规划同步推进急需协调的问题。规划从自上而下的单向落实模式转变为多向校核的互动反馈模式，不断与34个市直单位和20个县（市、区）密切对接，突出面向总体和未来的指导性、面向局部和近期的可实施性。

实施效果

（1）《邯郸市国土空间总体规划（2021—2035年）》建立了重大问题和重大事项规划咨询机制，发挥各部门、各领域专家、社会各界人士和公众的作用。实行全过程、多渠道公众参与，做到编制公告、实时公开，鼓励和引导社会各方参与规划编制、监督规划实施。建立全过程的公众参与制度，充分调动市民参与规划管理决策的积极性。加大国土空间规划政策内容的公众宣传力度，鼓励公众和社会组织对规划执行进行监督，保证规划的顺利实施。

市域生态系统保护规划图

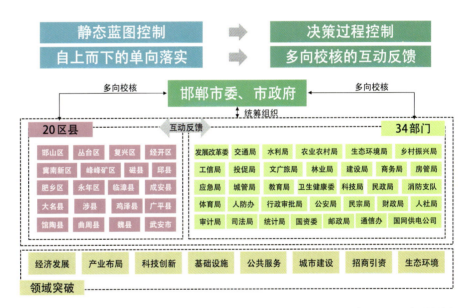

规划多向校核互动反馈模式

（2）在《邯郸市国土空间总体规划（2021—2035年）》指导下，众多策略在相关规划中得以落实，三条控制线划定结果已纳入平台并向下传导到各县（市、区），一系列交通能源水利等重大项目建设空间依序落位，钢铁产业退城搬迁明确了重大项目选址建设方案，近期实施难度较高的设想转化为远景预控。

（执笔人：许尊、马晨曦）

廊坊市国土空间总体规划（2021—2035年）

2023年度河北省优秀国土空间规划项目二等奖

编制起止时间：2019.9—2024.1
承担单位：城乡治理研究所、中规院（北京）规划设计有限公司、城市规划学术信息中心
主管总工：张菁　　　主管所长：杜宝东　　　主管主任工：田文洁
项目负责人：冯晖、曹传新、许尊
主要参加人：刘盛超、方思宇、孙钰蕙、王璇、马晨曦、孙道成、史志广、冯一帆、余加丽
合作单位：廊坊市城乡规划设计院、河北瑞嘉土地规划咨询有限公司

背景与意义

　　廊坊市背靠京津，面向雄安，地处北京、天津和河北雄安新区"黄金三角"腹地，随着北三县与北京通州区进入一体化高质量发展阶段，北京大兴国际机场投入运营及临空经济区规划建设加快推进，全市域都在国家重大历史性工程的支撑带动之下，既是全省经济最具活力、开放程度最高、创新实力最强、吸纳外来人口最多的区域，也是人与自然关系紧张、资源环境承载矛盾突出、区域协同治理要求迫切的区域。

　　本规划是落实党中央、国务院关于建立国土空间规划体系并监督实施要求的重要实践，是全市空间发展的指南、可持续发展的空间蓝图，是各类开发保护建设活动的基本依据。规划牢牢把握战略区位，确定了"一优四高"（生态优先、高水平协同、高层次开放、高质量创新、高品质生活）的技术路线，为梳理人口经济密集地区优化开发新模式、实现高质量发展做出了廊坊探索。

规划内容

　　规划坚持目标导向与问题导向，认真

廊坊市区位图（2022年12月公示）

廊坊市国土空间开发保护格局图（2022年12月公示）

摸清各类资源底数，针对当前国土空间开发与保护面临的核心矛盾，突出以下方面。

（1）从京津冀协同发展的全局视角出发，突出协同、门户、创新、绿色等特点，确定廊坊城市性质，构建统筹全市各类资源要素配置的顶层逻辑。

（2）促进区域协调布局，统筹推动北京城市副中心高水平建设与北三县协同发展、北京大兴国际机场临空经济区加速建设与中部县区提升发展、河北雄安新区联动建设与南三县转型发展，共绘现代化首都都市圈空间蓝图。

（3）从全域全要素视角系统谋划国土空间开发保护格局，在巩固国土空间安全底线基础上，优化农业、生态、城镇三大空间，提出各类功能要素协调方案，打造具有竞争力的国土空间。

（4）高水平规划中心城区，坚持生态型、多中心、组团式的城市空间结构，以人民需求为导向，系统优化各类建设用地空间配置，加强总体城市设计，提升城市空间综合价值。

创新要点

规划坚持系统思维、底线思维、人本思维和全局思维。

（1）加强高位统筹，并按照"纵向到底、横向到边"的要求，动员全市各部门、县市区的力量，确保全域"一张蓝图"绘到底。

（2）响应国家战略，充分衔接国家重大战略相关规划，增强国家重大工程落实落地的空间保障能力。

（3）坚守安全底线，建设韧性城市，以水资源为硬约束优化各类要素配置，严格做好蓄滞洪区空间管控，加强流域治理。

（4）突出空间特色，提升环城绿带价值，营造蓝绿萦绕、疏朗大气的城市形象，彰显平原城市独特的空间魅力。

（5）留足发展弹性，立足长远构建廊坊中心城区、固安城区、永清城区及周边乡镇一体化发展的空间框架，明确廊永固都市区的战略导向，为城市未来的进一步空间整合奠定基础。

实施效果

全市"三区三线"规划成果已全面投入使用，作为全市建设项目用地组卷报批的审核依据；规划主要指标和相关空间管控要求已下发至各县市区，有效指导下位国土空间规划和相关专项规划的编制。

（执笔人：冯晖）

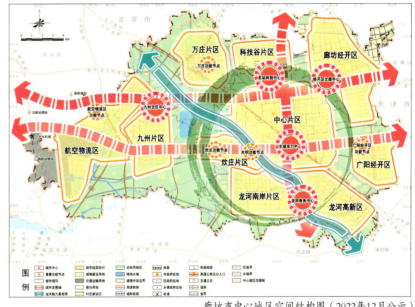

廊坊市中心城区空间结构图（2022年12月公示）

廊坊市历史文化保护规划图
（2022年12月公示）

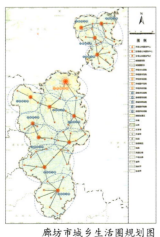

廊坊市城乡生活圈规划图
（2024年1月公示）

廊坊市轨道交通系统规划图
（2024年1月公示）

廊坊市生态系统保护规划图
（2022年12月公示）

秦皇岛市国土空间总体规划（2021—2035年）

编制起止时间：2019.7至今
承担单位：住房与住区研究所、城市交通研究分院、中规院（北京）规划设计有限公司
主管总工：张菁　　　　　　主管所长：卢华翔　　　　　　主管主任工：张璐
项目负责人：焦怡雪、曹永茂　　主要参加人：陈烨、王久钰、周博颖、李雅婵、冉江宇、郭玥、陆品品、黄俊、尹灿
合作单位：北京舜土规划顾问有限公司、秦皇岛市规划设计研究院

背景与意义

　　建立国土空间规划体系并监督实施是党中央、国务院作出的重大决策部署。为贯彻落实《中共中央 国务院关于建立国土空间规划体系并监督实施的若干意见》精神，按照自然资源部，河北省委、省政府统一工作部署，2019年秦皇岛市人民政府启动《秦皇岛市国土空间总体规划（2021—2035年）》编制工作。本规划是秦皇岛市首部"多规合一"的国土空间规划，是统筹全市国土空间保护、开发、利用、修复和指导各类建设的纲领性文件，是下层次空间规划的编制依据，是相关专项规划的基础。

规划内容

　　规划突出问题导向、目标导向与结果导向，通过"双评价""双评估"系统梳理秦皇岛国土空间开发保护中存在的问题，落实国家战略要求、主体功能定位，确定城市性质、国土空间发展目标与指标体系，形成构建以"三区三线"为基础的国土空间开发保护新格局、统筹农业农村发展空间、筑牢生态安全屏障、优化城镇发展空间、构筑带状组团中心城区空间布局、塑造秦皇山海特色魅力空间、完善基础设施支撑体系、强化陆海空间统筹、推进区域协同发展等内容，并提出规划实施保障措施。

创新要点

　　（1）突出滨海旅游城市空间特色。围绕全国滨海旅游目的地的核心功能定位和建设国际一流旅游城市的目标愿景，以滨海度假旅游带和长城文化旅游带为重点，保护和整合全域自然和历史文化资源，盘活提升存量空间，高品质建设增量空间，提升重大设施支撑和服务能

规划总体思路框架示意图

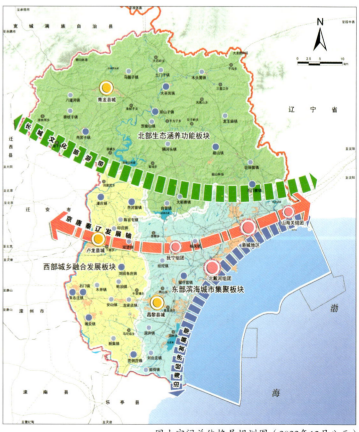

国土空间总体格局规划图（2022年12月公示）

滨海度假旅游带空间资源统筹示意图

长城文化旅游带空间资源统筹示意图

力,积极推进全域、全季、全业旅游,建设国际一流的山海生态休闲旅游城市。塑造"滨海风情、港城风尚、长城风韵"的总体风貌,实行开发强度、高度、特色风貌街区、城市色彩等要素管控,凸显滨海城市魅力。

(2)突出保障政务服务功能。强化北戴河组团建设管控,坚持生态优先、高质量发展,控制总量、优化增量,净化功能、"静"化环境,合理控制建设容量,旅游设施减量提质,严格功能准入要求,延续"红瓦绿树、碧海金沙"风貌特色。

(3)突出港城融合发展,统筹陆海功能布局。坚持以城定港、港城融合,推进秦皇岛港转型发展,建设国际知名旅游港和现代贸易港。统筹利用东港区、西港区、山海关港区的港口及临港产业陆海空间,协调产业空间布局和基础设施建设,集约、高效利用近岸陆域、岸线和海域空间资源。

实施效果

(1)规划坚持"政府组织、专家领衔、部门合作、公众参与、科学决策"工作原则,统筹了原有的城市总体规划、土地利用规划、主体功能区规划等相关规划,实现"多规合一"。

(2)规划承接落实省级规划要求的同时,通过文本、指标表、图纸、清单、行动等方式有效传导管控要求,科学引导下位规划编制。

(3)规划通过建立"一张图"实施监督信息系统,实现国土空间规划编制、审批、修改和实施监督全周期管理,切实提升城市治理水平。

(执笔人:焦怡雪、曹永茂)

承德市国土空间总体规划（2021—2035年）

2023年度河北省优秀国土空间规划项目二等奖

编制起止时间：2019.12—2024.1
承担单位：城乡治理研究所、城市交通研究分院、中规院（北京）规划设计有限公司
主管总工：张广汉　　　　主管所长：杜宝东　　　　主管主任工：曹传新
项目负责人：许宏宇、车旭　　主要参加人：关凯、王璇、任金梁、单鑫琳、高诗文、梁昌征、郭玥、孙道成、杨至瑜
合作单位：承德市规划设计研究院、上海数慧系统技术有限公司

背景与意义

河北省承德市毗邻京津，是河北省面积最大的市，陆域国土面积近4万km²，约占全省1/5。国土开发强度只有2.9%，生态空间占比极高。

承德是首都北部生态屏障，水源涵养功能区和生态环境支撑区。生态环境优良，生态功能极其重要。如何保生态、优生态；同时又在"高品质生态建设"的前提下"高质量发展"是规划要解决第一个重大问题。

承德是全国首批历史文化名城，拥有山庄外八庙、金山岭长城两处世界文化遗产，是大国文化自信的重要载体。如何彰显承德特色，展现时代特征，增强区域文化软实力，塑造具有全域魅力的美丽国土是规划要解决的第二个重大问题。

承德还要完成从"脱贫攻坚主战场"向"乡村振兴主阵地"的转变。如何将生态优势转化为发展优势，巩固脱贫成果，实现乡村振兴是规划要考虑的第三个重大问题。

规划编制过程历时近五年，探索了凝聚最广泛共识的治理型规划的编制方法。

规划内容

（1）确定城市性质为"京津冀水源涵养功能区、国家生态文明建设先行区、国家可持续发展创新示范区、国家历史文化名城、国际生态旅游城市"。

（2）科学划定"三区三线"，全面优化构建"一核、两区、三带、多廊、多片"国土空间格局。

（3）顺应自然地理格局，明确中心城区"三带、五组团"的山地带状河谷组团城市空间结构。

（4）构建"一核、三带、四级、九类"历史文化名城保护体系，以避暑山庄及周围寺庙为核心，推进长城、清帝北巡、滦河漕运三条文化线路保护与利用。

创新要点

（1）充分利用"双评价"成果支撑空间布局。承德是国家"双评价"试点城市，在中国地质调查局支持下，分析了每类优势农产品的种植空间特征，识别了若干农产品优势片区，有力指导了农业格局优化。分析不同地质建造与农业和生态的控制关系，识别出富硒园地和林果业最适宜区域，科学指导农业发展的精细化空间布局引导。为应对山地河谷城市空间破碎问题，基于多因子评价，应用"蚁群模型"；综合耕地质量、集中连片程度等信息，以整体最优原则辅助划定"简洁、准确、合理抽象"的市域基本分区。

（2）探索了治理型规划编制的技术特点。规划编制专班与京、津等地接壤

三大空间治理要素	三种空间治理平台		五类空间治理手段
治理关系	**1.搭建领导小组治理平台**，部门合作，县区支撑，因势利导		用途管制 考核评估
	• A 共搭棋盘：共用空间治理工具		
	• 借助各部门的空间治理工具帮助规划实施落地		
	• B商议落子：共议资金投放方向		直接干预
	• 综合多种认知视角帮助找到投资效率最高的空间		
治理制度	**2.搭建市县协作治理平台**，优化规划方案决策程序		规划传导
	• C 动态棋局：市对县实时传导，县对市实时反馈的传导框架		
	• 在信息平台上做规划，让各种规划信息实时流动起来		
治理技术	**3.搭建团队数字治理平台**，提高项目运行智能化水平		数字赋能
	• D 多盘联动：基于系统动力学模型的规划成果输出		
	• 基于关系型数据库，以数据库为核心的成果表达		

治理型规划编制的承德探索框图

市县实时传导反馈框架图　　　　　基于系统动力学模型的规划成果输出框架

市县多次统筹对接，与承德市县（市、区）、各市直部门深度对接融合。从治理关系、治理制度、治理技术三大空间治理要素入手，运用用途管制、考核评估、直接干预、规划传导、数字赋能等多种空间治理手段。构建了共搭棋盘，共用空间治理工具；商议落子，共议资金投放方向；动态棋局，市对县实时传导，县对市实时反馈传导框架；多盘联动，基于系统模型的规划成果输出等治理型规划编制方法。

实施效果

（1）《承德市国土空间总体规划（2021—2035年）》编制过程始终与区县规划充分联动，与各专项规划编制专班无缝衔接。有效指导了下位规划及专项规划编制，基本消除各类空间规划间矛盾。

（2）形成了承德市首部"多规合一"的国土空间总体规划。帮助承德市基本建立了统一的国土空间规划体系。

（执笔人：车旭）

承德市三条控制线图（2023年1月公示）

晋城市国土空间总体规划（2021—2035年）

2023年度山西省国土空间规划优秀成果特等奖

编制起止时间：2018.7—2023.11
承担单位：文化和旅游规划研究所、城市交通研究分院、风景园林和景观研究分院、城市规划学术信息中心
主管所长：周建明　　　主管主任工：罗希、肖磊　　　项目负责人：张娟、周之聪
主要参加人：徐泽、王一飞、赵洪彬、刘翠鹏、彭瑶瑶、巩岳、朱俊峰、顾晨洁、吴爽、张淑杰
合作单位：晋城合为规划设计集团有限公司

背景与意义

晋城是典型的资源型城市，面临大气污染严峻、生态环境约束明显、自然文化空间保护和利用不足、矿产开采导致地质灾害风险严重等问题。《晋城市国土空间总体规划（2021—2035年）》针对文化空间、气象环境、采空区、自然保护地等开展专题研究，创造性地提出解决思路和方案，以期提升国土空间品质、利用效率和治理能力。

规划内容

（1）明确城市性质。规划确定了晋城市城市性质为：山西省能源综合开发利用与先进制造业基地、链接中原城市群的门户城市、黄河流域历史文化保护传承和旅游康养中心城市。

（2）构建国土空间开发保护新格局。统筹划定耕地和永久基本农田、生态保护红线、城镇开发边界，构建"两环两带三区、一核四极三廊"的国土空间开发保护总体格局。

（3）优化国土空间布局。农业空间严格保护耕地，促进乡村振兴；生态空间筑牢生态安全屏障，加强自然资源保护；城镇空间推进新型城镇化建设，提高城镇建设用地节约集约利用水平；魅力空间加强历史文化遗产保护，提升全域景观风貌。

（4）推进国土综合整治和生态修复，完善支撑体系建设。加强山体生态修复，提升两河生态功能，重点开展矿山生态修复；统筹开展农用地整理、农村建设用地整理、乡村生态保护修复和宜耕后备资源开发；强化综合交通、市政基础设施等支撑体系建设，增强城市安全韧性。

（5）发挥晋城中心城市引领作用。建设高品

晋城市市域国土空间总体格局规划图（2023年2月公示）

晋城市市域魅力空间规划图

质中心城区，从空间结构和布局优化、公共服务与住房保障、城市蓝绿空间网络等11个方面统筹规划，进一步拓展城市空间、优化城市布局、完善城市功能、提升城市品质。

（6）推动区域协同发展，强化规划传导和实施保障。主动融入京津冀协同发展，深度融入中原城市群，与长治高质量共建晋东南城镇圈；建设国土空间基础信息平台，实施规划全生命周期管理；加强规划传导，明确近期行动计划。

创新要点

（1）构建"生态+文化"国土魅力空间体系。通过加权定量识别、核密度等方法，形成"一环两带六区"国土魅力空间结构，提出文旅康养用地支持政策，促进自然文化空间价值实现和产业转型，为全域空间价值实现提供技术方法。

（2）坚持系统观念，强化沁河、丹河流域综合治理。规划坚持系统思维，以流域为单元，强化沁河、丹河流域治理管理，提出打造沁河生态文化带和丹河生态文化带，妥善处理流域的生态环境保护、矿产资源开采、城镇开发建设、农村农业发展、文化资源保护之间的关系，开展流域生态修复和治理，营造魅力滨水空间，开展生态文化旅游。

（3）完善采煤沉陷区防治和建设管控措施。晋城市存在大量采煤沉陷区，尤其中心城区有大规模采空区域，对城镇建设造成较大安全隐患。规划充分借鉴国内外采煤沉陷区治理和利用实践，分别针对核心区与非核心区、稳定区与不稳定区、增量和存量地区提出管控措施。

（4）以风定形，打造会呼吸的城市。晋城是"2+36"京津冀大气污染传输通道城市之一，静风频率高，外来传输严重，大气污染问题突出。市域层面采用网络结构分析法，进行生态空间网络闭合度（α）、线点率（β）、网络连接度（γ）分析，增加踏脚石和生态廊道，加强环城生态环建设，减缓外来大气污染物影响。中心城区层面采用ADMS-urban稳态大气扩散模型，对重要污染源进行扩散模拟，采用"叶脉"状风廊结构，构建4条一级风廊和17条二级风廊，作为划分城市组团、提升气候舒适性的重要支撑，为城乡空间结构优化、改善大气污染、缓解热岛效应提供技术支撑。

实施效果

（1）文旅康养产业快速发展，魅力空间进一步凸显。规划

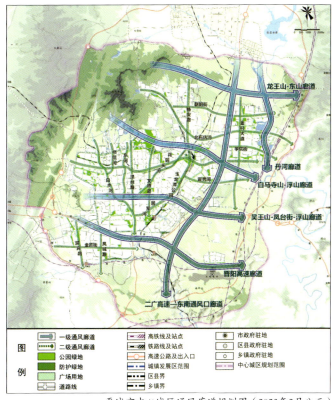

晋城市中心城区通风廊道规划图（2023年2月公示）

编制以来，有效指导太行古堡申遗、长平之战国家文化公园等文旅康养相关规划编制实施。目前，晋城市为全国康养产业发展大会永久会址；"百村百院"累计接待国内外游客超两百万人次，旅游产业发展成效显著。

（2）晋城已批准实施《晋城市沁河流域生态修复与保护条例》，保障流域用水安全和生态健康；编制完成《晋城百里沁河生态经济带规划》，大力推进河道综合治理、生态环境修复治理、景观提升等重大项目；印发《晋城市"十四五"丹河综合治理规划》，沿线生态修复与保护工程快速推进。

（3）采煤沉陷区评估、治理与建设管控流程得到进一步明确。规划分别对市域和中心城区两个空间层次的采煤沉陷区制定管控要求，为山西省采空区治理、防治和建设管控提供示范。

（4）绿色通风廊道支撑中心城区构建组团型城市，推动组团差异化发展。规划构建绿色开放空间骨架，形成"一体两翼、六大组团"城市空间结构，有效缓解大气污染问题，推动中心城区绿色发展。

（执笔人：周之聪）

扬州市国土空间总体规划（2021—2035年）

编制起止时间：2018.3—2023.8
承担单位：城乡治理研究所、中规院（北京）规划设计有限公司
主管总工：张广汉　　　主管所长：杜宝东、许宏宇　　　主管主任工：徐会夫、李秋实
项目负责人：曹传新、田文洁
主要参加人：路江涛、朱杰、朱蕾、高竹青、张天蔚、陈翀、戴忱、王颉、陈大鹏、王沣、吕宏翔、周洋、陈哲元、陈锦根、李晨、戴霄、朱仁伟
合作单位：江苏省土地勘测规划院、扬州市国土空间规划编制研究中心、扬州市城市规划设计研究院有限责任公司

背景与意义

为完整、准确、全面贯彻落实长江经济带、大运河文化带、长三角一体化等发展战略，以及习近平总书记"扬州是个好地方，依水而建、缘水而兴、因水而美，是国家重要历史文化名城"等讲话精神，依据国家、江苏省、扬州市相关法律法规和规范指南等，编制《扬州市国土空间总体规划（2021—2035年）》（本项目中简称《规划》）。

科学编制和有效实施《规划》，对于指导城市未来发展方向、促进生态文明建设、推进历史文化保护传承、推动经济高质量发展以及保障社会民生福祉等具有全方位、多层次的重要意义。

规划内容

（1）以国土空间高品质利用为导向，构建国土空间总体格局。在全面开展资源环境承载能力和国土空间开发适宜性评价的基础上，进一步深化文化资源潜力、生态资源潜力及产业资源潜力的综合评估，将高价值文化空间、生态空间、产业空间作为总体格局构建的战略基石，整体形成"一区一带、一心三片"市域国土空间总体格局，体现对高价值空间的优先保护与高效利用。

（2）以"系统性保护、场景化利用"策略，促进历史文化保护传承。在系统整体保护扬州历史文化遗产的基础上，围绕大运河构建"一条主轴、八大片区、多个特色节点"的文化旅游空间布局，通过"最扬州"文化感知步径等场景设计生动表达历史文化遗产的综合价值。

（3）以促进生态资源价值转化为目标，构建全域魅力体系。通过生态资源价值潜力评价，识别高价值的自然景观和生态空间分布区域，以大运河等魅力空间为线索，构建由魅力湖区、魅力地带、魅力田园、魅力绿道组成的全域魅力体系，促进优质生态产品价值转化。

（4）以耦合特色优势空间为原则，引导创新空间布局。通过叠加分析扬州的文化资源和生态资源要素，识别文化和生态资源价值高、集聚度高的优势区域或节点，采用"文化+创新""生态+创新"的模式，耦合布局高能级科创载体、创客空间以及文化创意空间，为创新创业人群、休闲消费人群提供具有特色吸引力的工作生活场景。

（5）以空间特色化、服务精准化理念，引导城市人居环境营造。突出城市水文化特色，将骨干水系作为构建城市绿地和景观系统、塑造城市特色风貌等空间品质提升的核心要素。同

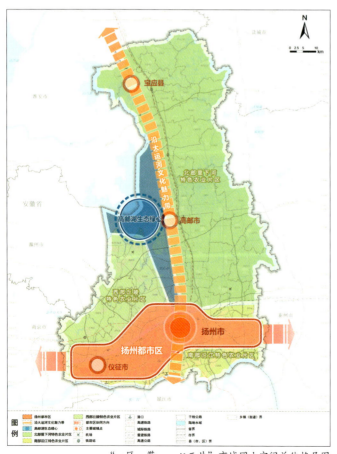

"一区一带、一心三片"市域国土空间总体格局图

时，结合人群画像分析居民、游客、创新人群、务工人群等的差异化服务需求，通过细分一般型、老龄型、产业型、特殊型等社区生活圈，引导公共服务设施差异化精准配置。

创新要点

聚焦"国家重要历史文化名城、长三角产业科创高地和先进制造业基地、国际知名文化旅游目的地"的城市性质，重点在文化保护传承、城市场景营造、存量空间更新等三个方面进行探索。

（1）探索制定一套适应功能融合发展布局的"工具包"，推进大运河文化带由"单一文化保护传承"到"多元综合价值实现"的转变。在符合大运河江苏段核心监控区国土空间管控要求基础上，研究沿线用地空间布局引导模式，探索土地兼容使用策略，选取重要区段、重要节点谋划示范项目，形成包括混合用地政策包、用地准入和负面清单、示范项目清单等在内的一套"工具包"，为大运河沿线文化展示、创新创意、旅游度假等功能融合发展提供引导。

（2）在总体城市设计研究中运用场景理念引导业态适配的"新方法"，以"形态+业态"双导控营造高品质国土空间。从场景营造角度构建"人群结构分类—体验需求调查—业态组合选择"的逻辑方法，形成以单个特定场景为单元的业态筛选引导内容，适应游客、市民、青年人才等不同人群的差异化场景体验需求。

（3）采用"运营思维"研究存量空间更新实施控制指标，精准适配产业发展的空间需求。通过"产业门类选择—上楼条件筛选—上楼研判结果"的空间精准适配方法，分别确定以高层厂房、多层厂房、低层厂房为主的存量工业用地分类，形成"分类差异化"的建筑高度和开发强度控制指标，适应可上楼的"精密小轻"

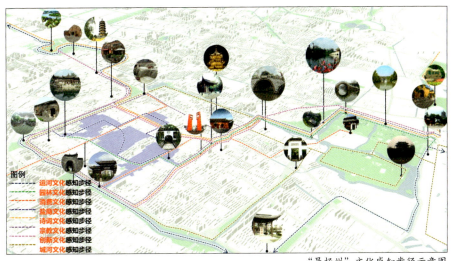

"最扬州"文化感知步径示意图

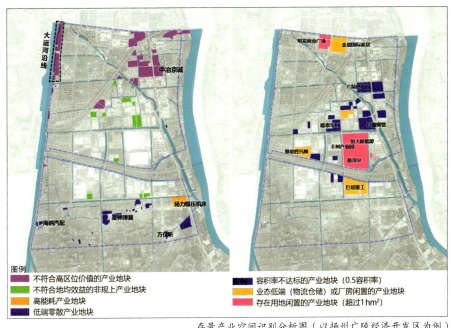

存量产业空间识别分析图（以扬州广陵经济开发区为例）

产业、需要大型标准厂房的装备制造业等各类产业发展的空间需求。

实施效果

《规划》批复后，扬州市委、市政府出台了《扬州市促进国际文化旅游名城建设若干措施》《加快建设制造强市行动方案》《加快推进生态宜居名城建设的实施意见》等文件，加快推进扬州产业科创名城、文化旅游名城、生态宜居名城建设实施。

推动六个"山水"工程子项目建设加快实施，助力江苏首次入选国家"山水"工程。推动城市生态修复，助力扬州成为中国唯一获得"全球城市生态修复模范市"殊荣的城市。引导扬州市推动生态产品价值实现，扬州成为首批自然资源领域生态产品价值实现机制省级试点地区。

扬州古城更新得到社会各界高度关注和认可，在带动城市高质量发展中发挥示范样板效应。

（执笔人：田文洁、路江涛）

徐州市国土空间总体规划（2021—2035年）

编制起止时间：2019.6—2024.6

承担单位：村镇规划研究所、中规院（北京）规划设计有限公司

主管总工：靳东晓　　　主管所长：陈鹏　　　项目负责人：赵明

主要参加人：班东波、刘晓玮、殷锟、王磊、李亚、邓鹏、靳智超、王沣、杨新德、陈锦根、葛峰、朱仁伟、陈雨

合作单位：广州市城市规划勘测设计研究院

背景与意义

　　徐州是国家历史文化名城、全国重要的综合交通枢纽、国家可持续发展议程创新示范区、淮海经济区中心城市和江苏省域副中心城市。作为老工业基地和资源型城市，《徐州市国土空间总体规划（2021—2035年）》要通过优化国土空间开发保护格局，统筹各类资源和要素配置，实现国土空间底线牢固、结构优化、效率提高、品质提升、特色彰显，推动高质量发展，努力打造美丽中国的徐州样板。

规划内容

　　（1）锚定中心城市目标，加强区域协调。聚焦高质量建设"淮海经济区中心城市"的总定位，规划通过交通设施互联互通、生态环境协同保护、基础设施共建共享、文化价值体系协同营建等举措，明确区域协同的具体要求；并聚焦环微山湖、徐州—宿州—淮北等跨界毗邻地区，加强规划协同。

　　（2）优化国土空间格局，实现全域管控。协调发展和保护的关系，提升全市空间治理能力，形成"山水交融、中部都市、两翼田园、五点支撑"的国土空间格局。

　　（3）统筹资源要素配置，提升城市品质。充分考虑徐州城区自然山水和交通廊道分隔，规划强化组团发展的空间结构与功能配置。

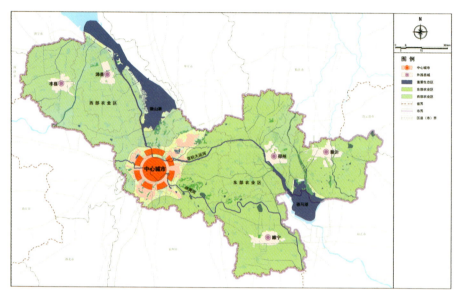

徐州市域国土空间总体格局规划图

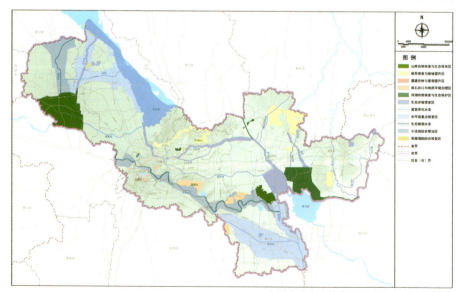

徐州市域生态修复和土地综合整治规划图

创新要点

　　（1）践行"两山"理论，系统推动生态修复。重点推进采煤塌陷区、工矿废弃地等区域生态修复，形成生态产品价值链、供应链和要素链，以"三链融合"推动生态

产品价值实现。将全市划分为山林自然恢复与生态保育区、河湖自然恢复与生态保护区、采煤塌陷综合修复区、采石宕口与地质环境治理区等九类地区，分区提出生态修复指引。

（2）构建综合交通体系，推动枢纽城市转型发展。规划将徐州打造为绿色运输的转型示范区和双向开放的内陆产业发展高地。构建由高铁、城际、市域（郊）铁路和城市轨道组成的"四网融合"多模式轨道交通体系；结合城市功能与空间布局，重点布局淮海国际港务区、高铁商务区、现代航空经济示范区、顺堤河作业区等枢纽经济板块，促进交通区位优势转化为枢纽经济优势。

（3）盘活存量用地，提高土地利用效率。通过批而未用、四大产业退出等工作，盘整出全市低效用地；中心城区内划定补短板品质提升片区、产业转型重塑片区、产城融合片区、工业提质增效片区等5种类型12个更新改造片区，通过差异化的"空间+政策"综合推动中心城区存量用地再开发工作。

（4）加强历史文化保护，凸显汉文化特色。深入挖掘城市历史文化底蕴，以山水文化为根基、楚汉文化为标志，构建历史文化名城保护体系。加强城市设计管控，彰显"楚韵汉风、南秀北雄"的城市特色风貌。

（执笔人：赵明、刘晓玮）

徐州市域综合交通规划图

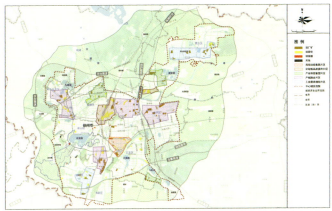

徐州市中心城区城市更新规划图

徐州市中心城区总体城市设计鸟瞰图

平潭综合实验区国土空间总体规划（2018—2035年）

2019年度全国优秀城市规划设计三等奖｜2021年度福建省优秀城市规划设计一等奖｜
2018—2019年度中规院优秀规划设计二等奖

编制起止时间： 2018.8—2019.12
承担单位： 规划研究中心、中规院（北京）规划设计公司
主管所长： 殷会良　　　　　　**主管主任工：** 张娟
项目负责人： 刘航、周亚杰　　**主要参加人：** 戴彦欣、黄道远、王芮、张乔
合作单位： 福建省城乡规划设计研究院

背景与意义

设立平潭综合实验区是党中央、国务院重大战略决策，推动与台湾社会经济深度融合是中央交给平潭的政治任务。习近平总书记高度关心和关注平潭开放开发建设，曾先后21次登岛考察调研，多次作出重要指示批示，为平潭擘画"一岛两窗三区"战略定位。

本项目是在国家空间规划改革初期的主动探索，取得了一系列成果和技术创新，为福建全省乃至全国推进市县国土空间总体规划编制、制定空间政策和技术标准提供了生动样板。2019年12月，《平潭综合实验区国土空间总体规划（2018—2035年）》正式获批并实施，成为全国首个获批的市县国土空间总体规划。

规划内容

（1）全方位评价空间本底条件，建立体检评估机制。创新丰富陆海"双评价"技术方法，建立"数据收集—模型计算—结果修正—综合决策"的技术路线，结合规划实施开展体检评估，推进制度、政策和标准建设。

（2）结构性调整空间资源配置，推动发展模式转型。从生态、环境、资源特殊需求出发，全面统筹山水林田湖草海，对全域空间资源配置做出结构性调整，主动"减量、增绿，降高、控强"。

（3）多层次优化国土空间布局，践行生态文明理念。围绕防风固沙、水源涵养、生物多样性维护、防洪防潮等功能，确定"一屏、四廊、八区"的海岛生态安全格局。以"组团+生态廊道"模式、曲线道路形式、"低层数、高密度、围合式"建筑布局，改善城镇空间风环境。

（4）绿色化构筑基础设施网络，加强安全韧性保障。加强退化林地更新、水源涵养保护和海岸带修复，增加蓝绿空间构筑全域海绵基底，提升应对强风暴雨的自然调蓄能力。

（5）系统性重构规划编管体系，支

区域空间协调图

城乡规划功能分区图

管理单元划分示意图

撑行政体制改革。空间维度上提出"一减、一增、一深化"的规划管理体系。时间维度上制定五年实施规划和年度实施计划，逐年分解落实中长期目标。探索覆盖全域、陆海统筹的单元规划编制管理体系，实现国土空间精细化治理。

创新要点

本项目率先开展全域全要素规划，探索一系列规划的新技术、新方法、新路径，形成可复制可推广的经验做法。

（1）提出了生态型海岛地区的资源和空间布局模式。通过生态环境容量、风环境模拟、景观生态安全格局等分析方法，提出减量提质空间策略和三个层次适风型空间布局模式，为海岛地区走生态优先、高质量发展之路树立典范。

（2）建立了文化生态景观高价值地区的空间识别和规划方法。提出魅力空间体系和规划方法，丰富国际旅游岛建设的空间抓手，对非建设空间提出新的保护建设模式，让"绿水青山"变成"金山银山"。

（3）构建了陆海统筹的自然保护地体系。合并重组陆域和海域自然保护地，重点加强山岐澳中华鲎生境、幸福洋红树林生态系统、离岛生态系统的整体保护和范围优化，为福建省开展自然保护地整合归并优化和生态保护红线评估调整工作作出重要探索。

（4）探索了海洋"两空间内部一红线"划定技术方法。研究借鉴国际海洋空间规划管理经验，提出海洋空间规划分区划定原则和判断标准，划定"两空间内部一红线"并提出用途管制措施和政策建议，在福建省形成重要示范。

（5）创新了海岛绿色基础设施建设模式。充分利用蓝绿空间，结合滨海景观塑造，打造山、海、盾、渔、道和谐交融的最美生态廊道。结合防洪排涝和水质保障等复合功能，提升应对自然灾害风险的

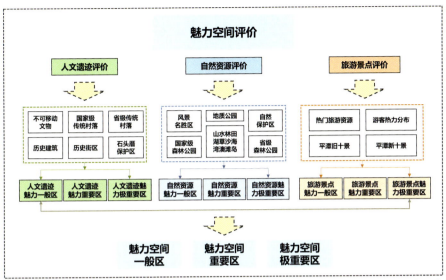

魅力空间识别与划定技术路线

自然保护地分布图

海洋资源保护与利用规划图

能力，强化海岛城市安全韧性。

（6）创新了两岸同胞共同参与空间治理的规划路径。邀请海峡两岸知名规划机构、专家全程参与，在岚台两地开展多种形式公众参与，是大陆首个在台湾征集意见、听取台胞心声的规划。

实施效果

对平潭国土空间规划改革试点成果和后续实施情况给予肯定，产生了良好的社会反响。

（1）为福建省全面开展国土空间规划编制工作提供了试点经验。本项目发挥了重要的试点作用并获全省示范推广，规划编制方法、成果内容、数据标准、传导体系等方面探索创新，为福建省研究出台国土空间规划相关技术指南提供了重要支撑。

（2）为规划行业深化两岸融合发展探索了新路径。本项目积极探索"一岛两标"新模式，有效推动了规划建设管理领域相关标准规范衔接和资质互认。

（3）为平潭调整发展思路，转变发展方式，加快新一轮开放开发建设提供了战略引领和空间保障。

（执笔人：刘航）

临沂市国土空间总体规划（2021—2035年）

2023年度山东省优秀城市规划设计一等奖

编制起止时间：2020.8—2023.10
承担单位：绿色城市研究所、城市交通研究分院
主管总工：张广汉　　主管所长：董珂　　主管主任工：谭静
项目负责人：林永新、刘世伟　　主要参加人：熊毅寒、黎晴、闻雯、翟宁、苏冲、李国强
合作单位：北京师范大学、临沂市规划建筑设计研究院集团有限公司

背景与意义

为贯彻习近平总书记对临沂的重要讲话精神，山东省委、省政府对临沂"在鲁南经济圈发展中当引领、作示范"的战略要求，落实省级国土空间规划，建立国土空间规划体系，编制本规划。

规划内容

（1）明确城市定位。鲁南苏北地区中心城市，国家商贸物流枢纽，滨水宜居文化名城。

（2）筑牢安全底线。落实"三区三线"、城市"四线"、历史文化保护线、洪涝风险控制线等各类空间底线。

（3）优化国土空间格局。构建"一主三副多节点、四屏八脉润田园"的国土空间总体格局。保护沂沭平原农田集中区等农业空间，构建"五片一带"的农业空间格局；构建"四屏育片、八脉多廊"的网络化生态格局，推进以沂蒙山为统领的生态修复；构建中心城区主中心和沂水、平邑、临港新城三个副中心，提升城市能级。

（4）优化中心城区功能结构和空间布局。构建组团发展、蓝绿融城的城市空间结构，以沂河、祊河为轴拥河发展；规划"市级主中心—市级副中心—片区中心—社区中心"的四级综合性中心体

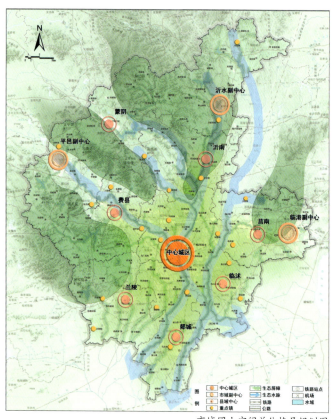

市域国土空间总体格局规划图

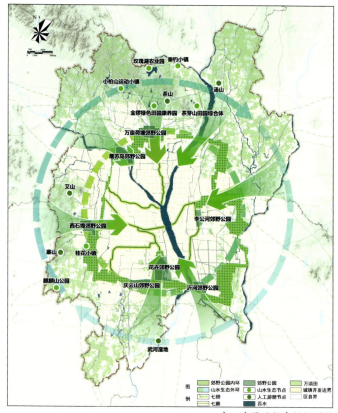

中心城区开敞空间规划图

系；构建"两环两河、七楔七廊、百水千园、万顷田"的绿地开敞空间格局。

（5）夯实安全韧性基础设施支撑。构建"米"字形高铁网，完善综合立体交通网络；健全公共安全和综合防灾减灾体系；统筹保障水、电、气、暖、通信等市政基础设施。

创新要点

（1）谋划国家级"郑州—临沂—青岛开放大通道"，提升青岛对黄河流域的服务能力，借此将临沂融入国家级的经济大动脉。整合青岛作为中国北方最大港口的外贸优势以及临沂作为中国北方最大市场的内贸优势，共同建设为山东省"内外双循环"的核心引擎，通过临沂商贸物流升级来带动鲁南经济圈的转型和开放。

（2）推动商贸物流转型升级，重塑城市空间结构。围绕"商、仓、流、园"一体化的发展新模式，引导城区从混合布局向圈层布局蜕变。内圈结合城市更新推动生活消费市场升级；中圈围绕"临沂商谷"带动生产资料市场外迁；外圈建设"国际陆港"带动仓储物流沿交通干线布局，"工业园区"带动地产品产业园集聚发展。

（3）深化国土空间适宜性评价，优化耕地等农用地的科学布局。以用地适宜性评价为基础，统筹优化乡村地区耕地、林地、园地布局，创新性地探索耕地占补平衡、进出平衡、补充耕地的科学基础，保障粮食安全。

（4）创新矿产能源发展区的划定方式，保障矿产项目需求，支撑用地审批。在符合"三区三线"管控规则前提下，采取实线与虚线相结合的方式划定矿产能源发展区，并同步纳入国土空间规划"一张图"系统，作为审批依据。

（5）创新工业用地控制线管控，提出聚、转、退、留四类管控策略，实现保

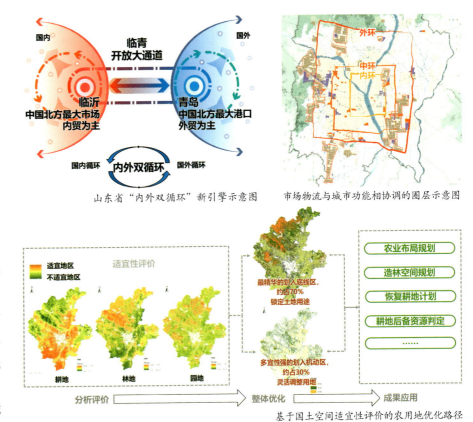

山东省"内外双循环"新引擎示意图

市场物流与城市功能相协调的圈层示意图

基于国土空间适宜性评价的农用地优化路径

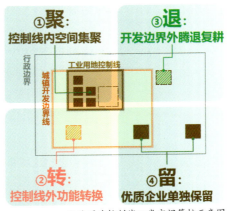

工业用地控制线四类空间管控示意图

中心城区环城绿环规划图

障实体经济、优化用地布局、提高用地效率、乡村工业减量等多个目标。

（6）传承水城特色，凸显水韵风光。加强水系连通，建设水网生态城；打造三河口城市客厅，引导城市功能拥河布局，建设缤纷水韵城；引山水入城，打造环城隔离绿带，建设田园山水城。

实施效果

在《临沂市国土空间总体规划（2021—

2035年）》指导下，分区规划、详细规划的单元划定等已经开展，兰山万亩荷塘、罗庄花卉郊野公园等大型郊野公园开始设计建设，矿产用地管理的方法和经验纳入自然资源部相关文件，提出工业用地控制线管理办法，市场物流布局专项规划根据总体规划要求进行深化调整，城市综合交通、绿地系统、市政工程等专项规划有序推进。

（执笔人：林永新、刘世伟）

东营市国土空间总体规划（2021—2035年）

编制起止时间：2019.8—2023.11
承担单位：中规院（北京）规划设计有限公司、城镇水务与工程研究分院、城市交通研究分院
主管总工：尹强　　公司主管总工：郝之颖、黄继军、全波　　主管所长：王新峰　　主管主任工：苏海威
项目负责人：胡章、魏祥莉、武敏
主要参加人：李君、陈曦、孙鼎文、尹波宁、洪隆钊、戴琳晓、熊林、唐宇、邹亮、吕红亮、沈健、李晓丽、罗兴华、刘荆、沈哲焱、杨嘉、
　　　　　　赵莉、刘守阳、李岩、沈旭、黄悦、姚越、魏静
合作单位：东营市城市规划设计有限公司等

背景与意义

《东营市国土空间总体规划（2021—2035年）》贯彻落实黄河流域国家战略和习近平总书记视察东营时的指示，推动了黄河三角洲地区生态保护与高质量发展，支撑了新时代资源型城市转型发展，探索了大江大河三角洲地区国土空间规划编制技术方法。

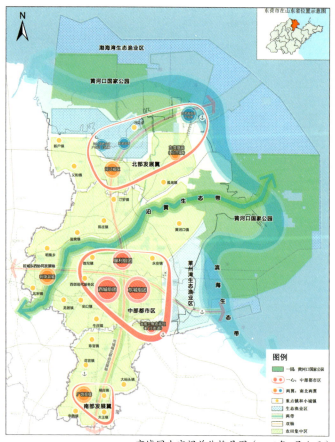

市域国土空间总体格局图（2023年1月公示）

规划内容

规划坚持目标导向、问题导向和创新导向，形成了东营国土空间系统治理方案，主要包括四个方面的工作重点。

（1）立足黄河入海口城市和国家重要的石油基地两大特色，落实推动黄河三角洲生态保护、保障粮食和石油安全、实现安居富民等国家和区域责任，明确大江大河三角洲生态保护治理样板、国家现代能源经济示范区、宜居宜业的黄河三角洲中心城市等三个定位。

（2）遵循河海演替规律，顺应自陆地向海的平行带状自然肌理，以水盐生境为核心推动重塑"三生"格局，构建"一心两翼、一园两带、两区四片"市域国土空间总体格局，并指导水、湿地、耕地、林地等各类要素配置和土地整治生态修复项目开展。

（3）立足盐碱地城市独特的"野—郊—城"人与自然和谐共生关系，契合中国传统山水"可望、可游、可居"思想，推动旷野地区、城郊地区、城市地区营建多尺度、差异化的国土空间魅力，彰显"河风海韵、胜利油城、大气疏朗"的国土空间风貌特色。

（4）立足石油基地转型发展需求，通过稳定油田产量、推动海上风电等各类新能源开发、延长能源产业价值链和创新链，推动传统能源绿色化发展，提高新能源比重，增强能源产业竞争力。

创新要点

（1）规划遵循黄河三角洲河海演替规律，以水盐生境为核心，以水资源调配为手段，从全域全要素视角重新梳理了东营国土空间格局。顺应平行带状的自然地理格局，规划识别了沿

黄地区、淡水生境区、滨海微咸生境区、海洋咸水生境区等四个水盐生境分区。推动淡水生境区重点配置水资源，完善水利系统，集中布局耕地和林地，严控盐业开采，并在水资源丰富的中部地区建设中部都市区；推动滨海微咸生境区以湿地保护为核心，控制耕地开发和城镇建设规模，建设两片生态渔业区；推动海洋咸水生境区以保护修复为主，建设黄河口国家公园和沿海生态带。

（2）按照生态引领、适度开发、活动渐入的原则，重构了"野—郊—城"不同尺度的人与自然和谐共生关系，建设富有活力的现代化湿地城市。旷野地区敬畏自然，强化保护修复，营建超大尺度魅力体验；城郊地区顺应自然，构建绕城生态管控，加强土地整治和文旅植入；城市地区强调融合自然，营建城湿融合的活力魅力片区；三者共同塑造多尺度的国土空间魅力。

（3）规划探索了包括分析自然地理格局、优化水资源调蓄体系、以水定地优化"三生"格局、以水定人—定城—定产降低负面影响、开展整治修复在内的大江大河三角洲地区国土空间规划编制的技术方法体系。

实施效果

规划奠定了东营市全域全维度的国土空间开发保护框架，指导了生态保护修复、城镇产业布局、农业保护开发等系列近期重大项目布局，支撑了黄河口国家公园建设和盐碱地等耕地后备资源综合利用国家试点工作。相关技术探索也为其他河口地区国土空间规划提供了方法借鉴。

（执笔人：胡章）

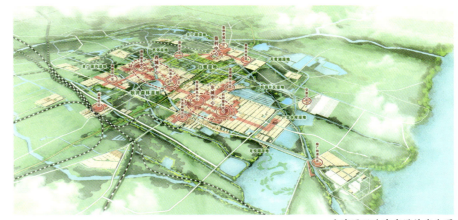

主城区湿地城市设计意向图

黄河入海及历史海岸线演变示意图

"一河三区"四个水盐生境分区示意图

水盐分区	水盐特征	引导方向
沿黄地区/淡水生境区	0.5%（淡水生境）	重点配置淡水资源，根据淡水资源限定耕地、林草、湿地的规模，优化空间布局，严控抽取地下卤水晒盐
滨海微咸生境区	0.5%~2%（微咸生境）	保护自然湿地规模。严控城镇园区建设，加强生态修复，适度推动局地抬高造林和发展渔业盐业等的立体开发
海洋咸水生境区	2%~4%（咸水生境）	保护和自然恢复为主，改善海水水质，保护和有序开发自然岸线、滩涂湿地和海洋资源

水盐生境分区管控指引

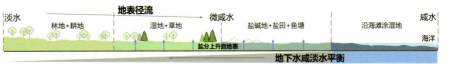

咸淡水平衡格局下的平行带状肌理分析图

泰安市国土空间总体规划（2021—2035年）

2023年度山东省优秀城市规划设计一等奖

编制起止时间：2020.11—2023.10
承担单位：绿色城市研究所、西部分院、城镇水务与工程研究分院
主管所长：董珂　　　　　　　主管主任工：谭静
项目负责人：林永新、刘世伟　主要参加人：闻雯、李刚、付晶燕、沈旭、李丹、胡林、姚越、陈君、李玉
合作单位：北京师范大学、泰安市规划编制研究中心（泰安市规划设计院、泰安市规划展览馆）

背景与意义

为加快建立国土空间规划体系，深入实施黄河流域生态保护和高质量发展战略，落实《山东省国土空间规划（2021—2035年）》，山东省委、省政府部署泰安建设黄河战略的先行区，泰安市政府组织编制了《泰安市国土空间总体规划（2021—2035年）》。

规划内容

（1）明确发展定位。以"国泰民安城、世界遗产地"为愿景，建设国际旅游胜地和国家历史文化名城、山东省重要的科技创新中心、黄河下游新型工业基地。

（2）筑牢空间底线。统筹划定耕地和永久基本农田、生态保护红线、城镇开发边界三条控制线，落实城市"四线"、历史文化保护线、洪涝风险控制线等各类控制线。

（3）优化国土空间格局。细化深化主体功能分区，构建"山城相依、田汶相畔"的开发保护总体格局。筑牢以泰山和东平湖为核心，"泰山为宗镇万笏、五汶归湖带多廊"的生态空间；保护以"汶阳田"为代表的优质耕地；强化以中心城区引领，"一核三轴多芯"的城镇空间格局。

（4）提升城市功能和效率。建立"两山相映、一河镶嵌"的城市发展格局，突出南北向泰山文化轴和东西向公共服务轴，推动产城融合、职住平衡；依托泰山、徂徕山和城区"七湖十五河"，构建蓝绿交织的生态网络。

（5）加强历史文化保护和特色风貌塑造。重点保护泰山、大运河和齐长城三处世界遗产，与济南、曲阜、邹城共建"山水圣人"文化轴。强化城市设计和乡

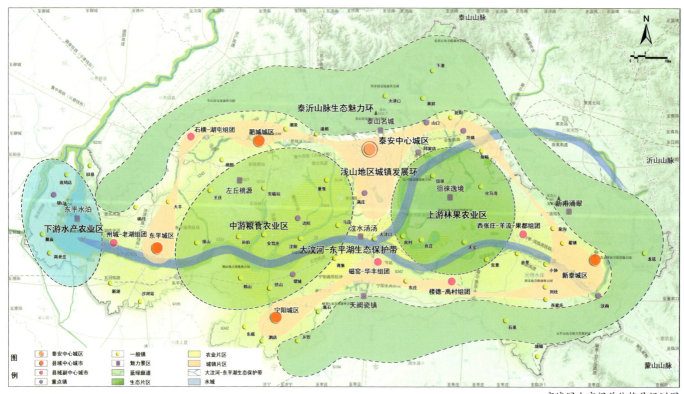

市域国土空间总体格局规划图

村风貌引导，彰显"秀美泰城、壮美画景、丰美田园"的国土空间魅力。

（6）夯实安全韧性基础设施支撑。完善综合立体交通网络，健全公共安全和综合防灾减灾体系，统筹水、电、气、暖、通信、环境卫生等各类市政基础设施建设。

创新要点

（1）基于对泰安自然资源禀赋特色优势的判断，将生态、文化作为主线，以中国传统文化中"国—野—郊—邑"的多级空间尺度，贯穿整个规划项目，按照"问题—目标—战略—布局—机制"的技术路线，制定针对性的规划战略和策略。

（2）归纳泰安市"山—城—田—汶"的空间构成特色规律。以"山城相依、田汶相畔、生态和文化相融合"为原则，构建"山""田""汶"的高水平保护与"城"的高效率开发的总体格局，统筹协调农业、生态、城镇三大空间，作为指导各类空间格局的共同基础。

（3）系统维护泰安山水林田湖共同体的生态安全，纠正违背"山—城—田—汶"规律的土地错配。对山区陡坡地种粮问题，实行陡坡退耕并落实到图斑；对平原耕地种植速生杨问题，以全域土地综合整治为手段，重点在汶河两岸平原扭转耕地非粮化，有序恢复耕地。

（4）提出彰显泰安"文化脊梁"的"泰山中轴"。遵循古代"天阙山"传统空间模式，彰显从泰山遥望曲阜的大尺度区域轴线，通过串联一系列重大文化空间，构建一条贯穿6000年文化发展脉络的泰安城市"文化脊梁"。

（5）传承传统文化，提炼"营城四法"。按照"山为宗、水为脉、轴为骨、文为魂"的营城理念，彰显城市特色。以山为宗，奠定城市形态；以水为脉，控制开敞空间；以轴为骨，塑造公共空间；以文为魂，引导城市更新。

实施效果

（1）规划指导了高铁东站片区、汶河产业

泰安市国土空间总体规划技术路线

泰安"山—城—田—汶"的空间构成规律

传承传统文化的"营城四法"

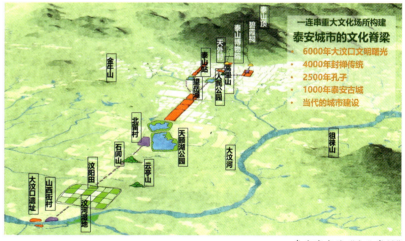

泰安城市的"文化脊梁"

园片区、滨河片区等详细规划的编制，落实片区发展定位、管控指标、城市设计引导等核心内容。规划提出的总体城市设计、综合交通体系、城市公园体系等专项规划正在组织编制。

（2）建立动态调整的"一张图"系统，强化对涉及空间利用的专项规划、专项工作的指导，例如近期开展的文物保护单位保护范围勘定工作等，在国土空间规划"一张图"上协调解决矛盾问题，维护规划严肃性和权威性。

（执笔人：林永新、刘世伟）

洛阳市国土空间总体规划（2021—2035年）

编制起止时间： 2018.9—2024.4

承担单位： 历史文化名城保护与发展研究分院、城市交通研究分院、中规院（北京）规划设计有限公司、城市设计研究分院、
城市规划学术信息中心

主管总工： 张广汉　　　**主管所长：** 鞠德东　　　**主管主任工：** 胡敏

项目负责人： 苏原、赵霞、杨亮

主要参加人： 陶诗琦、徐明、冯小航、丁俊翔、李陶、赵子辰、付彬、张楠、杨少辉、赵洪彬、李凤军、吴照章、周慧、张奕雯、
陆品品、刘力飞、魏钢、王颖楠、唐睿琦、管京、尧传华、翁芬清、冀美多、范丽婧、张晓瑄、余加丽、夏玉军

合作单位： 中国人民大学、洛阳市规划建筑设计研究院有限公司

背景与意义

　　洛阳是十三朝古都，新中国"一五"时期八大重点工业城市之一，首批国家历史文化名城，沿洛河分布的五大都城遗址群举世罕见。

　　《洛阳市国土空间总体规划（2021—2035年）》继承以往历版总规经验，在国土空间规划体系背景下，形成洛阳市落实国家、河南省重大战略部署的重要实践。规划贯穿历史文化保护传承主旨，积极应对大遗址保护与城乡发展协调统筹等技术难点，探索以遗产保护为前提，健康、可持续的"新洛阳模式"。

规划内容

　　（1）以评定编。构建三维度、多层次的体检评估方法，在多源数据基础上增加历史文化遗产、防洪安全等地方特色指标，形成"标准性+特色性"的"双评价"成果。

　　（2）融入区域。立足对外开放视角，提出"西安—洛阳—开封"黄河古都带的文化和生态共保思路，构建黄河、伏牛山"一带一屏"生态屏障和陇海、洛济焦发展轴引领的城镇产业联动格局。以开放性综合交通体系建设支撑中原城市群副中心和国际旅游城市定位。

　　（3）文化引领。划定以大遗址保护范围为主的历史文化保护线，明确与

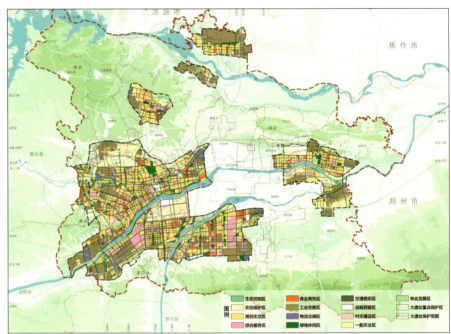

中心城区国土空间规划分区图（2024年6月公示）

市域国土空间总体格局规划图
（2024年6月公示）

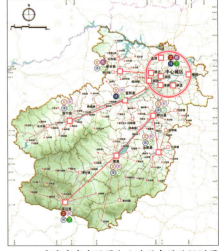

市域城乡生活圈和公共服务设施规划图
（2024年6月公示）

"三线"协调的空间措施和管理要求。在伊洛盆地构建以大遗址群为巨型绿心、组团式城市空间和功能围绕布局的总体空间格局，以"历史轴线—时代轴线—未来轴线"共同引领"古今辉映"空间秩序，促进文旅、文绿深度融合，支撑"博物馆之都""遗址公园城市"建设。

（4）统筹格局。构建契合全域南北差异化条件的总体空间格局，在市域北部城镇密集区，增强人口和经济集聚能力，彰显历史文化魅力；在市域南部生态发展区，优先实施生态保护和特色经济培育。加强农业、生态、城镇空间格局与矿产资源、地质灾害风险区、蓄滞洪区相互协调。引导城镇空间产业、创新、生活功能融合，鼓励用地挖潜提升，促进乡村建设用地节约集约、保障产业用地。

创新要点

（1）多规融合方法贯穿规划全过程。搭建多专项规划同步、多专题研究协同、多专业团队合作、多部门联动的全融合工作组织模式。发挥团队长期跟踪洛阳规划和发展的优势，把握城市发展规律、衔接区域空间格局、整体统筹城市定位。

（2）探索多宜性空间开发保护导向技术。基于"一张图"平台，评价市域南北不同空间的核心价值，研判多规矛盾，客观科学把握山、水、林、田、文、矿、城、乡、产等多空间要素在开发保护中的优先级和侧重点，服务于底线划定、格局构建、要素配置、空间监测评估预警。

（3）探索历史文化资源保护与国土空间规划有机融合的技术路线。构建"价值研判—要素梳理—资源密集区识别—保护底线划定—格局构建—管控和传导要求

 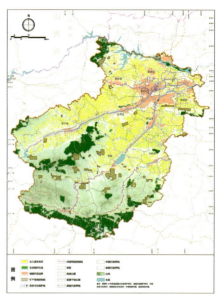

市域历史文化保护规划图（2024年6月公示）　　市域国土空间控制线规划图（2024年6月公示）

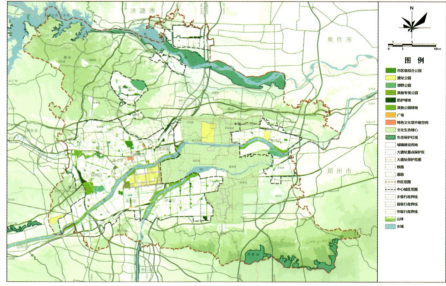

中心城区绿地系统和开敞空间规划图（2024年6月公示）

制定"的系列技术手段，将历史文化保护传承融入国土空间规划全流程、全要素和社会经济发展各领域。

实施效果

（1）发挥市级规划承上启下的关键作用。全面落实国家和区域重大战略，有效统筹专项规划纲领性内容，对县（区）规划编制持续传导跟踪。

（2）管控全域战略空间，引导重大

项目落地。促进汉魏故城遗址博物馆等文化旗舰项目、城市阳台和城市乐道等城市更新示范项目、新能源装备和大数据科技园等战略性新兴产业项目落户落地。城市高科技产业、文化产业增加值占比提升。

（3）入选自然资源部主编的优秀案例和参考样图集，为多个重大课题提供实践案例。

（执笔人：苏原、赵霞、杨亮）

开封市国土空间总体规划（2021—2035年）

编制起止时间：2021.4—2024.4
承担单位：城乡治理研究所、历史文化名城保护与发展研究分院、城市交通研究分院
主管总工：张广汉 主管所长：杜宝东 主管主任工：曹传新 项目负责人：徐会夫、董灏、朱磊
主要参加人：周婧楠、王贝妮、李湉、王颉、周洋、曹木、张欣、张嘉莉、钱川、兰伟杰、麻冰冰、张凤梅、王现石、卞长志、谢昭瑞、陈丽莎
合作单位：河南大学规划设计有限公司、开封市规划勘测设计研究院、上海复旦规划建筑设计研究院有限公司

背景与意义

本规划是在资源紧约束条件下，对开封市域范围内国土空间进行的总体安排和综合部署。规划以推动高质量发展为主题，以全面建设社会主义现代化开封为目标，坚持农业安全优先、生态保护优先，打造高品质生活，实现高效能治理，全域全要素系统性规划新时代开封国土空间开发保护格局。

作为首批国家历史文化名城、中国八大古都之一，开封市坚定扛起历史责任、时代责任，坚持保护优先原则，彰显厚重的历史文化底蕴。加强历史文化遗产与自然景观资源的系统保护与科学利用，将历史文脉融入城乡自然景观空间，提升空间魅力，描绘根植于中原大地、面向未来的国土空间风貌图景。

规划内容

（1）以"三区三线"为基础，构建"一带、两轴、三区"的国土空间开发保护格局。实行最严格的耕地保护制度，落实耕地和永久基本农田、生态保护红线和城镇开发边界三条控制线划定成果，强化历史文化保护线、洪涝风险控制线管控。

（2）彰显古都气韵，传承生生不息的中华文脉。构建"一主一副、三带五片"的市域历史文化保护格局，严格保护开封古城和朱仙镇古镇的历史文化资源，加强北宋东京城遗址保护，强化明清时期

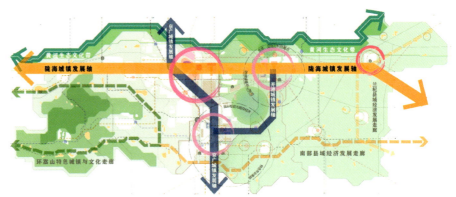

郑开同城化发展格局规划图

市域国土空间总体格局规划图

古镇与开封"河—堤—城—港"整体空间格局的保护与展示。

（3）促进绿色转型，构筑"一带引

领、四区联动、绿廊成网、蓝绿点缀"的生态空间格局。加强自然保护地体系建设，强化水资源的底线约束和高效利用，

推动能源结构转型，提高矿产资源开发保护能力，系统实施生态修复，建设人与自然和谐共生的"美丽开封"。

（4）促进区域协同，推进郑开同城化全面升级。构建"一带融合、三心联动、双轴提升、示范先行"的郑开同城化总体空间格局。推进郑开多领域深度融合，推动郑开同城化由点到面纵深推进。

创新要点

（1）文化复兴——以宋文化传承为核心，彰显文化古都的独特魅力。提炼展示开封文化中具有当代价值、世界意义的文化精髓，塑造开封文化品牌。融入黄河生态文化带、大运河文化带和郑汴洛世界级文化走廊。实施"文化+"战略，打造文化产业高地和文创中心。

（2）区域协同——以郑开同城化发展为核心，融入区域发展大格局。打造郑州都市圈东部次级枢纽，深度推进郑开兰同城化发展。提高与京津冀、长三角、粤港澳大湾区、山东半岛等城市群的开放合作水平，建设区域增长极。

（3）安全永续——以落实黄河战略为核心，处理好发展与保护的关系。强化资源环境底线约束，推进生态系统保护和修复，实现黄河安澜。传承"四水贯都""畿甸之美"的生态文化基因，构建新"四水贯都"格局。

实施效果

（1）名城保护文化复兴工作取得显著成效。近年来，开封市积极推进历史文化街区保护工程，加快编制街区保护规划，小规模、渐进式地实施了一批城市保护利用项目。如在复兴坊街区提质建设中，对市级不可移动文物生产后街37号院进行保护性修缮，最大限度恢复了建筑原始风貌；大力扶持发展了翟俊杰电影艺术馆、一束光书店等一批民间博物馆、艺术馆文化项目。

（2）郑开同城化发展由点到面纵深推进。郑开两地探索设立郑开同城化示范区；郑开城际延长线延伸到开封火车站，S312郑开段贯通，郑开大道智能化提升工程、G310南移积极推进。建设郑开（兰考）特别合作区，实施新曹路至汴兰大道提升改造，将郑开沿黄生态带向兰考段延伸。

（执笔人：徐会夫）

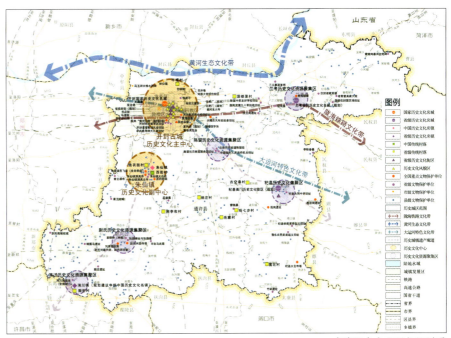

市域历史文化保护规划图

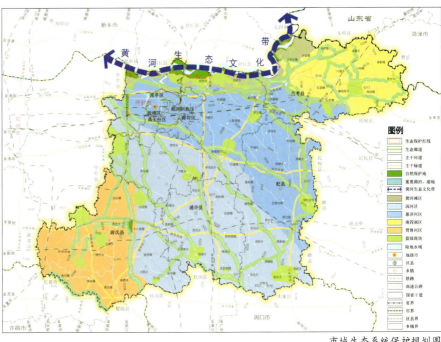

市域生态系统保护规划图

宜昌市国土空间总体规划（2021—2035年）

编制起止时间：2019.10至今

承担单位：中规院（北京）规划设计有限公司

主管总工：朱波　　　　公司主管总工：黄继军、全波　　　主管所长：李家志　　　主管主任工：李潇

项目负责人：涂欣、付新春　　　主要参加人：董博、秦婧、张浩然、杨婧艺、谢启旭、孙雨诗、杨至瑜、岳家帅

合作单位：武汉市规划研究院、宜昌市地理信息和规划编制研究中心

背景与意义

宜昌市地处三峡门户、川鄂咽喉，是长江上游、中游分界点，位于我国第二、三级阶梯过渡地带，具有典型的山地特征和流域特征。编制《宜昌市国土空间总体规划（2021—2035年）》，是在国土空间规划体系下，突出长江大保护，探索流域型城市高水平保护和化工城市多元转型绿色发展的重要实践。

规划内容

（1）区域协同。结合三峡水运新通道、引江补汉、沿江高铁等国家重大项目建设机遇，在两个层级推进区域协同，一是通过生态共治共享、设施共建共享、产业合作共赢、体制机制共创等措施，引领宜荆荆都市圈协同发展，打造长江中上游的重要增长极；二是通过提升宜昌城市能级、完善相关政策，引导三峡库区超载县市的人口、产业向宜昌转移，实现三峡库区的高水平保护和高质量发展。

（2）市域统筹。聚焦建设长江大保护典范城市的发展目标，重点突出市域统筹。一是发挥西部山区、中部丘陵、东部平原比较优势，坚持该干什么的地方干什么，统筹西部生态、中部生活、东部生产的功能侧重；二是以流域综合治理为抓手，实施全域国土综合整治和生态修复，

统筹发展和安全，构建"两江四河、一带四廊"的国土空间总体格局；三是按照耕地和永久基本农田、生态保护红线、城镇开发边界优先序，统筹划定三条控制线。

（3）中心集聚。基于中心城区山水

基底，通过强化风貌管控、提升城市能级、推进产业集聚三方面重点策略，构建"一城一区协调发展、两心三楔组团布局"的空间结构。一是强化城市绿心、绿楔、近城、入城山体的保护与管控，实施滨江

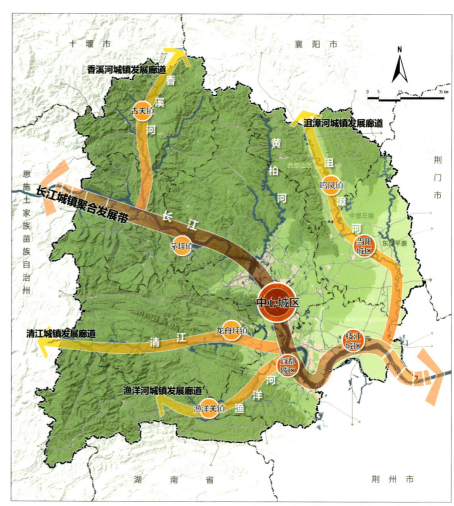

市域国土空间总体格局图（2022年10月公示）

控宽度、江北控密度、江南控高度的城建铁律；二是强化功能提升，核心主城构建"两中心五组团"，强化西陵、伍家岗承载区域中心城市核心职能；三是推进产业向东集聚，借助产业基础和水铁联运等资源优势，打造宜昌产业发展新引擎、产城融合示范区。

创新要点

（1）探索了流域型城市的高水平保护实施路径。以流域综合治理为抓手，明确宜昌"三峡工程安全、水安全、水环境安全、粮食安全、生态安全、防范地质灾害"等安全底线内容清单、治理策略和实施项目，全面提升宜昌的国土安全韧性。

（2）探索了化工城市的绿色转型高质量发展路径。促进城市功能向主城集中，产业空间向东部聚集，聚焦切合自身发展的主导产业门类，结合"三线一单"做实产业准入和绿色转型，以空间布局的有序促进经济发展的有序，不断推动城市和产业集中高质量发展。

（执笔人：付新春）

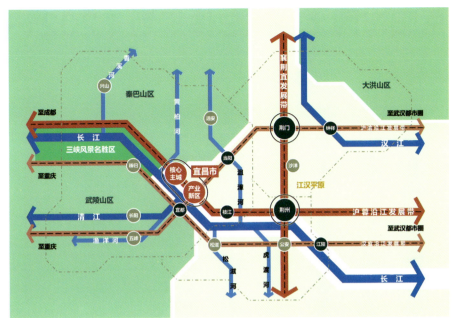

宜荆荆都市圈空间结构示意图

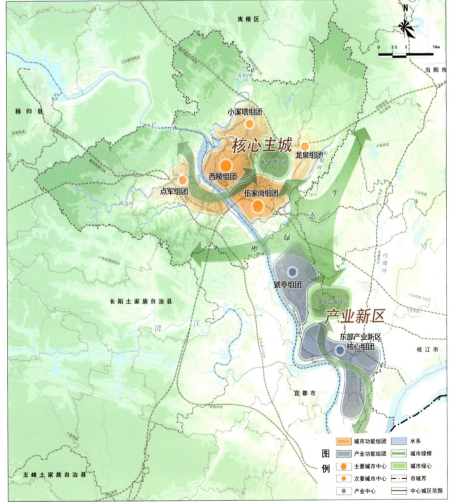

宜昌中心城区组团式结构示意图

岳阳市国土空间总体规划（2021—2035年）

编制起止时间：2019.6—2023.12
承 担 单 位：上海分院
分院主管总工：孙娟、李秋实　　　　主管主任工：尹维娜
项目负责人：闫岩、靳文博　　　　　主要参加人：陆容立、潘磊、陈蕾蕾、马小晶、廖航、胡雪峰、韦秋燕、谢磊、杜嘉丹

背景与意义

岳阳濒洞庭、临长江，是一江碧水的守护者、粮食安全的压舱石、湖湘文化的发源地、湖南省域副中心。岳阳市委、市政府根据湖南省统一部署于2019年启动《岳阳市国土空间总体规划（2021—2035年）》（本项目中简称《规划》）编制工作。为强化风貌管控，提升空间品质，将城市设计贯穿规划全过程，同步委托《洞庭通长江滨湖城市设计》（本项目中简称《设计》）。

《规划》以更高的标准、更广阔的视野深刻识别岳阳的独特价值，全面践行四大核心使命，引领全市国土空间的开发与保护。一是巩固"湖广熟天下足"的粮食安全保障能力；二是守护"洞庭生境"，树立生态优先、绿色发展岳阳样板；三是彰显"人文江湖"底蕴，擦亮"洞庭天下水，岳阳天下楼"的城市文旅品牌；四是展现"魅力江湖"，提升对人才、资金、产业等发展要素集聚的能力，支撑城市发展转型升级。

规划内容

（1）明确城市发展目标。岳阳城市性质为"长江经济带绿色发展示范区、国家历史文化名城、湖南省域副中心城市"，中长期发展目标为"绿色崛起的区域中心、江湖交汇的文化名城"。

（2）筑牢安全发展底线。落实耕地和永久基本农田、生态保护红线和城市开发边界三条底线，划定城市"四线"、历史文化保护线、洪涝风险控制线等各类控制线，全面夯实高质量发展的空间底线。

（3）优化国土空间格局。落实主体功能区战略，按照"江湖为心、东部山林、西部田园、中部城镇、拥湖发展、城乡和谐"的总体思路，构建"一核两带、两屏三廊多点"的市域国土空间开发保护总体格局。

（4）提升国土空间品质。优化中心城区功能布局，促进产城融合与职住平衡；突出山水城市特色，保护蓝绿廊道，进一步稳固组团型城市结构。匹配人口发展趋势，统筹配置公共服务设施，推动"15分钟社区生活圈"全覆盖，提升城乡公共服务均衡性。

（5）加强历史文化保护和特色风貌塑造。严格落实保护要求，明确历史文化名城名镇名村、历史建筑、各级文物保护单位的保护范围和建设控制地带。彰显文化特质，塑造"山水入城、蓝绿成网"的城乡特色风貌。

（6）夯实安全韧性基础支撑。发挥长江黄金水道与京广经济走廊交汇节点的区位优势，打通多向辐射的交通廊道，统筹推进交通基础设施规划建设，加快建成全国性综合交通枢纽。健全公共安全和综合防灾体系，统筹保障各类市政基础设施规划建设，确保城市生命线稳定运行。

（7）强化实施保障。完善规划传导体系，指引区县空间管控要点，全面建立"一张图"平台体系，提升规划信息化水平，保障近期重大项目实施。

创新要点

（1）《规划》与《设计》同步编制，将城市设计融入规划全过程。在市域层面，《规划》融合了《设计》提出的总体

规划技术路线图

生态格局和全域生态空间分区分级保护思路。在中心城区层面，以设计思维推动空间布局优化，维护中心城区"山水入城、楼湖相望"的总体风貌，控制视线通廊和天际轮廓，衔接《设计》提出的城市商业中心和中央活力区选址意见，鼓励公共服务设施围绕蓝色珠链周边布局，改善滨水地区公共交通可达性，推动"生活回归滨湖"。

（2）结合规划实践经验，推动地方法条更新。充分总结《规划》编制过程中收集的各方意见，结合规划实践经验和地方发展实际，对岳阳2018年起施行的地方性法规《岳阳市城市规划区山体水体保护条例》提出修订建议，优化管控范围和要求，提升生态空间保护力度，保障了法规的严肃性和可实施性。

（3）坚持底线观和统筹观。依托科学合理的评价机制，在省内率先提出耕地和永久基本农田、城镇开发边界增量空间全域统筹配置方法，成功经验获全省推广。

实施效果

（1）有效推动了国土空间治理效能提升。在《规划》指导下，十余个专项规划、镇级规划和重点片区详细规划加快编制报批，充分发挥了"一张图"平台作用，实现了规划管控的精准传导。

（2）充分保障了重大项目落地实施。《规划》统筹梳理了能源、交通、水利等3314个重大项目，建立重点项目库和近期建设计划，有效支撑了湖南万亿级石化产业园区项目和湘江新区湘阴片区等省市重大项目及战略平台的落地实施。

（执笔人：靳文博）

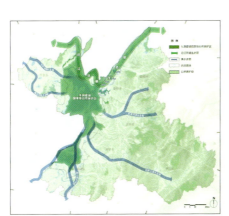
市域生态空间总体格局规划图（2022年12月公示）

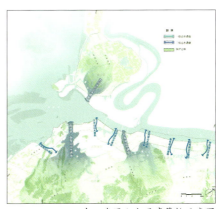
中心城区山水通廊管控示意图

洞庭南路历史街区城市设计示意图

中心城区总体风貌管控鸟瞰图

珠海市国土空间总体规划（2021—2035年）

2023年度广东省优秀城市规划设计奖二等奖

编制起止时间：2019.12—2023.10
承担单位：中规院（北京）规划设计有限公司
主管总工：朱波　　　公司主管总工：尹强、郝之颖、张莉、黄继军、全波　　　主管所长：李家志　　　主管主任工：罗赤
项目负责人：王冀
主要参加人：李清、陈锦清、姚月、邓质嫦、谭文杰、陈德绩、罗赤、俞斌、占雪晴、向守乾、王进、刘臻、丁俊、杨峥屏、潘裕娟、孙亮、朱涵冰、陈佳威、王纯、高山清、孔令骁、董博、高翔、张有弛、赵倩、翁湉源、刘子翼、孙雨诗
合作单位：珠海市规划设计研究院、广东省城乡规划设计研究院科技集团股份有限公司

背景与意义

坚持以习近平新时代中国特色社会主义思想为指导，全面贯彻党的二十大精神，深入贯彻习近平总书记对广东系列重要讲话和重要指示精神，坚持走中国式现代化道路，立足新发展阶段，完整、准确、全面贯彻新发展理念，服务和融入新发展格局，深入实施国家重大战略，全面落实广东省委、省政府与珠海市委、市政府决策部署，围绕高质量发展首要任务和构建新发展格局战略任务，统筹安排全域全要素空间资源布局，奋力打造粤港澳大湾区重要增长极、珠江口西岸核心城市，努力建设成为中国式现代化的城市样板。

规划内容

认真总结珠海经济特区40年空间演变规律、成功经验和存在的问题，以"两条主线、一个协同"（以粤港澳大湾区建设为契机，建设珠江口西岸核心城市；以生态文明思想为引领，擦亮生态宜居品牌；协同澳门建设澳珠极点，促进澳门产业多元化发展）为重点，精心谋划珠海2035年的空间发展，努力探索促进人与自然和谐共生的规划对策，承前启后、勇担使命，打造新时代中国特色社会主义现代化国际化经济特区、珠江口西岸核心城市、连接港澳的枢纽城市、区域性海洋中心城市、国际滨海旅游城市，承担全国性综合交通枢纽、先进制造业基地、区域科技创新中心、商贸物流中心、区域消费中心、特色金融中心、文化艺术中心等重要职能，为中国式现代化高质量发展提供珠海经验，谱写美丽国土的珠海篇章。

（1）以粤港澳大湾区建设为契机，建设珠江口西岸核心城市。融入湾区，全方位开展区域合作。产业发展，提升生产中心辐射带动能力（加快形成"大集中、小集聚"的工业空间布局，划定并立法保障工业用地控制线，推广"标准地"出让模式，鼓励新增工业用地建设标准厂房，积极盘活低效工业用地，提高土地利用效率，推动工业用地集约发展）。交通优化，建设全国性综合交通枢纽。"双城"引领，构建匹配核心城市的空间格局（协调人口、产业布局与生态环境关系，以交通、产业引导集聚发展，构建"一主一副，一特一优，若干组团"的全域城镇空间格局）。民生服务，创建幸福样板城市。陆海统筹，打造区域性海洋中心城市。

（2）以生态文明思想为引领，擦亮生态宜居品牌。严守耕地保护红线，构筑国土空间开发保护新格局（串联磨刀门等入海口、香炉湾等海湾与百岛，筑牢黄杨山—斗门生态农业园—西部中央大田园、黑白面将军山与凤凰山等三大生态核心区，维育通山达海的全域生态廊道网络；完善东部和西部两个市级综合服务中心，依托对接深中通道和港珠澳大桥的两条经济轴带，形成高质量发展的六大片区）。坚持山水林田湖草沙一体化保护和系统治理，构建"大生态空间体系"；建设精明增长和安全韧性城市，确保可持续发展与居民生活的和谐。

（3）协同澳门，建设"澳珠极点"城市。以横琴粤澳深度合作区为核心，共建国内国际双循环战略支点。以海陆空重大枢纽节点为着力点，加强门户地区合作。以洪保十地区为联动区，加强空间合作。以保障供应为重点，强化对澳基础设施建设。以工业园区为载体，承接澳门产业拓展。以整体城市景观为结合点，共建世界级旅游目的地。

创新要点

（1）构建生命共同体生态空间体系。延续珠海组团型城市特色，坚持集约紧凑、功能混合、职住平衡、公交优先的

发展模式，以山水林田湖草沙为生态基底，以海洋文化为灵魂，以高快速路为主骨架，以基本城市组团为细胞，由轨道交通串联城市、片区、基本城市组团、邻里等四级中心，由绿道、碧道、古驿道、云道（健康步道）串联城乡公园、田园、广场、景区、历史文化遗产和民生公共服务设施，形成城市与自然高度融合、工作与休闲高度结合、交通与土地高度匹配的大生态空间体系。探索"融合＋集聚"的耕地保护与城镇开发新做法，推进珠江口陆海转换地区、高度城镇化区域生态系统保护与建设，进行"宜居导向的国土空间开发强度"管控。

（2）探索"一国两制"下跨界协同新实践。开展对接港澳公共服务设施标准研究；优化澳珠口岸功能分工，促进口岸门户地区功能联动；实现澳门和珠海的海陆空交通设施系统一体化衔接和立体化联络，保障澳珠供水、供电通信、供气安全。

（3）构建"四级空间治理体系"。逐步实现设施配套的范围与空间治理的范围一致，划定"城市—片区—基本城市组团—邻里"四级国土空间治理单元；合理配置文教体卫福利设施和公共绿地，形成四级中心体系；探索以"邻里"为单位、在步行10分钟可达的空间范围内布局15分钟社区生活圈的设施。

（4）"五同步"联动编制，确保规划可落地。分别是市级与区级同步、总体规划与专项规划同步、总体规划与专题研究同步、总体规划与"十四五"规划同步，规划编制与实施机制同步。

实施效果

（1）支撑并推动了珠海市委、市政府的决策部署。例如，完善东、西"双城"架构和建设全国性综合交通枢纽等已

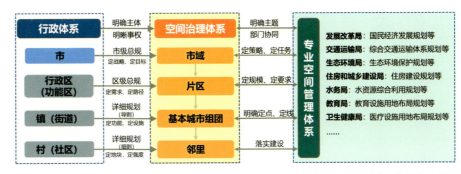

珠海市"四级空间治理体系"示意图

市、区总规同步：重传导

充分调动各区参与国土空间总体规划编制的积极性，更好地梳理和反映各区发展诉求和本辖区发展战略。

总规与专项规划同步：重统筹

建立部门协同研讨机制，融合各部广]诉求与空间安排。同步编制综合交通、轨道线网、绿地系统、生态修复、国土综合整治与耕地保护、教育设施、医疗设施、污水设施等专项规划。

总规与专题研究同步：重支撑

重点开展核心城市职能及实现路径，以及水资源承载力、人口、港珠澳合作、生态城区规划标准、对标港澳、宜居导向等多个专题研究，着力破解珠海城市发展面临的热点、难点问题，为城市提供更优良的环境。

总规与"十四五"经济社会发展规划同步：重协调

与"十四五"经济社会发展规划有机统一，为保障总规实施夯实基础。

总规编制与实施机制同步：重落实

开展国土空间编制管理规定、土地储备机制研究、国土空间治理体系等研究工作，为规划后续实施传导提供体制机制保障。

"五同步"联动编制示意图

列入珠海市近期的重点任务。

（2）支撑了市委、市政府的措施出台。例如空间结构、生态保护格局、大生态空间体系等内容已纳入《关于推动城乡建设绿色发展的若干措施》（珠发办〔2023〕6号）。

（3）支撑了重大项目的选址与选线。例如两条战略通道、高铁与站点，以及职教城等。

（4）指导了城市开发的建设时序。例如，指导了西部中心城区的建设时序、各市级专业化中心的建设时序、西部综合

服务中心区等近期资源重点投放地区的建设时序等。

（5）促进了珠海市国土空间治理公共政策的出台。例如《珠海经济特区工业用地控制线管理规定》《珠海市低效用地盘活整治考核方案》等。

（6）推动了国土空间治理体系优化。例如，针对原前山街道办管辖范围和人口基数过大、难以实现城市管理精细化的问题，提出街道办辖区范围的优化方案，推动了凤山街道办的成立。

（执笔人：高山清）

三亚市国土空间总体规划（2021—2035年）

编制起止时间：2019.4—2023.11

承担单位：中规院（北京）规划设计有限公司、城镇水务与工程研究分院

主管总工：王凯　公司主管总工：尹强、黄继军、全波　主管主任工：慕野

项目负责人：胡耀文、郝凌佳

主要参加人：胡朝勇、张李纯一、蔡昇、单丹、吴丽欣、石文华、李梦琴、朱胜跃、孙月、王艺霖、陈欣、胡瑜哲、郭嘉盛、刘舸

合作单位：海南国源土地矿产勘测规划设计院有限公司、国家林业和草原局中南调查规划院、海南省海洋与渔业科学院、海南省环境科学研究院、中兴大城策略（北京）咨询有限公司

背景与意义

三亚是著名的热带滨海旅游城市，中规院长期跟踪并编制了三亚的历版城市总体规划以及亚龙湾、海棠湾等重要片区规划，本次总体规划是2018年海南自贸港建设重大战略实施以来三亚第一次城市总体规划编制，是三亚在新时代战略背景下，促进城市转型升级发展和全域全要素资源优化配置的总纲领，具有较强的开创性。

规划内容

规划编制紧扣三亚"南海、南繁、南疆"的国家价值与"生态、开放"的时代责任。

（1）目标定位与总体格局。推动三亚从旅游专业化城市向现代化综合型城市转型，将三亚建设成为世界级热带滨海城市、国际旅游消费中心城市、国家创新城市。

支撑三亚从旅游专业化城市向自贸港综合型城市的转型跨越式发展，构建三亚"山海联动、陆海统筹、三城并举、区域协同"的国土空间开发保护新格局。

（2）"三区三线"与国土空间规划分区。划定耕地和永久基本农田、生态保护红线、城镇开发边界，并划定国土空间规划分区，作为下层次各类规划编制的"底线""红线"与依据。

（3）全域总体规划主要内容。以

市域国土空间总体格局规划图（2021年11月公示）

"中优、东精、西拓、南联、北抬"十字方针为空间发展战略，引领国土空间全域全要素精准布局。

保护传承文化与自然价值，展现"海韵椰风、秀美精致、国际风采、本土风情"的总体城乡风貌，强化三亚湾、海棠湾和崖州湾的特色海湾格局，彰显国土空间魅力。

促进综合交通体系转型，打造海、陆、空立体旅游交通体系。保障三亚市市政基础设施建设，增强应对各种灾害的能力，提高城市安全韧性。

创新要点

规划创新打通五项规划传导与实施路径。

（1）强化省域通则、区域导则和单元图则的"承、传、导、落"目标框架，划定规划分区单元，衔接国土空间详细规划编制。

（2）强化战略、平台、产业、项目一体化落地实施路径，承接国家战略资源导入，搭建重点产业园区开放平台，促进重点产业集聚，保障重点项目落地。

（3）充分利用全域土地综合整治、生态修复与城市更新工具，引导全域土地综合整治与开发边界外详细规划衔接，城市更新与开发边界内详细规划衔接，生态修复与生态产品价值提升、生态产业化、产业生态化衔接。

（4）纵横资源联动，以建设用地集中集约为原则，充分挖潜存量资源，推动农垦垦区资源与地方联动，促进垦地融合发展。

（5）规划与用地政策融合，将国土调查、地籍调查、不动产登记等作为规划编制的工作基础，实现规划方案与土地利用、产权置换、强度调节、价格机制等用地政策有机融合，有效推动存量资源资产的盘活利用。

（执笔人：郝凌佳）

市域生态系统保护规划图（2021年11月公示）

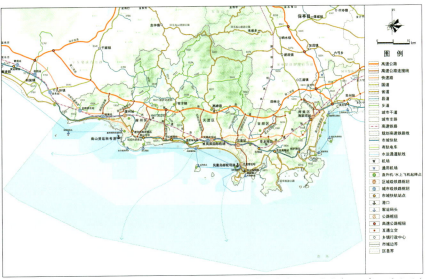

市域综合交通规划图（2021年11月公示）

市域全域旅游规划图（2021年11月公示）

玉溪市国土空间总体规划（2021—2035年）

编制起止时间：2020.6至今
承担单位：西部分院
主管所长：张圣海　　　　　　　主管主任工：吕晓蓓、肖礼军
项目负责人：黄俊卿、贾莹、杨浩　主要参加人：徐萌、沈也迪、陈泽生、蔡磊、曾永松、杨雪琦
合作单位：云南云金地科技有限公司

背景与意义

玉溪为云南省地级市，因"碧玉清溪"而得名，坐拥抚仙湖、星云湖、杞麓湖、阳宗海四大高原湖泊，是云南南向开放、滇中协同和昆玉同城发展的战略要地。伴随国家生态文明体制改革与经济发展进入新常态，玉溪作为高原湖泊名城和以卷烟、钢铁为代表的传统工业强市，面临着资源环境趋紧、先发优势渐弱、区域竞争加剧等诸多挑战。在此背景下，规划立足玉溪湖美山青、山坝相间的本底特征，以维护坝区优质耕地与高原湖城生态环境安全为前提，紧抓南向开放、昆玉同城发展机遇，统筹全域资源要素高效配置，绘就玉溪可持续发展的空间蓝图。

规划内容

规划坚持问题导向与目标导向相结合，研判玉溪在生态保护、资源利用、产业发展等方面的特征问题，深刻理解云南建设我国民族团结进步示范区、生态文明建设排头兵、面向南亚东南亚辐射中心的核心要义，聚焦玉溪"滇中崛起增长极、乡村振兴示范区、共同富裕示范区"总体定位，统筹发展与安全，提出筑牢底线、开放赋能、产业振兴、人居示范总体战略发展方向。

规划充分尊重玉溪湖美山青、立体分层、山坝相间的自然本底格局，科学划定"三区三线"，围绕坝区、缓坡、山区以垂直立体思维严保耕地，统筹高原湖泊群与哀牢山生态屏障整体保护，促进南向开放与区域协同发展，优化形成"三区四湖一屏、一核一轴五廊"的国土空间开发保护总体格局，统筹全域资源管控与设施精准投放。

面向实施传导，规划基于玉溪"市管县（市、区）"的行政管理特征，构建事权对应、传导有力的管控模式，通过定性、定量、定清单三者结合，指引各县（市、区）发展方向，达到明确权责、管住刚性、简政放权的目的，并结合玉溪行政架构，构建"1+9+N"的国土空间基础信息平台和"一张图"服务模式，形成上下贯通、横向协同、管控闭环的实施监督体系。

创新要点

（1）流域视角，守护四大高原湖泊。以抚仙湖为代表的高原湖泊保护是玉溪维

市域国土空间总体格局规划图（2024年7月公开版）

护云南省生态环境安全的重要使命，高度的生态敏感性与强劲的开发动力是四湖流域最难以协调的问题，坚守高原湖泊生态安全底线成为本次规划重中之重的任务。规划在编制过程中，与生态环保、自然资源、湖泊管理等部门反复对接研究，形成以流域视角统筹四大湖泊整体保护的思路，划定"两线""三区"并实施严格管控，以流域内山水林田湖草统筹保护为原则，推进入湖河道、库塘湿地、环湖山林等全要素修复治理。在主体功能区划定时，秉承最严格的保护制度，以最精细的颗粒度，将四湖流域主体功能细化至社区和村，传导至下位规划。

（2）统筹视角，筑牢坝区安全底盘。玉溪山高坝少，伴随城市建设规模的不断扩张，仅占国土面积6%的坝区承载力日益趋紧，耕地保护压力逐渐增大。因此，规划坚持最严格的耕地保护制度，优先将坝区90.04%的优质耕地纳入永久基本农田，保障耕地质量最优。其次，围绕生态约束、农业保障、城镇发展三方面，构建涵盖优质耕地占比、存量用地占比等11项指标的评价体系，将坝区按照底线约束型、开发管控型、引导优化型三类进行管控引导，分类制定坝区开发强度，并作为划定城镇开发边界的重要依据。在坝区风貌管控中，提出"山水透一点""田野美一点""城镇紧凑一点""乡村有序一点"等七条坝区建设准则，通过定性与定量相结合的方式维护坝区靠山拥田、逐水而居的传统风貌。

（3）人本视角，完善新型城乡关系。玉溪"小城拉大乡"特征显著，城镇规模总体偏小。规划以地理格局和资源承载力为基础，理性判断分区差异化的城镇化路径。中部强化中心城区核心引领作用；东部湖区推进以县城为载体的新型城镇化，补齐县城设施短板；西部山区实施

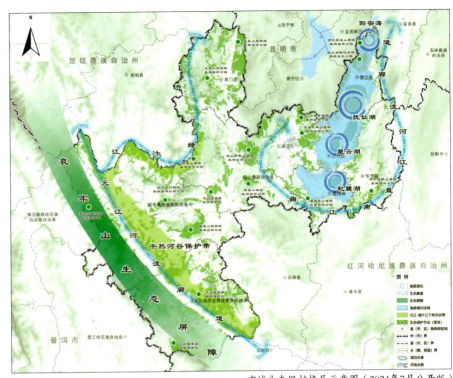

市域生态保护格局示意图（2024年7月公开版）

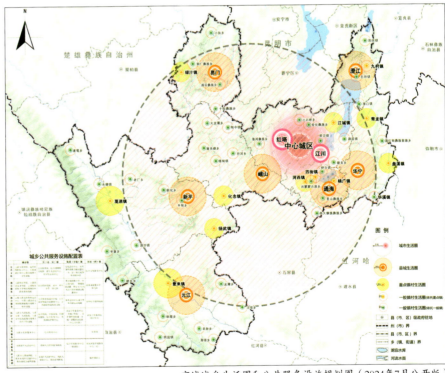

市域城乡生活圈和公共服务设施规划图（2024年7月公开版）

强县优镇带村，以"县+重点镇"引导资源人口适度集中。在中心城区，结合城村交织的空间特质与城乡居民、就业人口的实际需求，构建居住、产业、城乡共享型三类生活圈，引导公共服务设施差异化配置。

（执笔人：贾莹）

257

敦煌市国土空间总体规划（2021—2035年）

编制起止时间：2020.2—2024.3
承 担 单 位：中规院（北京）规划设计有限公司
公司主管总工：朱波、黄继军、全波　　　　主管所长：陈卓　　　　主管主任工：李壮
项目负责人：孙青林、康凯　　　　主要参加人：任建峰、陈少铧、杨倩倩、应文治、李鸣瑞、苏明明、康雪琴、徐娜娜
合 作 单 位：北京炎黄联合国际工程设计有限公司、甘肃观城规划设计研究有限公司、中国城市建设研究院有限公司

背景与意义

"每个中国人，一生一定要去一次敦煌。"敦煌是享誉世界的艺术宝库和文化殿堂，习近平总书记曾经动情地说："敦煌我一直是向往的"。2019年8月19日，习近平总书记到甘肃考察，首站就是敦煌莫高窟。在敦煌研究院座谈时，他指出："敦煌文化延续近两千年，是世界现存规模最大、延续时间最长、内容最丰富、保存最完整的艺术宝库，是世界文明长河中的一颗璀璨明珠，也是研究我国古代各民族政治、经济、军事、文化、艺术的珍贵史料。"

2020年2月，敦煌市启动《敦煌市国土空间总体规划（2021—2035年）》（本项目中简称《规划》）编制工作。2024年3月21日，《规划》获甘肃省人民政府正式批复，作为敦煌市可持续发展的空间蓝图，成为强化敦煌国土空间安全底线，统筹发展和安全，促进人与自然和谐共生及各类开发保护建设活动的基本依据。

规划内容

《规划》以习近平总书记视察甘肃、敦煌调研指示为总纲，完整、全面落实新发展理念，全面落实全省"一核三带"区域发展格局、"四强行动"、酒泉市建设区域中心城市以及敦煌市相关决策部署，核心引领大敦煌文化旅游经济圈建设，直面敦煌市国土空间保护和开发利用中的矛盾和问题，严守国土空间安全底线，科学、系统优化生态、农业和城镇格局，构建了符合敦煌实际的国土空间保护开发新格局，为保障敦煌永续发展、高质量发展提供重要支撑和空间保障。

创新要点

1. 构建复合技术体系，系统推动全域、全要素、全生命周期的历史文化及自然风景资源保护利用

（1）《规划》构建了"一核、一群、一区、两带、多点"的全域历史文化遗产保护空间格局，系统跟踪划定全域历史文化保护控制线，严格落实世界文化遗产保护控制界限及其保护管控要求，协调了城镇开发边界与历史文化保护线冲突，提出了历史文化保护线与永久基本农田保护红线协调原则。

（2）《规划》从生态系统全局修复的视角，明确莫高窟所在的分区主要生态修复任务之一是加强防洪建设，提高党河、大泉河防洪建设标准，有效提高突发洪灾调蓄能力，将莫高窟洪涝风险降至最低。

（3）《规划》中提出了保护鸣沙山—月牙泉区域原生风环境核心举措：一是通过城镇开发边界划定主动优化城市空间结构和形态，预控北向通风廊道；二是对主城区建筑高度进行了管控，科学设定城市

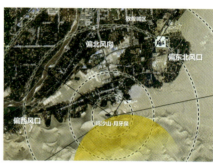

鸣沙山—月牙泉区域自然风环境示意图

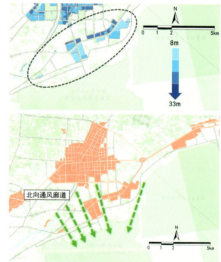

鸣沙山—月牙泉区域通风廊道预留和建筑高度管控示意图

建设限高，与绿洲植被高度相协调，避免削弱北向风速，从而稳定沙山形态和位置，进而保护"沙泉共生"的千古奇观。

（4）《规划》落实大敦煌旅游经济圈发展战略，从维护"沙、窟、水、洲、城"共生的整体格局入手，构建"一城、三道、六区"的全域魅力景观格局，全面

指引全域文旅融合发展，并深入探索文化和旅游建设用地的保障政策。

2. 以水资源调配为核心，稳定并提升绿洲承载能力，确保绿洲长治久安

《规划》坚持"以水定地"，着眼绿洲生态系统稳定和可持续发展，提出用水结构的调整建议，同时从灌溉农用地面积、农业用水效率、耕地生态建设、国土绿化建设、生态用水保障等方面提出了共同促进绿洲生态系统稳定的系统策略，促进绿洲水生态系统重回稳定状态。

3. 坚持从"国土"到"国民"，以人为本，科学调配中心城区用地资源配置

《规划》着眼人口发展规律和区域服务需求，修正过去"做大人口从而做大城市规模"的技术误区，理性预测常住人口、两栖人口，并基于中心城区人口总量和结构，统筹调配居住、教育、医疗、养老、文化及体育设施配置标准，合理引导房地产发展，全面、精准保障各类公共服务需求，提供更符合未来社会经济改革预期的空间资源供给总盘方案。

4. 全力保障敦煌实体经济发展需求，增强经济韧性

《规划》统筹优化全域产业发展空间布局，构建"四园两基地"园区发展格局，通过保障增量、挖潜存量等手段切实保障实体经济平台建设；全面梳理全域新能源产业发展限制要素，明确新能源适宜建设空间，协调推动国有荒滩开发利用，有效保障了敦煌新能源产业发展空间。

5. 加强城市风貌管控，建设高品质绿洲艺术城市

《规划》构建沙州主城区"城分四片、河发五渠、双轴一廊、一心三点"的城市特色空间结构，重点保护鸣沙山—月牙泉山体背景，整体保护和塑造重要街道、河道沿线城市天际线，严格控制鸣沙山一侧视线及通风廊道，加强山前地区建筑高度与体量管控，指引敦煌城市建设水平提升。

6. 总控一体，统筹建设管控与城市更新，持续优化国土空间规划传导体系

《规划》强化开发强度管控，严控城市基准建筑高度，对重点区域实施特殊管控；以规划编制推动规划管理优化，划定27个面积约1~3km^{2}的城市建设管控单元，明确城市更新重点地区，精准传导总体规划管控要求，确保控制性详细规划编制科学合理。

（执笔人：孙青林、康凯）

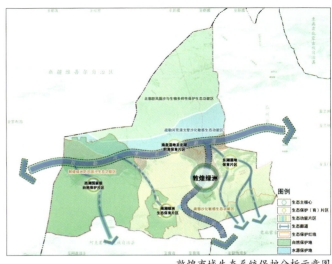

敦煌市域生态系统保护分析示意图

敦煌市主城区总体城市设计示意图

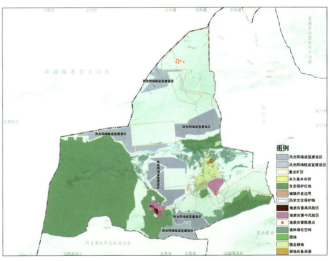

敦煌市域新能源产业布局分析图

黄冈市红安县国土空间总体规划（2021—2035年）

编制起止时间：2020.5至今
承担单位：文化与旅游规划研究所、中规院（北京）规划设计有限公司
主管所长：张娟　　　主管主任工：罗希、肖磊
项目负责人：周学江、刘翠鹏
主要参加人：王一飞、罗启亮、岳晓婧、黄嘉成、杨至瑜、郑桥、索演慧、王琇瑜、孙先锋、李月娥
合作单位：武汉愿景土地咨询有限公司

背景与意义

　　红安，一块充满红色革命气息的土地，这里是黄麻起义的策源地和爆发地，这里走出了红四方面军、红二十五军、红二十八军三支红军主力部队，这里也是全国将军人数最多的县。进入新时代，红安县作为革命老区，承载着厚重的红色记忆与蓬勃的发展期望。规划以保护和传承红色基因为核心，将红色文化与绿色发展深度融合，构筑具有鲜明地域特色和时代特征的魅力国土空间发展新格局。

规划内容

　　（1）夯实基础评估评价，摸清底图底数，突出红色文化的保护传承和价值实现，聚焦问题风险，重点识别"中国第一将军县"国土空间开发底线和潜在价值区域，保障国土空间保护与发展的科学性。

　　（2）把握以武鄂黄黄为核心的武汉都市圈建设机遇，提出"全面融入大武汉、示范引领大别山、筑绿长江经济带"协同发展策略，构筑"绿屏育三脉、田园润双城"的县域国土空间总体格局，强化红安"大别山红色中心城市"区域职能的发挥。

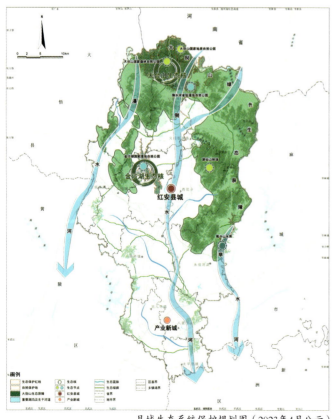

县域生态系统保护规划图（2023年4月公示）

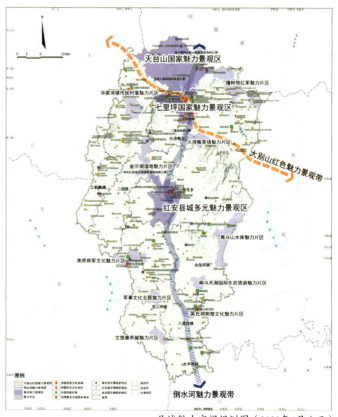

县域魅力空间规划图（2023年4月公示）

（3）确立"双城驱动"的集约型城镇发展方式，优化资源要素配置和利用效率；以人民对美好生活的追求为目标，统筹配置人居品质要素，推动"山、水、文、城"共融共生，营造宜居宜业宜商宜游的美丽家园。

创新要点

（1）探索了典型文化价值区域以红色文化为导向的国土空间规划技术路线。规划以红色文化为核心，通过"时空关联"的全要素分析、划定历史文化保护线、建构红色革命文化地理景观系统等方法，将红色文化保护传承与国土空间规划相关内容有机结合，在总体规划层面彰显红安特色。

（2）探索了红绿交融的魅力空间格局营造路径。通过红色文化脉络分析、红绿要素耦合分析、特色价值权重分析、GIS核密度分析等手段识别魅力空间，按照差异化主题构建"两带、三区、十片"的县域魅力空间，以"城镇村景多维融合"为理念探索了魅力空间的政策支撑方向。

（3）探索了红色旅游与"三区三线"之间的冲突解决方案。在满足"三区三线"刚性管控的前提下，以红色资源点分布及游线组织为线索，引导全域国土空间整治与生态修复；通过"飞地经济"将各乡镇工业用地在统一园区集中布局，避免城镇开发对生态空间和潜在旅游空间的破坏。

（执笔人：周学江、刘翠鹏、王一飞）

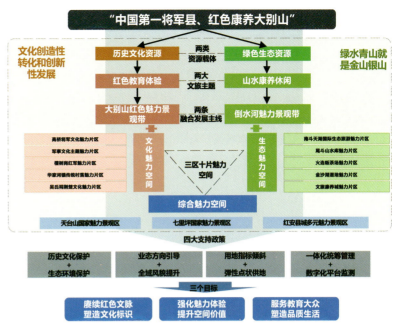

红绿交融的魅力空间格局营造

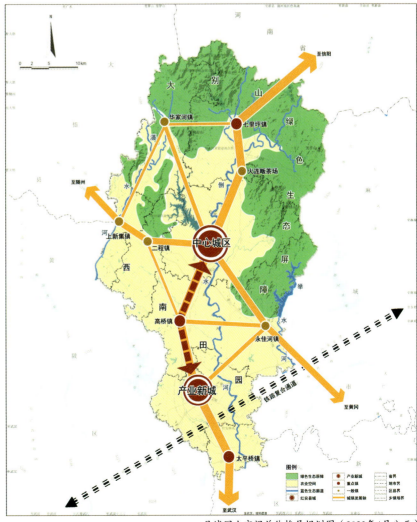

县域国土空间总体格局规划图（2023年4月公示）

南宁市实施主体功能区战略与制度专项研究

2023年度广西优秀城市规划设计一等奖

编制起止时间：2020.10—2022.4
承 担 单 位：深圳分院
分院主管总工：罗彦　　　主管所长：刘昭　　　主管主任工：白皓文
项目负责人：李萍萍　　　主要参加人：白皓文、张俊、李青香、陈楠、谭盈、黎小元、柏露露
合 作 单 位：南宁市自然资源信息集团有限公司、南宁师范大学、广西建设职业技术学院

背景与意义

2018年，自然资源部成立，主体功能区规划被纳入国土空间规划体系并成为其核心组成。2020年，《市级国土空间总体规划编制指南（试行）》鼓励在基层探索主体功能区制度的具体实施方法。2021年，国家和地方相继印发"十四五"规划，对市县层面进一步落实主体功能区战略、深化主体功能区划方案提出了新要求。在此背景下南宁市自然资源局委托开展本研究项目，立足南宁特色进行地方实践，以期打造完善主体功能区制度设计的样本。

规划内容

主体功能区战略的关键在于通过"功能分区+用途管制"的分区管制方式落实对不同主体功能区发展的政策引导与管控。本项目紧扣目前主体功能区规划中面临的主体功能判断科学性不足、主体功能分类粗泛、主体功能传导不畅等重难点问题，遵循"要素—功能—空间—政策"的研究思路，分成三步走落实细化主体功能区方案。

首先科学构建乡级主体功能水平评价指标体系，以"双评价"结果为基础，客观判别和分析南宁127个镇（乡、街道办）的主体功能。进而以国家、自治区主体功

主体功能战略研究乡级主体功能评价指标表

功能类型	指标项	指标类型
生态功能水平评价指标	生态保护红线指数	定量指标
	生态保护重要性指数	定量指标
	生态保护红线应划尽划指数	定量指标
农业功能水平评价指标	永久基本农田指数/稳定耕地指数	定量指标
	农业生产适宜性指数	定量指标
	农产品优势度	定量指标
城镇功能水平评价指标	城镇开发潜力	定量指标
	城镇重点开发指数	定量指标
	土地开发强度	定量指标
	经济发展水平	定量指标
	人口集聚度	定量指标
	交通优势度	定量指标
综合决策指标	空间战略选择	定性指标

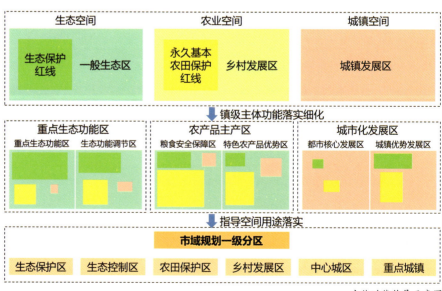

主体功能传导示意图

能区划为指导，衔接市级保护与发展战略，在乡级主体功能识别方案的基础上构建三类主体功能空间格局，实现国家、地方战略意志向国土空间开发保护方案的有序转化。最后对两级六类主体功能区提出差异化的配套政策，促进优势功能区迭代发展，结合共同富裕、高质量发展等政策实现内生动力补足、功能区之间的优势互补。

创新要点

（1）理论创新，对主体功能区战略传导的理论基础进行了创新性探讨。提出主体功能区应充分考虑区域统筹、系统协同和综合效益最大化理念，从全局尺度出发对国土空间进行总体部署，促进空间均衡发展。

（2）技术创新，对国土空间主体功能水平进行了科学、多层次的评价。在以往以行政决策为主的主体功能判断基础上构建指标体系，运用判别评价法、指数评价法和聚类分析法三类科学评价法，从定性、定量两个维度评价乡镇单元主体功能水平。

（3）方法创新，通过城镇空间战略进一步优化主体功能区划方案。考虑南宁"向海向边、平陆运河"等空间战略和"两港一区"、东盟开放门户等重大平台空间需求，对兼具复合功能的乡镇单元进行主体功能判断，更好地落实国家使命和区域责任。

（4）结构创新，提出了功能指示更为准确的两级六类主体功能类型结构。明确重点生态功能区、农产品主产区、城镇化地区三类基本类型，构建生态功能核心区、生态功能调节区、粮食安全保障区、特色农产品优势区、都市核心发展区、城镇优势发展区六类细分类型，实现市域两级主体功能的精准定

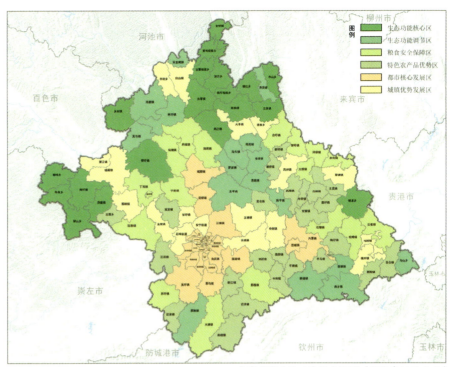

南宁市域主体功能区分区图（2021年11月公示）

南宁市域开发和保护总体格局图（2021年11月公示）

位，为后续差异化政策的制定提供了更好的基础。

（5）路径创新，构建了刚弹并济的国土空间主体功能传导路径。遵循"乡镇主体功能单元—国土空间规划五类分区—空间用途管制"的主体功能传导路径，将抽象的主体功能区战略转译为具象的规划要素，从"分区+指标"两方面着手实现主体功能的可实施性传导。

（执笔人：李萍萍）

太原市西山生态文化旅游示范区国土空间规划

2023年度山西省国土空间规划优秀成果特等奖｜2024年度山西省"美丽中国 规划先行"国土空间规划典型案例｜
2023年度生态环境部"绿水青山就是金山银山"实践创新基地

编制起止时间：2020.1至今

承担单位：文化与旅游规划研究所

主管总工：王凯　　　　　　　　　**主管所长：**周建明　　　　　　　**主管主任工：**苏航

项目负责人：岳晓婧、王一飞　　　**主要参加人：**徐泽、洪治中、罗启亮、朱诗荟、周学江、刘祎洋

合作单位：太原市城乡规划设计研究院

背景与意义

　　太原西山生态价值突出，在山西省产业转型升级背景下，西山成为山西省委、省政府落实习近平生态文明思想、践行"两山"理论的重要抓手。

　　太原西山所处的吕梁山系是华夏山水格局"北脉"的重要组成之一，西山位于"北脉"正中，是太原市重要生态屏障和生态绿核，同时也是汾河多条支流的源头地区，拥有众多名泉、水库，具有极高的生态地位和生态价值。

　　党的二十大报告提出"坚持绿水青山就是金山银山的理念"。在山西转型践行党中央、国务院赋予的重大使命的背景下，山西省委、省政府高度重视、深入贯彻落实习近平生态文明思想，西山示范区作为山西省首批生态文化旅游类开发区之一，成为太原市推进生态文明建设的重要抓手。

规划内容

　　规划以"两山"理论为指导，紧抓转型发展的战略机遇，回归本源、以人为本、面向未来、创造价值，全面推动西山地区的产业转型发展与城乡建设水平提升，探索"两山"理论转化的新路径。

　　1. 强管控、补短板，营造系统性修复治理的生态样板

　　立足北脉名山与汾河源头，在生态保

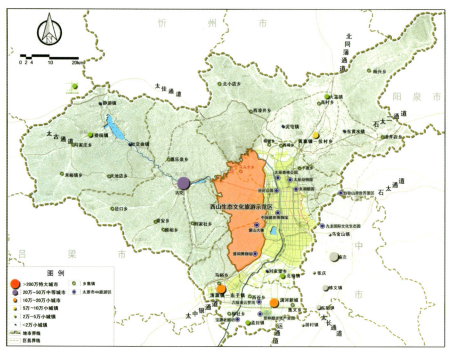

西山在太原市的区位分析图

护格局基础上，以小流域治理为抓手，指导西山模式由传统单一植树向全要素、系统性修复治理模式转化，形成山（矿）水林田湖草人生命共同体。

　　2. 提价值、重体验，构筑中华文明标识的传承创新区

　　立足历史底蕴与文化传承，构建"民族融合、三晋源头、近代工业和红色文化"四大文化标识体系，以晋祠—晋阳古城为核心创建"晋阳国家文化公园"，加强文化利用转化，振兴文化活力。

　　3. 优产业、提门槛，强化创新引领的产业转型高质量发展

　　立足创新引领与绿色幸福，确定以幸福产业、生态产业、科技服务业为主导，树立创新驱动城市转型发展的标杆。以正负面清单引领，制定产业准入措施，强化产业管控，引导产业结构向绿色可持续转型。

　　4. 优格局、提品质，打造以人为本的城乡高品质生活区

　　立足减量提质与集聚优化，确定"山下集聚优化，山上减量提质"的空间策

生态系统保护规划示意图

空间结构规划示意图

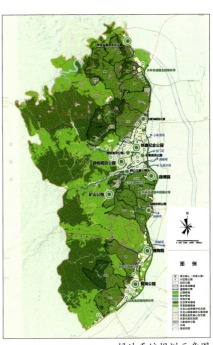
绿地系统规划示意图

略，培育诗画山水的魅力空间，打造以人为本的城乡高品质生活区。

创新要点

1. 基于"生命共同体"理念创新生态保护与治理，指导西山生态保护由传统单一植树模式向全要素、系统性修复治理模式转化

规划以打造"两山"理论山西样板为目标，力求技术创新和方法突破，提出以小流域治理为抓手，按照"系统诊断—整体谋划—专项靶疗—统筹实施"思路，通过治山复绿、治水提质、丰林护境、增肥保田、蓄水营湖、植土固草，打造山（矿）水林田湖草人生命共同体。明确产业准入机制，强化西山地区资源的保护与管控，实现资源和环境的永续利用和可持续发展。

2. 基于规划与治理的互馈机制，创新国土空间规划背景下生态修复与高质量发展耦合协同模式

在国土空间规划背景下，通过全域全要素系统修复，优化国土空间开发保护格局，不断拓展生态空间规模，提高优质生态产品的供给能力；通过"山下集聚优化，山上减量提质"的空间策略为西山生态格局优化提供重要契机，填补游憩服务盲区，增强人居环境品质和民生福祉；统筹生态修复与产业发展，带动"生态+旅游""生态+文化""生态+转型"等多种产业形态共同发展，畅通"绿水青山"与"金山银山"的双向转化通道，带动区域整体发展和农民就业增收。

3. 基于规划科学性和前瞻性，采用多专业人才协同编制，保障规划合理性和可操作性

考虑生态型地区的特殊性，项目组邀请中国科学院地理所、太原市城乡规划设计研究院组成联合工作团队，融合城乡规划、生态学、景观设计、市政工程、文化旅游、信息技术等多个专业，通过多专业人员的配合协同，形成多维度融合、多目标协同的成果，保障规划的科学性和可操作性。

4. 采用新技术，提高规划的科学化、智能化水平，有效支撑规划的合理性和指导性

规划以遥感技术为信息采集的主要手段，结合辅助参考资料和实地调查，应用GIS空间分析技术进行规划、决策与专题图制作。例如运用景观阻力模型，判别和寻找区域景观生态功能空间运行的最小阻力通道和最大阻力线，确立研究区域景观生态格局；集成单要素潜在栖息地评价结果，开展西山地区潜在生物栖息地综合评价。

实施效果

（1）以小流域治理为抓手实施生态系统性治理成效显著，成功入选生态环境部"两山"理论实践创新基地。

（2）文化赋能，以高品质文旅融合推动地区高质量发展，建设成为太原文化新地标。

（3）以人为本，切实解决民生问题，增强人居环境品质和民生福祉。

（4）知名度和影响力显著提升，"西山模式"作为典型案例向全国、全球推广。

（执笔人：岳晓婧）

06

流域
规划

长江经济带城市人居环境建设规划研究

编制起止时间：2021.5—2022.1
承担单位：西部分院、中规院（北京）规划设计有限公司、上海分院、院士工作室
主管总工：张菁　　主管所长：张圣海、孙娟、陈明
项目负责人：吕晓蓓
主要参加人：毛有粮、黄俊卿、邓俊、杨浩、李岱宗、沈也迪、杨滨源、任希岩、王晨、
　　　　　　常魁、陆品品、黄爽、孙学良、卢蕾、马璇、张振广、张洋、陈明

背景与意义

　　长江经济带是我国城镇和人口分布最密集的地区之一，推动长江经济带发展是党中央作出的重大决策，是关系国家发展全局的重大战略。近年来，在党中央坚强领导下，长江经济带经济发展总体平稳、结构优化，人民生活水平显著提高，实现了在发展中保护、在保护中发展。城乡建设领域是推动长江经济带绿色发展的主战场，创新长江经济带城乡绿色发展模式，有利于引领全国率先走出一条生态优先、绿色发展之路。

　　2021年5月，受住房和城乡建设部委托，中规院开展《区域历史文化保护和城镇高质量发展》研究课题，其中《"十四五"长江经济带城市人居环境建设规划研究》为任务之一（本项目中简称《研究》）。基于《研究》成果，后续住房和城乡建设部委托中规院开展了《"十四五"推动长江经济带发展城乡建设行动方案》（本项目中简称《行动方案》）编制工作，旨在统筹"十四五"期间长江经济带城乡建设目标、方向和任务，对于推动长江经济带成为我国生态优先绿色发展主战场、畅通国内国际双循环主动脉、引领经济高质量发展主力军具有重要意义。

研究内容

　　（1）《研究》梳理了长江经济带城市

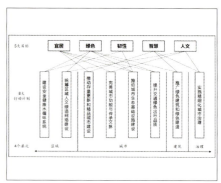

研究框架图

发展特征与问题，确定"2025年，长江经济带初步建成人与自然和谐共处的美丽家园，率先建成宜居、绿色、韧性、智慧、人文的城市转型发展地区"建设目标，进而形成"四个层次、八大行动"任务框架和研究成果。

　　（2）结合长江经济带发展政策文件、城市基础设施等专题研究、地方资料汇编，明确《行动方案》的指导思想，形成基本原则、工作目标、六大建设行动和保障措施。

创新要点

　　《研究》体现了长江特色、先行示范、具体可行等三大特点，系统性归纳了"十四五"期间住房和城乡建设部推动长江经济带高质量发展的任务，提出"推动城市生态基础设施建设、完善城市功能与传承文脉、提升交通绿色出行品质"等八个方面工作，支撑《行动方案》编制。

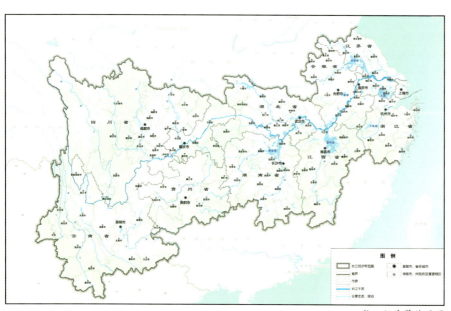

长江经济带范围图

（1）关于长江特色。长江经济带是我国城镇和人口分布最密集的地区之一，东西互济、陆海联动，是对外开放和国家创新的重要载体，绿色转型发展走在前列，但区域、城乡之间的公共服务水平差距显著，城市健康水循环未建立、城市基础设施的运行和维护面临巨大考验，山水人城和谐相融还有待提高。结合以上特征和问题，针对性提出城市建设绿色低碳转型发展、流域区域协调发展建设、城市防洪排涝能力提升、城乡建设品质提升、城市建设创新发展、山水人城和谐相融建设等六大行动。

（2）关于先行示范。《行动方案》选择试点城市和先行先试的工作原则，一是从已有国家、部委正式发文的试点中的沿江城市选择，如海绵城市建设试点、新型城市基础设施试点、CIM基础平台试点、智能化市政基础设施建设专项试点城市等；二是进一步突出长江经济带先行示范带动作用，推进城乡建设领域先行先试，如节水型城市、绿色社区建设、城市老旧小区改造、长江历史文化展示线路建设等。

（3）关于具体可行。《行动方案》特别突出目标和行动方案的"可量化、可落地、可实施"，通过24个指标、21个工作任务和68项具体举措层层落实。

实施效果

（1）传导落实《"十四五"长江经济带发展规划实施方案》等的要求。《行动方案》与国家、部委相关规划进行了系统对接，在工作目标和建设行动方面加强落实上位规划要求。贯彻落实《中共中

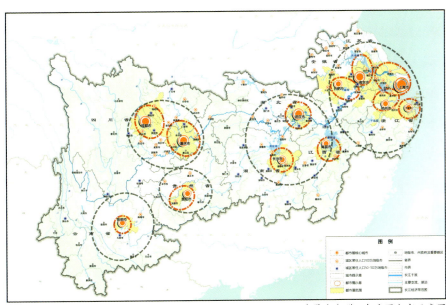

长江经济带城市群、都市圈分布示意图

央关于制定国民经济和社会发展第十四个五年规划和二〇三五年远景目标的建议》和《中华人民共和国国民经济和社会发展第十四个五年规划和2035年远景目标纲要》提出的"全面推动长江经济带发展，实施城镇污水垃圾处理、工业污染治理……深入开展绿色发展示范……保护好长江文物和文化遗产"等要求。落实《长江经济带发展规划纲要》中"严格处置城镇污水垃圾、妥善处理江河湖泊关系、建立健全防洪减灾体系、推进新一代信息基础设施建设、提升城市特色品质、推进美丽乡村建设、促进基础设施共建共享"和《"十四五"长江经济带发展规划实施方案》中"加强生态环境综合管控；开展水环境系统治理，加强排污管理；保障水资源安全和加强水灾害防治；推进客运枢纽链条化运行；提升新型城镇化质量；保护传承弘扬长江文化和打造山水人文交融的城乡风貌"等要求。衔

接落实《"十四五"全国城乡人居环境建设规划》中"构建连续完整的区域生态安全屏障、优化城市空间形态、创新街区发展方式、加快新型城市基础设施建设、增强城市安全韧性、加快完整居住社区建设、建设高品质绿色建筑、加强历史文化保护与传承、塑造理想人居风貌"等要求。

（2）加快转变长江经济带城乡建设方式，实施以城市体检推进城市更新行动。2023年7月，住房城乡建设部发布《关于扎实有序推进城市更新工作的通知》，提出建立城市体检机制，将城市体检作为城市更新的前提。《研究》和《行动方案》明确了以城市体检推进实施城市更新行动，加快转变城乡建设方式；把城市体检发现的问题短板作为城市更新的重点，一体化推进城市体检和城市更新工作，创新城市更新可持续实施模式。

（执笔人：邓俊、毛有粮）

黄河流域生态保护和高质量发展系列研究

2022—2023年度中规院优秀规划设计一等奖

编制起止时间： 2020.3—2022.1

承担单位： 中规院（北京）规划设计有限公司、历史文化名城保护与发展研究分院、城市交通研究分院

项目一名称： 城市生态保护和高质量发展研究——以黄河流域为例

主管总工： 王凯、朱波　　　　　**项目负责人：** 朱子瑜、张莉

主要参加人： 吕红亮、李铭、鞠德东、黄俊、兰伟杰、杨少辉、李家志、程诚、王建龙、杨新宇、云海兰、李帅杰、周霞、景哲、杜莹、李晨然

项目二名称： "十四五"黄河流域城市人居环境建设规划研究

主管总工： 王凯、张菁　　　　　**项目负责人：** 张莉

主要参加人： 姜立辉、兰伟杰、吕红亮、杨新宇、武敏、苏海威、胡章、刘洪波、易晓峰、王斌、卞长志、李晨然、唐君言

背景和意义

2019年9月，习近平总书记主持召开黄河流域生态保护和高质量发展座谈会，指出保护黄河是事关中华民族伟大复兴和永续发展的千秋大计，黄河流域生态保护和高质量发展是重大国家战略。2020年1月，习近平总书记主持召开中央财经委员会第六次会议，研究黄河流域生态保护和高质量发展问题，要求编好规划、加强落实。为深入贯彻习近平总书记关于黄河流域生态保护和高质量发展的重要讲话和重要指示批示精神，中国城市规划设计研究院成立黄河流域生态保护和高质量发展规划研究专班，开展了落实黄河流域生态保护和高质量发展重大战略的系列支撑研究，为推进黄河流域生态保护和城乡建设高质量发展贡献了"中规"力量。

研究内容

（1）黄河流域自然生态条件的重要性和敏感性高度叠加。黄河串联青藏高原、北方防沙带、黄土高原等生态走廊和生态屏障，流域生态服务功能类型多样。自然条件特殊性和长期过度开发利用使黄河流域自然生态的重要性和脆弱性高度叠

加，黄河流域生态环境敏感脆弱，自然灾害多发。生态保护是黄河流域战略实施的首要任务。

（2）黄河文化是中华文明的发源地。黄河流域地域文化特色鲜明，文化遗产星

罗棋布。黄河文化遗产保护难度大，对黄河文化价值内涵的认识和保护力度不够，系统性、全面性保护缺乏，创造性转化和创新性发展不足。

（3）黄河流域是国家经济安全的重

"十四五"黄河流域城乡建设主要指标

	指标名称	2025年目标
1	城市生活污水集中收集率	70%以上
2	城市生活垃圾焚烧处理能力占比	下游达到65%左右，中游和上游大城市达到60%左右，下游其他城市不低于40%
3	城镇清洁取暖率	上游和中游北方地区达到80%以上
4	城镇供热管网热损失率	较2020年降低2.5%
5	城镇新建建筑节能标准执行率	100%
6	城市建成区可渗透地面面积占比	40%以上
7	城镇储气能力	不低于保障本行政区域日均3天需求量
8	城市公共供水管网漏损率	控制在9%以内
9	城市公共机构节水器具使用率	100%
10	城市再生水利用率	力争达到30%以上
11	城市建成区人口密度	不超过1万人/km²，超大特大城市不超过1.2万人/km²、个别地段最高不超过1.5万人/km²
12	城市建成区路网密度	8km/km²
13	城市公园绿化活动场地服务半径覆盖率	85%
14	城市市政管网管线智能化监测管理率	省会城市和计划单列市达到30%以上，地级城市达到15%以上
15	历史文化街区保护修缮率	60%以上
16	县城建成区人口密度	0.6万~1万人/km²
17	县城建成区建筑总面积与建设用地面积比值	0.6-0.8
18	县城新建住宅中6层及以下建筑面积占比	≥70%
19	县城生活垃圾无害化处理率	99%

要基石。黄河流域承担着"国家粮仓"和能源基地的功能,是我国重要的化工、原材料和基础工业基地。黄河流域中心城市和城市群对高质量发展的引领不足,城镇人居环境建设品质不高,交通廊道对人口产业联系和经济发展的支撑不足,在全国城镇化战略格局中的地位有待提升。

创新要点

(1)参与黄河流域生态保护和高质量发展重大战略的规划编制和实施行动制定过程。项目组在住房和城乡建设部指导下完成了对《黄河流域生态保护和高质量发展规划纲要》(征求意见稿)的编制反馈意见,多项技术内容纳入《黄河流域生态保护和高质量发展规划纲要》;参加黄河流域挖湖造景问题治理,为水资源节约集约利用提出技术解决方案;完成部课题《城市生态保护和高质量发展研究——以黄河流域为例》《"十四五"黄河流域城市人居环境建设规划研究》,研究成果有效支撑了《"十四五"黄河流域生态保护和高质量发展城乡建设行动方案》的颁布,保障了黄河流域生态保护和高质量发展战略的顺利实施。

(2)坚持目标导向、问题导向和结果导向相结合相统一的技术路线。一是目标导向,在战略层面上提出以水治理推动黄河流域高质量发展,建设黄河流域高质量发展带的战略目标;在行动层面上确定了城乡建设行动方案的重点领域和五大行动,制定了"十四五"期间发展目标和关键指标。二是问题导向,在战略层面把握黄河流域面临的系统性问题和上中下游问题,提出应对关键问题的具体策略;在行动层面深化城乡建设领域中存在的不足和短板,确定城乡建设行动方案的21个重点任务和63项具体措施。三是结果导向,以任务措施可落地、可量化、可考核为导向,以能否解决重点领域的突出问题、落实中央重大战略任务为考量,提出的措施尽量能够落地,强调工作内容的实效性。

(3)建设黄河流域高质量发展带的战略构思对全国城镇化空间格局优化完善具有支撑作用。黄河流域目前主要承担着生态带和文化带功能,社会经济发展领域的联系尚不紧密,全国"三纵两横"城镇化格局中黄河流域发展带尚未形成,主要体现为山东半岛城市群没有纳入陆桥通道中。随着济(南)—郑(州)高速铁路的建成,山东半岛和中原城市群将形成黄河中下游城镇密集带,其中心城市能级和城市群综合实力明显强于位于路桥通道东端的地区。基于对沿黄城市群发展和全国中长期城镇化格局演化的判断,项目提出把黄河流域建设成为高质量发展带的战略构想,对促进沿黄省区实现高质量发展、优化完善乃至重塑全国城镇化空间格局,具有一定的引领性和创新性。

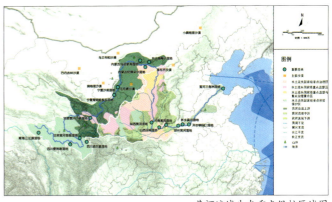

黄河流域生态重点保护区域图

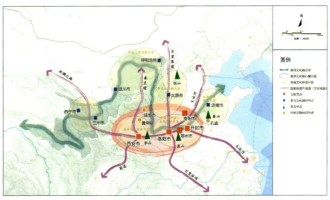

黄河流域历史文化展示结构图

黄河流域城镇发展结构图

实施效果

对《黄河流域生态保护和高质量发展规划纲要》(征求意见稿)反馈的部分建议,纳入最终成果。

课题研究成果转化为住房和城乡建设部印发的《"十四五"黄河流域生态保护和高质量发展城乡建设行动方案》,保障了沿黄各省区城乡建设顺利进行;支撑了《"十四五"黄河流域城镇污水垃圾处理实施方案》《黄河流域水资源节约集约利用实施方案》等多部委文件的印发。

黄河流域系列研究支撑了中规智库年度报告的编制工作。

(执笔人:张莉)

湖北省流域综合治理和统筹发展规划纲要

2023年度湖北省优秀城市规划设计一等奖 | 2022—2023年度中规院优秀规划设计一等奖

编制起止时间：2022.4—2022.12
承担单位：中部分院、住房与住区研究所、中规院（北京）规划设计有限公司、上海分院、城市交通研究分院、院士工作室、科技促进处
主管总工：王凯　　　主管所长：罗彦、卢华翔　　　主管主任工：车旭　　　项目负责人：郑德高、余猛、陈烨
主要参加人：王家卓、闫岩、罗彦、吕红亮、陈莎、张超、王久钰、叶竹、车旭、徐辉、付冬楠、杨新宇、张振广
合作单位：武汉市规划研究院、湖北省空间规划研究院、湖北省规划设计研究总院有限责任公司

背景与意义

湖北地处我国中部、长江中游地区。作为"三江千湖之省"，水是湖北最大的特点、最大的省情。水的问题，表象在江河湖库，根源在流域。2022年，湖北省委、省政府组织编制《湖北省流域综合治理和统筹发展规划纲要》（本项目中简称《纲要》），推进以流域综合治理为基础的"四化"同步发展，作为中国式现代化湖北实践的具体形式。

规划内容

（1）以流域综合治理为基础，严守四类安全底线。立足湖北"一江清水东流""一库净水北送"的国家安全责任，以及粮食大省、生态大省的资源禀赋特点，确定水安全、水环境安全、粮食安全和生态安全四类安全底线，形成安全底线"一张图"和相应的管控指标。将全省划分为3个一级流域和16个二级流域片区，形成各流域片区安全底线管控负面清单，提出流域单元治理要求。

（2）以"四化"同步为路径，推动高质量发展。针对湖北经济发展不充分，城乡、区域、城镇发展不平衡问题突出的情况，加强多目标统筹，以"四化"同步发展作为实现现代化的路径，形成发展指引正面清单。明确"四化"同步发展的目标、任务和指标。以理想空间结构为引领，引导"三生"空间有序布局。

（3）以"四个体系"为支撑，完善高效能保障。立足新发展阶段，把握构建新发展格局的历史机遇，充分发挥湖北省"九省通衢"的区位优势、科教资源丰富的禀赋优势，加强能源基础保障，提升支撑体系的能力、水平和体系化程度，明确综合交通体系、现代物流体系、能源保障体系、教育科技人才体系的目标任务、推动机制，为湖北省的发展提供硬支撑、强动力。

创新要点

（1）探索一个范式。把握水这个关系湖北发展的"牛鼻子"，用系统的思维、统筹的方法论，探索以省域为单元加强资

湖北省自然地理格局图

源环境保护与经济社会发展统筹的路径和方法。将自然流域单元和行政单元相结合，多重因素一体考虑，多重目标综合平衡，积极探索寻求管控和发展平衡的综合统筹型规划范式，强化省级统筹规划和规划统筹作用。

（2）遵循三个统筹。统筹高质量发展和高水平安全，增强发展的安全性、稳定性。统筹城乡区域和资源环境协调发展，以国土空间布局的有序促进经济社会发展的有序，让该干什么的地方干什么。统筹国内国际两个市场两种资源，打造国内大循环重要节点和国内国际双循环重要枢纽。

（3）提出两张清单。安全底线管控负面清单体现安全是发展的前提，分区分类分级细化流域治理单元及守住水安全、水环境安全、粮食安全、生态安全底线的管控要求。社会经济发展指引正面清单体现发展是安全的保障，引导各地立足发展基础和资源禀赋，找准自身特色和优势，因地制宜走适合自身特点的发展路子。以"两张清单"明底数、定路径、优布局。

实施效果

《纲要》通过人大审议并颁布实施，是湖北全省的纲领性、统领性规划，指导省级专项规划、市县规划调整完善。

《纲要》配套出台了实施意见，制定了流域综合治理、科创能级提升、现代化产业体系建设等12个专项行动和部门实施方案。

《纲要》推动建立了三大都市圈、城市和产业双集中等重大事项决策机制，横向全面打通了省直各部门的工作。

《纲要》建立了评估考核机制，围绕"考什么、怎么考、怎么用"，科学确定各项指标权重和分数，将指标考核作为对各地各部门班子考核的重要内容。

（执笔人：陈烨）

湖北省安全底线管控负面清单

目标	任务	指标
水安全	保障标准内洪水下，流域河湖防洪安全	不同情形防洪标准
	保障水库、堤防等重要水利工程防洪安全	安全运行达标率
	保障蓄滞洪区有效运行	蓄滞洪区安全运行面积
	维护南水北调工程安全、供水安全、水质安全	丹江口库区供水保证率、水质Ⅱ类及以上达标率
	保障供水和河湖生态流量	供水保证率、生态流量保证率
水环境安全	确保河流水质优良	省控水质检测点位优良率
	确保饮用水水源地安全	饮用水达标率
粮食安全	守住耕地保护红线	耕地保护红线面积
	确保粮食量稳定自给	粮食产量
生态安全	严守生态保护红线	生态保护红线面积

·增强产业链韧性和竞争力；
·建立自主可控、安全高效的产业体系。

·建立高效利用的数据要素资源体系；
·打造高速泛在的信息基础设施；
·推动形成面广量多的信息化应用场景。

·持续提升城镇化水平；
·同步提升城镇化质量；
·完善城镇化空间格局。

·提高农业发展水平，增加农民收入；
·增强县域服务能力，改善农村人居环境。

湖北省发展指引正面清单

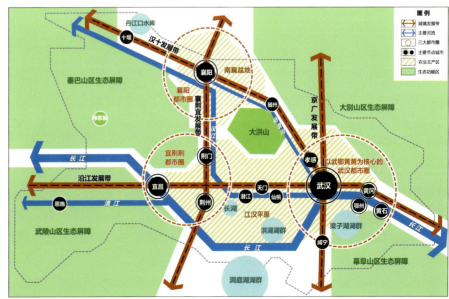

湖北省理想空间结构图

荆州市流域综合治理和统筹发展规划

2023年度湖北省优秀城市规划设计三等奖｜2022—2023年度中规院优秀规划设计三等奖

编制起止时间：2022.8—2023.2
承担单位：住房与住区研究所、城镇水务与工程研究分院、城市交通研究分院
主管总工：董珂　　　主管所长：卢华翔　　　主管主任工：杨亮
项目负责人：曹永茂、叶竹
主要参加人：司马文卉、姚伟奇、陈烨、田硕、李杨、张学文、曹诗琦、刘曦、刘冉、
　　　　　　唐君言、雷木穗子、刘涛、雷磊、程道坤、林川、何欣、王光艺
合作单位：荆州市城市规划设计研究院

背景与意义

习近平总书记高度重视水环境、水生态、水资源、水安全、水文化，强调推进中国式现代化，要把水资源的问题考虑进去。治荆楚必先治水，湖北省要求省市共同编制流域综合治理和统筹发展规划纲要，实现上下贯通，联动实施，市州层面规划应发挥承上启下的重要作用。荆州是人口大市、经济强市、文化名城和农业大市，在湖北省乃至长江经济带发展中具有重要的战略地位。本规划在编制过程中，深入贯彻国家指示，落实省委要求，回应荆州需求，是新时期荆州推动高质量发展的统领、总纲与顶层设计。

规划内容

坚持问题导向，以自然地理格局分析、经济社会发展情况、现状城镇建设等情况为基础，系统梳理提炼荆州市的现状特征与问题；突出目标导向，落实国家、湖北省及宜荆荆都市圈相关要求，科学确定发展目标及四大功能定位；注重结果导向，形成底线管控、发展指引、支撑体系三大主体内容；强化实施导向，提出实施保障措施，提升城市治理水平。

（1）底线管控。规划落实省级要求，把握荆州特色，明确了水安全、水环境安全、粮食安全、生态安全、文物安全五条底线，并划分三级流域单元，分区分类建立安全管控负面清单，确保江河安澜、社会安宁、人民安康。

（2）发展指引。规划重点针对荆州市发展不够、量小势弱的主要矛盾，明确推动工业优先的"四化"同步发展。强调工业优先，推进制造业高端化、智能化、绿色化；加快农业一二三产融合，促进农产品加工业发展提速；加快推进新型城镇化，构建城区领跑、县域崛起、镇域发力、乡村振兴"四轮驱动"发展格局；充分发挥信息化赋能，加强创新引领。

（3）支撑体系。规划通过提升综合交通体系、现代物流体系等支撑系统，促进各类商品要素资源畅通流动，链接全国统一大市场。通过完善能源保障体系，提高能源供应保障能力，支撑经济社会持续稳定发展，助力碳达峰、碳中和目标实现。通过加强教育、科技、人才建设相结合的教育科技人才体系，强化"四化"同步发展的动力。通过加强荆楚文化建设，坚定文化自信，增强文化自觉。

荆州市理想空间结构图

创新要点

（1）规划准确、深入把握了荆州以水为核心的基本市情。在对荆州现状特征把握的基础上，明确了荆州水资源是最大优势、水安全是第一底线、发展不够是最大实际的基本市情，并基于此，抓住"水"这一关乎荆州发展的核心线索，统筹发展与安全，致力构建"人水相亲、城水相融、地水互利、水产互促"的发展新格局。

（2）规划创新性地确定了文物安全底线。在落实省级要求的基础上，结合荆州突出的历史文化优势特色，通过系统性地梳理大遗址、名城名镇名村、各级文物保护单位和历史建筑等各类历史文化遗产资源，创新性地增加了荆州特色的文物安全底线，加强荆楚文化保护传承。

实施效果

规划探索了真正的"高位统筹、多规合一"，总体实现了党委、政府牵头，编制团队支撑；市领导坐在一起提要求、各部门集中办公提意见、编制团队提方案，真正形成了反映全市发展设想，真正可用、好用的统筹性规划。

规划实施以来，作为顶层规划，真正有效指导了荆州后续的社会经济发展和城市建设，实施效果主要体现在以下方面：一是规划确定的流域安全内容得到进一步细化落实，切实作为荆州发展的底线要求；二是规划确定的四大主攻目标及对应的指标体系和考核机制真正得到实施，成为市级对各部门及县市考核的实质抓手；三是以规划为牵引的后续流域综合治理行动引发了社会的广泛关注，包括《人民日报》《湖北日报》都有头版头条、专题的报道，逐步真正实现从"险在荆江"到"美在荆江"的转变。

（执笔人：曹永茂、叶竹）

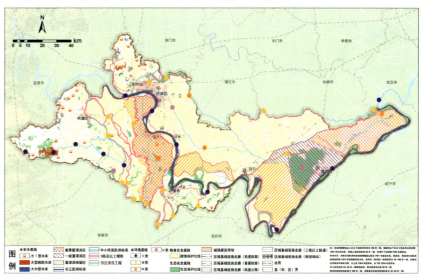

荆州市水安全、水环境安全、粮食安全、生态安全底线管控"一张图"

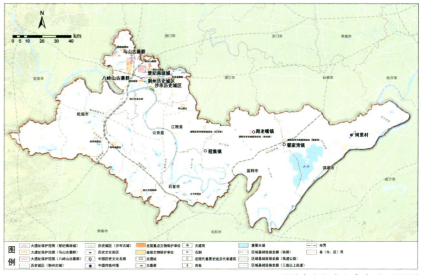

荆州市文物安全底线"一张图"

荆楚文化保护传承示范区规划图

恩施州流域综合治理和统筹发展规划

2023年度湖北省优秀城市规划设计一等奖

编制起止时间：2022.10—2023.1
承 担 单 位：深圳分院、中规院（北京）规划设计有限公司
分院主管总工：吕晓蓓、罗彦　　　　主管主任工：刘雷
项目负责人：杨梅　　　　　　　　　　主要参加人：杨艳梅、李佳洋、那慕晗、黄晓希、张旭怡
合 作 单 位：湖北省规划设计研究总院有限责任公司

背景与意义

恩施州地处鄂西山区，是长江入鄂第一站、八百里清江发源地，境内5km以上河流382条，流域面积50km²以上河流165条，森林覆盖率70.34％。作为长江中上游重要水源涵养地、国家重要生态功能区，恩施州是湖北省内流域特色最突出的地区，护航一江清水永续东流是重要责任。

《恩施州流域综合治理和统筹发展规划》（本项目中简称《规划》）是恩施州贯彻落实长江经济带高质量发展的重要抓手、"治荆楚必先治水"的行动纲领，推进以流域综合治理为基础的"四化"同步发展，对建设"两山"实践创新示范区各项工作具有提纲挈领、纲举目张的作用。

规划内容

探索鄂西生态地区流域规划编制路径，在落实湖北省要求的基础上，立足特色优势，坚持问题导向，聚焦三个重点内容。

（1）聚焦生态环境保护，把修复长江、清江生态环境摆在压倒性位置。坚持总体国家安全观，巩固长江中上游生态屏障，落实4个二级流域片区、细化长江巴东段片区等10个流域面积1000km²以上的三级流域片区，分区分类建立安全管控负面清单。

（2）聚焦"两山"转化，探索鄂西生态地区生态产品价值实现新路径。立足土（民族文化）、硒（富硒资源）、茶（优质茶叶）、凉（凉爽气候）、绿（绿色生态）特色资源优势，推进生态产业化、产业生态化。

（3）聚焦重要基础设施，增强流域综合治理和"四化"同步的支撑力。围绕把恩施建设成为新时代"九省通衢"重要节点的目标，培育以恩施传化为代表的物流龙头企业，加快恩施高新区创建国家级高新区。

恩施州理想结构示意图

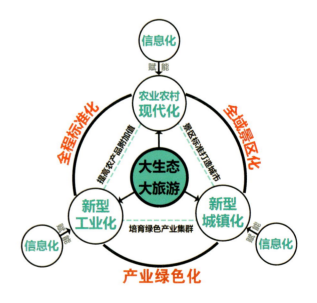

恩施州"四化"同步发展思路图

创新要点

（1）探索性地试划了35个四级流域单元，针对鄂西丘陵地区"树状水系"支流较多、层级分明的流域特点，提出以流域面积200km^2"小流域"作为鄂西丘陵地貌的流域实施单元，统筹项目建设。

（2）开拓性地提出"全域景区化"路径，以"两山"理论推动鄂西生态地区"四化"同步发展。针对鄂西山区"大分散、小集聚"的城乡布局特点、"农旅融合"产业结构特点，提出"全域景区化"路径，以大生态、大旅游统筹"四化"同步发展。

（3）在落实湖北省规划基础上，针对恩施喀斯特地貌石漠化和水土流失较为突出的问题，以及创建世界级旅游目的地的目标，增加旅游、地质灾害安全、特色指标体系等体现恩施特点的内容，并增加13项"两山"实践创新示范区特色指标。

（4）工作组织上制定"1+3+13"专班机制，上下联动、集中办公，与技术单位集中办公2个月，保障规划高质量推进。

实施效果

（1）推动区县和专项实施方案出台。2023年1月，《规划》获得中共湖北省委、湖北省人民政府正式批复。在此指导下，13个专班和各市县制定细化实施方案，保障规划主要内容实施。

（2）推动了一批重大项目、重大工程"清单化"实施。恩施机场迁建工程、沪渝蓉高铁恩施段、巴张高速沪蓉沪渝连接段、姚家平水利枢纽工程等加快建设。

（3）推动带水河小流域综合治理纳入五个湖北省级试点，按照"一河一策、一段一策"明确试点目标和评估指标，确定项目清单，加快推进实施。

（4）通过讲课交流等方式，加强总结提升与宣传，加深了干部群众对流域规划的认识，提高了公众参与度。

（执笔人：杨梅）

恩施州三级流域片区示意图

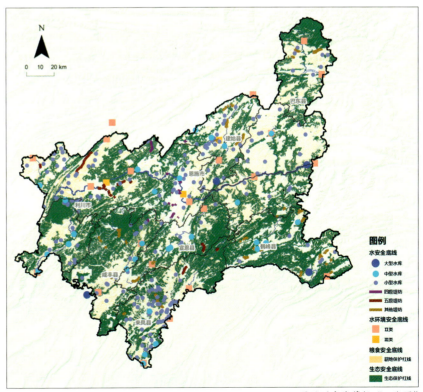

恩施州底线管控"一张图"

哈尔滨松花江百里长廊生态保护和高质量发展规划

编制起止时间： 2022.7至今
承担单位： 城乡治理研究所、风景园林和景观研究分院
主管总工： 杜宝东　　　　**主管所长：** 许宏宇　　　　**主管主任工：** 冯晖　　　　**项目负责人：** 朱子瑜、田文洁、马浩然
主要参加人： 曹传新、路江涛、刘华、辛泊雨、周洋、高竹青、牛铜钢、刘玲、张天蔚、李泽圣、郗若君、王剑
合作单位： 哈尔滨市城乡规划设计研究院、哈尔滨市勘察测绘研究院

背景与意义

习近平总书记指出，"绿水青山是金山银山，黑龙江的冰天雪地也是金山银山"。2022年，黑龙江省委、省政府提出科学编制松花江百里生态长廊规划，规划好、保护好、利用好松花江湿地资源。近年来，哈尔滨市着力打造"万顷松江湿地、百里生态长廊"。

《哈尔滨松花江百里长廊生态保护和高质量发展规划》的编制对于统筹流域生态和黑土耕地保护、当好国家粮食安全"压舱石"、筑牢东北森林带生态安全屏障具有重要意义，对于加速新旧动能转换、引领东北全面振兴和全方位振兴具有重要意义，对于保护传承龙江特色文化与现代文明交融的文化特色、讲好中国故事具有重要意义。

规划内容

结合哈尔滨松花江百里长廊的区位特点和资源特点，重点从安全、经济、空间、风貌四个维度分析其地位价值，识别核心问题并提出重点举措。

（1）从流域安全维度，规划基于百里长廊在流域中"承上启下"的生态地位和城市防洪关键区位，分析识别生态管控缺乏针对性、水系治理与防洪建设缺乏整体性、生境体系缺乏多样性等重要问题，提出构建上下游统筹生态安全、干支流统筹水环境安全、左右岸统筹防洪安全、堤内外统筹生境安全的流域安全体系。

（2）从流域经济维度，规划基于百里长廊在东北振兴和城市发展中"牵引带动"的经济地位，分析识别沿江产业传统且层次低、产业业态与滨江资源结合不充分等重要问题，提出依托百里长廊卓越的生态风景资源，培育生态消费经济、文旅融合经济、创新智造经济，形成以新经济发展带动城市动能转换的新型产业格局。

（3）从流域空间维度，规划基于百里长廊在城市空间格局的中心区位特点，分析识别以陆路交通为基础、以生产为导向的城市传统空间组织体系与城市中心地区松花江沿线以消费经济发展为重点的空间需求不匹配等重要问题，提出"以江为纲"，形成"圈层放射+沿江布局"的"生产+消费"复合型城市空间格局。

（4）从流域风貌维度，规划基于百里长廊在城市总体风貌格局中的主要展示廊道的定位，分析识别城市沿江风貌节奏失序、层次失控、特色失调等重要问题，提出以沿江廊道江城景观感知为重点，构建分不同季节、分前后层次、分重点空间的流域风貌控制体系。

创新要点

规划聚焦寒地空间利用模式、新经济空间引导方式、规划实施保障机制，在三方面进行了创新。

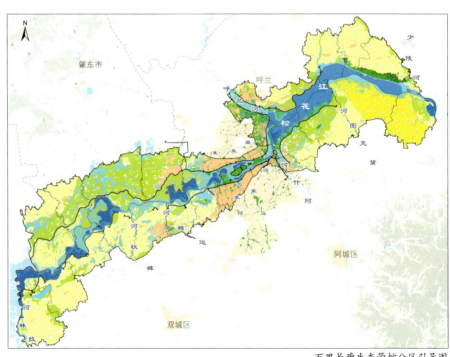

百里长廊生态管控分区引导图

（1）探索适应季节性特点构建"冬季+夏季"两套空间资源利用体系。根据北方寒冷地区沿江冬季、夏季资源差异大的特点，探索依托同一空间资源构建"冬季""夏季"两套空间布局系统，支撑打造"绿水青山就是金山银山，冰天雪地也是金山银山"的实践地。冬季以冰雪体验为重点，建立"路上+冰上"复合游憩组织体系，并匹配地上、地下暖廊系统和轨道交通系统；夏季以湿地生态体验为重点，建立"路上+水上"游线系统、"空中"游览系统。

（2）探索空间引导由单一用地功能性布局转向"场景+业态"分类分段营造。适应城市空间复合化利用趋势，根据沿江不同区段、不同类型新经济发展空间需求，建设文化旅游、夜间消费、绿色智造等与之匹配的场景，适应百里长廊资源特点建立"场景+业态"分类分段空间利用引导。

（3）探索建立"规划立法+建设导则+任务清单"综合保障实施机制。通过推动百里长廊"规划立法"，增强规划实施的严肃性和权威性；结合规划管理需求制定百里长廊"建设导则"，引导提高规划实施的完整性和准确性；根据部门职能将规划确定的重点内容通过"任务清单"分解落实，保证规划实施具有强制性和可靠性。

实施效果

为哈尔滨市委、市政府制定《松花江（哈尔滨市区段）生态保护和高质量发展工作实施方案（2024—2026年）》，市人大出台《哈尔滨松花江沿江旅游发展促进条例》提供支撑。

指导开展《太阳岛周边38平方千米详细规划》《哈尔滨中心城区沿江东部地区详细规划》《哈尔滨中心城区沿江西部地区详细规划》《哈尔滨松花江百里长廊沿江风貌专项规划》等沿江重点地区详细规划和专项规划编制。

（执笔人：曹传新、田文洁、路江涛）

百里长廊功能布局规划示意图

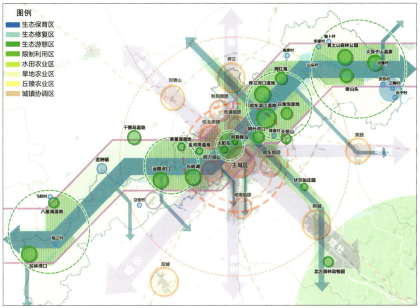

哈尔滨城市空间结构优化模式示意图

百里长廊太阳岛鸟瞰意向图

07

镇区、村庄
规划

上海市青浦区华新镇总体规划（2013—2040年）

2017年度全国优秀城乡规划设计三等奖 | 2016—2017年度中规院优秀村镇规划设计二等奖

编制起止时间：2013.4—2016.2

承担单位：上海分院　　分院主管总工：郑德高、付磊　　主管所长：黄昭雄　　主管主任工：杭小强

项目负责人：柏巍　　主要参加人：李妍、卢诚昊、张昀、李璇、冯怡

背景与意义

在上海市创新驱动、转型发展的总思路下，按照上海市总体规划确定的以人为本的科学发展观、适应转型的内涵发展模式、总量锁定的底线思维方式等规划新理念，编制华新镇总体规划，针对现状存在的城镇转型方向与动力不明确、空间粗放且减量任务重，以及品质不高和吸引力弱等问题，规划从转型规划、减量规划、以人为本的规划三个方面开展探索。

规划内容

（1）规划提出从三个方面建立适应转型的内涵发展模式。一是借力区域、强化优势，推动动力转型。借力重大枢纽的辐射与带动作用，研判华新镇的制造升级和生产性服务业发展的方向，优化功能布局，发挥集聚效应。二是优化结构、转变模式，促进空间转型。明确城镇空间和生态空间，限定城市发展边界，坚决遏制城市无序蔓延。加强结构引导，通过识别廊道、植入中心、差异引导等策略，形成功能联动、重点突出、分工明确的城镇格局。三是转变土地利用模式，集中建设区内以提高土地利用效益为导向，加强集约利用。

（2）落实全市统一要求，建立总量锁定的底线思维，开展减量规划。在对全镇域现状用地的调查排摸基础上，明确集中建设区内外的减量思路：集中建设区内严守边界，梳理水系等需要保留的生态要素，在不破坏环境的前提下，尽可能保障用地指标，重点优化用地结构和布局；集中建设区外是减量的重点区域，对现状用地的使用功能、经济效益、土地权属等进行综合评价，确定保留、新增和减量用地。在严格减量的基础上，结合空间结构划定发展预留区，作为重大基础设施和战略功能预控空间。

（3）建立以人为本的规划价值观，落实全市人口调控要求，华新镇人口规模不增加，以提升品质为突破点，吸引高素质和创新人才，实现人口结构优化。首先，规划提出按照主城标准，提高绿地、公共服务和基础设施等人均建设标准，提高生活质量；其次，要彰显城镇魅力，挖潜生态、文化资源，营

华新镇在上海空间格局中的区位

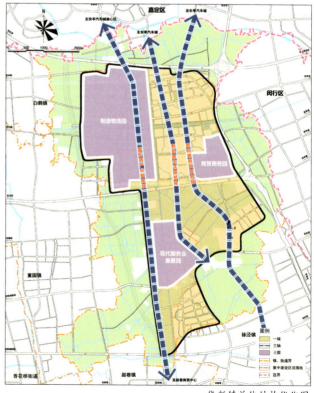

华新镇总体结构优化图

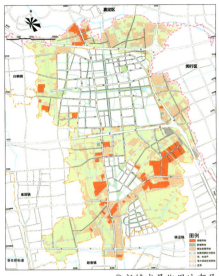

华新镇减量化用地布局

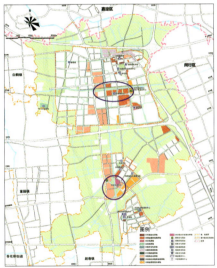

华新镇公共服务设施布局

公共空间和慢行系统组织

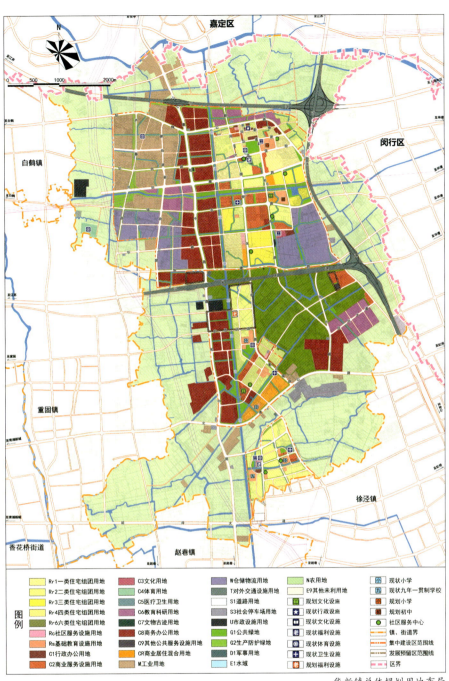

华新镇总体规划用地布局

造有活力的郊野空间、有归属的文化氛围、有主题的开放空间、有标识的城镇形象，提高城镇吸引力和幸福感。

创新要点

在上海市总体规划的指引下，华新镇总体规划是上海第一个编制且第一个获批的新市镇总规。规划从转型规划、减量规划、以人为本的规划三个方面对上海市新市镇总体规划的编制方法进行了创新探索。

同时，项目组也参与了《上海市郊区新市镇总体规划编制要求和成果规范》的研究工作，该项目为转型期的城镇规划编制提供经验借鉴。

（执笔人：柏巍、卢诚昊）

常州市武进区横林镇总体规划（2016—2020年）

2016—2017年度中规院优秀村镇规划设计二等奖

编制起止时间： 2016.3—2016.9
承担单位： 中规院（北京）规划设计有限公司
主管所长： 刘继华　　　**主管主任工：** 王新峰
项目负责人： 李君　　　**主要参加人：** 胡章、任帅、袁兆宇、陈曦、刘超
合作单位： 常州市规划设计院

背景与意义

横林镇隶属于常州市武进区，地处常州、无锡、江阴三地交会处，该地区是乡镇集体经济为代表的老苏南模式的发祥地之一。随着2014年苏南国家自主创新示范区设立，苏南地区进入以创新为核心驱动力的转型发展新阶段。然而以乡镇为单元审视当时的苏南地区，存在着发展阶段的较大差距，部分小城镇虽然工业发展起步较早，具有一定领域的专业优势，但长期固守单一发展路径，逐步落后于苏南地区的整体经济演进。传统的发展路径已无法支撑城镇的可持续发展，亟待探索一条转型发展的新路径。

本次乡镇总体规划修编深度挖掘其维持创新驱动发展的核心难点，提出与其发

横林镇"三生"空间格局示意图

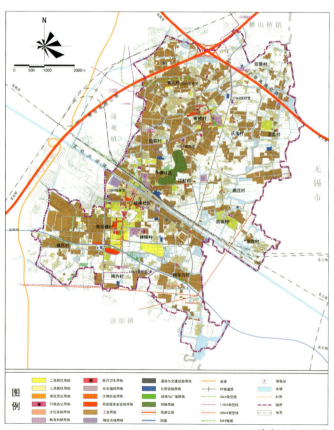

镇域用地现状图

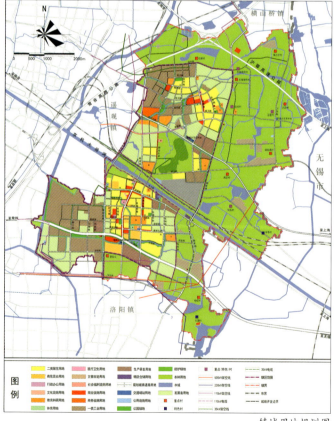

镇域用地规划图

展模式转型相匹配的空间格局，为类似工业小城镇跨越低端工业化与低质城镇化、实现转型升级提供案例借鉴。

规划内容

（1）深度分析了苏南工业小城镇的现实困境，即低端工业化与低质城镇化的相互制约。低成本的城镇化模式造成了产业导向、人口结构和空间环境三者的相互制约及恶性循环。

（2）结合长三角地区从投资驱动转向创新驱动的新发展阶段背景，区域空间从以"中枢职能"为核心的空间体系，转向城市间更紧密、更多元化合作为基础，多中心、网络化的空间体系。在新的区域空间结构中，苏南工业先发小城镇具有打造创新引领的专业特色小镇的机遇，核心路径是坚持行业领先的专业化创新。

（3）提出"固化人口、全域统筹、控制成本"的发展策略。构筑以"技能型人才、技术工人"为主体的创新体系，积极推进工人的技术升级与市民化转化。通过政策引导外来技术人才落户，同时高品质建设镇区，定向完善配套设施，满足高素质人才对居住环境品质的要求，吸引高素质和技能人才集聚。打破城乡二元体系的行政壁垒，在全镇域范围内统筹用地布局、服务设施等要素，建立与城镇化目标相匹配的新型村镇空间体系，促进生态空间修复，生活、生产空间集聚。根据不同片区的差异化定位，选取不同的城镇化模式，并提供与之匹配的空间功能与设施供给，实现全域均衡发展。

创新要点

（1）在苏南区域创新转型的宏观背

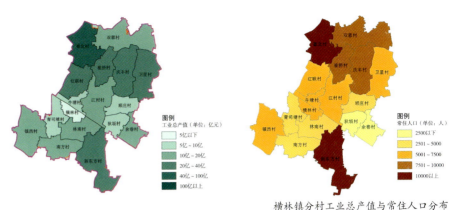

横林镇分村工业总产值与常住人口分布

横林镇现状居住用地与公共服务设施分布

镇域三个主要片区的城镇化目标与设施供给表

片区	城镇化目标	设施供给
镇区南部	本地居民城镇化及吸引高素质人才以及周边工业区的高技能工人	以实现规模化高品质城区为目标，提供高品质的配套设施与环境
镇区北部	地板产业创新升级的主要地区，固化产业工人及潜在人口红利	强化低成本教育、医疗、住房等公共服务，同时提供支撑地板产业转型发展的生产服务及多元化创新空间
东部片区（生态控制区）	以点状集中式改善本地农村人口居住条件	打造基本配套完善的新型农村社区，达到基本社区服务标准

景和格局发展态势的分析中，提出小城镇的发展路径和目标差距。

（2）提出适合小城镇现实需求的人才类型，并以稳定人才作为城乡空间布局优化的目标，符合新型城镇化的核心思想。

（3）提出有机更新与规模改造并举的用地发展策略，提升空间品质的同时控制开发成本，维护苏南模式的低成本优势和产业活力。

（执笔人：李君）

乌镇概念性总体规划

2016—2017年度中规院优秀村镇规划设计一等奖

编制起止时间：2015.6—2015.7
承担单位：城市与区域规划研究所、历史文化名城保护与发展研究分院、城市交通研究分院、城镇水务与工程研究分院
主管总工：张兵   主管所长：朱波
项目负责人：刘继华、王新峰   主要参加人：黄珂、苟春兵、袁兆宇、吴淞楠、苏海威、管理、杜莹、刘畅、杨嘉、荣冰凌

背景与意义

乌镇隶属浙江省嘉兴市桐乡市，具有六千余年悠久历史，已进入世界文化遗产预备名单，江南六大古镇之一，生态本底优良，水乡格局完整，传统历史文化资源传承和保存较好。2014年始，乌镇成为世界互联网大会永久会址，从一个旅游小镇，一跃成为全球互联网功能网络中的重要节点，迎来前所未有的发展机遇。为更好地适应乌镇的未来发展，桐乡市人民政府邀请包括中规院在内的四家国内规划设计单位参加乌镇概念性总体规划项目招标。

规划内容

规划确定了以文化传承与创新为核心的技术路线，主要包括目标战略、规划布局、风貌设计三部分内容。

（1）发展目标与战略。基于对互联网大会历史发展机遇和担当国家使命、区域责任的总体判断，以及保护数千年中华文明传承所积淀下来的"江南水乡瑰宝"的基本认识，规划确定乌镇的发展目标为"国际先锋小镇、全球最美水乡"。以国际性、专业化功能为导向，贯彻传承、聚焦、融合三大功能培育策略，推动"自贸+、水乡+、互联网+"三大功能构建模式。

（2）空间格局与布局。塑造北、中、南板块分工的多样化新型水乡空间。中部镇区板块形成"一镇两片、田园分城，三轴联动、四核支撑"的空间结构。老镇区布局强调旅游和城镇服务功能的完善，新镇区布局强调养老地产项目的对外开放与功能提升。

（3）风貌控制与设计。明确乌镇文化传承导向的风貌定位、城市设计理念、总体城市设计结构、重点片区城市设计方案及节点设计指引。

创新要点

（1）突出乌镇在新时期国家文化建设中的战略价值，把握好"舍与得"的关系。"全谱系"发展互联网产业的冲动，将使

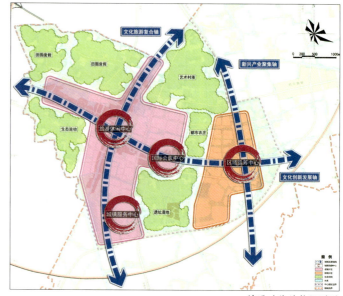

镇区功能结构规划图

镇区用地布局规划图

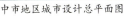

中市地区城市设计总平面图

国际会议中心城市设计总平面图

总体鸟瞰图

乌镇方向过度庞杂分散，规划提出打造以文化创新为核心的功能体系，聚焦文化、互联网、旅游三大核心功能，逐步退出工业，适度控制养老和旅游地产。

（2）以保护水乡肌理为前提，创造新型文化功能空间，处理好"聚与散"的关系。严格控制乌镇建设规模，通过区域城镇网络联动促进专业功能集聚与规模适度分散，打造低冲击、低密度、生态化的空间模式。

（3）全面复兴历史文化景观，着重打造创新文化形象，协调好"古与今"的关系。规划提出"乌镇风光最江南，水网横纵润圩田；新市旧镇分秀异，点睛还在四栅间"的传统与现代融合共生风貌塑造策略。

实施效果

（1）规划提出的"一镇两片、新老镇区差异化组团发展"的布局策略，已落实到目前乌镇的城镇建设中，以景区为主的老镇区建设规模和风貌得到控制。新镇区初具规模，并承载高端职能，成为城市新的名片。

（2）规划提出的功能体系判断、项目策划与重点片区设计方案等核心内容融入最终的整合方案中，有效地指导了法定总体规划的编制。

（3）规划确定的以互联网会议和展览为核心的互联网经济，目前已成为乌镇的新发展引擎。2015年底当地政府与阿里巴巴签订了协议，打造阿里巴巴桐乡产业带；2016年乌镇举办各类IT会议700多个。

（执笔人：黄珂）

四川康定新都桥镇总体规划（2012—2030年）

2015年度全国优秀城乡规划设计一等奖 | 2012—2013年度中规院优秀城乡规划设计一等奖

编制起止时间：2013.5—2015.8
承担单位：住房与住区研究所
主管所长：卢华翔　　　　主管主任工：李秋实
项目负责人：魏东海、白金　　主要参加人：张伟、祝佳杰、刘鹏、高均海、王家卓、张中秀、熊林、邹歆、赵莉、李雅婵

背景与意义

伴随川藏线旅游的兴盛，新都桥凭借原生态自然风光以及瞬息万变的魔幻光影，被誉为游客眼中的摄影天堂。康定在撤县设市后提出构建"一市三区"的城区格局。新都桥成为甘孜藏族州、康定市举全力打造的西部新区。

规划内容

规划肩负稳定与发展的双重责任，认为实现稳定必须以尊重新都桥藏族文化习惯为前提，以维持优化社会组织模式为保障；实现发展必须契合高原生态环境本底，培育传统工业以外的特色发展动力。

规划立足"和谐健康稳定，特色城镇发展"的原则，提出以社会学研究为基础，以城镇特色发展为主线，以五大专题为支撑的技术框架；力求通过地区生态、文化、社会与经济发展关系的解析，提出适合新都桥城镇发展的新模式与新思路。

创新要点

（1）以社会的"善治"为根本出发点。首先，规划前期深入五个村对近百户居民开展深度访谈，完成《社会学专题研究报告》与《公众全程参与方案》，将当地的文化、习惯与价值观作为实现"善治"的基础。其次，借鉴"中心+圈层"的传统城镇空间组织方式，以木雅文化交流中心为核心，强化"文化轴"与"感恩轴"十字形重点公共空间设计，将富于藏族情感表达的传统空间营造作为体现"善治"的空间载体。再次，规划以传统木雅乡土藏居为蓝本，编制完成建筑风貌自建导则实现原有村落统规自建，在维持优化原有社会组织模式的基础上，探索"善治"的实施机制。

（2）以发展的"善为"为特色路径。立足高原特殊生态条件、本地劳动力技能水平，借助"摄影天堂"已有的品牌影响力，以传统康定藏汉文化锅庄为蓝本，在挖掘木雅藏区文化特色基础上将"文化与交流"作为新都桥核心功能主题，重点发展藏文化产业、藏地旅游业、传统手工业及商贸服务业四大主导产业，并提出"中心集聚+外围兼业"相结合的发展模式，引导外围特色旅游村寨建设。

（3）以低碳安全落实"善建"理念。在确保行洪安全的前提下，针对高原寒冷地区的气候特征和"中心集聚+外围兼

"五位一体"工作推进技术思路图

新都桥"一市三区"总体格局示意图

业"的发展模式，探索分布式能源系统设计应用，引导推广被动式太阳能、吊炕、中空保温层等低碳实践措施，推广分散式污水处理系统及自然湿地雨水净化系统场景。充分考虑居民可支付能力，按照就地取材，可复制推广的原则，规划提出"砌体承重墙+内框架"的传统藏居模块化设计改造方案。

实施效果

在规划的指导下，国道318新都桥段改线工程有序推进，统规自建区内村民自建活动有序开展，力曲河新都桥镇区段防洪及生态修复项目已启动项目前期工作。

（执笔人：白金）

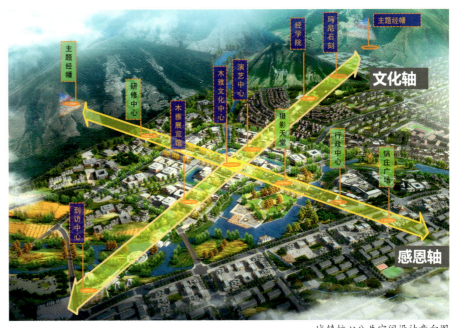

城镇核心公共空间设计意向图

新都桥总体设计鸟瞰图

甘肃省第二批省级"多规合一"实用性村庄规划编制试点

甘肃省2021年度优秀村庄规划案例

编制起止时间： 2021.9—2021.12

承担单位： 中规院（北京）规划设计有限公司

主管所长： 陈卓　　　　**主管主任工：** 李壮　　　　**项目负责人：** 魏佳逸、谭政、林溪、王迪、梁毅

主要参加人： 周勇、李慧宁、康凯、杨倩倩、杨爽、李丹丹、陈少铧、王博、杜馨悦、莫晶晶、卢薪升、刘琳、徐娜娜、苏明明、陈绍涵、鲁学孟、李鸣瑞、刘吉源、吴德鹏、朱文博、贾博浩

背景与意义

甘肃省自然资源厅为深入贯彻落实党中央、国务院关于实施乡村振兴战略、改善农村人居环境的指示精神，统筹提升农村地区生态品质、生产水平和生活质量，编制好用、管用、实用的"多规合一"村庄规划，开展村庄规划试点工作。本项目共包括五个村庄，其中西和县蒿林乡赵沟村入选全省第二批村庄规划试点，其规划成果是陇南山地农业地区乡村规划的重要示范。本项目以赵沟村规划编制为典型案例介绍。

规划内容

1. 村庄概况

赵沟村位于陇南市西和县蒿林乡南侧，是乡政府所在地，处于黄土高原丘

西和县赵沟村空间格局示意图

陵沟壑区，村域面积9.28km²，2021年户籍人口1069人。现存农村居民点之间呈"大分散"，居民点内部呈"小分散"特征。全村处于全切割中高山地貌区，且位于地灾极敏感地区，山地坡度大，易发生滑坡、泥石流等自然灾害。赵沟村交通区位条件有限，距离西和县城仅50km，但车行时间超过1.5小时，社村联系全靠盘山村道，环村车行时间长达3小时，部分村社车行道至今尚未打通。花椒为村里的主导产业，种植覆盖全村91%以上人口，同时花椒亩均收入远超其他经济来源。

2. 规划塑形空间之美

（1）保障空间安全——分区整治、分类施策，确保生产生活生态安全。对居民点内、居民点外部进行全域地灾隐患摸底。建议居民点中灾害隐患点密集区域实施整体搬迁，建议一般性灾害隐患点实施改造加固。识别居民点外部滑坡区域，重点区域以工程修复为主，一般性区域以生态修复为主。

（2）促进集约高效——因地制宜、适度集聚，优化农村居民点布局。以人口变化规律和农业生产力布局为出发点，通过调研、花名册与宅基地确权数据建立一户一册档案，在此基础上将确定整理的七项建设用地与有潜力整理的一项建设用地进行落户落位。同时结合农村花名册与村民调查，进一步核实分户需求，最终明确村庄建设用地整理用途与方向。

（3）优化产业布局——近远结合、重点带动，增强产业发展内生动力。在落实最严格耕地保护政策的基础上，协调耕地与园地关系，尊重民生与实际种植用途，保障未来花椒种植面积；优化产业结构，打造以花椒为主，蔬菜、中药材为辅的现代农业体系，按照长中短结合、多元化发展思路，构建高山中药材、半山花椒、川坝地蔬菜的产业空间布局结构。

（4）强化交通支撑——建改结合、系统完善，强化各级道路系统联系。村域交通重点在提高对外道路等级，实现村内

社社通车，新建产业路贯通半山花椒适宜种植区域等方面；居民点内部交通重点在建立主干道—巷道二级路网体系，结合实际需求配建停车位等交通设施。

（5）提升生活品质——增补设施、差异处理，提高农村居民生活质量。对川坝地区、山区保留居民点和山区新建居民点采取差异化设施配置模式。川坝地区保证基础设施配置标准，远期预留各类管线入户空间；山区居民点管线大规模上山可能性较小，建议采用分散式或集中式小型处理设施，定期定点集中配送转运。

（6）彰显文化风貌——改善风貌、留住乡愁，传承地域文化民风民俗。深入挖掘各类历史民俗文化遗产，充分体现坝居和山居两种不同类型的风貌格局。对农村居民点入口空间、开敞空间、街巷空间、院落空间、建筑风貌、特色标识小品等进行重点文化外显与风貌塑造引导。

创新要点

以往村庄规划关注重点在完善村庄配套设施和环境整治，缺乏对全域生产、生活、生态要素的总体把控，同时外部植入式的规划理念一方面偏重政府资金投入，另一方面偏重规划自上而下的合理性，而对自下而上的落地要求协调不足。而在当前乡村振兴和国土空间规划体系的大背景下，只有与县、乡、村三级深入交流、高度配合，才能做到全要素、全空间的精细规划与设计，才能编制管用、实用、好用的村庄规划。

（执笔人：魏佳逸）

> 直接型入口空间提升策略

> 过渡型入口空间提升策略

西和县赵沟村民宅建筑及景观风貌建设规划图

■第一步：通过调研、花名册与宅基地确权数据建立一户一册

■第二步：建设用地挖潜分析

■ 第三步：核实分户需求

西和县赵沟村用地布局规划分析

西和县赵沟村1社、2社规划鸟瞰效果图

广州村庄地区综合发展规划

2015年度全国优秀城乡规划设计一等奖 | 2015年度广东省优秀城乡规划设计项目一等奖 | 2014—2015年度中规院优秀村镇规划设计一等奖

编制起止时间： 2013.2—2014.12
承担单位： 深圳分院
主管总工： 王凯　　　　　　**分院主管总工：** 朱力、范钟铭　　　　**主管主任工：** 石爱华
项目负责人： 赵迎雪、石爱华　　　**主要参加人：** 叶芳芳、谭都、孙婷、刘琦、朱枫、罗仁泽、周琦、陈超
合作单位： 广州市规划和自然资源局、华南理工大学建筑设计研究院有限公司、广州市城市规划设计所（广州市城市规划设计有限公司）、上海
　　　　　　数慧系统技术有限公司

背景与意义

　　广州的城镇化呈现明显的"双路径"特点，政府和村庄主导的城镇化并行。以村庄集体土地主导的城镇化导致村庄地区用地低效、地租经济严重、公共服务设施薄弱，城乡之间空间失序、发展失衡，制约广州转型。

　　广州高度重视村庄规划编制工作，已开展两轮村庄规划，但由于二元的规划管理与配套政策的不足，仍存在落地难的问题。作为特大城市村庄地区的典型，广州的探索具有全国示范意义，2013年被住房和城乡建设部列为村庄规划编制和信息化建设试点城市。

　　基于前两轮村庄规划经验与教训，广州从统筹城乡发展、推进新型城镇化战略角度开始了第三轮村庄规划，以"尊重农民发展意愿，解决村庄实际问题"为出发点，通过空间分区分类和政策创新，构建全域城乡空间政策体系，推进村庄规划从规划向实施、从空间规划向公共政策的转变。

规划内容

　　（1）通过广州城乡关系脉络演变阶段与特征分析，认识到广州现阶段的城乡关系特征、城镇化特征与村庄地区特征。典型的"珠江模式"使得广州城镇化具有典型的"双轨"特征，城乡空间呈现高度融合状态，从二元走向一体化阶段，但城乡规划管理与配套政策仍然采取二元体制，已经不适应发展需要。

　　（2）重新认识村庄地区价值，并挖掘和发挥其价值的战略性，提出村庄地区核心价值包括转型升级与效能提升价值、生态安全与山水景观价值、现代农业与绿色食品价值、历史文化与地域特色价值、人口转移与城乡统筹价值等。

　　（3）提出村庄地区空间分区分类，以各分区整体价值为目

广州市村庄地区范围示意图

标，明确村庄分类与各类村庄政策指引，探索以村庄为单位的城乡一体化空间政策体系以及支撑城乡一体化空间政策体系的规划管理、配套政策建议。

　　（4）关注生态环境建设、农业现代化发展、住房保障、城

广州市城乡边界划分图（远期）

广州市城乡空间分区图（四类分区）

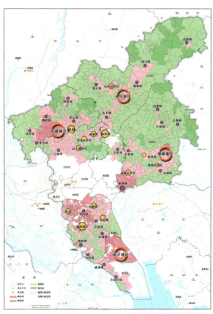

广州市村庄分类图

乡共建，强调中心村的特色化与带动作用，提出"蓝绿两网计划""统筹整备计划""公共服务提升计划""住房改善计划"等行动计划，并提出实施政策建议。

创新要点

（1）划定城乡边界，保障村庄发展空间。借鉴美国区域土地政策规划和城市增长边界管理政策体系，划定近期和远景城乡边界，实施动态有序管理。

（2）划定空间分区，构建城乡空间政策体系。结合全域城乡空间结构与近远期城乡边界划定城市集聚区、城镇转型区、乡村发展区和生态敏感区四大空间分区，分别界定城中村、城边村、远郊村和搬迁村四大村庄类型。针对四大分区分类，提出相关政策指引与管理要求，构建全域城乡空间政策体系，差异化指导各类村庄规划管理与发展转型，强调创新存量土地政策，促进农业转移人口市民化，构建广州新型城镇化路径。

（3）转变理念，完善村庄规划编制方法。针对村庄类型与城镇化发展需要，

提出差异化的规划编制类型与编制内容，城中村与城边村逐步纳入城市规划管理，远郊村编制村庄规划。重点从五个方面强化规划落地实施：一是实施村域资源统筹，划定四大功能分区；二是保育生态环境，划定建设用地边界；三是强化产业指引，促进多元发展；四是重视历史文化，突出岭南特色；五是推行绿色市政，打造宜居乡村。

（4）多规协调，实现城乡"一张图"管理。以"多规协调"为基础，在"三规合一"体系下将村庄规划纳入"一张图"进行管理。通过研发和建设一套用于村庄规划设计、编制、建设和管理的实用化平台，实现村庄数据统筹管理，村庄规划落地情况的动态监管，多部门数据和公众意见的及时收集、处理与反馈，对村庄规划成果与规划实施情况的评估提供管理支持和辅助决策功能。

（5）强调村民参与，实现规划"共编共管共用"。以村民根本利益为导向，强调村民全程参与规划编制和实施，建立了四阶段15个环节的村民参与办法，并

将规划主要成果纳入"村规民约"，获得广大村民认可。部分村庄通过引入企业、社会组织等第三方力量，促进广州村庄从传统的集体股份公司管理向多元主体的现代化社会治理模式转型。

实施效果

（1）结合乡村发展区划定村庄规划区，制定乡村建设规划许可证实施办法，依据村庄规划有序核发乡村建设规划许可证；并围绕农村集体产权、土地利用、涉农资金、规范管理等出台了相关政府配套政策。

（2）建立了各村近期建设项目库，落实新增分户用地规模1900hm²，解决14.2万户新增分户建房需求；落实11km²历史欠账留用地，解决村经济发展问题；落实"七化五个一"公共服务设施7000个，促进基本公共服务均等化。

（3）编制56条传统村落历史文化保护专章，规划保护传统建筑1300处，传承岭南文化。

（执笔人：叶芳芳）

293

海口市美兰区三江镇江源村村庄规划（2021—2035年）

2021年度海南省村庄规划设计竞赛一等奖

编制起止时间：2021.6—2023.8
承担单位：中规院（北京）规划设计有限公司
主管所长：李文军　　　主管主任工：慕野
项目负责人：陈栋　　　主要参加人：陈钟龙、黄思、杨晗宇、陈佳璐、黄婉玲、安志远、于泽、陈玲、黄芬

背景与意义

为全面落实乡村振兴战略，扎实推进农村人居环境整治，改善农村人居环境、生产条件，促进生态环境保护、村庄适度集聚和土地等资源的节约集约利用，实现公共服务设施和基础设施的合理配置，提高农民的生活服务水平。本次规划根据国家对国土空间规划体系下村庄规划新的编制要求，发挥村民主体地位，编制看得懂、管得住、好实施的"多规合一"实用性村庄规划。

规划内容

江源村位于海口近郊，距离海口美兰国际机场仅半小时车程，村域面积9.17km²，下辖11个自然村，共计523户1828人。本次规划按照摸清家底、找准问题、把握诉求、研究对策的思路，以保障民生及高质量发展为目标，形成以下五个主要规划要点。

（1）立足自身，系统谋划发展目标。综合研判政策、交通、文化、景观、产业等方面的发展条件，将村庄定位为：农业农村融合发展、"宜居宜游"的海口近郊后花园。

（2）刚性传导，优化国土空间格局。在生态、生产、生活三大空间的基础上，进一步细化土地用途，形成村域国土空间"一张蓝图"，实现资源有效保护与利用。

（3）维持原真，强化乡村风貌指引。对于自然村，注重保护原生态乡村空间，

避免"涂脂抹粉"式立面美化。对于产业项目，宜充分利用周边环境塑造良好景观。

（4）民生优先，保障村民居住及配套需求。通过深入开展现状调研、走访近百户，逐个了解村民建房的诉求；科学预估未来10年达到法定婚龄分户建房的需求；同时给住房困难或异地新建，且同意退还现有宅基地的农户预留新增宅基地；结合村庄现状肌理和当地风俗习惯，

在规划中布置长宽适宜的新增宅基地，严格按照"一户一宅"政策，每户面积不超过175m²，明确四至坐标，并进行编号，为农房报建"零跑动"工作打好基础，做好村民宅基地精细化管理工作。并结合村庄毗邻镇区的区位条件，重点补齐文化室和公共活动场地等基本公共服务设施。

（5）分期建设，落实近期实施项目。围绕近期发展需求和村民迫切诉求，梳理出12个近期实施项目。

村域产业规划图

驻村工作日常

矿坑生态修复示意图

创新要点

（1）优化土地利用空间格局，支撑产业发展。通过调整零散农村宅基地、引导村民集中居住、调出低效建设用地等手段合理调配建设用地指标，增加产业用地并留有机动指标，从而推动扶贫产业和乡村民宿经济发展。

（2）探索土地复合利用，提高闲置用地效益。积极进行农村闲置建设用地整合，进一步提高利用率。例如规划将闲置小学原址改扩建为民宿，依托现有云客山庄，扩大民宿规模，形成集聚效应。

（3）利用矿坑进行生态修复，打造矿坑公园"网红"景点。对村域范围内废弃矿坑进行生态修复工作，并将其中较大一处改造为矿坑公园，结合矿坑场地资源特点，以最小人工干预的生态修复改造模式，塑造多层次游览模式的矿坑公园。

（4）群策群力，调动村民、村干部充分参与村庄建设。通过常态化的规划宣讲和答疑，充分调动村民的积极性，获得村民的认可，真正编制一个看得懂、用得了的村庄规划，形成各方满意的答卷。

（执笔人：陈佳璐）

优化土地利用空间格局示意图

闲置小学原址改扩建为民宿示意图

黄山市歙县乡村建设规划（2016—2030年）

2016—2017年度中规院优秀村镇规划设计一等奖

编制起止时间：2016.3—2016.12
承担单位：村镇规划研究所、城镇水务与工程研究分院
主管总工：靳东晓　　主管所长：陈鹏　　主管主任工：刘泉
项目负责人：曹璐
主要参加人：桂萍、邬艳丽、宋直刚、卓佳、杨芳、华传哲、冯旭、王超慧、卢立新、吴胜亮、李江云、郝天、冯一帆、陈京、魏锦程、娄金婷、张勇、李萌萌、汪洪涛、顾维芬、汪献
合作单位：中国人民大学、安徽省住房和城乡建设信息中心、安徽省歙县建筑设计院有限公司

背景与意义

县域乡村建设规划是以统筹乡村建设发展、支持乡村建设类资金整合为目标的中观层面规划。2015年，《住房和城乡建设部关于改革创新、全面有效推进乡村规划工作的指导意见》明确提出推进县（市）域乡村建设规划编制工作，歙县作为第一批试点县启动相应规划编制工作。

规划内容

项目共包含乡村发展动力机制研究、乡村空间聚集模式研究、乡村建设关键性技术研究和面向实施的乡村规划管理机制研究四个方面。

在动力机制研究中，规划强调以"农业+""文化+""资本+"的发展思路，识别乡村潜力价值地区，并以模块植入的思路，策划了"一间房、一条街、一片区、一块田"为载体的"乡村功能砌块"，构建"文化自豪觉醒、适度介入引导、自然内生成长"的乡村振兴路径。

在空间模式研究中，规划通过对地形、人口密度、交通条件、人口迁移愿景等因素对不同乡村片区的人口流动趋势影响分析，划定四类乡村发展分区，强调对深丘陵地区人口贫困化问题和紧张的人地关系问题的深化研究。在镇村体系研究中，结合人口流动、公共财政支出、二三产业发展等情况，绘制了县域乡村消费习惯地图和县域文化心理地图，调整了原规划的单中心战略，以多维度、多视角构建小城镇功能分类体系，并强调"因镇施策"，而非重点镇独大的空间体系架构。

在公共服务设施配置模式研究中，项目以大量现场调研佐证，提出平坝、浅丘陵等近郊乡村片区的公共设施配置应向较高层级的镇村集中，并适度提升设施配置标准；为了兼顾山区和深丘陵地区的公共服务供给质量和效率，应强化政府在这些片区的

县域消费习惯地图

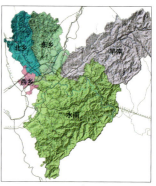
县域文化心理地图

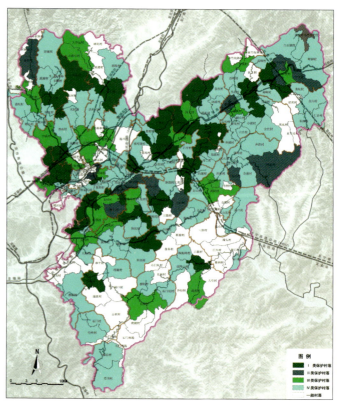
县域传统村落分类保护规划图

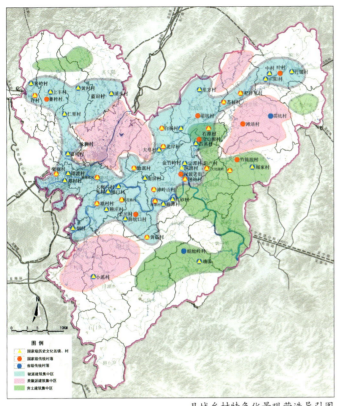

县域乡村特色化景观营造导引图

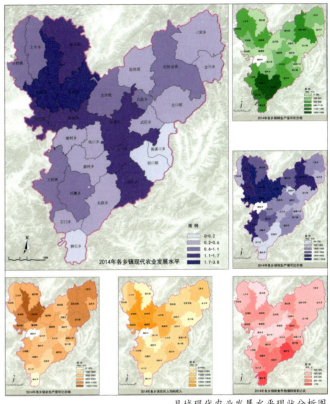

县域现代农业发展水平现状分析图

基本公共服务供给责任，在原公共设施配置标准的基础上，引导设施布点适度下沉。同时，规划提出乡村公共服务设施的弹性配置模式，将原有配置清单按照公益性、偏公益性和市场性三类重新划分，其中偏公益性设施在市场化程度高的片区由市场为主体配置，在山区等市场化程度低的地区，由政府为主体配置。

为提升规划技术传导作用，项目区分了不同类型村庄的建设模式，针对基础设施建设、景观风貌改造和农房建造等问题编制了关键性技术指引和实施建设指南，阐述了不同技术的适用场景和运管维模式，并对传统村落中历史排水体系和现代排水体系衔接等重难点问题提出了专项技术选型方案。

创新要点

结合中国工程院"村镇规划建设与管理"重大咨询课题的研究成果，项目着重于中观层面的路径研究、模式研究和传导机制搭建。借助深度调研，基于对真实乡村场域特质和现实需求的尊重，因镇施策，根据市场运维逻辑设定了不同乡村片区的公共服务设施弹性配置清单，分区分类提出了村庄建设技术选型方案，明确了关键性技术传导要点，创新性探索了县域乡村地区的中观规划和微观规划之间的技术传导机制。

（执笔人：曹璐）

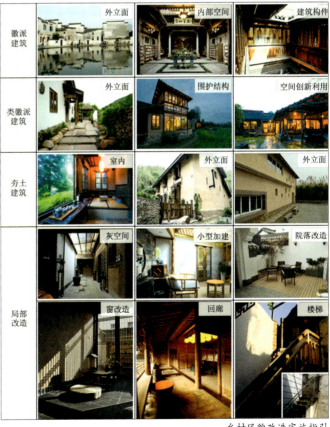

乡村风貌改造实施指引

三亚市南田黎光片区村庄规划（2020—2035年）

2020年度海南省村庄规划竞赛一等奖｜2020—2021年度中规院优秀规划设计二等奖

编制起止时间：2020.3—2021.5
承担单位：中规院（北京）规划设计有限公司
主管所长：王新峰　　　　**主管主任工：**李荣
项目负责人：韩冰、崔家华　**主要参加人：**刘涛、韩永超
合作单位：中交铁道设计研究总院有限公司

背景与意义

三亚市南田黎光片区位于三亚市海棠湾区。片区2019年整体纳入南田共享农庄范围，并被列为海南省共享农庄首批试点、2019年省级重点项目。但海南省共享农庄项目普遍存在定位不清、建设无序等问题。黎光片区亟待编制地区法定详细规划，有效规范和引导共享农庄的实施。本次规划根据国家对国土空间规划体系下村庄规划新的编制要求以及海南省域"多规合一"改革的探索经验，落实海南省政府对三亚市南田共享农庄的发展要求，平衡产业发展、生态保护和生活改善之间的关系，因地制宜引导南田共享农庄健康发展。

规划内容

（1）探索国土空间规划背景下实用性村庄规划编制方法。落实"多规合一"对地区各类用地的要求，加强全域全要素规划，科学管控，构建"村域总体规划—村庄建设规划—实施项目与设计方案的规划编制技术路线"，同时强化全域土地综合整治，助力乡村功能提升。

（2）积极探索开发边界外国有农场地区规划编制、审批办法。重点在农场连队用地属性、以农场职工为主体的自主审批流程等方面做出相应创新。

南田黎光片区鸟瞰图

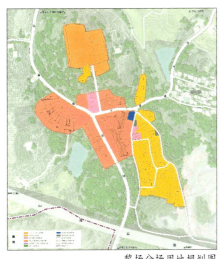

黎场分场用地规划图

黎场分场总平面规划示意图

黎场分场道路交通和竖向规划图

创新要点

（1）立足自身，系统谋划发展目标。从政策、交通、文化、景观、用地、产业六个方面明确黎光片区的优势条件，确定发展定位为共享示范新庄园、运动游学新乐园、现代田园新家园；并从村庄发展、国土空间开发保护、人居环境整治三个方面明确发展目标，确定17项规划指标。

（2）严守底线，优化国土空间格局。结合黎光片区的空间特质和城乡关系，传导和落实总体规划意图，划定核心生态保护区等七类规划分区，分区明确"三生"空间管控规则，形成西部生态保护、生态修复，东部产业发展、村庄建设的国土空间格局。进一步优化和细化各类国土空间用途，以三大类、20小类的用地方案形成村域国土空间一张蓝图。

（3）产业注能，充实文旅产业内涵。为更好地引导共享农庄项目建设，本次规划从相关政策入手，进一步解析共享农庄作为"田园社区"的属性特征。深度解析现有共享农庄的发展问题，避免旅游开发对原住居民的不良影响，提出以"三保护、三不离、一就"为基本原则，通过共享农宅、共享农田、共享农作物、共享设施的方式实现旅居者和原有住民的深度融合。

（4）维持原真，重塑乡村环境特色。

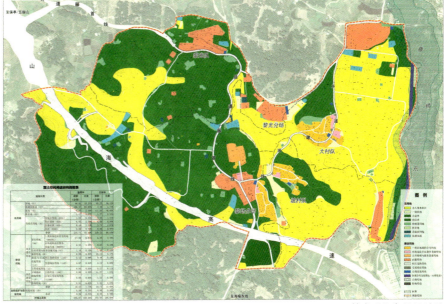

村域国土空间规划图

为避免旅游开发对于乡村景观环境进行颠覆性改造，本次规划提出强化原生特质的"一区、两带、三片、多点"景观结构，和"水田接连丘间绕，林带氤氲护村园"的景观意向。优化村庄与自然环境关系的同时，提升农业生产空间的形态。

（5）因地制宜，提升规划可实施性。构建村域规划底线约束、结构引导，村庄建设规划指导建设、精准落地的规划传导路径。同时，积极探索农场地区村庄规划编制、审批办法，探索垦地融合的村庄解决方案。在存在较大争议的用地属性方面，以（国有）村庄建设用地的性质明确用地权属和基本属性，并以农场连队居住用地的形式具体表述。

实施效果

黎光片区村庄规划入选自然资源部第一批村庄规划编制优秀案例。同时，南田黎光片区共享农庄建设也已逐步启动，受到了各级领导的高度重视，先期的道路修建、高标准农田整理工作已经开始，为开展全域土地综合整治奠定了基础。

（执笔人：韩冰）

三亚市城中村、城边村和新农村综合改造建设总体规划

2014—2015年度中规院优秀城乡规划设计二等奖

编制起止时间：2013.5—2015.5

承担单位：城市规划设计所

主管所长：邓东　　　　　　主管主任工：范嗣斌

项目负责人：缪杨兵、刘元　主要参加人：李晓晖、姜欣辰、杨亮

背景与意义

城乡一体化发展是统筹城乡发展、消除城乡二元结构的重要途径。为加快海南城乡一体化建设发展，海南省委、省政府将三亚市列为海南省城乡一体化建设试点城市。为了从全市层面宏观把握村庄发展的脉络，并对各个村庄在城乡一体化建设过程中进行有效的引导和管控，中共三亚市委农村工作委员会和三亚市规划局共同组织，启动了三亚市城中村、城边村和新农村综合改造建设总体规划的编制工作。

规划内容

（1）从城市、乡村不同维度认识三亚村庄发展面临的主要问题和核心价值，建立平等、公正的规划价值观。

（2）分区分类分层指引村庄建设和发展。根据村庄与城镇的空间关系，将全市乡村分为城中村、城边村和远郊村。在分区的基础上，综合其他因素，进一步将村庄进行聚类。城中村细分为特色旅游服务型和城市综合社区型两大类；城边村细分为城市边缘综合组团型、城市专业服务

型和特色主题旅游型三大类；远郊村细分为现代农业型、乡村旅游型、景区联动型和滨海风情型四大类。在宏观层面，结合整个城市的发展目标、功能布局、形态管控等要求，对应不同的分区、分类，确定村庄的产业功能、风貌形态等。在微观层面，则对每个村庄和村庄片区，提出具体的改造模式、功能布局、空间形态、设施配套等，为村庄详细规划提供指导依据。

三亚城中村、城边村、新农村空间分布

创新要点

（1）建立了平等、公正的规划价值观。基于对乡村价值的全面认知提出规划原则，包括打破城乡之间单向的利益格局，建立公平、公正的利益分配机制；解决村庄问题不能就村庄论村庄或就城市论村庄，要把城乡作为一体考虑。

（2）分区分类分层指引，既保障了针对性，又留足了弹性。通过分区分类，规划指引的方向更加有针对性。城中村是城市建成空间的一部分，规划指引促进其与城市协调和融合；城边村既是城市未来拓展的储备空间，又与城市各项活动存在密切的人流、物流、信息流等方面的联系，对城边村指引重点是为城市未来发展做好铺垫；远郊村是独具特色的旅游目的地和产品，对其指引更强调保护和展示地域民族特色。不同层次采用不同的指引深度。

（3）分层指引提高规划的可操作性。宏观层面，产业功能和风貌分区为村庄限定了发展框架。微观层面，规划对城中村、城边村逐一进行研究，结合土地利用总体规划、城市总体规划和控制性详细规划，分析各个村庄的建设用地空间。根据城市功能布局、村庄建设现状等，确定村庄的改造建设模式，并对空间布局、建设形态、基础设施配套等提出详细指引要求。远郊村采取"连片、连带、成线"的模式，根据自然环境、区位关系、资源条件、产业基础等分为10个连片发展区，对每个片区的功能布局、建设形态、道路交通、市政设施等进行详细指引。

（执笔人：缪杨兵、李晓晖）

城中村的形成机制（左图）及其与城市各群体的利益关系（右图）

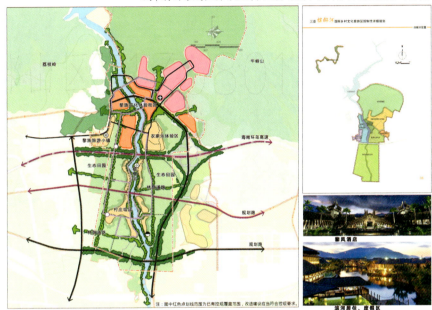

城边村槟榔村改造空间结构

远郊村连片发展区红塘腹地改造功能布局示意

北京市海淀北部地区拟保留村庄规划发展研究

2015年度全国优秀城乡规划设计二等奖 | 2014—2015年度中规院优秀村镇规划设计一等奖

编制起止时间：2013.12—2014.12
承担单位：村镇规划研究所
主管所长：靳东晓　　　　　　主管主任工：陈鹏
项目负责人：谭静　　　　　　主要参加人：王璐、魏来、班东波

背景与意义

海淀北部地区在建设中关村国家自主创新示范区北部集聚区的过程中，一方面响应"让居民望得见山、看得见水、记得住乡愁"的要求，另一方面受制于村庄拆迁带来的巨大社会经济压力，面临城镇化路径的调整，即由"完全城镇化、村庄全部拆迁、异地合并、转变为城市社区"，调整为"保留部分村庄"。在此背景下，提出开展拟保留村庄的规划发展研究。

规划内容

本次规划研究重点回答两个问题：建议保留哪些村庄；如何分类引导保留下来的村庄发展。

（1）明确村庄保留的意义和作用。通过对国家新型城镇化发展要求、海淀北部地区城市功能完善内在需求的分析，提出保留部分村庄是尊重当地居民现实需求的必然选择。

（2）明确村庄发展的方向。通过对海淀北部未来功能的分析，提出乡村分区发展思路，结合具体村庄的资源禀赋、发展条件，分类提出建议保留的村庄、有条件可保留的村庄和建议拆除的村庄。

（3）分类提出保留和拆迁村庄的发展策略。保留村庄主要探索农地利用创新，以及农房改造、租赁和经营的路径；拆迁村庄则主要是探索农村集体经营性建设用地的新政落地试点以及纳入科技园统筹建设。

创新要点

本次规划研究区别于传统的管控型规划，致力于做激发乡村地区内生动力的发展型规划；区别于侧重物质形态的规划，转变为侧重政策研究的规划。

1. 开展多元实施主体的需求分析

研究提出海淀北部地区的村庄规划实施主体是多元的，主

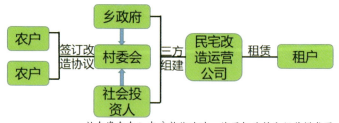

城、乡不同地区发展模式示意图

集体建设用地上建设集体产业园的模式图

社会资金介入农房整体改造、使用权流转和经营模式图

要涉及来北部休闲游憩的北京市民、居住在海淀北部的外来打工人口及本地农民三类人群，因此保留的村庄将提供面向外来中低收入人群的保障性住房和生活服务、面向本地农村集体的产业发展机会、面向北京市场的休闲旅游服务。

2. 开展基于不同用途的乡村用地政策分析

基于海淀北部实际情况，对接国家政策发展导向，提出农用地、农村集体经营性建设用地和农房的创新利用路径和政策保障。在农用地利用方面，提出农用地入股发展设施农业和农用地只转不征做绿地。在农村集体经营性建设用地利用方面，提出建设集体产业园和公租房。在农房利用方面，提出借鉴"何各庄模式"，实施房地分离、农房的所有权与使用权进行分离，引导农民将农房的使用权进行有偿转让，或引入社会资金对农房进行改造经营。

实施效果

规划实施以来，保留村庄的风貌得到较大改善。基础设施和公共服务设施建设加快推进，如上庄镇建立了镇、村两级文化活动中心，村民的文化生活日益丰富。非物质文化遗产得到更好的保护和传承，如李家坟村的手工艺品曹氏风筝在2015年获得国家非物质文化遗产称号。旅游业快速发展，车耳营村利用北魏遗址和自然风光吸引游客，打造民俗旅游村。

（执笔人：谭静）

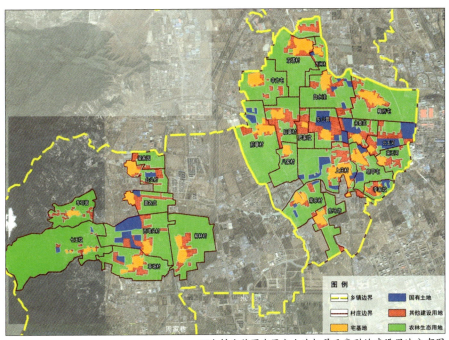

26个村庄范围内区分土地权属及类型的建设用地分布图

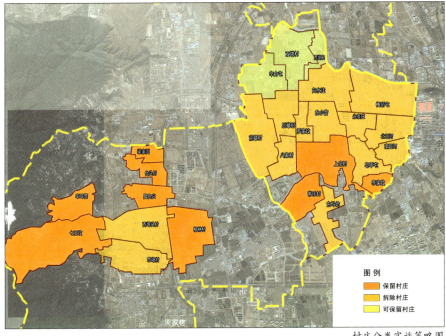

村庄分类实施策略图

青岛崂山国家级风景名胜区青山渔村传统村落规划

2014—2015年度中规院优秀村镇规划设计二等奖

编制起止时间：2014.6—2015.4
承 担 单 位：深圳分院
分院主管总工：方煜　　　　　　主管所长：孙昊
项目负责人：罗丽霞、王晋瞭　　主要参加人：多骥、张帆、宋京华

背景与意义

　　青山渔村区位交通条件优越，位于青岛市东部滨海处、崂山风景名胜区核心区范围内，距离崂山著名景点太清宫仅2.6km路程。青山渔村自然资源独特，是以海洋文化为特色的中国传统村落。村落全域约6.3km²，其中耕地约64.93hm²，山峦约424.67hm²，海域约101.73hm²，海岸线长7.5km。

　　景区和村镇的二元管理体制，保护了村落免受旅游开发影响，但是也限制了村落的经济发展，影响村落的民生建设。

　　2013年12月，青山渔村被评为第一批中国传统村落。借此契机，本项目通过分析村落保护与发展的价值，探索在不破坏历史文化资源的前提下繁荣村落经济的

途径，实现有效保护利用历史文化资源、增进村民民生福祉的目标，力图促进青山渔村永续发展；并希望通过青山渔村的成功转型，探索核心景区内村庄发展的新路径，引导崂山风景区内及景区周边的村庄转型发展。

规划内容

　　项目成果包括传统村落保护档案和规划说明书两部分，规划内容主要包括现状特征分析与保护发展问题研判、目标定位与提升策略、村庄建设规划、保护建议与实施保障措施四个部分。

　　（1）从青山渔村发展的关键问题出发，提出景村融合的管理机制。

　　（2）从村落的实际需求出发，在保

护村落有价值资源的前提下，提出基于村落特色的产业发展规划和特色资源活化利用指引。

　　（3）从保护与发展的角度，提出环境整治与建筑管控建议，改善村落人居环境。力图在保护、管控的基础上满足村民生活发展需求。

　　（4）青山渔村区位特殊，缺乏村庄发展建设规划指引，而且市政基础资料不全。本项目通过多次实地踏勘，尽力完善必要的市政基础设施规划，改善村民生活条件。

创新要点

　　青山渔村要实现保护与发展，需要重新认识青山渔村对崂山景区的价值，从根

青山渔村区位分析图

村域空间发展规划结构图

南河滨水空间城市设计

本上解决与风景区的制度矛盾。因此，本项目梳理出三大核心思路如下。

（1）共存，传承人脉，保护传统资源，促进景村和谐共生。根据整体山水格局和村庄布局，衔接《崂山风景区总体规划》要求，划定村落建设边界，避免村落无序增长，与崂山共同守护宝贵的山海资源。尊重既有的社会组织架构，保证历史亲缘关系的完整性，划定更新单元。尊重村落自身生长逻辑，适当活化利用特色资源，促进产业转型，提供职业培训，保障村民就业，提高村民生活水平。改善村落环境，提升人居环境品质，建设美丽家园。

（2）共建，重识价值，与崂山风景区共融发展。针对青山渔村的山、海、村、湾等资源禀赋，确定"保护先行，延续特色"的发展策略，将传统的茶、果、渔产业向体验经济延伸，进一步提高农副产品附加值。活化历史资源，提升文化内涵，与崂山、太清宫衔接，建设集成渔村文化、茶文化、道教养生文化的体验型传统村落。加强与周边节点的联系，结合传统节庆活动，延展崂山既有的旅游路线，丰富崂山旅游产品，共同形成文化旗舰，建设世界级旅游度假目的地。

（3）共享，打破壁垒，建立青山渔村管理新机制。制度上，建立景村联合、多方统筹的保护发展机制，推进村落与景区互促发展。管理上，划定增长边界，提出管控内容，建立保护档案，保护村落特色资源。规模上，从环境容量出发，以水资源容量和垃圾处理能力确定游客承载量，实现村落可持续发展，塑造山海传统村落城镇化新样本。

（执笔人：罗丽霞）

现有旅游资源

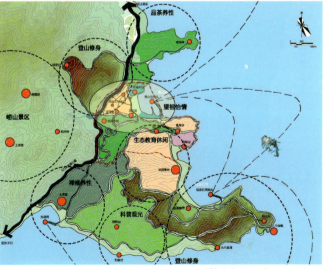

村域空间发展规划结构图

湖州南太湖特色村庄带发展规划

2018—2019年度中规院优秀规划设计二等奖

编制起止时间： 2015.10—2018.9
承担单位： 历史文化名城保护与发展研究分院
主管所长： 鞠德东　　　　　**主管主任工：** 林永新
项目负责人： 赵霞　　　　　**主要参加人：** 陶诗琦、汤芳菲、胡敏、王润、王现石、闫江东、李陶

背景与意义

南太湖地区是湖州"苕溪七十三溇"所在地，面积约240km²，包含600余个自然村落，水网密布，历史悠久，兼具生态和文化双重空间身份及突出价值，是湖州国家历史文化名城的核心空间载体之一，入选世界灌溉工程遗产。

在长三角地区国土空间开发强度持续提高背景下，如何围绕南太湖村庄带的生态、文化价值，探寻这一地区高质量发展道路，是本次规划核心任务。

规划内容

（1）分层次研判南太湖生态文化价值，建立发展模式共识。面向大尺度乡村地区这一特殊研究对象，从区域视角梳理该地区发挥城湖之间生态缓冲地作用的特色空间模式和传统生态智慧；从中观视角识别历史演变形成的纵溇、横塘、漾荡、村庄"水网—人居"聚落空间单元；从微观视角把握村庄—水系空间关系下的均好性、多样性、复合型聚落模块特点和动力机制。

（2）构建文化生态交融的魅力空间

展示体系。以水网为核心划定重点生态保育区，明确需要传承的溇港文化景观要素。依托农业产业布局，引导乡村面域景观优化，培育多元特色风貌。提升骨干水系沿线风貌，延续传统农业景观，形成有代表性的线性文化生态空间。提升"溇港—村庄"空间品质，明确东西向、南北向溇港与村庄空间关系的差异化指引。开辟全域自然人文景观游赏线，使特色空间可达、可游、可感。

（3）培育区域特色魅力节点，激发

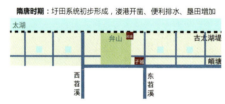

南太湖地区演变的历史过程

典型溇港人居单元的要素构成

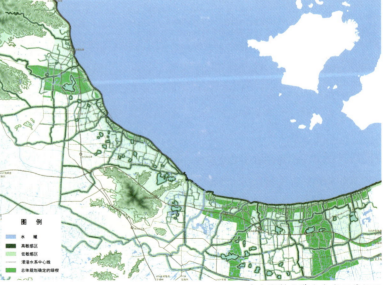

南太湖村庄带生态空间管控图

南太湖村庄带分类建设管控图（吴兴段）

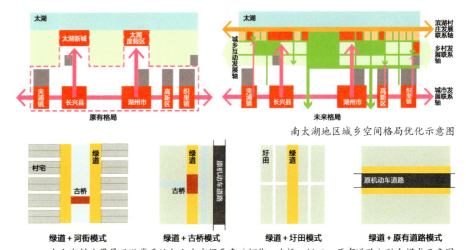

南太湖地区城乡空间格局优化示意图

南太湖村庄带景观游赏系统与人文空间要素（河街、古桥、圩田、原有道路）融合模式示意图

创新发展活力。围绕新经济时代特点，引导产湖关系重新走向协同。以生态优先准则设立产业负面清单，整合小散工业，搭建农旅、文旅为龙头的三产融合型产业体系；建立城湖空间复合联动结构，将城市服务功能向滨湖侧延伸，引导滨湖乡村生态空间向城市渗透，重构网络化道路系统，支撑乡村地区新的均好发展条件；做好分区差异发展指引，激活特色资源区、产业转型区、乡村腹地区等多样化、特色化发展动力。

（4）探索适合乡村空间的管控方法和传导机制。面向大尺度乡村多元管理主体特征，创新管理图件，兼顾刚性约束和弹性留白，以建设分类管控图替代蓝图式规划总图，划定禁建、发展和预留三类政策区，提出设施配套、业态功能、风貌管理的指引细则，回答乡村地区"能否建、哪里建、如何建"等关键问题；创新成果形式，突出共同缔造，在制定村庄联合管理单元导则基础上，针对市直、街镇和村庄三级主体编制《行动指南》手册，明确各自工作范畴和行动建议；编制样板村庄规划，为各村落实本次规划措施提供示范。

创新要点

建立大尺度乡村地区文化与生态魅力为导向的发展框架，对长三角城市群协调新型城乡关系的进程具有先行示范意义。

探索适合乡村管理体系的规划落地路径，形成以结构性空间要素和乡村人居单元为抓手，底线管控与特色引导相结合的技术方法。

基于历史地图转译、卫片识别对比等方法，首创基于溇港水系的人居单元识别技术，在后续大运河等相关课题中得到继承和有效运用。

实施效果

持续推进村庄风貌整治改善、历史资源活化、新经济培育等行动，南太湖整体环境品质得到保护优化。

中国传统村落义皋村建成太湖溇港展示馆，历史资源得到活化利用；塘甸村开辟乡村绿道，改善滨水空间品质，从原有家庭纺织主导业态转向文旅融合经济发展模式；漾西镇旧粮仓得到活化利用，成为美丽乡村新地标。

（执笔人：赵霞、陶诗琦）

08

灾后重建
规划

芦山地震灾后恢复重建规划、设计及工程技术统筹

2019年度全国优秀勘察设计一等奖

编制起止时间： 2013.4—2016.7

承担单位： 深圳分院、西部分院、历史文化名城保护与发展研究分院、文化与旅游规划研究所、规划设计研究室、国城公司、城市设计研究室、
城镇水务与工程研究分院、总工程师室、城市规划学术信息中心

主管总工： 张兵

项目负责人： 方煜、彭小雷

主要参加人： 蔡震、李晓江、王广鹏、李东曙、朱荣远、刘雷、钟远岳、龚志渊等

合作单位： 西安建筑科技大学建筑设计研究总院有限公司、四川省城乡规划设计研究院

背景与意义

2013年4月20日四川再次遭遇强烈地震破坏。芦山县作为该次7.0级地震中唯一极重灾区，全县5镇4乡、11.6万人口全部受灾。习近平总书记对芦山灾后重建作出"中央统筹指导、地方作为主体、灾区群众广泛参与"的重要指示，决定芦山要探索一条完全不同于北川的重建之路。

在住房和城乡建设部领导和四川省住房和城乡建设厅统筹下，中国城市规划设计研究院牵头，与西安建筑科技大学建筑设计研究总院有限公司、四川省城乡规划设计研究院等组成联合设计团队，应对规模大、战线长、底子薄、时间紧、矛盾多、统筹难等问题，创新形成"规划设计—建筑设计—社区设计一体化"的全程服务和现场工作机制，用三年时间把灾后重建的规划设计构想全部实施落地。2018年2月，习近平总书记在四川视察时对芦山灾后重建工作成果给予充分肯定，项目成果为新时代我国灾后重建提供了样板示范。

规划内容

中规院组织多个院内机构组建若干个规划编制小组和一个驻地工作组，形成"总院—分院—规划编制项目组—驻地规划工作组"四级联动的工作组织框架，组织编制了《雅安市灾后恢复重建行动大纲》《雅安市北郊生态休闲区概念规划》《芦山县灾后恢复重建建设规划》《芦山县"三点一线"旅游发展策划》《芦山县新县城城市设计》《芦山县城老城区修建性详细规划》《芦山河与西川河"两河四岸"景观设计》《省道210县城段沿线景观整治设计（县城段）》《雅安市飞仙关—多功一体化发展规划》《芦山县飞仙关镇总体规划》《飞仙关镇飞仙驿修建性详细规划》《飞仙关镇北场镇修建性详细规划》《飞仙关镇茶马古道沿线景观整治设计》《省道210沿线景观整治设计（飞仙关段）》《龙门乡场镇

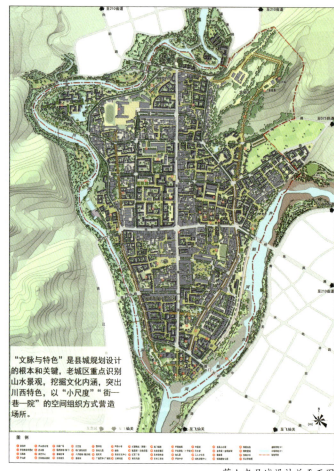

"文脉与特色"是县城规划设计的根本和关键，老城区重点识别山水景观，挖掘文化内涵，突出川西特色，以"小尺度""街—巷—院"的空间组织方式营造场所。

芦山老县城设计总平面图

修建性详细规划》《芦山县龙门乡水系综合规划》《县道073沿线景观整治设计（龙门乡段）》等17项各层次规划。

创新要点

1. 创新"规划设计—建筑设计—社区设计"一体化的专业深度合作，应对芦山灾后重建面对的不同问题

其一是坚持把国务院批准的《芦山地震灾后重建总体

老县城震后现状

老县城规划设计效果图

老县城恢复重建后实景

老县城震后恢复重建对比

飞仙驿震后现状

飞仙驿规划设计效果图　飞仙驿恢复重建后实景

飞仙驿震后恢复重建对比

龙门乡场镇规划设计效果图

龙门乡古街恢复重建后实景

规划》作为纲领，严格落实中央各部委专项重建政策，作为工程设计的依据，体现中央统筹指导。

其二是通过《芦山县灾后恢复重建建设规划》明确城镇和乡村重建的重点项目，通过编制重点地区的详细规划，细化重点建筑工程设计项目的设计条件，体现省市县地方作为主体的各种管理要求，如重点建筑工程项目选址、建筑功能定位、场地设计意图和环境要求、交通组织和市政工程设计条件、建筑材料的使用等，将规划要求系统传递到建筑设计环节。

其三是关注灾区社会的重建，做好社区设计，自觉发挥规划师、建筑师的媒介作用，激励设计人员深入乡镇社区，广泛征询灾区群众意见，协助县政府制定具体政策；把群众的合理要求整合到项目设计任务书中，认真开展设计方案的公示；在地域文化特色塑造上下功夫，使灾区群众对重建的社区产生更多的文化认同和归属感、亲切感，体现灾区群众广泛参与。

2. 规划设计和建筑设计突出"地域性—社会性—经济性"的综合设计理念，以灾区群众为中心，为灾区生活生产恢复和经济社会发展创造有利的物质环境

规划设计过程中，研究确定芦山县城、飞仙关镇、龙门乡场镇具有引擎作用的建筑工程设计项目，对项目功能和空间形态作出整体定位。建筑设计过程中，将规划阶段注重地域特色、注重恢复经济发展功能的思路加以深化、细化和优化。

3. 规划师、建筑师和其他专业技术人员通力合作，同县镇乡政府、灾区群众、业主单位、施工企业有效沟通，探索创新了灾后恢复重建中多专业协同的全程服务和现场工作新机制

为了实施《芦山地震灾后恢复重建总体规划》这张蓝图，中规院做到了从灾后抢险恢复时期的"规划先行"，走向重建全过程的"规划伴行"。规划师同建筑、结构、市政、施工监理等各专业人员组成联合技术团队，通过规划设计专业人员挂职和全面驻场工作，实现规划

统筹、设计引领、建筑营造、施工落地的全程规划设计指导和服务，三年如一日为芦山提供强有力的技术支撑。截止到2016年7月18日，项目组共派出280人、1050人次，累计现场工作14625人·日。

实施效果

2018年2月，习近平总书记在四川考察的讲话中肯定芦山地震灾后恢复重建发展取得了历史性成就。

据四川省统计局组织开展的灾区重建三周年民意调查结果显示，灾区群众对灾后重建工作高度认可，尤其对基础设施方面重建成效的满意度在90%以上。2017年底，芦山县社会经济全面恢复，超过震前水平。实现全县贫困人口6782人的全部脱贫。芦山县2018年一季度实现GDP总量7.65亿元，同比增长9.5%，增速居雅安全市第一。龙门古镇场镇户均旅游收入由地震前的年均几百元提升到现在的年均1万元以上。

（执笔人：王广鹏）

"9·5"泸定地震灾后重建专项规划（磨西—燕子沟世界知名旅游镇专项规划）

编制起止时间：2022.10—2023.1

承担单位：文化与旅游规划研究所、西部分院

主管总工：张菁　　　　　　主管所长：周建明　　　　主管主任工：罗希

项目负责人：苏航、张浩然　　主要参加人：宋增文、陈瑾妍、秦子薇、肖莹光、谢启旭、向澍、田涛

背景与意义

2022年"9·5"泸定地震是四川遭遇的又一次强烈地震，震中在泸定县海螺沟冰川森林公园，地震引起的直接和链生灾害造成了重大人员伤亡和财产损失。地震发生后，习近平总书记作出重要指示，要求把抢救生命作为首要任务，全力救援受灾群众，最大限度减少人员伤亡，加强震情监测，防范发生次生灾害，妥善做好受灾群众避险安置等工作。四川省委抗震救灾工作专题会议指出，要抓紧启动重建规划编制工作，建设磨西—燕子沟世界知名旅游镇，打造大贡嘎世界品牌。为推进灾后恢复重建，按"以需保供"要求，特开展磨西—燕子沟世界知名旅游镇专项规划编制工作。

规划内容

（1）坚持安全优先，针对复杂地质安全条件，优化建用地和关键设施空间布局，构建"一带引领、双区共荣、三核带动、多线串联"空间结构，筑牢旅游活动和城镇生活安全韧性与灾后重建发展基础。

（2）对标国际理念，结合景镇共生特征，重塑高品质入口服务形象，科学组织通景、过境、生活、慢行交通，优化城镇生活居住、旅游服务与配套功能，营造宜游宜居、低碳慢行高品质绿色小镇。

（3）强化支撑保障，统筹基础设施建设、风貌提升、文化传承、智慧旅游发展，增强游客体验和舒适度，提升产品水平与服务能力，推进海螺沟国家5A级旅游景区核心服务基地、贡嘎山国家级旅游度假区建设，打造世界知名冰川温泉度假旅游镇。

创新要点

本规划科学梳理灾损情况、资源基础与发展条件，兼顾底线安全与灾后高质量发展，形成面向灾后恢复重建、聚焦磨

规划空间结构图

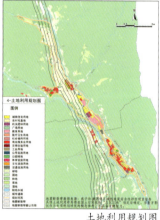

土地利用规划图

旅游项目布局图

游览系统规划图

西—燕子沟旅游镇提升发展双重需求的研究型专项规划。

实施效果

本规划纳入甘孜州"1+8+N"灾后恢复重建规划体系，为灾后重建和世界知名旅游镇打造提供有效规划支撑。

（执笔人：苏航、张浩然）

"9·5"泸定地震灾后重建专项规划（贡嘎山海螺沟片区景区灾后恢复重建规划）

编制起止时间：2022.10—2023.1
承担单位：风景园林和景观分院
主管总工：张菁　　　　　主管所长：陈战是　　　　　主管主任工：束晨阳
项目负责人：邓武功、张元凯　　主要参加人：吕明伟、张守法

背景与意义

2022年9月5日，四川甘孜藏族自治州泸定县发生6.8级地震，震中位于贡嘎山风景名胜区海螺沟景区内。本次地震对海螺沟片区的各类设施造成了重大破坏。

在此背景下，海螺沟景区管理局邀请中规院编制景区灾后恢复重建规划，规划团队第一时间赶赴受灾现场，进行调研并驻场办公，在救灾一线为景区的灾后重建提供技术支持。

规划内容

（1）灾害损失评估。对海螺沟片区的受灾情况进行全方位评估，判断景区道路、各类服务建筑、工程设施设备的损毁情况，明确恢复重建的方式。

（2）设施恢复重建。针对受灾较严重的景区，对各个受损风景资源点、旅游服务点、景区车行路、索道等制定恢复重建方案。

（3）景区优化提升。结合灾后恢复重建，提升海螺沟片区的旅游发展水平，优化游览线路组织，拓展游览空间，提升旅游服务功能。

创新要点

本次规划创新性地将风景区的灾后恢复重建与区域旅游发展优化提升结合，统筹修复与提升，使海螺沟片区在恢复重建后能够提供更加优质的旅游服务。

（执笔人：张元凯）

贡嘎与海螺沟景区

海螺沟景区灾损情况

景区风景资源

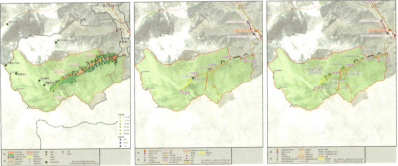

海螺沟景区灾后恢复重建规划方案

宜宾珙县灾后恢复重建规划

2021年度北京市优秀城乡规划奖类二等奖｜2020—2021年度中规院优秀规划设计奖二等奖

编制起止时间：2019.6—2019.12
承担单位：中规院（北京）规划设计有限公司
主管所长：王佳文　　　　　　　　主管主任工：黄少宏
项目负责人：李铭、牟毫、张志超
主要参加人：黄少宏、李利、全波、孙彤、刘雪源、高文龙、李飞、陈笑凯、谢骞、王玉圳、黄俊

背景与意义

2019年6月17日，宜宾发生6.0级地震，珙县全域受灾。特别是县城巡场镇和珙泉镇，距离震中仅6km，灾损最为严重且情况复杂。

中规院是住房和城乡建设部抗震救灾指挥部成员单位，又一直扎根宜宾市的规划和建设陪伴工作。地震发生后，中规院迅速成立灾后重建规划工作组。同年6月25日，灾后重建规划工作组奔赴救灾前线，驻场开展规划编制工作，为珙县灾后重建工作提供技术支撑。

规划内容

应对"先天历史欠账+后天灾害影响"的双重问题，规划明确了民生恢复与功能提升相结合，灾后重建与城市更新相结合，近期恢复与远景格局相结合的总体工作思路，并制定了三层次、五类型的规划内容框架，以"1+3"的规划成果，系统且有重点地支撑珙县恢复重建和发展提升。

1. 全域层面：以保障安全为重点

一是保障支撑要素安全。规划提出了"一新增、五升级"的县域道路重点工程，明确了区域调水、排水、供电等优化方案，提高保障能力。二是保障生活安全。通过发展条件评价、安全水平评价，规避灾害易发集中地区，引导人口向更安全、更有发展潜力的四个城镇集中。

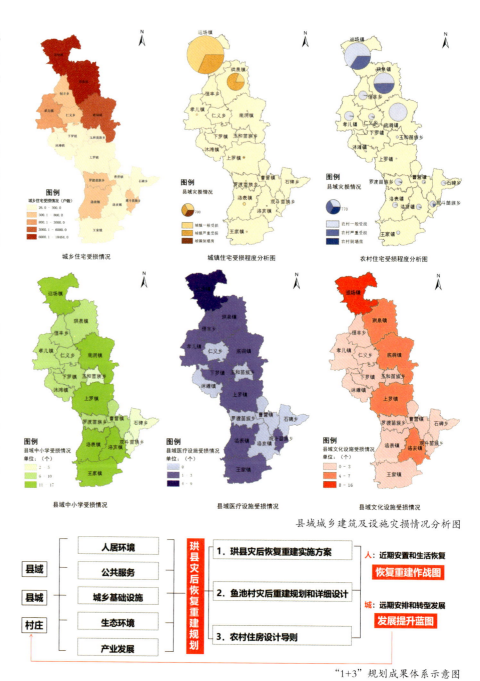

城乡住宅受损情况

城镇住宅受损程度分析图

农村住宅受损程度分析图

县域中小学受损情况

县域医疗设施受损情况

县域文化设施受损情况

县域城乡建筑及设施灾损情况分析图

"1+3"规划成果体系示意图

2. 县城层面：以空间织补为手段推进灾后恢复和功能提升

一是优先支撑灾后民生恢复。针对损而未倒为主、"插花"分布的灾损特点，提出教育、医疗等民生设施的异地迁建、原址重建等建设类型和项目选址。提出"存量安置优先、就地安置为主、异地安置兜底"的安置思路，明确了13个异地安置小区选址及设计条件。二是结合城市更新提升功能。基于完善系统，提升均好性的考虑，结合灾损建筑拆除，确定18条增补道路的具体方案以及街头绿地、小区绿地的改造模式。

3. 村庄层面：形成重建示范

规划以受灾最为严重的鱼池村为样本，以居民的需求为中心，探索了重建型村庄的系统解决方案。规划在充分了解居民意愿的基础上，避让灾害隐患，适当集中安置，将震前13个聚居点减少到10个。并明确了村域公共服务设施、市政基础设施重建和提升的具体项目。同时，以保障安全、兼顾美观为重点，制定了《农村住房设计导则》，指导农房建设。

创新要点

本次规划以"三层次、五类型"的规划内容框架和"1+3"的规划成果，提供了空间织补型灾后重建规划的样本。面向实施，积累了全过程陪伴和系统性支撑的规划工作经验。特别是对于以县为主体，面临政府资金紧张、灾损情况复杂、技术力量薄弱等问题的灾后重建工作路径提供了参考。

实施效果

规划提出的县域道路重点工程、城区各类民生项目、安置区项目，以及街道连通、绿地增补等织补型项目，基本按规划实施完成。鱼池村按规划设计实

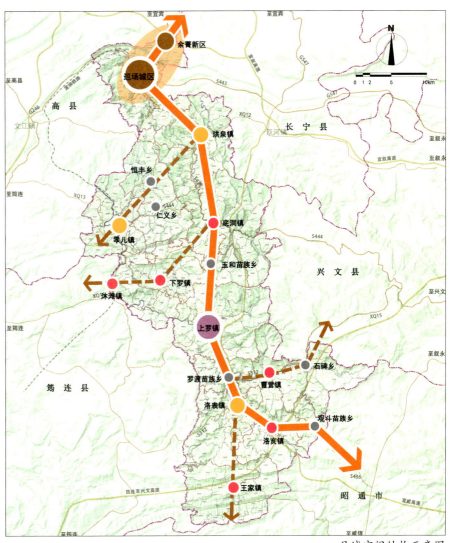

县域空间结构示意图

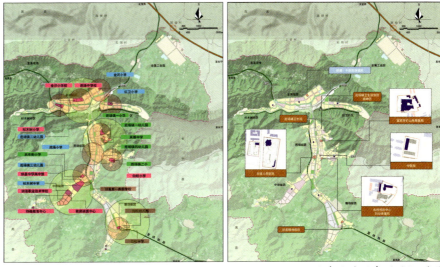

县城公共服务设施规划图

施完成，《农村住房设计导则》在其他乡村重建中得到广泛应用。

（执笔人：牟毫、张志超）

315

致谢

《中国城市规划设计研究院七十周年成果集 规划设计》汇集了中国城市规划设计研究院近十年来在规划设计领域的代表性作品。不论项目大小、级别、类型与所在地域，中规院的每一位规划设计师都怀着极强的责任心，以心系人民、真诚敬业、活力进取的工作态度履行着对委托方、对行业、对社会的忠诚职责。在此感谢所有项目团队的辛勤付出与不懈追求！

感谢中规院的各级领导，各个项目的主管总工、主任工，作为项目团队的坚强后盾，他们在全过程给予了充分的技术指导和专业支持，帮助项目团队开拓视野、启发思路，坚守底线、保障质量。

感谢中规院的项目委托方，正是由于他们的支持和信任，中规院才有机会施展自己的专业理想和抱负；正是由于他们的精益求精和严格要求，中规院才有机会与其共同铸就人民满意的作品。中规院人也屡屡以项目为纽带，与很多委托方的同事结下了深厚友谊，并期望友谊地久天长，共同铸就美好未来。

在本书的编写过程中，中规院的很多同事都倾注了大量的心血，王凯院长、陈中博书记等院领导亲自领衔成立中国城市规划设计研究院70周年系列学术活动工作委员会，中规院原总规划师张菁全程策划、统筹，总工室董珂、王雯秀汇总收集并整理了规划设计成果材料，王娅、王金秋、纪静等协助完成了文字校对、图片整理及出版整合等工作。

感谢中国建筑工业出版社领导对本书的高度重视，特别感谢各位编辑的辛劳工作和无私付出。

感谢帮助和关心中规院的所有朋友，感谢大家。

2024年9月